"十四五"职业教育国家规划教材

职业教育电类

PLC应用技术

第3版 | 微课版 | 附实训工单

黄中玉 于宁波 蔡永香 / 主编
王君君 / 副主编

ELECTROMECHANICAL

人民邮电出版社
北京

图书在版编目（CIP）数据

PLC应用技术 ： 微课版 ： 附实训工单 / 黄中玉，于宁波，蔡永香主编. -- 3版. -- 北京 ： 人民邮电出版社，2024.7
职业教育电类系列教材
ISBN 978-7-115-63778-9

Ⅰ. ①P… Ⅱ. ①黄… ②于… ③蔡… Ⅲ. ①PLC技术－职业教育－教材 Ⅳ. ①TM571.61

中国国家版本馆CIP数据核字(2024)第038312号

内 容 提 要

本书按照项目导向、任务驱动的模式编写，突出 PLC 的实际应用，重点介绍三菱公司生产的 FX 系列 PLC 的工作原理、硬件资源和应用技术，还介绍 FX_{3U} 与 FX_{2N} 的差异，书中所有的应用实例及指令对上述两个系列的 PLC 都适用。全书共 8 个项目，主要内容包括认识 PLC、PLC 编程元件和基本逻辑指令应用、PLC 步进顺控指令应用、PLC 功能指令应用、PLC 特殊功能模块应用、PLC 与触摸屏、PLC 与变频器、PLC 的工程应用实例。本书附录包括 FX_{3U} 系列 PLC 基本逻辑指令总表、FX_{3U} 系列 PLC 常用功能指令表、三菱 PLC 编程软件的使用方法和 FX_{3U} 系列 PLC 常用的特殊辅助继电器内容，供读者查阅。

本书既可作为职业院校机电、电气、电子类专业的教材，也可作为相关工程技术人员的参考书。

◆ 主　　编　黄中玉　于宁波　蔡永香
副 主 编　王君君
责任编辑　刘晓东
责任印制　王　郁　焦志炜
◆ 人民邮电出版社出版发行　　北京市丰台区成寿寺路 11 号
邮编　100164　　电子邮件　315@ptpress.com.cn
网址　https://www.ptpress.com.cn
北京市艺辉印刷有限公司印刷
◆ 开本：787×1092　1/16
印张：13.75　　2024 年 7 月第 3 版
字数：413 千字　　2025 年 1 月北京第 3 次印刷

定价：66.00 元（附小册子）

读者服务热线：(010)81055256　印装质量热线：(010)81055316
反盗版热线：(010)81055315
广告经营许可证：京东市监广登字 20170147 号

第 3 版前言

PLC 是一种以微处理器为基础的通用工业控制装置，它继承了继电器-接触器控制系统的良好性能，将计算机技术、自动控制技术和通信技术融为一体，代表了电气工程技术的先进水平，广泛应用于机电一体化、工业自动化控制等领域。目前，在职业院校的机电、电气、电子类专业，都将“PLC 应用技术”列为重要的专业课程。

本书作为修订版教材，在保留旧版教材特色的基础上融入了立德树人元素。同时根据技术更新发展，以及为了满足学生调试程序的需求和便捷性，编者对教材内容进行了相应的调整和增补，重点增加了自带仿真功能的三菱 GX Works2 编程软件使用方法的介绍。本书具有如下特点。

（1）专业知识与立德树人元素有机统一

本书秉承立德树人的教学理念，将专业知识和立德树人元素有机统一。本书内容结合企业实践、我国科技迅猛发展的实例等，挖掘其中的立德树人元素，潜移默化地融入工匠精神、职业精神、社会责任和爱国情怀，以培养学生的责任担当意识和爱国爱家的品德情怀，弘扬精益求精的工匠精神和严谨科学的职业精神，引导学生树立正确的人生观和价值观，培养德才兼备、全面发展的优秀人才。

（2）学校教师和企业工程师共同开发

本书由具有丰富教学经验的教师和企业一线的项目工程师联合开发、编写，选取企业生产中的典型工作任务，体现“行动导向”等职业教育理念，具有鲜明的行业特点和职教特色。

（3）任务驱动，产教融合，符合“1+X”的课证融通模式

本书按照任务驱动模式编写，以工作过程为导向，便于实现在工作中学习、在学习中工作的目标。本书内容和中、高级电工证，机电设备安装调试工程师，可编程控制系统设计师等职业资格考试内容相衔接，充分体现职教特色，符合“1+X”的课证融通模式。

本书由湖北三峡职业技术学院黄中玉、于宁波，长江大学地球科学学院蔡永香任主编，湖北三峡职业技术学院王君君任副主编，参与编写的人员还有湖北三峡职业技术学院黄卫红、李正英以及宜昌天美国际化妆品有限公司设备主管祁华力。其中项目二和项目四由黄中玉编写，项目一由蔡永香、黄卫红编写，项目三由王君君编写，项目五、项目六由于宁波编写，项目七由于宁波、祁华力编写，项目八由蔡永香编写，附录由李正英编写。全书由黄中玉统稿。本书在编写过程中得到祁华力和其他生产技术人员的大力支持，他们提供了丰富的企业典型生产案例和新技术资料，在此表示诚挚的谢意！

由于编者水平有限，书中难免存在疏漏和不妥之处，敬请广大读者批评指正。

编　者

2024 年 4 月

目　录

项目一　认识PLC

在电力拖动自动控制系统中，各种生产机械均由电动机来拖动。不同的生产机械对电动机的控制要求是不同的。在可编程逻辑控制器（Programmable Logic Controller，PLC）出现以前，继电器-接触器控制系统在工业控制领域占主导地位，这种系统能实现对电动机的启动、换向、调速、制动等运行方式的控制，满足生产工艺的要求，实现生产过程自动化。PLC 是在继电器-接触器控制系统的基础上发展起来的，为了让学生更好地理解 PLC 和继电器-接触器控制系统的区别和联系，需要先介绍继电器-接触器控制系统。

一、继电器-接触器控制系统

下面以小型三相异步电动机的启停控制为例，简要介绍继电器-接触器控制系统的原理特点。图 1-1（a）所示为三相异步电动机的继电器-接触器启停控制电路的主电路，图 1-1（b）和图 1-1（c）所示分别为其全压启停控制电路和延时启停控制电路。

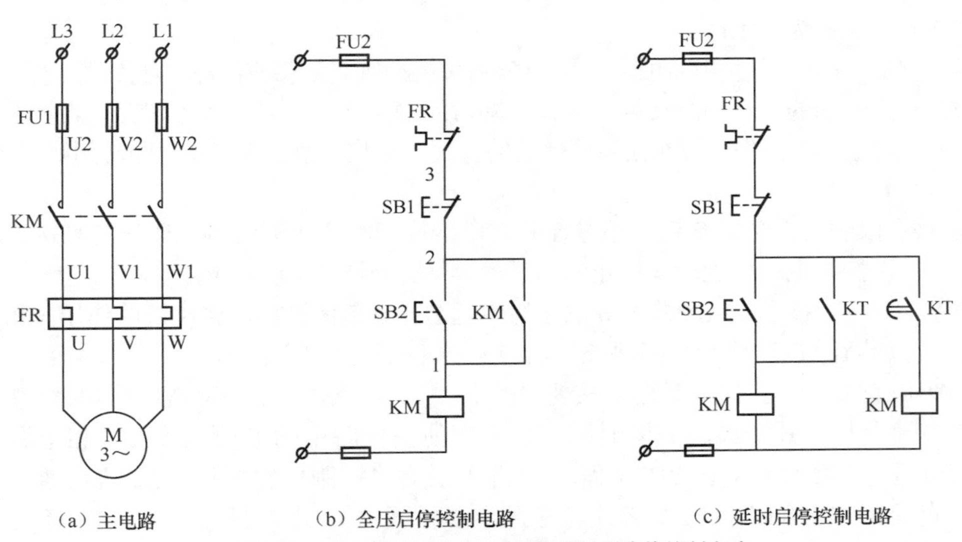

（a）主电路　　（b）全压启停控制电路　　（c）延时启停控制电路

图 1-1　三相异步电动机的继电器-接触器启停控制电路

如图 1-1 所示，电路中用到的低压电气控制器件有熔断器、接触器、时间继电器、热继电器、控制按钮等。其中，接触器是核心控制器件，掌握接触器的工作原理对分析电路的控制过程十分重要。那么，接触器的结构如何，它又是怎样工作的呢？

电气控制器件——按钮、刀开关、接触器、中间继电器、热继电器

如图 1-2 所示，交流接触器由电磁机构、触点系统、灭弧装置和其他部件组成。

电磁机构由线圈、铁芯和衔铁组成，用于产生电磁吸力，带动触点动作。

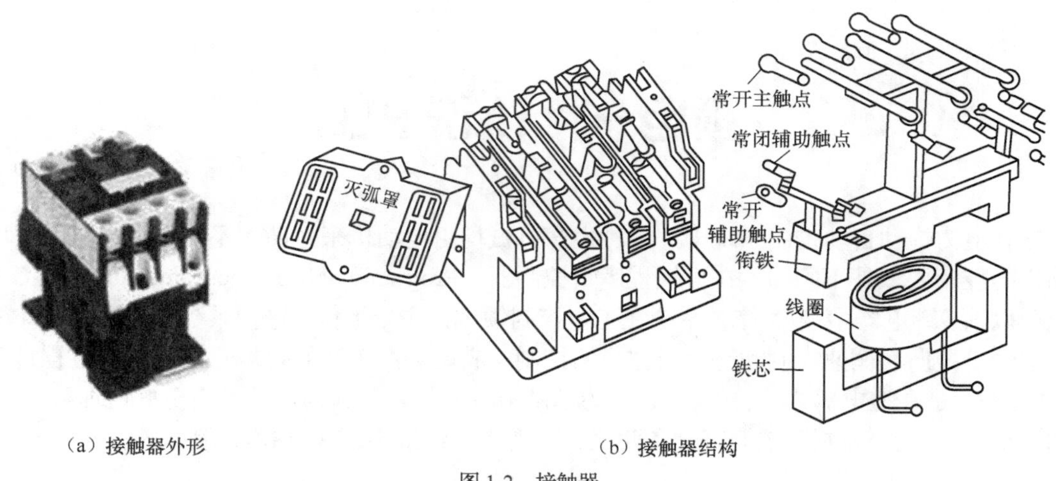

（a）接触器外形　　（b）接触器结构

图 1-2　接触器

触点系统的触点分为主触点和辅助触点两种：主触点用于通断较大的电流，一般用在主电路中；辅助触点用于通断较小的电流，一般用在控制电路中。根据触点的原始状态，触点还可分为常开触点和常闭触点：常开触点是指线圈未通电时触点处于断开状态，线圈通电后就闭合，又称为动合触点；常闭触点是指线圈未通电时触点处于闭合状态，线圈通电后就断开，又称为动断触点。

当线圈通电时，线圈中的电流产生磁场使铁芯磁化，铁芯产生电磁力吸引衔铁，触点系统与衔铁是联动的，从而带动触点动作，即常闭触点断开、常开触点闭合。当线圈断电时，铁芯中的电磁力消失，衔铁在复位弹簧的作用下复位，使触点复位，即常闭触点闭合、常开触点断开。

继电器-接触器控制系统就是通过控制继电器或接触器线圈的得电或失电来接通或断开电路，从而控制电动机运行或停止的。下面具体分析图 1-1 所示电路。

如图 1-1（a）所示，接触器 KM 的主触点起着接通或断开电动机电源的作用，相当于电源开关。熔断器 FU1 用于短路保护，热继电器 FR 用于过载保护。

如图 1-1（b）所示，按下启动按钮 SB2，1、2 两点接通，接触器线圈 KM 得电，其常开主触点与常开辅助触点同时闭合。前者使主电路中的电动机接入三相电源，电动机启动运行；后者并接在 SB2 两端，使得全压启停控制电路中的 1、2 两点通过 SB2 和 KM 自身的常开触点两条支路并联导通。当松开 SB2 后，虽然 SB2 这一条支路已断开，但是 1、2 两点仍能通过 KM 的常开辅助触点导通，维持线圈得电状态。这种依靠并联在启动按钮 SB2 两端的接触器自身的常开辅助触点闭合来保持接触器线圈持续得电的现象称为自锁（或自保）。这种起自锁作用的触点称为自锁触点，这段电路称为自锁电路。

要使电动机停止，按下停止按钮 SB1 即可。按下 SB1 后，2、3 两点断开，接触器线圈 KM 失电，其主触点复位断开，切断主电路中的电源，电动机停止运行。同时其自锁触点也复位断开，使 1、2 两点不再接通，因而在松开 SB1 后仍维持线圈失电的状态。

图 1-1（b）所示为一个典型的有自锁控制的全压启停控制电路。由于按钮和接触器自锁触点配合实现电动机启动并维持运行，因此也称为启保停电路。此外，按钮和自锁触点配合还有一个作用，就是失压保护。电动机正常工作时，如果因为电源停止供电而停止，

一旦电源电压恢复，电动机自行启动则可能造成人身事故或机械设备损坏。为防止电压恢复时电动机自行启动而设置的保护称为失压保护。采用按钮、接触器自锁触点配合启动，当停电时，接触器线圈失电，所有常开触点复位断开，电动机停止转动；当电源电压恢复时，由于自锁触点已断开，电动机不会自行启动，必须再次按下启动按钮才能启动，实现了失压保护。

注意

如图 1-1（b）所示，其中所用的启动操作元件 SB1、SB2 是按钮，而不是开关。以按钮和开关的常开触点为例：按钮的常开触点只在按下的期间闭合，松开后就复位断开；而开关的常开触点一旦合上就维持闭合，直到将开关断开或者再一次被按下时其触点才会复位。如果用开关 K 代替启动按钮 SB2，那么开关合上后就会保持闭合，无须自锁触点，当然电路也就不会具有失压保护的功能了。因此只有按钮、接触器自锁触点配合启动，电路才具备失压保护功能。

图 1-1（c）所示为三相异步电动机延时启停控制电路。该电路用到了延时继电器 KT（通电延时型）。延时继电器的工作原理与接触器的类似，只是结构上多了延时机构。当线圈得电时，其瞬时触点立即动作，延时触点却在延迟一段时间后才动作。电路工作时，按下启动按钮 SB2，延时继电器 KT 得电并由瞬时触点自锁，延迟一段时间后其延时常开触点动作，使接触器 KM 的线圈接通，KM 主触点闭合，使电动机运行；按下停止按钮 SB1，KT 和 KM 线圈均失电，触点全部复位，使电动机停止运行。

比较图 1-1（b）和图 1-1（c），可以看出这两个简单控制电路的输入设备和输出设备相同，即都是通过启动按钮 SB2 和停止按钮 SB1 控制接触器的线圈，但因为控制要求发生了变化，所以控制电路必须重新设计并重新配线安装。

从上面的例子可以看出继电器-接触器控制系统结构简单，能满足一般的生产工艺要求，但也存在一些问题：采用机械触点硬性接线，系统运行可靠性差、检修困难；控制要求改变时要改变硬件的接线，对于复杂的控制系统，这种变动的工作量大、周期长，并且经济损失很大；控制系统体积大、耗能多。

随着科技的进步和信息技术的发展，各种新型的控制器件和控制系统不断涌现。PLC 就是一种在继电器-接触器控制和计算机控制的基础上开发出来的新型自动控制装置。采用 PLC 对三相电动机进行直接启动和延时启动，工作将变得轻松。

二、PLC 的产生及定义

采用 PLC 进行控制时，硬件接线更加简单、清晰。以图 1-1 为例，PLC 主电路仍然与图 1-1（a）所示的一样。而对于控制电路，用户只需要将输入设备（如启动按钮 SB2、停止按钮 SB1、热继电器 FR）接到 PLC 的输入端子上，将输出设备（如接触器 KM）接到 PLC 的输出端子上，再接上电源、输入程序就可以了。图 1-3 所示为用 PLC 实现电动机的启停控制，其全压启停和延时启停的硬件接线图完全相同，只是 PLC 程序不同。

PLC 是通过用户程序实现逻辑控制的，这与继电器-接触器控制系统采用硬件接线实现逻辑控制的方式不同。PLC 的外部接线只起信号传输的作用，因而用户可在不改变硬件接线的情况下，通过修改程序实现两种方式的电动机启停控制。

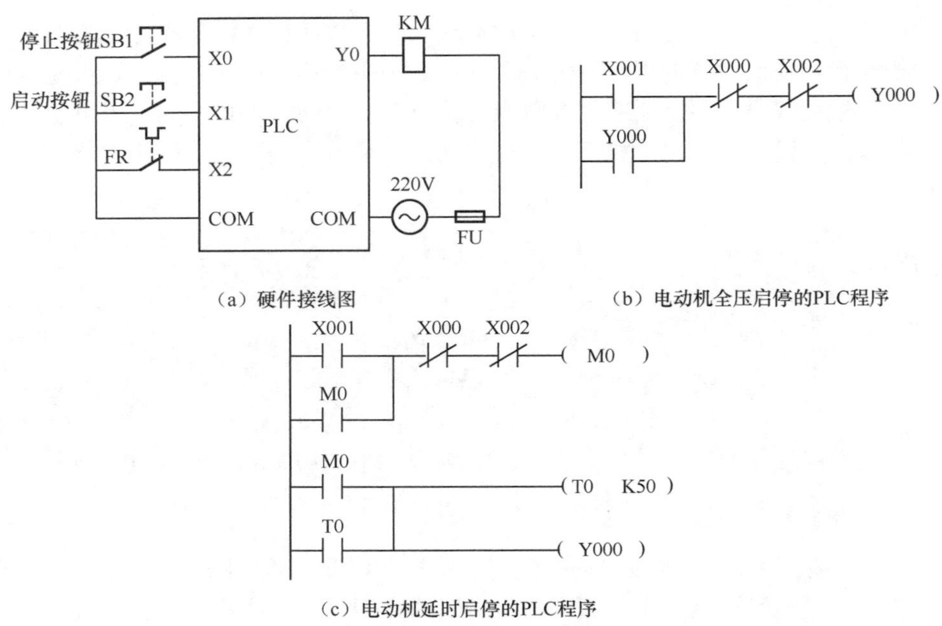

（a）硬件接线图 （b）电动机全压启停的PLC程序

（c）电动机延时启停的PLC程序

图 1-3 用 PLC 实现电动机的启停控制

下面介绍 PLC 的产生和定义。

1. PLC 的产生

20 世纪 60 年代，继电器-接触器控制系统在工业控制领域占主导地位，该控制系统按照一定的逻辑关系对开关量进行顺序控制。这种采用固定接线的控制系统体积大、耗能多，并且可靠性不高，通用性和灵活性较差，因此迫切地需要新型控制系统来替代。与此同时，计算机技术开始应用于工业控制领域，但由于价格高、输入/输出（I/O）电路不匹配、编程难度大以及难以适应恶劣工业环境等原因，未能在工业控制领域获得推广。

1968 年，美国通用汽车（GM）公司为了适应生产工艺不断更新的需求，要求寻找一种比继电器更可靠、功能更齐全、响应速度更快的新型工业控制器，并从用户角度提出了新一代控制器应具备的十大条件，立即掀起了开发热潮。这十大条件的主要内容如下。

① 编程方便，可现场修改程序。

② 维修方便，采用插件式结构。

③ 可靠性高于继电器-接触器控制装置。

④ 体积小于继电器-接触器控制装置。

⑤ 数据可直接输入管理计算机。

⑥ 成本可与继电器-接触器控制装置竞争。

⑦ 输入可以是 115V 的交流电（美国的电网电压）。

⑧ 输出为 115V、2A 以上的交流电，可直接驱动电磁阀等。

⑨ 在扩展时，原控制系统只需要做很小的改变。

⑩ 用户存储器容量大于 4KB。

这些条件实际上是将继电器简单、易懂、使用方便、价格低的优点与计算机功能完善、灵活性及通用性好的优点结合起来，将继电器-接触器控制系统的硬件接线逻辑转变为计算机的软件逻辑编程的设想。1969 年，第一台 PLC 被研制出来，在美国通用汽车公司的生产线上试用成功，并取得了令人满意的效果，PLC 自此诞生。

PLC 自问世以来，凭借其编程方便、可靠性高、通用性好、灵活、体积小、使用寿命长等一系列优点，很快就在世界各国的工业控制领域推广应用。到现在，绝大多数世界各国著名的电气工厂都可生产 PLC。PLC 已作为一种独立的工业设备被列入生产中，成为当代工业自动化领域中最重要、应用最广泛的控制装置之一。

早期的 PLC 是为了取代继电器-接触器控制系统而研制的，其功能简单，主要用于实现开关量的逻辑运算、定时、计数等顺序控制功能。这种 PLC 主要由中小规模集成电路组成，在硬件上特别注重是否适用于工业现场恶劣环境，编程需要由受过专业训练的人员来完成。早期的 PLC 种类单一，没有形成系列产品。

20 世纪 70 年代中后期，随着微处理器和微型计算机的出现，人们将微型计算机技术应用到 PLC 上，从而使 PLC 的工作速度提高，功能不断完善，在进行开关量逻辑控制的基础上还增加了数据传输、比较和对模拟量进行控制等功能，初步形成系列产品。

20 世纪 80 年代以来，随着大规模和超大规模集成电路技术的迅猛发展，以 16 位和 32 位微处理器为核心的 PLC 也得到迅猛发展，其功能增强，工作速度加快，体积减小，可靠性提高，编程和故障检测更为灵活、方便。现代的 PLC 不仅能实现开关量的顺序逻辑控制，还具有高速计数、中断处理、比例-积分-微分（PID）调节、模拟量控制、数据处理、数据通信，以及远程 I/O、网络通信和图像显示等功能。

全世界有上百家 PLC 制造厂商，其中著名的制造厂商有美国的艾伦-布拉德利（Allen-Bradley）公司、通用电气（GE）公司，德国的西门子（Siemens）公司，法国的施耐德（Schneider）电气有限公司，日本的欧姆龙（OMRON）自动化公司和三菱公司等。我国也有不少公司研制和生产过 PLC，如台达、永宏、丰炜、和利时、信捷、海为等。

2. PLC 的定义

PLC 的定义随着技术的发展有多次变动。国际电工委员会（International Electrotechnical Commission，IEC）在 1987 年 2 月颁布了 PLC 的标准草案（第三稿），该草案对 PLC 做了如下定义："PLC 是一种数字运算操作的电子装置，专为在工业环境下应用而设计。它采用可编程的存储器，用来在其内部存储执行逻辑运算、顺序控制、定时、计数和算术运算等操作的指令，并通过数字式或模拟式的输入和输出，控制各种类型的机械或生产过程。PLC 及其有关的外围设备都应按易于与工业控制系统连成一个整体，易于扩展其功能的原则设计。"

定义强调了 PLC 是"数字运算操作的电子装置"，即它也是一种计算机。它能完成逻辑运算、顺序控制、定时、计数和算术操作，还具有数字量或模拟量的 I/O 控制能力。

定义还强调了 PLC"专为在工业环境下应用而设计"，故其需具有很强的抗干扰能力、广泛的适应能力和应用范围。这是它区别于一般微型计算机控制系统的一个重要特征。

PLC 的早期产品名称为"可编程逻辑控制器"，主要用于替代传统的继电器-接触器控制系统。随着微处理器技术的发展，PLC 不仅可以进行逻辑控制，还可以对模拟量进行控制。因此，美国电气制造商协会（National Electrical Manufacturers Association，NEMA）赋予它一个新的名称，即可编程控制器（Programmable Controller，PC）。为了避免与个人计算机（Personal Computer，PC）混淆，人们仍沿用早期的 PLC 名称，但现在的 PLC 并不意味着它只具有逻辑控制功能。

三、PLC 的特点及分类

1. PLC 的特点

现代工业生产是复杂多样的，对控制的要求也各不相同。PLC 由于具有以下特点而深受工程技术人员的欢迎。

（1）可靠性高，抗干扰能力强

现代 PLC 采用了集成度很高的微电子器件，大量的开关动作由无触点的半导体电路来完成，其可靠程度是使用机械触点的继电器所无法比拟的。为保证 PLC 能够在恶劣的工业环境中可靠工作，其设计和制造过程采取了一系列硬件和软件方面的抗干扰措施。

在硬件方面，PLC 采用可靠性高的工业级元器件和先进的电子加工工艺制造技术，对干扰进行屏蔽、隔离和滤波，有效地抑制了外部干扰源对 PLC 内部电路的影响。有的 PLC 生产商还采用了冗余设计、掉电保护、故障诊断、运行信息显示等，进一步提高了 PLC 的可靠性。

在软件方面，PLC 设置故障检测与诊断程序，每次扫描都对系统状态、用户程序、工作环境和故障进行检测与诊断，发现出错后，立即自动做出相应的处理，如报警、保护数据和封锁输出等。同时 PLC 带有后备电池，以保障停电后随机存储器（RAM）中的有关状态及信息不会丢失。

（2）编程方便，操作性强

PLC 有多种程序设计语言可以使用。其中，梯形图程序语言与继电器-接触器控制电路极为相似，直观且易懂，深受电气技术人员的欢迎，指令表程序与梯形图程序有一一对应的关系，同样有利于技术人员进行编程操作。功能图语言是一种面向对象的顺控流程图语言（SFC），它以过程流程进展为主线，使编程更加简单、方便。对用户来说，即使没有具备专门的计算机知识，也可以在短时间内掌握 PLC 的编程语言，当生产工艺发生变化时就能十分方便地修改程序。

（3）功能完善，应用灵活

目前 PLC 产品已经标准化、系列化和模块化，功能更加完善，不仅具有逻辑运算、计时、计数和顺序控制等功能，还具有数/模（D/A）转换、模/数（A/D）转换、算术运算及数据处理、通信联网和生产监控等功能。模块式的硬件结构使组合和扩展方便，用户可根据需求灵活选用相应的模块，以满足系统大小不同及功能繁简各异的控制系统要求。

（4）使用简单，调试维修方便

PLC 的接线极其方便，只需将产生输入信号的设备（如按钮、开关等）与 PLC 的输入端子连接，将接收输出信号的被控设备（如接触器、电磁阀等）与 PLC 的输出端子连接即可。

PLC 的用户程序可以在实验室模拟调试，输入信号用开关、按钮等来模拟，输出信号用 PLC 的发光二极管（LED）显示。调试通过后再将 PLC 在现场安装调试。其调试工作量比继电器-接触器控制系统的小得多。

PLC 有完善的自诊断和运行故障指示装置，一旦发生故障，工作人员通过这些装置就可以查出故障原因，迅速排除故障。

2. PLC 的分类

（1）按应用规模和功能分类

按 I/O 点数和存储容量的不同，PLC 大致可以分为小型、中型和大型 3 种。小型 PLC 的 I/O 点数在 256 点以下，用户程序存储容量在 4KB 左右。中型 PLC 的 I/O 点数范围为 256～2048 点，用户程序存储容量在 8KB 左右。大型 PLC 的 I/O 点数在 2048 点以上，用户程序存储容量在 16KB 以上。PLC 还可以按功能分为低档机、中档机和高档机。低档机以逻辑运算为主，具有计时、计数、移位等功能。中档机一般有整数和浮点运算、数制转换、PID 调

节、中断控制及联网功能，可用于复杂的逻辑运算及闭环控制场合。高档机具有更强的数字处理能力，可进行矩阵运算、函数运算，完成数据管理工作，有很强的通信能力，可以和其他计算机构成分布式生产过程综合控制管理系统。一般大型机都是高档机。

（2）按硬件的结构形式分类

PLC 按硬件结构形式的不同，可以分为整体式、模块式和叠装式。

① 整体式又称为单元式或箱体式。整体式 PLC 的中央处理器（CPU）模块、I/O 模块和电源装在同一个箱体机壳内，结构非常紧凑，体积小，价格低。小型 PLC 一般采用整体式结构。整体式 PLC 一般配有许多专用的特殊功能单元，如模拟量 I/O 单元、位置控制单元、数据 I/O 单元等，使 PLC 的功能得到扩展。图 1-4 所示为整体式 PLC。

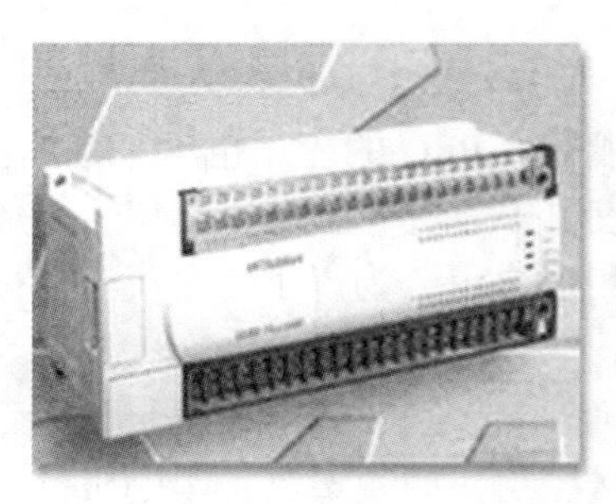

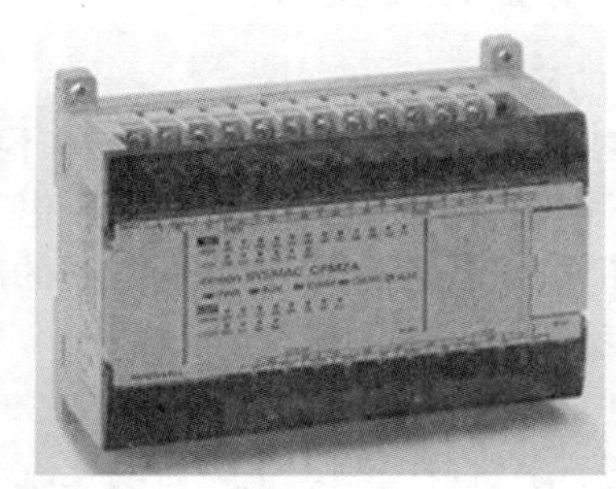

图 1-4　整体式 PLC

② 模块式又称为积木式。模块式 PLC 的各部分以模块的形式分开，如电源模块、CPU 模块、I/O 模块等。这些模块都插在模块插座上，模块插座焊接在框架中的总线连接板上。这种结构配置灵活、装配方便、便于扩展。中、大型 PLC 一般采用模块式结构。图 1-5 所示为模块式 PLC。

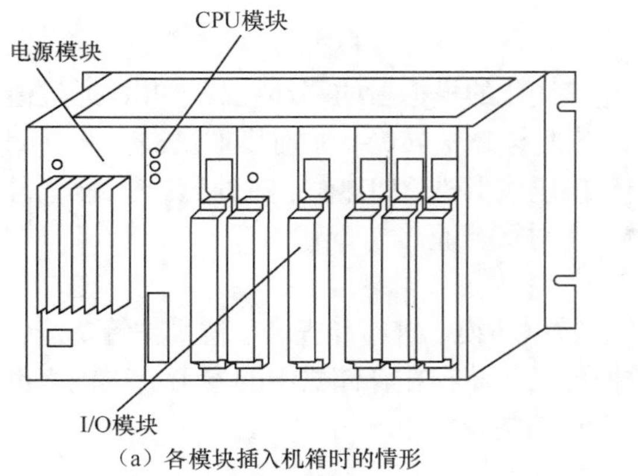

（a）各模块插入机箱时的情形

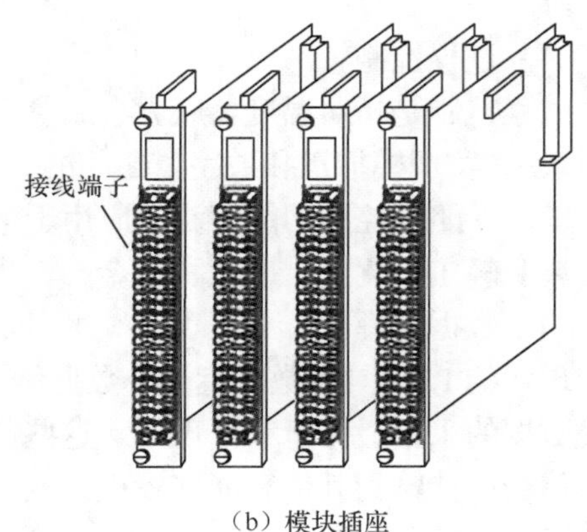

（b）模块插座

图 1-5　模块式 PLC

③ 叠装式是整体式和模块式相结合的产物。叠装式 PLC 的电源也可做成独立的，不使用模块式 PLC 中的母板，而采用电缆连接各个单元，在控制设备中安装时可以一层层地叠装，如图 1-6 所示。

整体式 PLC 一般用于规模较小，I/O 点数固定，以后也少有扩展的场合；模块式 PLC 一般用于规模较大，I/O 点数较多且比例比较灵活的场合；叠装式 PLC 兼有整体式 PLC 和模块式 PLC 的优点。从近年来的市场情况看，整体式 PLC 及模块式 PLC 有结合为叠装式 PLC 的趋势。

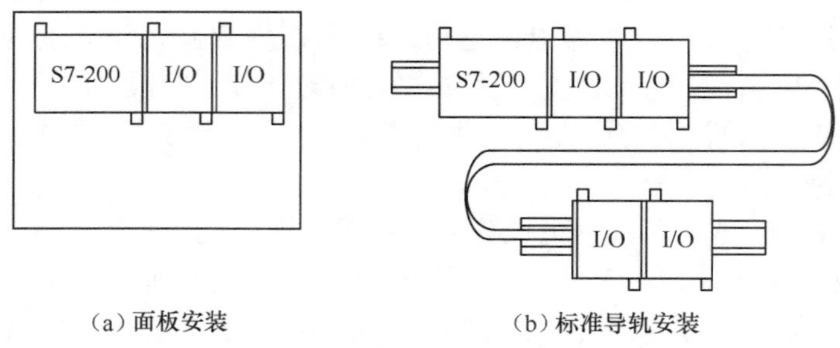

（a）面板安装　　（b）标准导轨安装

图 1-6　叠装式 PLC

四、PLC 的应用及发展趋势

1. PLC 的应用

随着 PLC 功能的不断完善、性价比的不断提高，PLC 的应用也越来越广。目前，PLC 已广泛应用于钢铁、采矿、水泥、石油、化工、电子、机械制造、汽车、船舶、装卸、造纸、纺织、环保、娱乐等各行各业。PLC 的应用通常可分为以下 5 种类型。

（1）顺序控制

顺序控制是 PLC 应用最广泛的领域之一，它取代了传统的继电器顺序控制。PLC 应用于单机控制、多机群控制、生产自动化流水线控制，如注塑机、印刷机械、订书机械、切纸机械、组合机床、磨床、装配生产线、包装生产线、电镀流水线及电梯控制等。

（2）运动控制

PLC 使用专用的指令或运动控制模块，对直线运动或圆周运动进行控制，可实现单轴、双轴、三轴和多轴位置控制，使运动控制与顺序控制功能有机地结合在一起。PLC 的运动控制功能广泛地应用于各种机械，如金属切削机床、金属成形机械、装配机械、机器人、电梯等。

（3）过程控制

过程控制是指对温度、压力、流量等连续变化的模拟量的闭环控制。PLC 通过模拟量 I/O 模块，实现模拟量和数字量之间的 A/D 转换与 D/A 转换，并对模拟量实行 PID 闭环控制。其 PID 闭环控制功能广泛地应用于塑料挤压成形机、加热炉、热处理炉、锅炉等设备，主要涉及轻工、化工、机械、冶金、电力、建材等行业。

（4）数据处理

现代的 PLC 具有数学运算、数据传输、数据转换、排序和查表、位操作等功能，可以完成数据的采集、分析和处理等。这些数据可以与储存在存储器中的参考值比较，也可以用通信功能传输到其他智能装置中，或者将它们制表打印。

（5）通信和联网

通信和联网是指 PLC 与 PLC 之间、PLC 与计算机或其他智能设备（如变频器、数控装置等）之间的通信，利用 PLC 与计算机的 RS-232、RS-485、RS-422 和以太网接口，以及 PLC 的专用通信模块，用双绞线和同轴电缆或光缆将它们连接成网络，实现信息交换，构成“集中管理、分散控制”的多级分布式控制系统，建立自动化网络。

2. PLC 的发展趋势

现代 PLC 的发展有两个主要趋势：一个是向体积更小、速度更快、功能更强和价格更低的微小型化方面发展；另一个是向大型网络化、高性能、良好的兼容性和多功能方面发展。

发展微小型 PLC 的目的是占领广大分散的中小型工业控制场合，使 PLC 不仅成为继电器-接触器控制系统的替代品，而且具备比继电器-接触器控制系统更强大的功能。小型、超小型和微小型 PLC 不仅便于实现机电一体化，也是实现家庭自动化的理想控制器。

大型 PLC 自身朝着大存储容量、高速度、高性能、增加 I/O 点数的方向发展。网络化和强化通信能力是大型 PLC 的重要发展趋势。PLC 构成的网络向下可将多个 PLC、多个 I/O 模块相连，向上可与工业计算机、以太网等结合，构成整个工厂的自动控制系统。PLC 采用计算机信息处理技术、网络通信技术和图形显示技术等，使生产控制功能和信息管理功能融为一体，满足现代化大生产的控制与管理需求。为了满足对特殊功能的需求，通信模块、位置控制模块、闭环控制模块、模拟量 I/O 模块、高速计数模块、数控模块、计算模块、模糊控制模块、语言处理模块等智能模块被不断开发出来。

总之，PLC 会成为当前与今后工业控制的主要手段和重要的基础控制设备。在未来的工业生产中，PLC 技术、机器人技术和计算机辅助设计/计算机辅助制造（CAD/CAM）技术将成为实现工业生产自动化的三大支柱。

五、PLC 的基本组成

PLC 的结构多种多样，但其组成的一般原理基本相同，都采用以微处理器为核心的结构，PLC 实际上就是一种新型的工业控制计算机。

PLC 硬件主要由中央处理器（CPU）、存储器、输入/输出（I/O）接口电路、电源和外部设备等组成。PLC 硬件结构如图 1-7 所示。

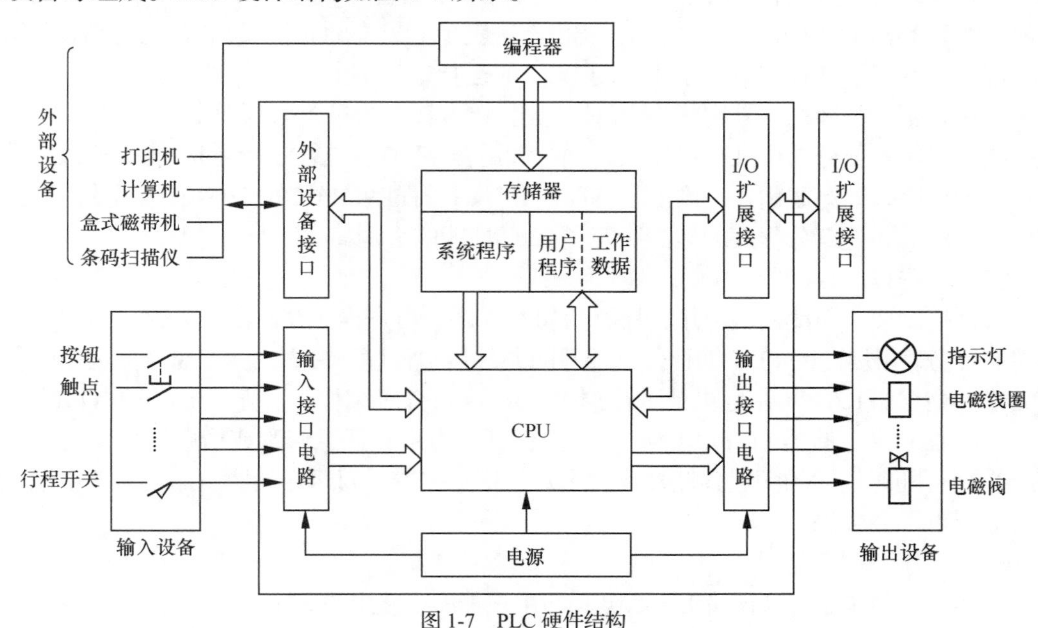

图 1-7　PLC 硬件结构

1. CPU

CPU 一般由控制器、运算器和寄存器组成，它们都集成在一个芯片内。CPU 通过数据总线、地址总线和控制总线与存储器、I/O 接口电路等相连。

与普通计算机一样，CPU 是 PLC 的核心部件，按系统程序赋予的功能指挥 PLC 有条不紊地进行工作，完成运算和控制任务。CPU 的主要用途如下。

① 接收从编程器输入的用户程序和工作数据，输入存储器存储。

② 用扫描方式接收输入设备的状态信号，并存入相应的工作数据区。

③ 监测和诊断电源、PLC 内部电路的工作状态和用户编程过程中的语法错误等。

④ 执行用户程序，从存储器逐条读取用户指令，完成各种数据的运算、传输和存储等功能。

⑤ 根据数据处理的结果，刷新有关标志位的状态和输出映像寄存器状态表的内容，再经过输出设备实现输出控制、制表打印或数据通信等功能。

PLC 中所使用的 CPU 多为 8 位单片机。为增强控制功能和提高实时处理速度，将 16 位或 32 位单片机用于高性能 PLC 设备。不同型号 PLC 的 CPU 是不同的，有的采用通用 CPU，如 8031、8051、8086、80826 等，有的采用厂家自行设计的专用 CPU（如西门子公司的 S7-200 系列 PLC 均采用其自行研制的专用芯片）等。CPU 的性能关系到 PLC 处理控制信号的能力与速度，CPU 位数越高，系统能处理的信息量越大，运算速度也越快。随着 CPU 技术的不断发展，PLC 所用的 CPU 越来越高档。FX_{2N} 系列 PLC 使用的微处理器是 16 位的 8096 单片机。

2. 存储器

存储器主要用来存放程序和数据，PLC 的存储器可以分为系统程序存储器、用户程序存储器及工作数据存储器 3 种。

（1）系统程序存储器

系统程序存储器用来存放由 PLC 生产厂家编写的系统程序，并固化在只读存储器（ROM）内，用户不能直接更改。它使 PLC 具有基本的智能，能够完成 PLC 设计者规定的各项工作。系统程序质量的好坏在很大程度上决定了 PLC 的性能，其内容主要包括三部分：第一部分为系统管理程序，它主要控制 PLC 的运行，使整个 PLC 按部就班地工作；第二部分为用户指令解释程序，它能将 PLC 的编程语言转化为机器语言指令，再由 CPU 执行这些指令；第三部分为标准程序模块与系统调用程序，它包括许多不同功能的子程序及其调用管理程序，如完成输入、输出及特殊运算等的子程序，PLC 的具体工作都是由这部分程序来完成的，这部分程序的多少决定了 PLC 性能的强弱。

（2）用户程序存储器

根据控制要求而编制的应用程序称为用户程序。用户程序存储器用来存放用户针对具体控制任务，用规定的 PLC 编程语言编写的各种用户程序。用户程序存储器可选用的不同存储器类型，如 RAM（用锂电池进行掉电保护）、可擦可编程只读存储器（EPROM）或电擦除可编程只读存储器（EEPROM），其内容可以由用户任意修改或增删。目前较先进的 PLC 采用可随时读写的闪速存储器作为用户程序存储器。闪速存储器不需要后备电池，掉电时数据也不会丢失。

（3）工作数据存储器

工作数据存储器用来存储工作数据，即用户程序中使用的 ON/OFF 状态、数值数据等。工作数据存储器中开辟了元件映像寄存器和数据表。其中，元件映像寄存器用来存储开关量、输出状态以及定时器、计数器、辅助继电器等内部器件的 ON/OFF 状态；数据表用来存放各种数据，如存储用户程序执行时的某些可变参数值及 A/D 转换得到的数字量和数学运算的结果等。

3. I/O 接口电路

I/O 接口电路（工控实际中经常简称 I/O 模块）是 PLC 与工业控制现场各类信号连接

的部分，在 PLC 与被控对象间传递 I/O 信息。实际生产过程中产生的输入信号多种多样，信号电平各不相同，而 PLC 只能对标准电平进行处理。通过输入接口电路（俗称“输入模块”）可以将来自被控制对象的信号转换成 CPU 能够接收和处理的标准电平信号。同样，输出设备（如电磁阀、接触器、继电器等）所需的控制信号电平也有差别，必须通过输出接口电路（俗称“输出模块”）将 CPU 输出的标准电平信号转换成这些执行元件所能接收的控制信号。

I/O 接口电路需要具有良好的抗干扰能力，因此一般都包含光电隔离电路和 RC 滤波电路，用以消除输入触点的抖动和外部噪声干扰。

为了适应各类 I/O 信号的匹配需要，PLC 的 I/O 接口电路分为开关量 I/O 接口电路和模拟量 I/O 接口电路。开关量 I/O 接口电路又分为直流接口电路、交流接口电路和交直流接口电路。

（1）输入接口电路

连接 PLC 输入接口电路的输入器件是各种开关、按钮、触点、传感器等。按现场信号可以接纳的电源类型的不同，开关量输入接口电路可分为 3 类：直流输入接口电路、交流输入接口电路和交直流输入接口电路。使用时要根据输入信号的类型选择合适的输入模块。各种 PLC 的输入接口电路大都相同，直流输入接口电路原理如图 1-8（a）所示，其逻辑功能可以用图 1-8（b）所示的等效电路来表示。其中 X1 为输入等效元件——输入继电器。

图 1-8 所示的直流输入接口电路中的 COM 是公共端子。如图 1-8（a）所示，当输入开关 K2 接通时，光电耦合器导通，输入信号输入 PLC 内部电路，CPU 在输入采样阶段读入数字“1”供用户程序处理，同时输入指示灯点亮，表示输入端子对应的开关接通。此开关接通的状态可等效为输入继电器 X1 的线圈得电，此时输入继电器 X1 的状态为“1”，程序中对应 X1 的触点动作，即常开触点闭合、常闭触点断开。

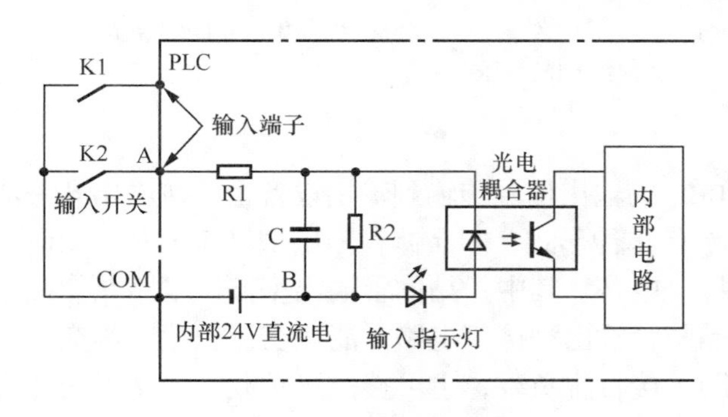

（a）直流输入接口电路原理

（b）直流输入接口等效电路

图 1-8　直流输入接口电路

反之，输入开关 K2 断开，光电耦合器截止，CPU 在输入阶段读入数字“0”供用户程序处理，同时 LED 输入指示灯熄灭，表示输入端子对应的开关断开。输入开关断开的状态可等效为输入继电器 X1 的线圈失电，此时输入继电器 X1 的状态为“0”，程序中对应 X1 的触点不动作（或复位），即常开触点仍断开、常闭触点仍闭合。直流输入接口电路一般由 PLC 内部 24V 直流电源供电，也可以使用外部 24V 直流电源供电。

直流输入接口电路

交流输入接口电路和交直流输入接口电路分别如图 1-9 和图 1-10 所示。它们的电路原理和结构及等效电路结构与直流输入接口电路的基本相似，只是交流输入接口电路一般由外部电源供电。

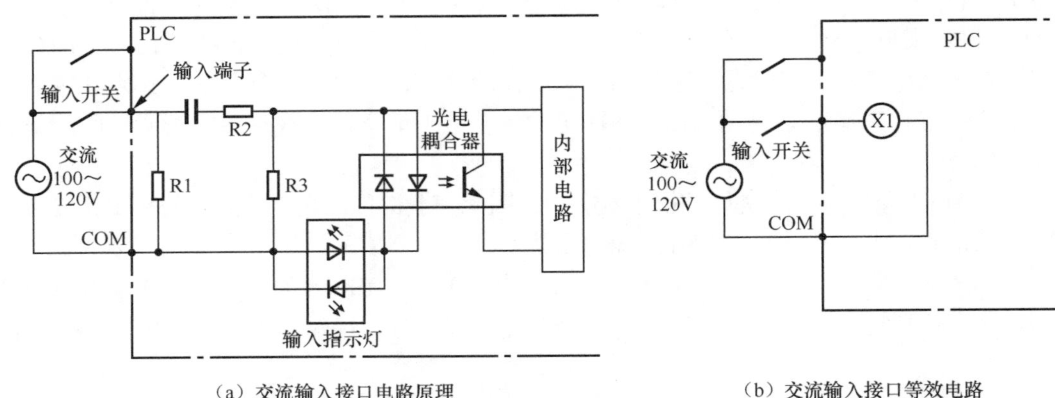

（a）交流输入接口电路原理　　（b）交流输入接口等效电路

图 1-9　交流输入接口电路

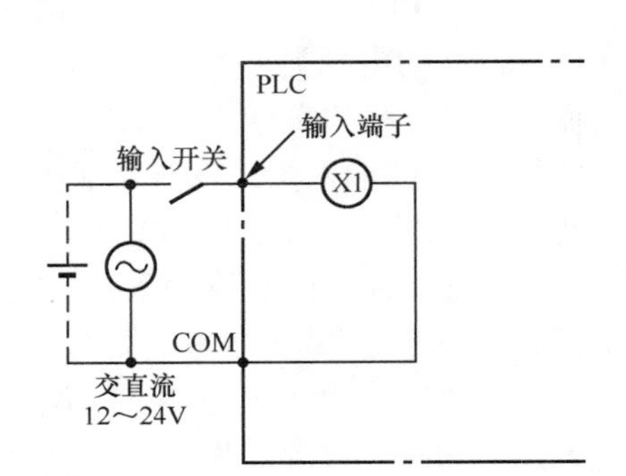

（a）交直流输入接口电路原理　　（b）交直流输入接口等效电路

图 1-10　交直流输入接口电路

（2）输出接口电路

开关量输出接口电路的作用是将 PLC 的输出信号传输到输出设备中。按输出开关器件的种类的不同，PLC 的输出接口电路有 3 种形式，即晶体管输出型接口电路、双向晶闸管输出型接口电路和继电器输出型接口电路。其中，晶体管输出型接口电路只能接直流负载，为直流输出接口电路；双向晶闸管输出型接口电路只能接交流负载，为交流输出接口电路；继电器输出型接口电路既可接直流负载，也可接交流负载，为交直流输出接口电路。

直流输出接口电路（晶体管输出型接口电路）如图 1-11（a）所示，程序执行完毕，输出信号由输出映像寄存器送至输出锁存器，再经光电耦合器控制输出晶体管。当晶体管饱和导通时，外部负载电路接通，这时 LED 输出指示灯点亮，表示该输出端子的输出信号为“1”，即有输出信号。当晶体管截止断开时，外部负载电路断开，这时 LED 输出指示灯熄灭，表示该输出端子的输出信号为“0”，即无输出信号。图 1-11（a）中所示的稳压管 VS 用来抑制、关断过电压和外部的浪涌电压，保护输出晶体管。

直流输出接口电路的逻辑功能可用图 1-11（b）所示的等效电路来表示，Y1 为输出等效元件——输出继电器（常开触点）。若程序执行结果使 Y1 为“1”，表示有信号输出，这时等效电路的 Y1 常开触点闭合，外部输出电路接通；反之，外部输出电路断开。

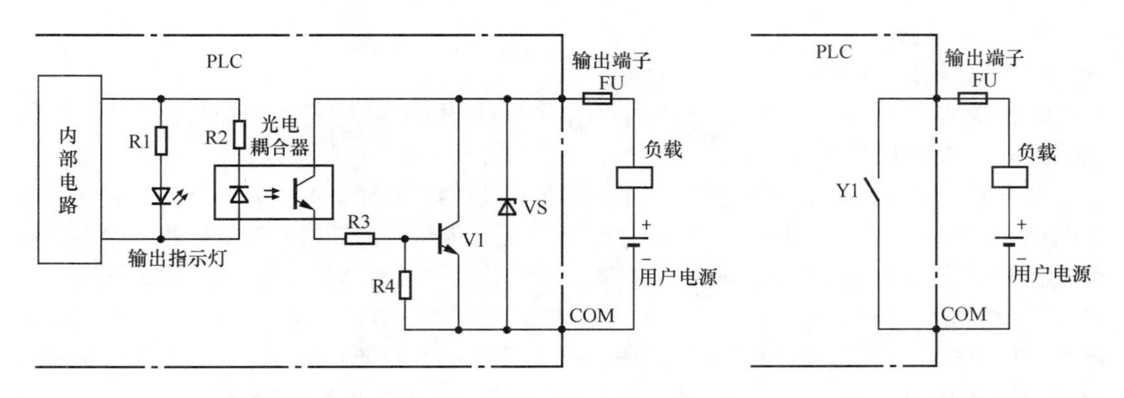

图 1-11 直流输出接口电路（晶体管输出型接口电路）

交流输出接口电路（双向晶闸管输出型接口电路）和交直流输出接口电路（继电器输出型接口电路）分别如图 1-12 和图 1-13 所示。其电路原理和结构与直流输出接口电路基本相似。

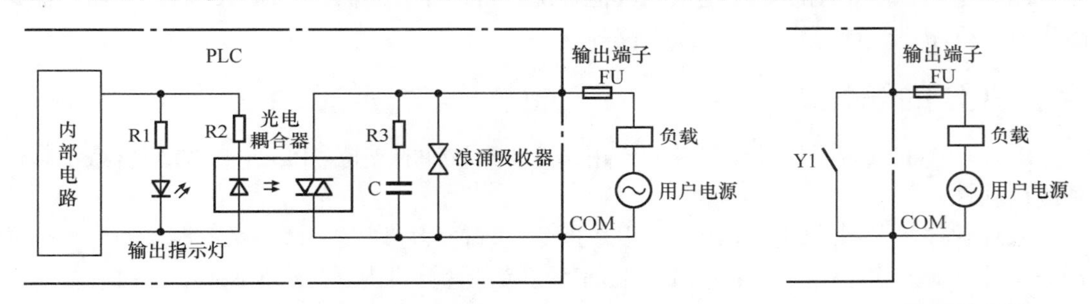

图 1-12 交流输出接口电路（双向晶闸管输出型接口电路）

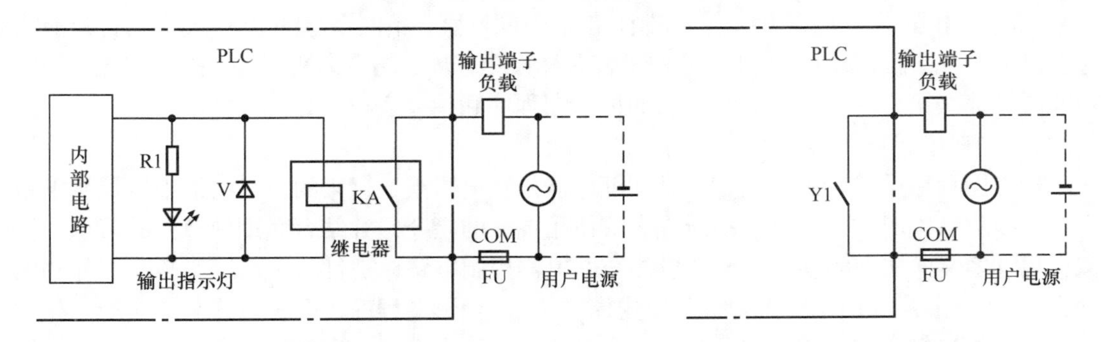

图 1-13 交直流输出接口电路（继电器输出型接口电路）

交直流输出接口电路（继电器输出型接口电路）

4. 电源

PLC 配有开关式稳压电源模块。电源模块把交流电转换成 PLC 内部的 CPU、存储器等所需要的直流电，使 PLC 正常工作。PLC 的电源模块有很好的稳压措施，因此对外部电源的稳定性要求不高，一般允许外部电源电压的偏差范围为额定值的−15%～10%。有些 PLC 的电源模块还能向外提供直流 24V 稳压电源，用于对外部传感器供电。为了防止外部电源发生故障时 PLC 内部程序和数据等重要信息丢失的情况发生，PLC 用锂电池作停电时的后备电源。

5. 外部设备

（1）编程器

编程器是可将用户程序输入 PLC 的存储器。可以用编程器检查、修改程序，还可以利用编程器监视 PLC 的工作状态。它通过接口与 CPU 联系，完成人机对话。

编程器一般分为简易型和智能型。简易型的编程器只能联机编程，并且往往需要将梯形图程序转化为机器语言助记符（指令表程序）后才能输入。简易型的编程器一般由简易键盘和 LED 或其他显示器件组成。智能型的编程器又称为图形编程器。它可以联机编程，也可以脱机编程，具有液晶显示（LCD）或阴极射线管（CRT）图形显示功能，可以直接输入梯形图程序以及通过屏幕对话。脱机编程是指在编程时把程序存储在编程器内存储器中的一种编程方式。脱机编程的优点是在编程和修改程序时，可以不影响原有程序的运行。如果想利用个人计算机作为编程器，这时个人计算机应配有相应的编程软件包，若要直接与 PLC 通信，还要配有相应的通信电缆。

（2）其他外部设备

PLC 还可以配备生产厂家提供的其他外部设备，如存储器卡、EPROM 写入器、盒式磁带机、打印机、计算机、条码扫描仪等。

六、PLC 的编程语言

PLC 功能的实现不仅基于硬件的作用，更要靠软件的支持。PLC 的软件包含系统软件和应用软件。

系统软件包含系统的管理程序、用户指令的解释程序以及一些供系统调用的专用标准程序块等。系统软件在用户使用 PLC 之前就已装入计算机内，并永久保存，在各种控制工作中不需要更改。

应用软件又称为用户软件或用户程序，是由用户根据控制要求采用 PLC 专用的程序语言编制的应用程序，以实现所需的控制目的。不同厂家、不同型号的 PLC 编程语言只能适应自己的产品。目前常用的 PLC 编程语言有梯形图程序、指令表程序、状态转移图、逻辑功能图及高级语言等。下面介绍常用的梯形图程序和指令表程序。

1. 梯形图程序

梯形图程序是一种图形语言，是从继电器控制电路演变过来的。它将继电器控制电路进行了简化，同时加入了许多功能强大、使用灵活的指令，并结合微型计算机的特点，使编程更加容易，实现的功能大大超过传统继电器控制电路，是目前应用最普遍的一种 PLC 编程语言。图 1-14 所示为继电器控制电路与 PLC 梯形图程序，两种方式都能实现三相异步电动机的自锁正转控制。梯形图程序及符号的画法应遵守一定规则，各厂家的符号和规则虽然不尽相同，但是基本上大同小异。

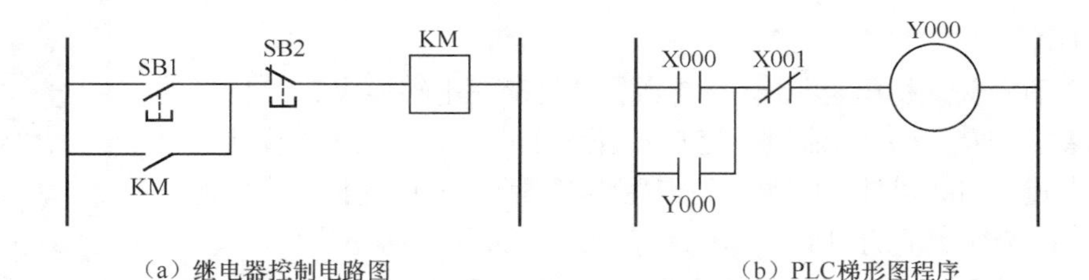

（a）继电器控制电路图　　（b）PLC梯形图程序

图 1-14　继电器控制电路与 PLC 梯形图程序

2. 指令表程序

梯形图程序的优点是直观、简便，但要求用带 CRT 屏幕显示的图形编程器才能输入图形符号，小型的 PLC 一般无法满足要求，通常采用经济、便携的编程器将程序输入 PLC 中。指令表程序使用的指令语句类似于微型计算机中的汇编语言。

语句是指令表程序编程语言的基本单元，每个控制功能由一个或多个语句组成的程序来执行。每条语句是表示 PLC 中 CPU 如何动作的指令，由操作码和操作数组成。

随着 PLC 的飞速发展，许多高级功能仍用梯形图程序来表示就会很不方便。为了增强 PLC 的数学运算、数据处理、图表显示、报表打印等功能，方便用户的使用，许多大、中型 PLC 都配备了 Pascal、BASIC、C 等高级编程语言。这种编程方式称为结构文本，与梯形图程序相比，结构文本有两大优点：一是能实现复杂的数学运算，二是非常简洁和紧凑。

七、PLC 的内部等效电路及工作过程

1. PLC 的内部等效电路

以图 1-15 所示的两台电动机启动的继电器-接触器控制系统为例，两台电动机启动的 PLC 内部等效电路如图 1-16 所示。

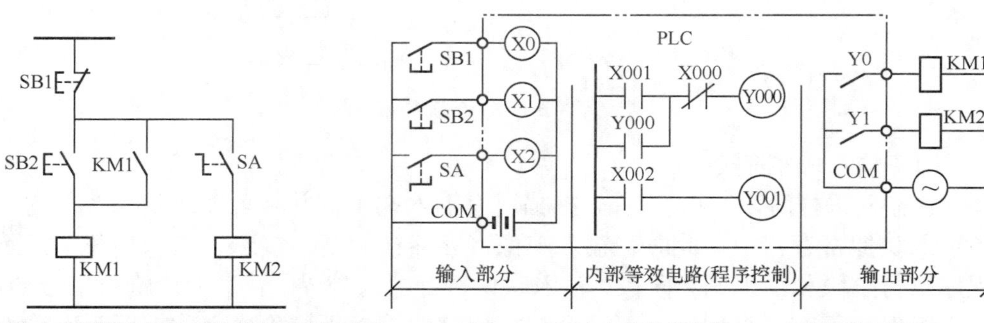

图 1-15 两台电动机启动的继电器-接触器控制系统　　图 1-16 两台电动机启动的 PLC 内部等效电路

在图 1-16 中，PLC 的输入部分是用户输入设备，常用的有按钮、开关、传感器等，它们通过输入端子（输入接口）与 PLC 连接。PLC 的输出部分是用户输出设备，包括接触器（继电器）线圈、信号灯、各种控制阀等，它们通过输出端子（输出接口）与 PLC 相连。

程序控制（梯形图程序）可视为由内部继电器、接触器等组成的等效电路。

三菱 FX 系列的 PLC 输入 COM 端一般是 24V 机内电源的负极端，输出 COM 端接用户负载电源。

2. PLC 的工作过程

PLC 有两种工作模式，即运行（RUN）模式与停止（STOP）模式，如图 1-17 所示。

在停止模式中，PLC 只进行内部处理和通信服务工作。在内部处理阶段，PLC 不仅会检查 CPU 模块内部的硬件是否正常，还会对用户程序的语法进行检查，并定期复位监控定时器等，以确保系统可靠运行。在通信服务阶段，PLC 可与外部智能设备进行通信，如 PLC 之间以及 PLC 与计算机之间的信息交换。

在运行模式中，PLC 除进行内部处理和通信服务外，还要完成输入采样、程序执行和输出刷新 3 个阶段的扫描周期工作。简单地说，运行模式一般用于执行应用程序，停止模

式一般用于程序的编制与修改。扫描周期过程如图 1-18 所示。

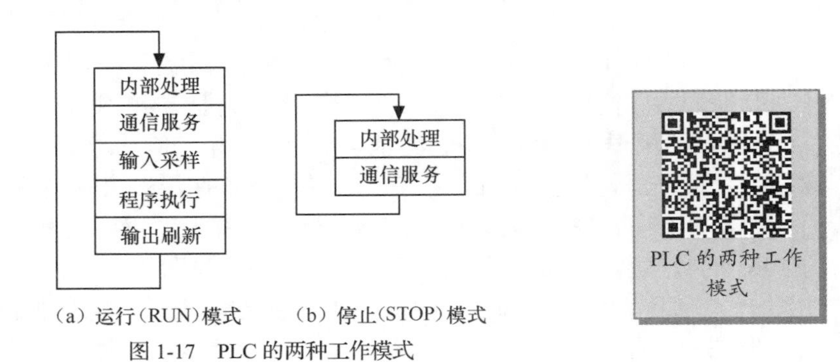

图 1-17　PLC 的两种工作模式

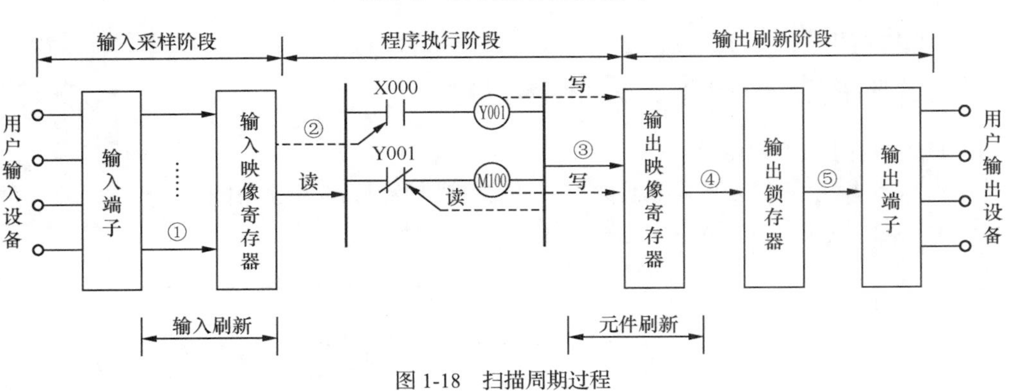

图 1-18　扫描周期过程

（1）输入采样阶段

在输入采样阶段，PLC 首先扫描所有输入端子，并将各输入状态存入内存对应的各输入映像寄存器中。此时，输入映像寄存器被刷新。接着，进入程序执行阶段。在程序执行阶段和输出刷新阶段，输入映像寄存器与外界隔离，无论输入信号如何变化，其内容保持不变，直到进入下一个扫描周期的输入采样阶段，才重新写入输入端子的新状态。

（2）程序执行阶段

首先，根据 PLC 梯形图程序扫描原则，CPU 按先左后右、先上后下的步序对语句逐句扫描。当指令中涉及输入、输出状态时，PLC 就从输入映像寄存器中读入上一阶段输入的对应输入端子状态，从输出映像寄存器读入对应输出端子（软继电器）的当前状态。然后，CPU 进行相应的运算，最后将运算结果存入输出映像寄存器中。对输出映像寄存器来说，每个元件（软继电器）的状态都会随着程序执行过程变化。

（3）输出刷新阶段

在所有指令执行完毕后，输出映像寄存器中所有输出继电器的状态在输出刷新阶段都转存到输出锁存器中。通过隔离电路驱动功率放大电路，使输出端子向外界发出控制信号，驱动外部负载。

CPU 每完成一次内部处理、通信服务、输入采样、程序执行、输出刷新等各阶段的扫描工作，就称为 1 个扫描周期。1 个扫描周期结束后，CPU 又从内部处理阶段开始重复下一个扫描周期的工作，直至进入停止模式。

下面以两台电动机的启动控制为例来说明 PLC 的扫描周期过程。两台电动机启动的继电器-接触器控制电路如图 1-15 所示，PLC 内部等效电路如图 1-16 所示，两台电动机启动控制的 I/O 信号及程序如图 1-19 所示。

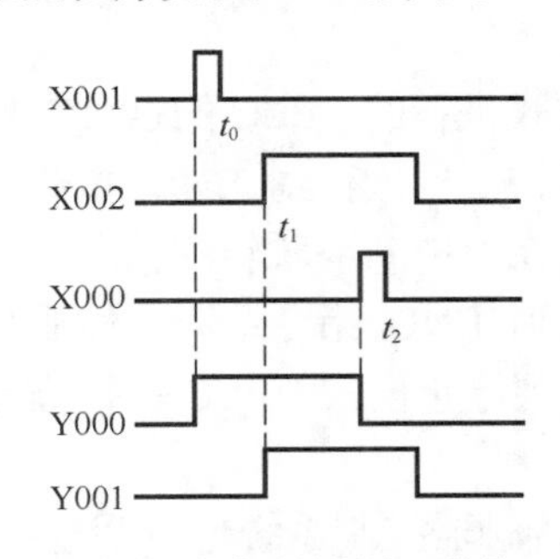

（a）两台电动机启动控制的I/O信号

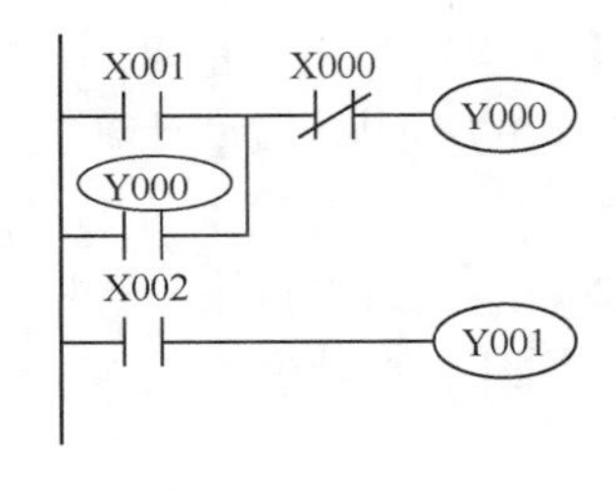

（b）两台电动机启动控制的程序

图 1-19　两台电动机启动控制的 I/O 信号及程序

t_0 时刻，在 PLC 输入采样阶段，PLC 扫描输入端子，得到 X1 端子的值是 1，X2 端子的值是 0，X0 端子的值是 0。PLC 内部与 X1 端子、X2 端子、X0 端子对应的输入映像寄存器被刷新，将新的值即 X1 =1、X2=0、X0=0 存入其中（X 或 Y 后的数字中间有的部分：实际使用中在手写和叙述时会省略“0”，但编程软件会自动增补“0”）。

在程序执行阶段，CPU 对指令进行逻辑运算，其中所需的 X0 端子、X1 端子、X2 端子、Y0 端子的值由输入映像寄存器读入。经运算得到 Y0 端子的新值为 1，Y1 端子的新值为 0，并将该结果存入与 Y0 端子、Y1 端子对应的输出映像寄存器中。

在输出刷新阶段，输出映像寄存器中 Y0 端子的值 1 通过输出接口电路输出，驱动外部负载。Y1 端子的值 0 也通过输出接口电路输出，但因其值为 0，不能驱动外部负载。

到此，1 个扫描周期结束，PLC 进入下一个扫描周期。

在下一个扫描周期中，输入信息还未来得及变化（1 个扫描周期很短，一般为毫秒数量级），PLC 在输入采样阶段得到的 X1 端子、X2 端子、X0 端子的值与前一扫描周期的相同。在程序执行阶段，运算中所用到的 Y0 端子的值由输出映像寄存器读入，其值为前一扫描周期的运算结果 1，程序运算新得到的 Y0 端子的值仍为 1，Y1 端子的值仍为 0。

有必要说明一下，在上述的第 2 个扫描周期中，运算用到的 Y0 端子的值为前一扫描周期的运算结果 1，它所起的作用就是我们所说的“自保”。具体来说就是，只要 Y0 端子的值为 1，即使 X1 端子的值为 0，新的运算结果 Y0 端子的值也能保持为 1。

PLC 就是这样不断地执行输入采样、程序执行和输出刷新 3 个阶段的扫描周期工作，据此分析，不难得到图 1-19（a）所示的输出结果。例如，经历若干个周期后的 t_1 时刻，PLC 扫描到 X1、X2 及 X0 端子的值分别是 0、1、0，被及时存入对应的输入映像寄存器中。在程序执行阶段，CPU 经运算得到 Y0 端子的新值仍为 1，Y1 端子的新值也为 1，并将该结果存入与 Y0、Y1 端子对应的输出映像寄存器中。在输出刷新阶段，输出映像寄存器中 Y0、Y1 端子的值 1 均通过输出接口电路输出，驱动外部负载，第 2 台电动机也启动起来。

3. PLC 的工作特点

（1）循环扫描工作方式

PLC 采用的是不断循环的顺序扫描工作方式，即循环扫描工作方式。每次扫描所用的时间称为扫描周期或工作周期。CPU 从第 1 条指令开始，按顺序逐条地执行用户程序直到用户程序结束，然后返回第 1 条指令，开始下一个扫描周期。PLC 就是这样不断重复上述循环扫描过程的。

（2）PLC 与其他控制系统工作方式的区别

PLC 对用户程序的执行是以循环扫描工作方式进行的。PLC 的这种工作方式与微型计算机相比有较大的不同。微型计算机运行程序时，一旦执行到 END 指令，就结束运行。PLC 从存储地址所存放的第 1 条用户程序开始，在无中断或跳转的情况下，按存储地址号递增的方向按顺序逐条执行用户程序，直到执行到 END 指令结束，然后从头开始执行，并周而复始地循环，直到停机或从运行模式切换到停止模式。PLC 每扫描完 1 次程序就是 1 个扫描周期。

PLC 的循环扫描工作方式与传统的继电器-接触器控制系统也有明显的不同，继电器-接触器控制系统采用硬逻辑并行运行的工作方式：在执行过程中，如果一个继电器的线圈通电，则该继电器的所有常开触点和常闭触点无论处在控制电路的什么位置都会立即动作，即常开触点闭合、常闭触点断开。PLC 执行梯形图程序时采用“串行”工作方式，即 CPU 按从上往下、从左往右、一行一行的顺序扫描执行。在 PLC 的工作过程中，如果某个软继电器的线圈接通，那么该线圈的所有常开触点和常闭触点并不一定都会立即动作，只有 CPU 扫描到该触点时才会动作。即常开触点闭合、常闭触点断开。因此，程序执行结果与梯形图程序的顺序有关。

八、FX 系列 PLC 简介

FX 系列 PLC 是由日本三菱公司研制开发的。FX 系列小型 PLC 将 CPU 和 I/O 一体化，使用更为方便。为了进一步满足不同客户的要求，FX 系列有多种不同的型号供客户选择。此外，还有多种特殊功能模块提供给不同的客户。

1. FX 系列 PLC 型号

FX 系列 PLC 型号命名的基本格式如图 1-20 所示。

系列序号：0，0S，0N，1，2，2C，1S，1N，2N，2NC，3U，3G，3S。

I/O 点数：I/O 合计的点数。

单元类型：M——基本单元；

E——I/O 混合扩展模块；

EX——输入专用扩展模块；

EY——输出专用扩展模块。

输出形式：R——继电器输出；

T——晶体管输出；

S——晶闸管输出。

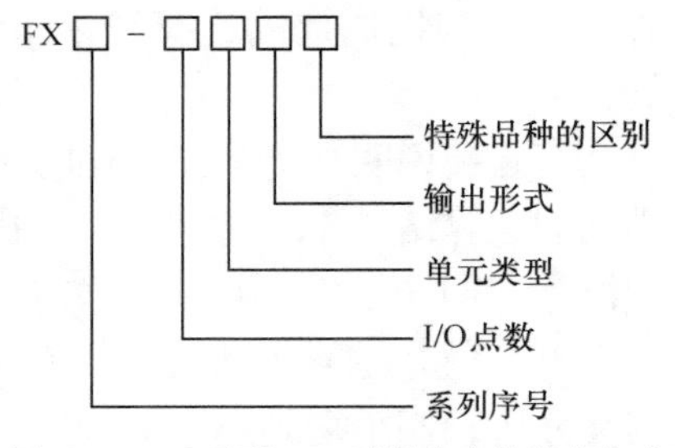

图 1-20　FX 系列 PLC 型号命名的基本格式

特殊品种的区别（这里只列出部分特殊品种，其他请查阅手册）：

D——DC 电源，DC 输入；

AI——AC 电源，AC 输入；

H——大电流输出扩展模块（1A/1 点）；

V——立式端子排的扩展模块；

C——接插口 I/O 方式；

F——输入滤波器 1ms 的扩展模块；

L——TTL 输入型扩展模块；

S——独立端子（无公共端子）扩展模块。

例如，FX_{2N}-32MRD 的含义：FX_{2N} 系列，I/O 点数为 32 点，继电器输出，DC 电源，DC 输入的基本单元。

FX 系列 PLC 种类繁多。基本单元（主机）有 FX_0、FX_{0S}、FX_{0N}、FX_1、FX_2、FX_{2C}、FX_{1S}、FX_{1N}、FX_{2N}、FX_{2NC}、FX_{3U}、FX_{3G}、FX_{3S} 等系列。每个系列又有多种不同 I/O 点数的机型，每个系列还有继电器输出、晶体管输出和晶闸管输出 3 种输出形式等。

2. FX 系列 PLC 的基本组成

FX 系列 PLC 由基本单元、扩展单元、扩展模块及特殊功能单元构成。基本单元是内置了 CPU、存储器、I/O 方式及电源的产品，是 PLC 的主要部分。扩展单元是用于增加 PLC I/O 点数的装置，内部设有电源，可以给连接在其后的扩展设备供电。扩展模块用于增加 PLC 的 I/O 点数及改变 PLC 的 I/O 点数比例，内部无电源，所用电源由基本单元或扩展单元供给（因为扩展单元及扩展模块无 CPU，所以必须与基本单元一起使用）。特殊功能单元是一些具有专门用途的装置。

3. FX_{3U} 系列 PLC 的面板

图 1-21 所示为三菱 FX_{3U} 系列 PLC 面板，主要包含上盖板、电池盖板、连接特殊适配器用的卡扣、功能扩展部分的空盖板、RUN/STOP 开关、连接外围设备接口、安装 DIN 导轨用的卡扣、型号显示、显示输入用的指示灯（红）、端子排盖板、连接扩展设备用的连接器盖板、工作状态的指示灯、显示输出用的指示灯（红）。

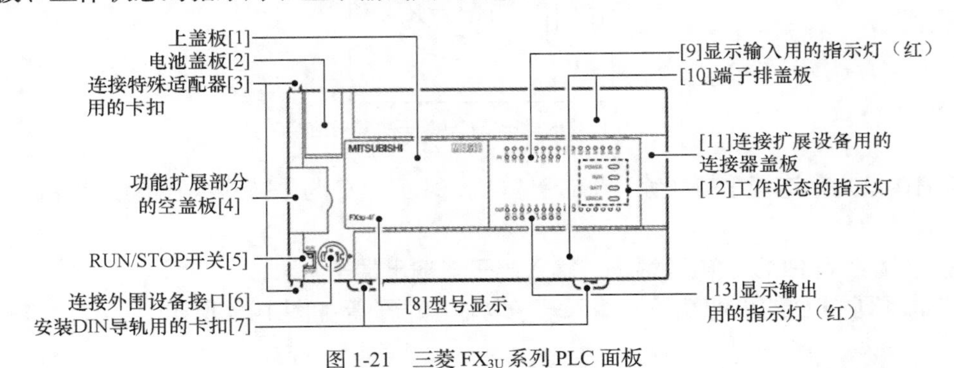

图 1-21　三菱 FX_{3U} 系列 PLC 面板

打开端子排盖板的情况如图 1-22 所示，此时可看见电源端子、输入端子、端子排拆装用螺栓（FX_{3U}-16M 口不能拆装）、端子名称及输出端子等。

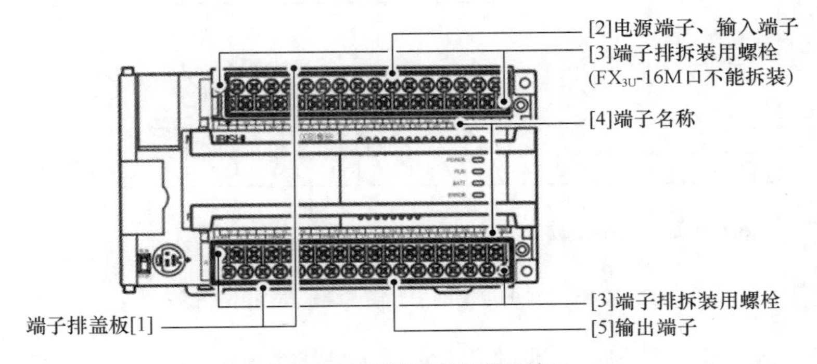

图 1-22　打开端子排盖板的情况

PLC 面板上有工作状态的显示区，如图 1-21 中的工作状态的指示灯所示，PLC 提供 4 个指示灯来反映 PLC 当前的工作状态，其含义如表 1-1 所示。

表 1-1　　PLC 工作状态的指示灯含义

指示灯	中文名称	亮灯颜色	含义
POWER	电源指示灯	绿灯	通电状态时亮灯
RUN	运行指示灯	绿灯	运行中亮灯
BATT	锂电池指示灯	红灯	内部锂电池电量过低时亮灯
ERROR	出错指示灯	红灯	程序错误时闪烁
			CPU 错误时长亮

PLC 的操作模式转换开关与通信接口如图 1-23 所示。操作模式转换开关用来改变 PLC 的工作模式。PLC 接通电源后将转换开关拨到 RUN 位置上，则 PLC 的运行指示灯点亮，表示 PLC 处于运行模式；将转换开关拨到 STOP 位置上，则 PLC 的运行指示灯熄灭，表示 PLC 处于停止运行用户程序的停止模式。

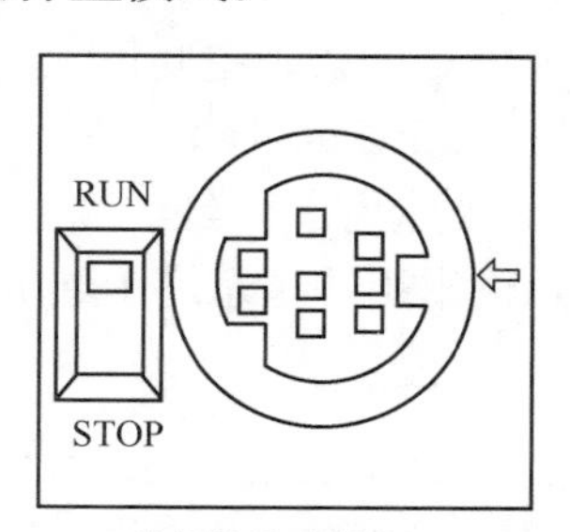

图 1-23　PLC 的操作模式转换开关与通信接口

通信接口用来连接手持式编程器或计算机，保证 PLC 与手持式编程器或计算机的正确通信。

4. FX_{3U} 系列 PLC 的电源端子、输入端子与输出端子

FX_{3U} 系列 PLC 的电源端子、输入端子与输出端子等如图 1-24 所示。

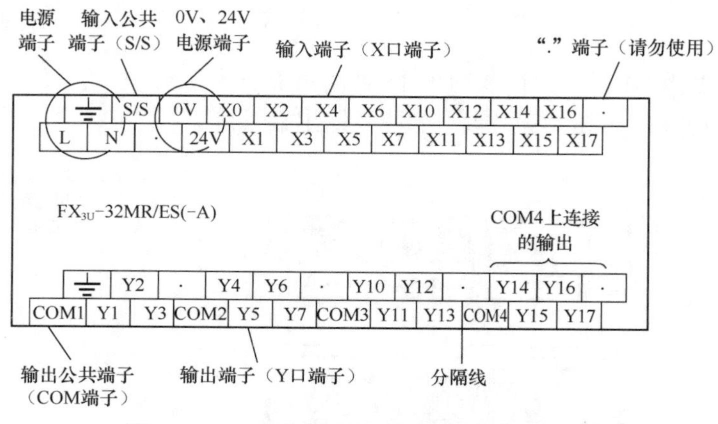

图 1-24　PLC 的电源端子、输入端子与输出端子等

电源端子：AC 电源型 PLC，通过 L、N 端子外接 220V AC 电源。DC 电源型 PLC，通过⊕、⊖端子（图中没画出）外接 24V DC 电源。

输入公共端子（S/S）：PLC 输入接口电路的内部公共端子，在外接传感器、按钮、行程开关等外部输入元件时必须接此端子才能构成回路。

0V、24V 电源端子：AC 电源型 PLC 有此两端子，可以为外部设备如三线式传感器等提供 DC 24V 电源。DC 电源型 PLC 没有提供此电源。

输入端子（X 口端子）：PLC 输入继电器的接线端子，外部输入元件的信号经此端子接入 PLC。

“·”端子：带有此符号的端子表示未赋予功能，不能使用。

输出端子（Y 口端子）：PLC 的输出继电器接线端子，PLC 程序执行的结果经此端子输出，以驱动外部负载。

输出公共端子（COM 端子）：标有 COM 字样的端子是 PLC 输出接口电路的内部公共端子，在外接接触器线圈、电磁阀线圈、指示灯等负载时必须接此端子才能构成回路。

如图 1-24 所示，有 4 个 COM 端子。Y0～Y3 共用 COM1 端子，Y4～Y7 共用 COM2 端子，Y10～Y13 共用 COM3 端子，Y14～Y17 共用 COM4 端子。

对于共用 COM 端子的同一组负载，必须用同一电源类型和电压等级，但不同的 COM 端子组的负载可使用不同的电源类型和电压等级。不同 COM 端子组输出回路的连接示例如图 1-25 所示。在所有负载使用相同电源类型和电压等级时，则将 COM1～COM4 用导线进行短接。

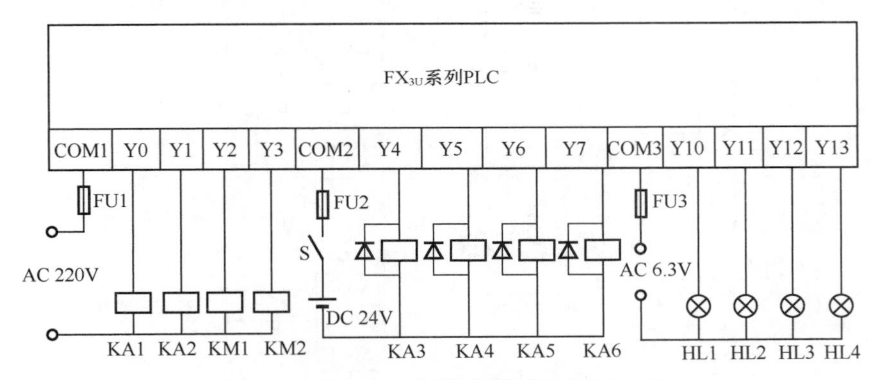

图 1-25　不同 COM 端子组输出回路的连接示例

关于 PLC 的外部接线以及安装要求，请务必参考 PLC 接线手册及硬件手册。

5. PLC 的输入接口回路和输出接口回路连接

PLC 的输入接口回路是 PLC 接收外部输入信号的接口回路，可根据外部输入设备适用电源的类型及规格选择 PLC 输入接口的类型。外部输入设备通常分为主令电器和检测电器两大类。主令电器产生主令输入信号，如按钮、开关等；检测电器产生检测运行模式的信号，如行程开关、热继电器的触点、传感器等。PLC 输入接口回路的连接示例如图 1-26 和图 1-27 所示，无论是哪种形式，其内部编程没有差异。

PLC 输出接口回路是 PLC 驱动外部负载的回路。PLC 输出接口的类型要根据外部输出设备适用电源的要求进行选择。外部输出设备通常分为驱动负载和显示负载两大类。驱动负载如接触器、继电器、电磁阀等；显示负载如指示灯、数字显示装置、电铃和蜂鸣器等。

图 1-28 所示为继电器输出接口回路的连接示例，可用于 AC 及 DC 两种负载，其开关速度慢，但过载能力强。当连接电阻负载时，每个输出点的最大负载电流为 2A。若 1 个 COM 端子只有 1 个输出点，则应保证此 COM 端子最大负载电流为 2A 以下；若 1 个 COM 端子有 4 个输出点或者 8 个输出点，则应保证此 COM 端子最大负载电流为 8A 以下。当连接感性负载时其视在功率应为 80V · A 以下。

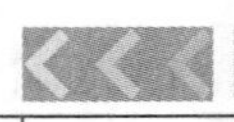

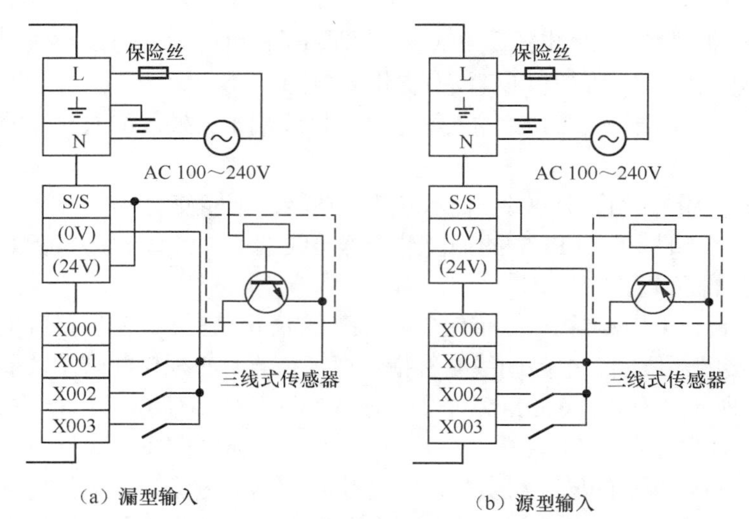

图 1-26　PLC 输入接口回路的连接示例（AC 电源型）

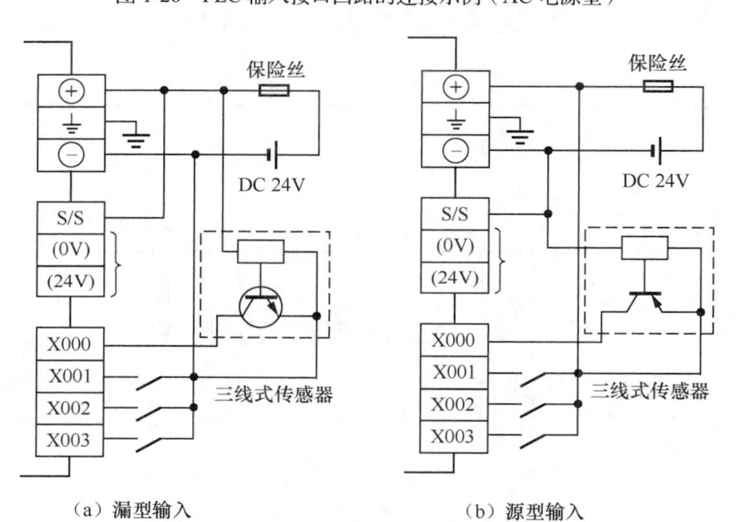

图 1-27　PLC 输入接口回路的连接示例（DC 电源型）

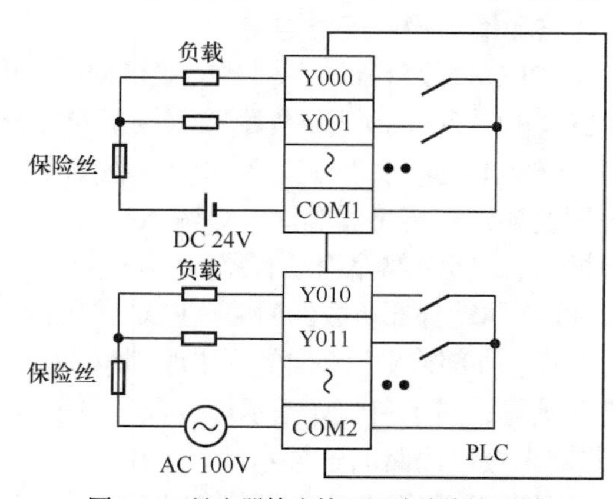

图 1-28　继电器输出接口回路的连接示例

图 1-29 所示为晶体管输出接口回路的连接示例，只适用于 DC 负载，其开关速度快，但过载能力差。此时每个输出点最大负载电流为 0.5A。若 1 个 COM 端子只有 1 个输出点，

则应保证此 COM 端子最大负载电流在 0.5A 以下；若 1 个 COM 端子有 4 个输出点，则应保证此 COM 端子最大负载电流在 0.8A 以下；若 1 个 COM 端子有 8 个输出点，则应保证此 COM 端子最大负载电流在 1.6A 以下。

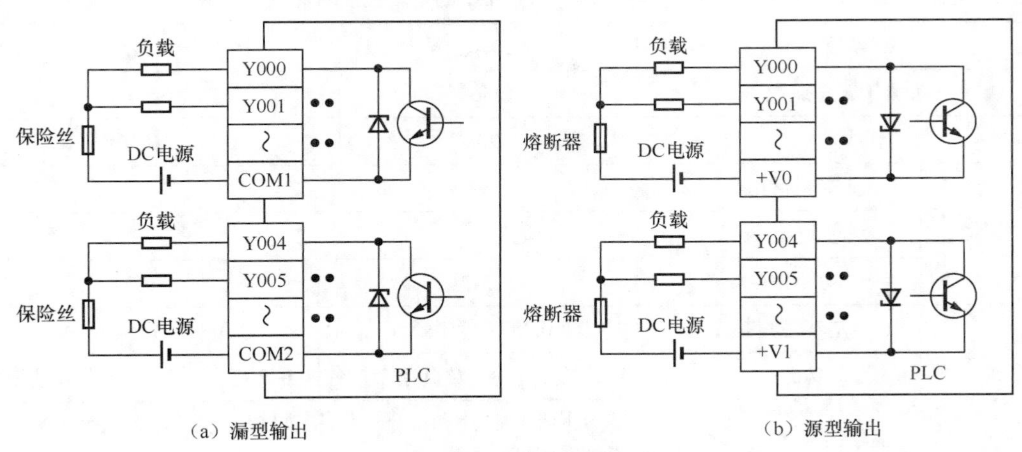

（a）漏型输出　　（b）源型输出

图 1-29　晶体管输出接口回路的连接示例

图 1-30 所示为晶闸管输出接口回路的连接示例，只适用于 AC 负载，其开关速度快，但过载能力差。此时每个输出点最大负载电流为 0.3A。若 1 个 COM 端子只有 1 个输出点，则应保证此 COM 端子最大负载电流在 0.3A 以下；若 1 个 COM 端子有 4 个输出点或者 8 个输出点，则应保证此 COM 端子最大负载电流在 0.8A 以下。

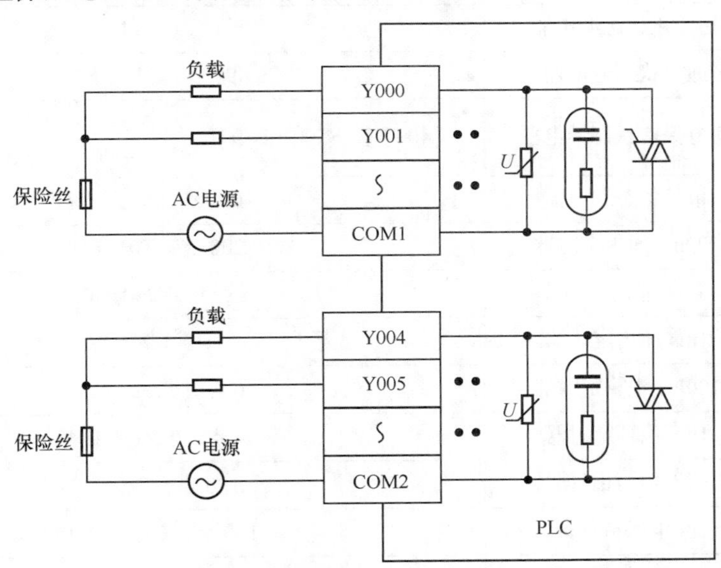

图 1-30　晶闸管输出接口回路的连接示例

6. FX_{3U} 与 FX_{2N} 的主要差异

三菱 FX_{3U} 系列 PLC 是针对产品小型化、大存储容量、高性价比的市场需求而开发的第三代微型 PLC，与 FX_{2N} 相比，它在许多方面进行了改进和增强。

首先，FX_{3U} 系列 PLC 的基本性能得到了大幅度的提升。FX_{2N} 与 FX_{3U} 系列 PLC 的基本性能对照如表 1-2 所示。

其次，FX_{3U} 系列 PLC 集成了业界高水平的多种功能，如内置了高性能的显示模块，内置了 3 轴独立的定位功能和带 DOG 搜索的原点回归以及中断单速定位，内置了 CC-Link/LT 主站功能，专门强化了通信功能等。

表 1-2　　　FX$_{2N}$ 与 FX$_{3U}$ 系列 PLC 的基本性能对照

<table>
<tr><th colspan="2">项目</th><th>FX$_{2N}$</th><th>FX$_{3U}$</th></tr>
<tr><td colspan="2">最大 I/O 总点数</td><td>256</td><td>348</td></tr>
<tr><td colspan="2">机型/种</td><td>20</td><td>15</td></tr>
<tr><td rowspan="3">指令数量</td><td>基本逻辑指令/条</td><td colspan="2">27</td></tr>
<tr><td>步进指令/条</td><td colspan="2">2</td></tr>
<tr><td>功能指令/条</td><td>132</td><td>209</td></tr>
<tr><td rowspan="2">指令速度</td><td>基本逻辑指令</td><td>0.08 微秒/指令</td><td>0.065 微秒/指令</td></tr>
<tr><td>功能指令</td><td>1.52 微秒/指令～数百微秒/指令</td><td>0.642 微秒/指令～数百微秒/指令</td></tr>
<tr><td colspan="2">编程语言</td><td colspan="2">逻辑梯形图程序和指令表程序，可以用步进梯形指令来生成顺序控制指令</td></tr>
<tr><td colspan="2">程序容量（EEPROM）</td><td>内置 8KB</td><td>内置 64KB</td></tr>
<tr><td rowspan="3">辅助继电器</td><td>通用辅助继电器</td><td colspan="2">500 点，M0～M499</td></tr>
<tr><td>断电保持辅助继电器</td><td>2572 点，M500～M3071</td><td>7180 点，M500～M7679</td></tr>
<tr><td>特殊辅助继电器</td><td>256 点，M8200～M8255</td><td>512 点，M8000～M8511</td></tr>
<tr><td rowspan="4">状态继电器</td><td>初始化状态继电器</td><td colspan="2">10 点，S0～S9</td></tr>
<tr><td>通用状态继电器</td><td colspan="2">490 点，S10～S499</td></tr>
<tr><td>断电保持状态继电器</td><td>400 点，S500～S899</td><td>3496 点，S500～S899，S1000～S4095</td></tr>
<tr><td>报警状态继电器</td><td colspan="2">100 点，S900～S999</td></tr>
<tr><td rowspan="5">定时器</td><td>100ms 通用定时器</td><td colspan="2">200 点，T0～T199</td></tr>
<tr><td>10ms 通用定时器</td><td colspan="2">46 点，T200～T245</td></tr>
<tr><td>1ms 通用定时器</td><td>无</td><td>256 点，T256～T512</td></tr>
<tr><td>100ms 积算定时器</td><td colspan="2">6 点，T250～T255</td></tr>
<tr><td>1ms 积算定时器</td><td colspan="2">4 点，T246～T249</td></tr>
<tr><td rowspan="4">计数器</td><td>16 位通用加计数器</td><td colspan="2">100 点，C0～C99</td></tr>
<tr><td>16 位断电保持加计数器</td><td colspan="2">100 点，C100～C199</td></tr>
<tr><td>32 位通用加减计数器</td><td colspan="2">20 点，C200～C219</td></tr>
<tr><td>32 位断电保持加减计数器</td><td colspan="2">15 点，C220～C234</td></tr>
<tr><td rowspan="4">高速计数器</td><td>1 相无启动复位输入</td><td colspan="2">6 点，C235～C240</td></tr>
<tr><td>1 相带启动复位输入</td><td colspan="2">5 点，C241～C245</td></tr>
<tr><td>2 相双向高速计数器</td><td colspan="2">5 点，C246～C250</td></tr>
<tr><td>A/B 相高速计数器</td><td colspan="2">5 点，C251～C255</td></tr>
</table>

续表

项目		FX_{2N}	FX_{3U}
数据寄存器	通用数据寄存器	16 位 200 点，D0～D199	
	断电保持数据寄存器	16 位 312 点，D200～D511	
	文件寄存器	16 位 7000 点，D0～D7999	
	特殊寄存器	16 位 256 点，D8000～D8255	16 位 512 点，D8000～D8511
	变址寄存器	16 位 16 点，V0～V7 和 Z0～Z7	
指针	跳转和子程序调用	128 点，P0～P127	256 点，P0～P255
	输入中断	6 点，I0□□～I5□□	
	定时器中断	3 点，I6☆☆～I8☆☆	
	计数器中断	6 点	
使用 MC 和 MCR 的嵌套层数		8 点，N0～N7	
常数	十进制	16 位：–32768～32767。32 位：–2147483648～2147483647	
	十六进制	16 位：0～FFFF。32 位：0～FFFFFFFF	
	浮点数	32 位：-1.0×2^{128}～-1.0×2^{-126}，0，1.0×2^{-126}～1.0×2^{128}（可以用小数点和指数形式表示）	

习　题

1. 简述 PLC 的定义。
2. 与继电器-接触器控制系统相比，PLC 有哪些优点？
3. PLC 主要应用在哪些领域？
4. PLC 内部硬件结构由哪几部分构成？
5. CPU 的作用有哪些？
6. 简述 I/O 接口的作用、分类和选择。
7. 简述 PLC 的扫描周期过程。
8. 画出启保停结构的 PLC 内部等效电路。
9. 为什么说 PLC 采用串行工作方式？它的程序运行结果是否与梯形图程序的顺序有关？为什么？

项目二　PLC 编程元件和基本逻辑指令应用

【项目导读】

编程元件是 PLC 的重要元素，是各种指令的操作对象。基本逻辑指令是 PLC 中应用十分频繁的指令，是程序设计的基础。本项目主要介绍三菱 FX_{3U} 系列 PLC 的编程元件和基本逻辑指令及其编程使用方法。

【学习目标】

- 认识和理解 PLC 的编程元件，如 I/O 继电器、定时器、计数器等的功能和工作原理，深刻理解并熟练掌握 PLC 基本逻辑指令的编程应用。
- 根据特定的控制任务要求绘制 PLC 电气原理图，完成简单的 PLC 控制系统设计。
- 综合应用基本逻辑指令进行简单、中等及复杂的 PLC 控制系统设计，包括控制要求分析、拟定控制方案、绘制 PLC 电气原理图、设计梯形图程序并完成接线调试等。

【素质目标】

- 培养团队协作意识、创新意识和严谨求实的科学态度。
- 培养与人沟通的基本能力和良好的体能素质。
- 培养自主学习新知识、新技能的主动性和意识。
- 培养工程意识（如安全生产意识、质量意识、经济意识和环保意识等）。
- 培养通过网络搜集资料、获取相关知识和信息的能力。
- 培养良好的职业道德、精益求精的工匠精神，树立正确的价值观。

【思维导图】

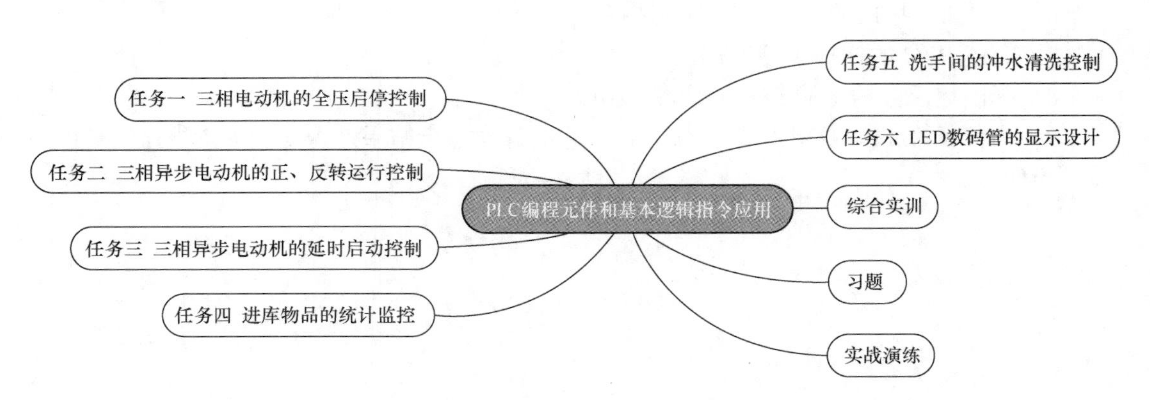

任务一　三相电动机的全压启停控制

一、任务分析

在电气控制中，对于小型三相交流异步电动机，一般采取全压启停控制。图 2-1 所示为三相电动机全压启停的继电器-接触器控制电路。按下启动按钮 SB2，接触器线圈 KM 得电，其主触点闭合使电动机全压启动；按下停止按钮 SB1，电动机停止运行。如何用 PLC 进行控制呢？

用 PLC 进行控制时，主电路仍然和图 2-1 所示电路相同，只是控制电路不一样。首先，选定 I/O 设备，即选定发布控制信号的按钮、开关、传感器、热继电器触点等和执行控制任务的接触器、电磁阀、信号灯等。再把这些设备与 PLC 的 I/O 端子相连，编制 PLC 程序，最后运行程序。

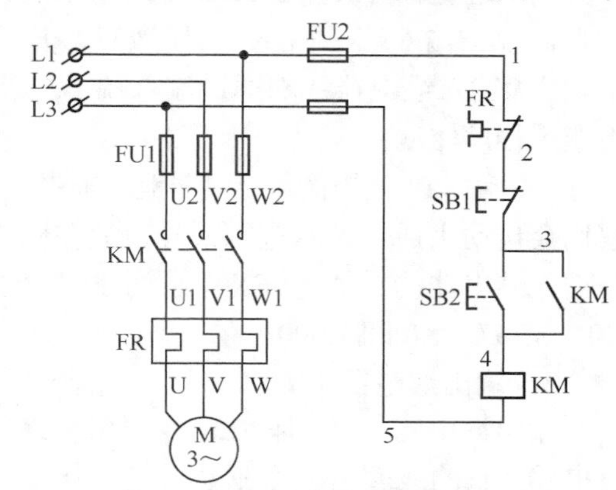

图 2-1　三相电动机全压启停的继电器-接触器控制电路

正确选择 I/O 设备对于设计 PLC 控制程序、完成控制任务非常重要。一般情况下，一个控制信号表示一个输入设备，一个执行元件表示一个输出设备。常用的输入设备有按钮、开关、传感器等，热继电器 FR 触点用于电动机的过热保护，也属于输入设备。开关和按钮对应的控制程序不一样。常用的输出设备有继电器-接触器线圈、信号灯、电磁阀等执行元件。简单地说，输入设备是给 PLC 发信号的装置，输出设备是 PLC 的控制对象或负载。

根据继电器-接触器控制电路原理，完成本任务。需要有启动按钮 SB2 和停止按钮 SB1 作为主令控制信号的输入设备，还要有执行元件（接触器 KM）作为输出设备，控制电动机主电路的接通和断开，从而控制电动机的启动和停止。

选择好 I/O 设备后，接下来的问题是如何将它们与 PLC 连接，让输入设备的控制信号传给 PLC，PLC 又如何将程序运行结果传给外部负载。这需要用到 PLC 的内部要素——编程元件 I/O 继电器。

二、相关知识——I/O 继电器、基本逻辑指令

1. PLC 编程元件（软继电器）

PLC 内部有许多具有不同功能的编程元件，如输入继电器、输出继电器、中间辅助继电器等，它们不是物理意义上的实物继电器，而是由电子电路和存储器组成的虚拟器件，其图形符号和文字符号与传统继电器符号不同，所以又称为软元件或软继电器，只能在 PLC 内部编程使用。软继电器在结构和动作原理上与物理继电器具有相同的定义与描述。可以认为，各种软继电器由线圈、常开触点和常闭触点组成。若软继电器的线圈被驱动，则触点动作（常开触点闭合、常闭触点断开）；若软继电器的线圈断电，则触点复位（常开触点断开、常闭触点闭合）。每个软继电器都有无数对常开触点和常闭触点，供 PLC 内部编程使用。

不同厂家、不同型号的 PLC，编程元件的数量和种类有所不同。三菱系列 PLC 的图形符号和文字符号如图 2-2 所示。

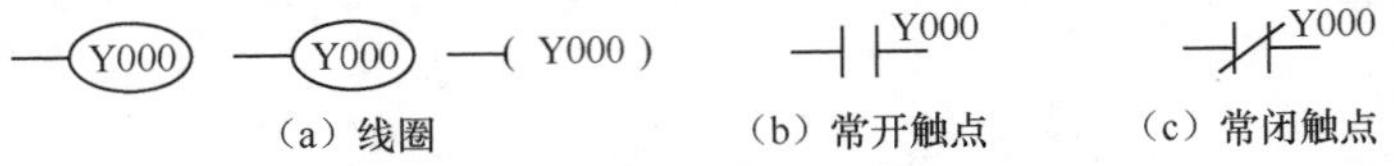

Y000　Y000　Y000

（a）线圈　（b）常开触点　（c）常闭触点

图 2-2　三菱系列 PLC 的图形符号和文字符号

2. 输入继电器（X）

输入继电器（X）是 PLC 专门用来接收外界输入信号的内部虚拟继电器。它的线圈在 PLC 内部与输入端子相连，有无数对常开触点和常闭触点，可供用户在 PLC 编程时随意使用。因为输入继电器线圈通过输入端子与外部的输入设备连接，所以只能用输入信号驱动，不能用程序驱动。

FX 系列 PLC 的输入继电器地址采用八进制编号（通过 PLC 编程软件或编程器输入时，它们会自动生成 3 位八进制编号，故在标准梯形图程序中是 3 位编号，输出继电器的写法与输入继电器的类似）。FX_{2N} 系列 PLC 输入继电器带扩展时最多可达 184 点，其编号为 X0～X267，X0 即 X000。

3. 输出继电器（Y）

输出继电器（Y）是 PLC 专门用来将程序执行的结果信号送达并控制外部负载的虚拟继电器。它的线圈由程序驱动，有一个常开触点在 PLC 内部直接与输出端子相连，以控制和驱动外部负载。输出继电器有无数对常开触点和常闭触点，可供用户在 PLC 编程时随意使用。

FX 系列 PLC 的输出继电器地址也采用八进制编号。FX_{2N} 系列 PLC 输出继电器带扩展时最多可达 184 点，其编号为 Y0～Y267，Y0 即 Y000。

4. 分配 I/O 地址，绘制 PLC I/O 接线图

1 个输入设备原则上占用 PLC 的 1 个输入继电器地址（也称为输入点）；1 个输出设备原则上占用 PLC 的 1 个输出继电器地址（也称为输出点）。

对于本任务，I/O 地址分配如下。

停止按钮 SB1——X0；启动按钮 SB2——X1；FR 触点——X2；接触器线圈 KM——Y0。

将选择的 I/O 设备与分配好的 I/O 地址一一对应连接，形成电动机全压启停 PLC 接线图，如图 2-3 所示。

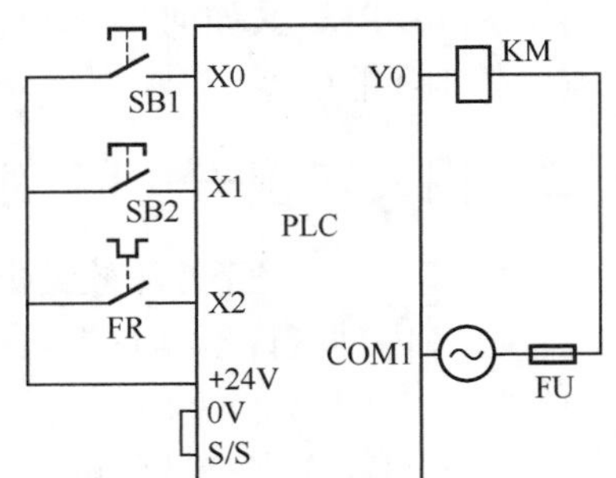

图 2-3　电动机全压启停 PLC 接线图

5. PLC 编程

按照图 2-3 接线后，按下启动按钮 SB2，PLC 如何使接触器线圈 KM 通电呢？这就需要进行 PLC 编程。

PLC 常用的编程语言有梯形图程序、指令表程序、状态转移图、逻辑功能图及高级语言等。其中，使用最多的是梯形图程序和指令表程序。

（1）梯形图程序

图 2-4 所示为梯形图程序。其中左、右母线类似于继电器-接触器控制电路中的电源线，输出线圈类似于负载，输入触点类似于按钮。梯形图程序由若干梯级组成，自上而下排列，每个梯级起于左母线，经输入触点和输出线圈，止于右母线，右母线可以不画出。

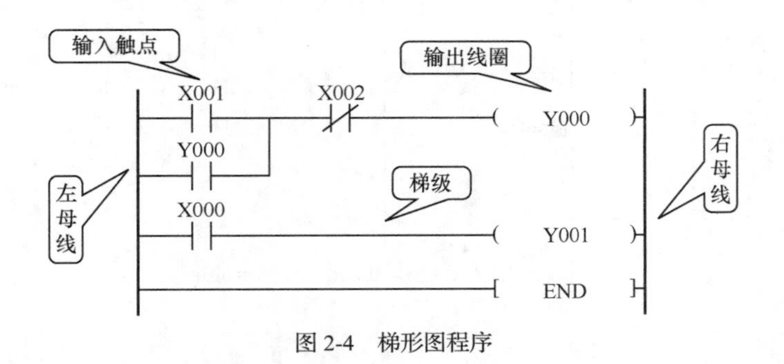

图 2-4　梯形图程序

（2）指令表程序

指令表程序是一种与计算机汇编语言类似的助记符程序。与图 2-4 所示梯形图程序相对应的 PLC 指令表程序如下。

步序号	指令助记符	操作元件号
0	LD	X001
1	OR	Y000
2	ANI	X002
3	OUT	Y000
4	LD	X000
5	OUT	Y001
6	END	

步序号是各指令在程序步中所占的第一步的序号。各指令所需的程序步数，请读者查阅相关手册了解，初学程序设计时不需要弄清楚程序步数。

6. FX 系列 PLC 基本逻辑指令

要用指令表程序编写 PLC 控制程序，就必须熟悉 PLC 的基本逻辑指令。

（1）取/取反（LD/LDI）指令

功能：取单个常开触点或常闭触点与母线（包括左母线、电路块母线、分支母线等）相连。操作元件有 X、Y、M、T、C、S。

（2）驱动线圈（OUT）指令

功能：驱动线圈。操作元件有 Y、M、T、C、S。

LD/LDI 指令及 OUT 指令的用法如图 2-5 所示。

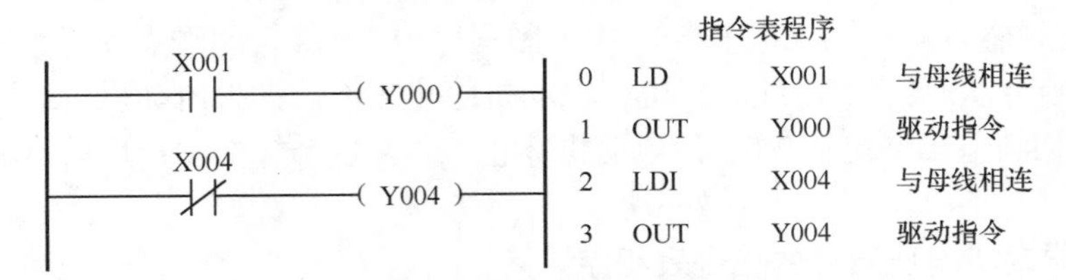

图 2-5　LD/LDI 指令及 OUT 指令的用法

（3）与/与非（AND/ANI）指令

功能：串联单个常开触点或常闭触点。

（4）或/或非（OR/ORI）指令

功能：并联单个常开触点或常闭触点。

AND/ANI 指令和 OR/ORI 指令的用法如图 2-6 所示。

指令表程序

0	LD	X004	3	ANI	X001
1	ORI	X005	4	AND	X002
2	OR	X006	5	OUT	Y003

图 2-6　AND/ANI 指令和 OR/ORI 指令的用法

注意　OR 指令的并联起点规定在 OR 指令之前最近的 LD/LDI 指令处，如图 2-7 所示。

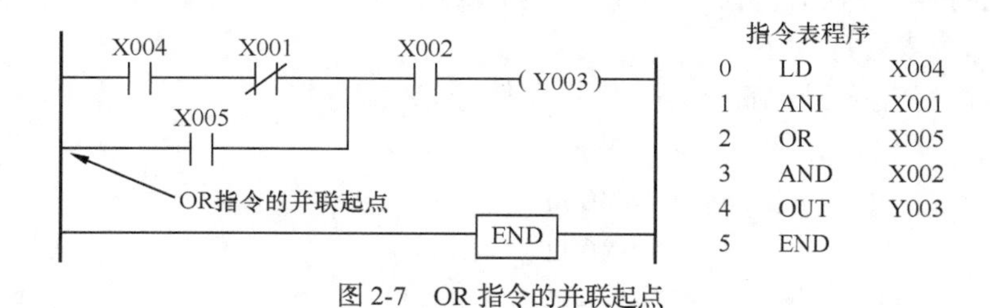

指令表程序

0	LD	X004
1	ANI	X001
2	OR	X005
3	AND	X002
4	OUT	Y003
5	END	

图 2-7　OR 指令的并联起点

（5）结束（END）指令

放在全部程序结束处，程序运行时执行第一步（步序号为 0）至 END 指令之间的程序。

三、任务实施

1. 编制电动机全压启停的梯形图程序

根据继电器-接触器控制系统原理和图 2-3 所示的接线图，电动机全压启停的梯形图程序如图 2-8 所示。按下启动按钮 SB2，通过输入端子使输入继电器 X1 的线圈得电（图 2-3 所示的 SB2 通过输入端子与 X1 连接），梯形图程序中 X1 的常开触点闭合，使输出继电器 Y0 的线圈接通并且自锁，通过输出端子使执行元件 KM 线圈得电（图 2-3 所示的 Y0 端子与接触器线圈 KM 连接），使得图 2-1 所示主电路中的 KM 主触点闭合，从而启动电动机。按下停止按钮 SB1，输入继电器 X0 的线圈得电（图 2-3 所示的 SB1 通过输入端子与 X0 连接），梯形图程序中 X0 的常闭触点动作，使输出继电器 Y0 的线圈失电，从而使 KM 线圈失电，电动机停止工作。如果电动机过载，热继电器触点 FR 动作会切断输出继电器 Y0，使电动机停止工作。这个梯形图程序就是典型的启保停电路。

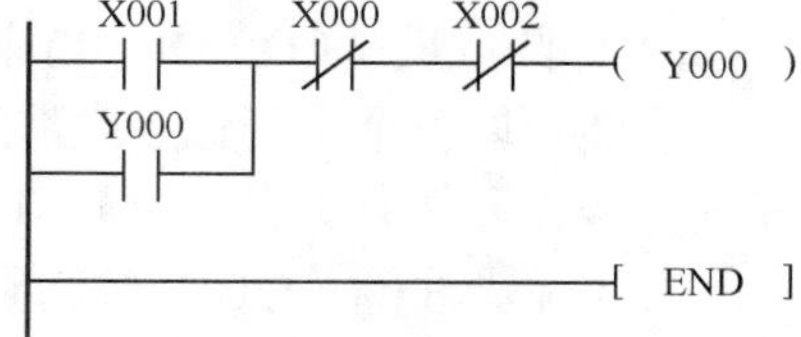

图 2-8　电动机全压启停的梯形图程序

2. 编写电动机全压启停的指令表程序

根据上述梯形图程序，写出对应的指令表程序，如图 2-9 所示。

0	LD	X001
1	OR	Y000
2	ANI	X000
3	ANI	X002
4	OUT	Y000
5	END	

图 2-9　电动机全压启停的指令表程序

3. 程序调试

程序编制完毕后必须调试合格才能使用。用微型计算机或手持编程器均可输入程序进行调试。用微型计算机输入程序时，还需要有配套的编程软件和通信线缆。SWOPC-FXGP/WIN-C 编程软件的使用方法见附录 C 任务一，GX Works2 编程软件的使用方法见附录 C 任务二。

（1）按照 I/O 接线图规范接线

按照图 2-3 所示规范接好各信号线、电源线及专用通信线缆，输入信号选用黄色线，输出信号选用蓝色线。电源正极用红色线，电源负极用黑色线。输入侧电源尽量不要与输出侧电源混用，电源极性不要接错。

（2）输入梯形图程序

按照图 2-8 所示输入梯形图程序或者按照图 2-9 所示写入指令表程序，编译无错误后将程序下载到 PLC 中进行调试。

（3）观察运行结果

运行结果若与控制要求不符，先查看 PLC 的 I/O 端子上相应的 LED 信号指示是否正确。若信号指示正确，说明程序是对的，此时需要检查外部接线是否正确、负载电源是否工作正常等；若信号指示不正确，就需要检查和修改程序。

程序调试及故障排除是很重要的技术能力，读者需要在大量的调试工作中提高调试能力，积累调试经验。

四、知识拓展——常闭触点的输入信号处理、置位/复位指令（SET/RST）

1. 常闭触点的输入信号处理

在继电器-接触器控制系统中经常需要使用常闭触点进行工作，如停止按钮、热继电器触点、限位开关等，在 PLC 控制中却不尽相同。PLC 的输入接口既可以与输入设备的常开触点连接，也可以与它们的常闭触点连接，但根据不同的触点类型设计出来的梯形图程序不一样，如图 2-10 所示。

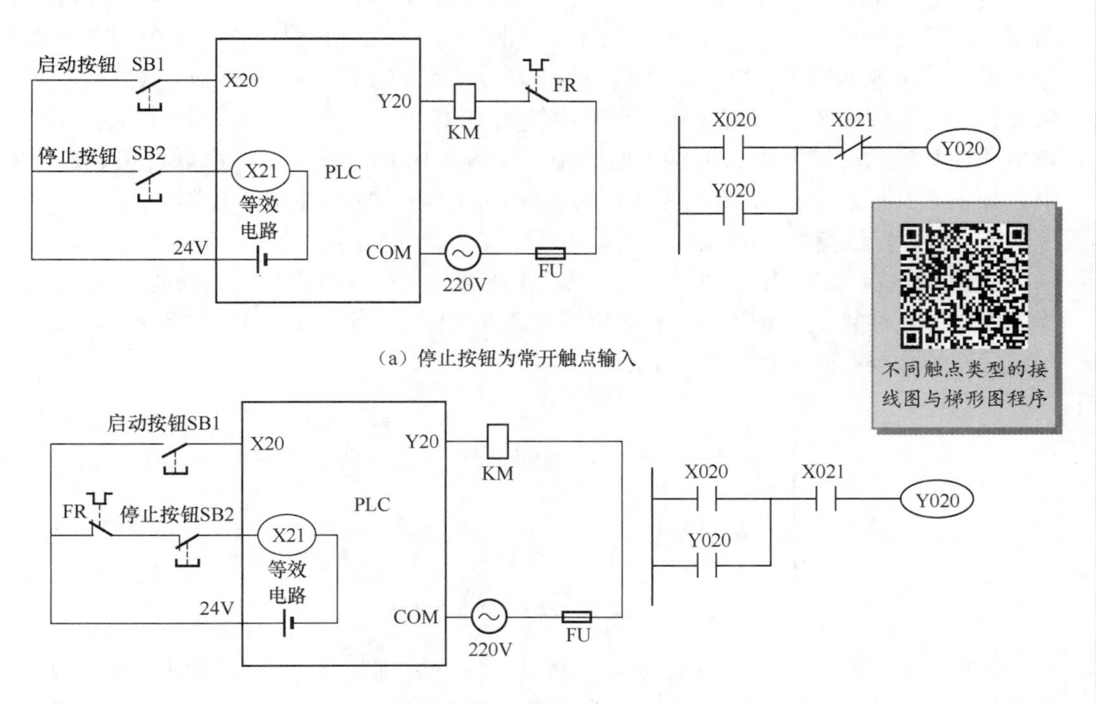

（a）停止按钮为常开触点输入

（b）停止按钮为常闭触点输入

图 2-10　不同触点类型的接线图与梯形图程序

（1）使用常开触点与 PLC 输入端子连接

如图 2-10（a）所示，接线图中停止按钮 SB2 使用常开触点与 X21 端子连接。初始状态时 SB2 的常开触点使输入继电器 X21 的线圈断电，因此梯形图程序中 X21 的常闭触点维持常态，为 Y20 的接通做好准备。此时若按下启动按钮 SB1，Y20 被接通，经输出端子驱动 KM 线圈，从而启动电动机工作。

按下停止按钮 SB2，使输入继电器 X21 的线圈接通，梯形图程序中常闭触点断开，切断 Y20，从而使 KM 线圈断电，电动机停止工作。

（2）使用常闭触点与 PLC 输入端子连接

如图 2-10（b）所示，接线图中停止按钮 SB2 使用常闭触点与 X21 端子连接。初始状态时 SB2 的常闭触点使输入继电器 X21 的线圈得电，梯形图程序中 X21 的常开触点动作，为 Y20 的接通做好准备。此时若按下启动按钮 SB1，电动机能正常启动工作。

按下停止按钮 SB2 时，输入继电器 X21 线圈失电，其常开触点复位，在梯形图程序中切断 Y20，从而使 KM 断电，电动机停止工作。

综上所述，常闭触点在接线图中的状态要与梯形图程序中的触点状态相适应。即启保停程序中停止按钮和热继电器触点的状态要与外部接线图中的触点状态相反。

由于初学者大多习惯使用图 2-10（a）所示的启保停程序，因此教学中常闭触点的输入信号一般使用常开触点，便于进行梯形图程序的原理分析。但在工业控制中，停止按钮、限位开关及热继电器触点等在接线图中常使用常闭触点，以提高安全保障，此时要注意对梯形图程序中的触点状态做相应的改变。

（3）热继电器触点信号的处理

热继电器 FR 常闭触点的作用相当于有条件的停止按钮，当电动机过载时其常闭触点动作，切断控制回路，使电动机停止工作。如图 2-3 所示，FR 触点作为 1 个独立的输入信号占用了 1 个输入端子。PLC 的市场价格与 I/O 点数成正比，可用的 I/O 点数越多，价格越高。实际工程中为了节省成本，会减少使用 PLC 的 I/O 点数，有时将热继电器常闭触点串接在其他常闭输入设备的输入回路中，如图 2-10（b）所示；或串联在负载输出回路中，如图 2-10（a）所示，此时无须再考虑梯形图程序中热继电器的控制作用。

2. 置位/复位指令（RET/RST）

功能：置位（SET）指令使操作元件置位（接通并具有保持该状态的功能）；复位（RST）指令使操作元件复位（断开并具有保持该状态的功能）。当 SET 和 RST 指令同时接通时，写在后面的指令有效，如图 2-11 所示。

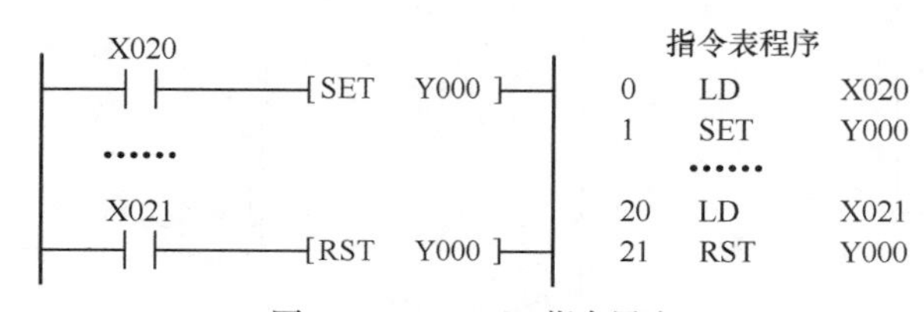

图 2-11 SET/RST 指令用法

如图 2-11 所示，当 X20 接通时，将 Y0 接通并保持该状态，即使 X20 断开，Y0 也仍然保持接通状态，直到 X21 接通才使 Y0 复位断开。当 X20、X21 都接通时，Y0 复位。

SET/RST 指令与 OUT 指令的用法比较如图 2-12 所示。

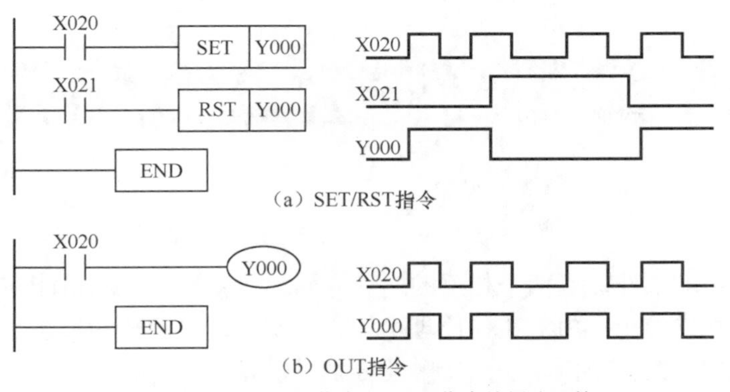

图 2-12　SET/RST 指令与 OUT 指令的用法比较

用 SET/RST 指令设计的电动机启停控制程序如图 2-13 所示，其对应的 I/O 接线图依然如图 2-3 所示。程序中用启动按钮 X1 将输出继电器线圈 Y0 置位，因为热继电器实质是热过载情况下的停止按钮，所以用停止按钮 X0 与热继电器触点 X2 并联后将 Y0 复位。

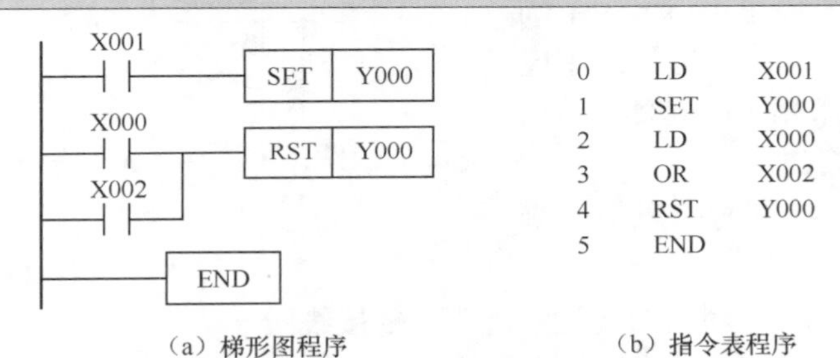

（a）梯形图程序　　（b）指令表程序

图 2-13　用 SET/RST 指令设计的电动机启停控制程序

RST 指令与启保停结构在用法上是有区别的。在图 2-8 所示的启保停程序中，用 X0 和 X2 的常闭触点切断 Y0 的线圈，使电动机停止工作；而在图 2-13 所示的 SET/RST 程序中，用 X0 和 X2 的常开触点接通 RST 指令，RST 指令使 Y0 的线圈断电复位，从而使电动机停止工作。

五、任务拓展——三相异步电动机的两地启停控制

某些生产机械需要在几个地方都能进行控制。图 2-14 所示为万能卧式铣床外形图，为操作方便，需要在铣床的正面和侧面都能进行主轴及工作台的启停控制。请读者思考如何运用所学知识完成这样的控制任务，详情见实训工单 1。

图 2-14　万能卧式铣床外形图

任务二　三相异步电动机的正、反转运行控制

一、任务分析

在生产设备中，很多运动部件需要两个相反的运动方向，这就要求电动机能实现正、反两个方向的转动。由三相交流电动机的工作原理可知，实现电动机反转的方法是将任意两根电源线对调。电动机主电路需要两个交流接触器分别提供正转和反转两个不同相序的电压。

图 2-15 所示为三相异步电动机正反转控制电路。按下正转启动按钮 SB2，电动机正向启动运行；按下反转启动按钮 SB3，电动机反向启动运行；按下停止按钮 SB1，电动机停止运行。为了确保 KM1、KM2 不会同时接通导致主电路短路，控制电路采用了接触器 KM1、KM2 常闭触点互锁结构。

采用 PLC 进行控制时按以下步骤进行。

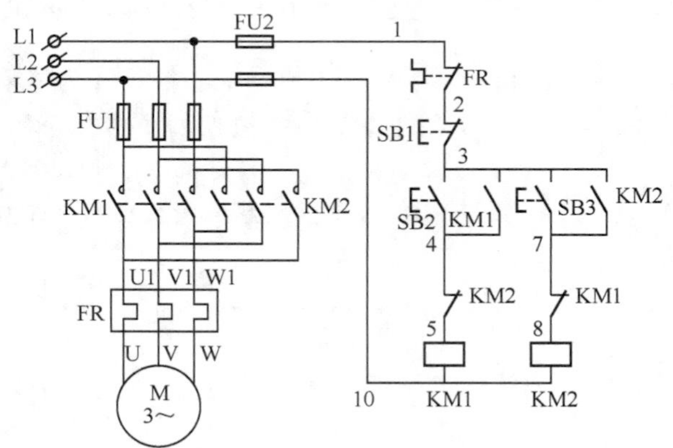

图 2-15　三相异步电动机正反转控制电路

1. 选择 I/O 设备，分配 I/O 地址，绘制 I/O 接线图

X0：SB1（停止按钮，接常开触点）。X1：SB2（正转启动）。X2：SB3（反转启动）。X3：FR（热继电器，常闭触点）。Y1：KM1（正转接触器）。Y2：KM2（反转接触器）。

根据分配的 I/O 地址，绘制的电动机正、反转的 I/O 接线图如图 2-16 所示。其中，热继电器采用常闭触点，PLC 外部负载输出回路中串入了 KM1、KM2 的互锁触点，其作用在于即使 KM1、KM2 线圈发生故障也能确保电动机主电路不会短路。

2. 设计 PLC 控制程序

根据继电器-接触器控制系统原理，设计电动机正、反转的梯形图程序如图 2-17 所示。因为图 2-16 所示的热继电器采用常闭触点，所以图 2-17 所示的 X3 要用常开触点。X3 和 X0 串联后同时对线圈 Y1 和 Y2 都有控制作用。这是典型的多重输出电路，如何编写其指令表程序呢？

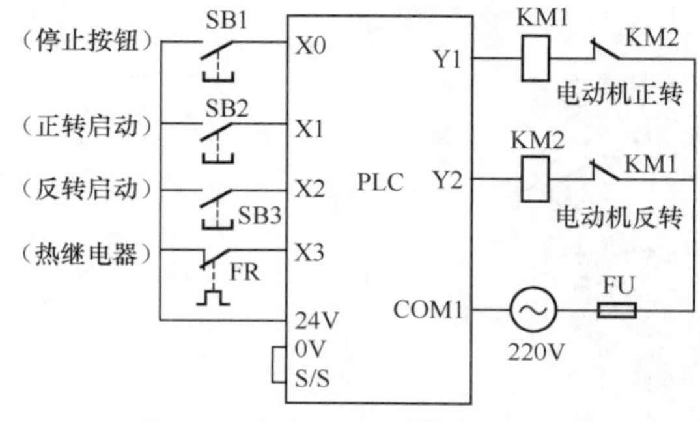

图 2-16　电动机正、反转的 I/O 接线图

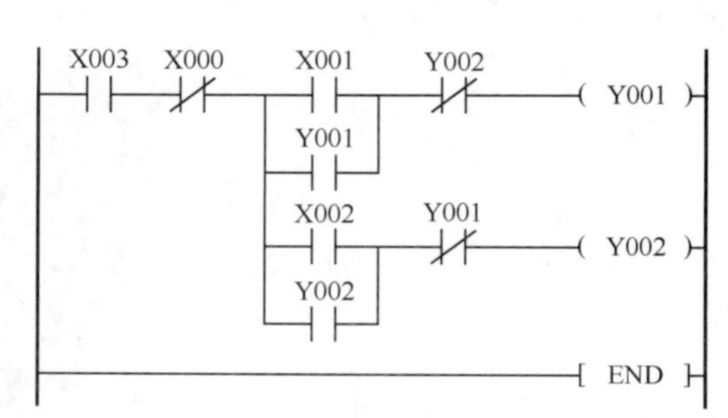

图 2-17　电动机正、反转的梯形图程序

二、相关知识——PLC 基本逻辑指令

1. 与块（ANB）指令

功能：串联一个并联电路块，无操作元件。ANB 指令的用法如图 2-18 所示。

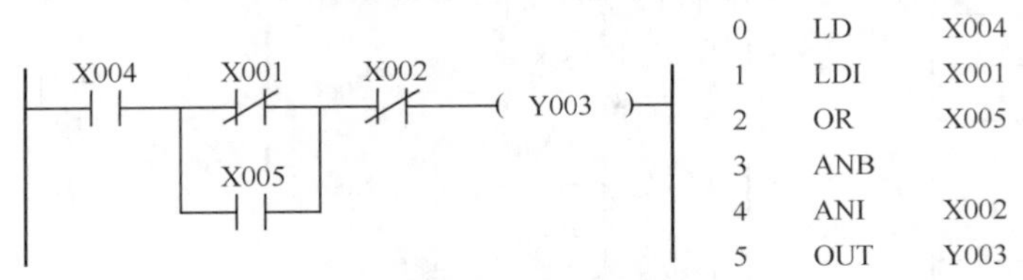

图 2-18　ANB 指令的用法

ANB 指令的使用说明如下。

① 电路块起点用 LD/LDI 指令。电路块结束后使用 ANB 指令与前面的电路串联。

② 有多个并联电路块串联时，如果依次用 ANB 指令与前面的电路连接，支路数量没有限制；如果连续使用 ANB 指令编程，使用次数应为 8 次以下。

2. 或块（ORB）指令

功能：并联一个串联电路块，无操作元件。ORB 指令的用法如图 2-19 所示。

指令表

0	LD	X000	5	LDI	X004
1	AND	X001	6	AND	X005
2	LD	X002	7	ORB	
3	AND	X003	8	OUT	Y006
4	ORB				

图 2-19　ORB 指令的用法

ANB/ORB 指令的综合应用如图 2-20 所示。

图 2-20　ANB/ORB 指令的综合应用

写出图 2-20 所示的指令表程序，参考答案请扫描二维码观看。

3. 多重输出（MPS/MRD/MPP）指令（堆栈操作指令）

PLC 中有 11 个堆栈存储器，用于存储中间结果。

堆栈存储器的操作规则：先进栈的数据后出栈，后进栈的数据先出栈。

MPS 指令——进栈指令，数据压入堆栈的最上面一层，栈内原有数据依次下移一层。

MRD 指令——读栈指令，用于读出最上层的数据，栈中各层的数据不发生变化。

MPP 指令——出栈指令，弹出最上层的数据，其他各层的数据依次上移一层。

多重输出（MPS/MRD/MPP）指令都不带操作元件。MPS 指令与 MPP 指令的使用次数不能超过 11 次，并且要成对出现，其用法如图 2-21 所示。

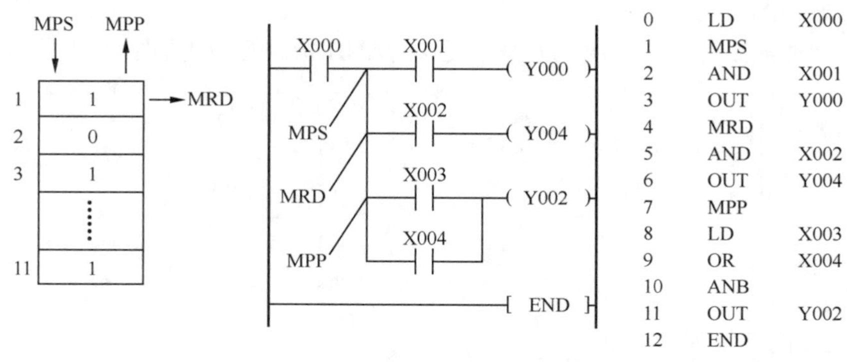

（a）存储器

0	LD	X000
1	MPS	
2	AND	X001
3	OUT	Y000
4	MRD	
5	AND	X002
6	OUT	Y004
7	MPP	
8	LD	X003
9	OR	X004
10	ANB	
11	OUT	Y002
12	END	

（b）多重输出电路的梯形图程序与指令表程序

图 2-21　多重输出指令的用法

在图 2-22 所示的二层栈电路中，一级 MPS 指令的进栈数据是点 A 的运算结果 X0，二级 MPS 指令的进栈数据是点 B 的运算结果（“X0”和“X1”“与”运算结果）。因为后进栈的数据先出栈，所以第一次 MPP 指令的出栈数据是点 B 的运算结果（“X0”和“X1”“与”运算结果），第二次 MPP 指令的出栈数据才是点 A 的运算结果 X0。

0	LD	X000	7	AND	X003
1	MPS		8	OUT	Y001
2	AND	X001	9	MPP	
3	MPS		10	AND	X004
4	AND	X002	11	AND	X005
5	OUT	Y000	12	OUT	Y002
6	MPP		13	END	

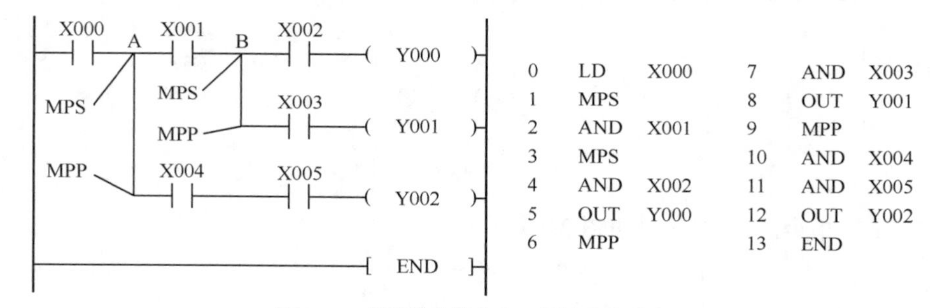

图 2-22　多重输出指令在二层栈中的用法

三、任务实施

根据图 2-17 所示，多重输出指令编写的电动机正、反转指令表程序如图 2-23 所示。

0	LD	X003			
1	ANI	X000	8	MPP	
2	MPS		9	LD	X002
3	LD	X001	10	OR	Y002
4	OR	Y001	11	ANB	
5	ANB		12	ANI	Y001
6	ANI	Y002	13	OUT	Y002
7	OUT	Y001	14	END	

图 2-23　多重输出指令编写的电动机正、反转指令表程序

按照 I/O 接线图接好外部各线，输入用多重输出指令编写的电动机正、反转控制程序，进行运行调试，观察结果。

四、知识拓展——主控触点（MC/MCR）指令

功能：用于公共触点的连接。当驱动 MC 指令的信号接通时，执行 MC 指令与 MCR

指令之间的指令；当驱动 MC 指令的信号断开时，OUT 指令驱动的元件断开，SET/RST 指令驱动的元件保持当前状态。MC/MCR 指令的用法如图 2-24 所示。

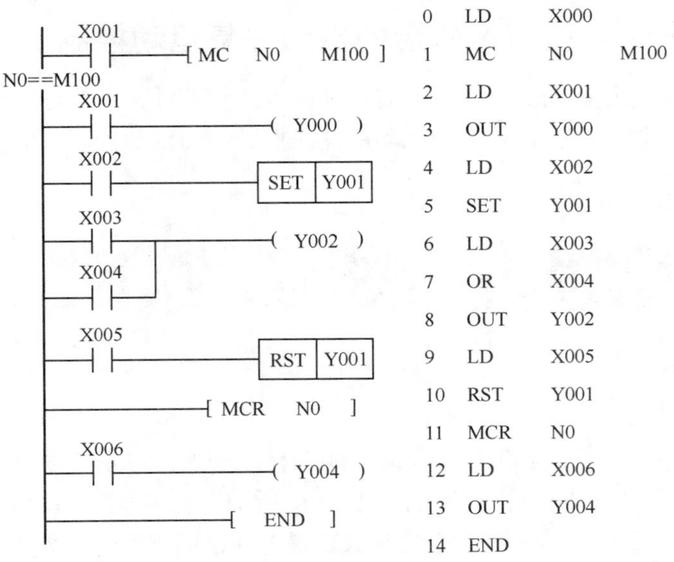

图 2-24　MC/MCR 指令的用法

注意事项如下。

① 主控 MC 指令触点与母线垂直，紧接在 MC 指令触点之后的触点用 LD / LDI 指令。

② 主控 MC 指令与主控复位 MCR 指令必须成对使用。

③ N 表示主控的层数。主控嵌套最多可以为 8 层，用 N0～N7 表示。

④ M100 是 PLC 的辅助继电器（见本项目任务三），每个主控 MC 指令对应用一个辅助继电器表示。

用 MC/MCR 指令编写电动机正、反转的指令表程序。参考答案请扫描二维码观看。

电动机正、反转控制程序也可以用 SET/RST 指令设计完成，如图 2-25 所示。其中，Y1 和 Y2 的常闭触点分别串联在对方的启动按钮之后，形成启动时的正、反转电气联锁限制。停止按钮信号 X0 和热继电器信号 X3 并联后将正、反转的输出继电器线圈 Y1 和 Y2 复位。因为热继电器信号在图 2-16 中使用常闭触点，所以在 SET/RST 指令的梯形图程序中 X3 也要使用常闭触点。

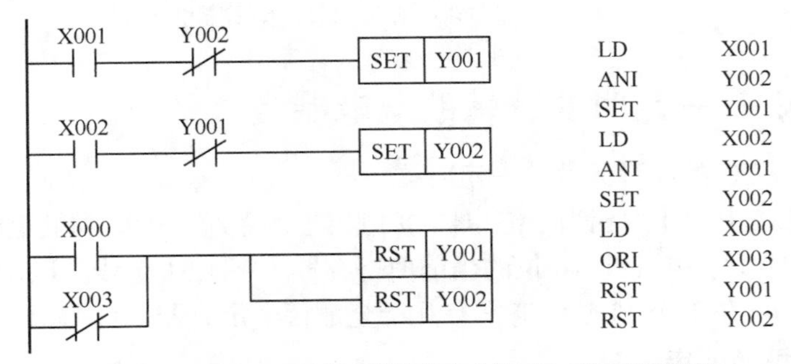

图 2-25　用 SET/RST 指令设计的电动机正、反转控制程序

程序设计的方法有很多。在满足控制要求的前提下，占用的 I/O 点数较少、较为简洁、可读性强的程序即为较优的程序。

五、任务拓展——机床工作台的自动往复运动控制

机床设备中做往复运动的工作台或刀具拖板等运动部件，需要频繁地进行正、反转切换。合理利用位置检测器件，可实现运动部件往复循环的自动控制。请读者应用已学知识完成实训工单 2。

任务三　三相异步电动机的延时启动控制

一、任务分析

在生产实际中经常会遇到需要延时动作的场合。例如，三相异步电动机的降压启动、几台电动机间隔一定的时间相继启动等。图 2-26 所示为三相异步电动机的延时启动控制电路，按下启动按钮 SB1，延时继电器线圈 KT 得电并自保，延时（如 50s）后接触器线圈 KM 得电，电动机启动运行；按下停止按钮 SB2，电动机停止运行。延时继电器 KT 使电动机完成延时启动的任务。用 PLC 进行控制时要怎样完成这一任务呢？这要用到 PLC 的定时编程元件——定时器。

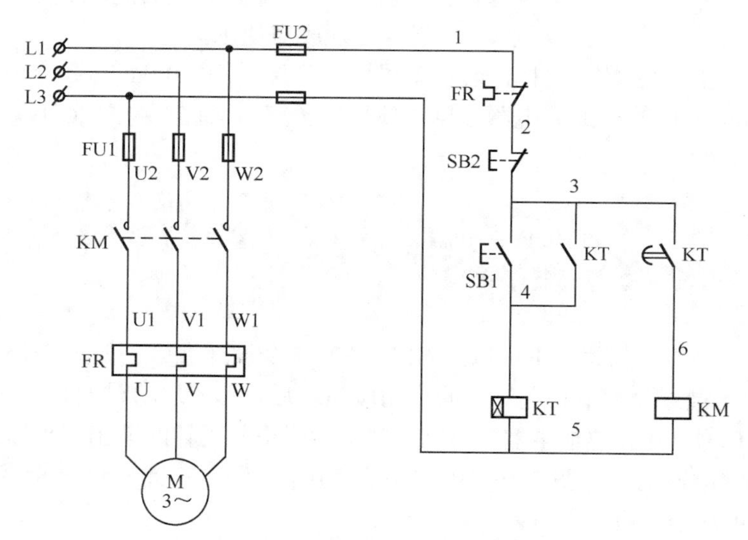

图 2-26　三相异步电动机的延时启动控制电路

二、相关知识——定时器、辅助继电器

1. FX 系列 PLC 的编程元件——定时器

定时器在 PLC 中的作用相当于继电器-接触器控制系统中的时间继电器，它有 1 个 16 位的设定值寄存器（字）、1 个 16 位的当前值寄存器（字）、1 个线圈以及无数个常开触点和常闭触点（位）。在 1 个 PLC 中通常有几十至数百个定时器，可用于定时操作，起延时接通或延时断开电路的作用。

定时器采用字母 T 表示。在 PLC 内部，定时器是通过对内部某一时钟脉冲（称为时基脉冲）进行计数来完成定时的。常用的时基脉冲有 3 种，即 1ms、10ms 和 100ms。不同的时基脉冲意味着定时器的分辨率不同。不同的时基脉冲，其计时精度不同。当用户需要定时操作时，可通过设定时基脉冲的数量来完成，用常数 *K* 设定（*K* 的取值范围为 1～32767），也可用数据寄存器 D 设定。

FX 系列 PLC 的定时器采用十进制编号，如 FX_{2N} 系列的定时器编号为 T0～T255，FX_{3U} 系列的定时器编号为 T0～T512。

三菱 PLC 的定时器有通用定时器和积算定时器两种类型。FX_{3U} 系列的通用定时器的地址范围为 T0～T245、T256～T512。3 种时基脉冲对应的延时范围为 0.001～32.767s、0.01～327.67s 和 0.1～3276.7s，单个定时器的最大延时时间为 3276.7s。FX_{2N} 系列的 PLC 没有 1ms 通用定时器。通用定时器的地址编号与时基脉冲的种类是一一绑定的，其编号与设定值如图 2-27 所示。

100ms定时器T0～T199（200点） 设定值0.1～3276.7s	10ms定时器T200～T245（46点） 设定值0.01～327.67s	1ms定时器T256～T512（256点） 设定值0.001～32.767s

图 2-27　通用定时器的地址编号和设定值

通用定时器的工作原理类似于继电器-接触器控制系统中的通电延时继电器。定时器线圈被驱动时，当前值开始计时，达到设定值时触点动作（常开触点闭合、常闭触点断开）；定时器线圈断开时，当前值立即清零，触点立即复位（常开触点断开、常闭触点闭合）。

现以图 2-28 所示的梯形图程序为例，说明通用定时器的工作原理和过程。当驱动线圈的信号 X20 接通时，定时器 T0 的当前值对 100ms 时基脉冲开始计数，达到设定值（本次为 30 个脉冲）时，T0 的常开触点动作，使输出继电器 Y0 接通并保持接通状态，即输出（触点）是在驱动线圈后的第 3s（100ms × 30=3s）动作。当驱动线圈的信号 X20 断开或发生停电时，通用定时器 T0 复位（触点复位，当前值清零），使输出继电器 Y0 断开。当 X20 第 2 次接通时 T0 又重新开始定时，由于还没达到设定值时 X20 就断开了，因此 T0 的触点不会动作，Y0 也不会被接通。

注意

因为 T200 采用 10ms 的时基脉冲，若将图 2-28 中的 T0 换成 T200，则设定值 K 应为 3s/0.01s=300，即 300 个脉冲。

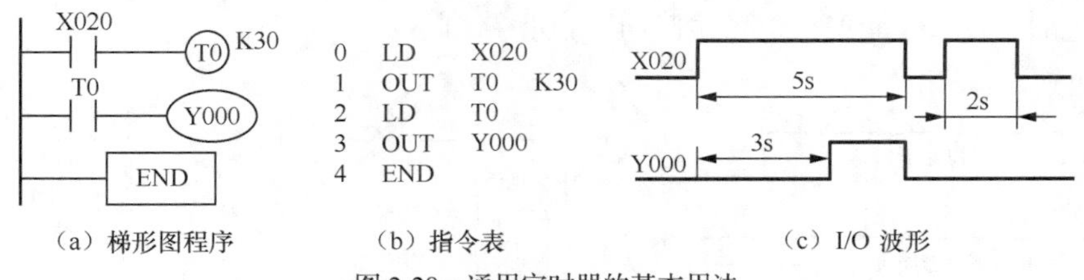

（a）梯形图程序　（b）指令表　（c）I/O 波形

图 2-28　通用定时器的基本用法

应用实例

设计照明灯的控制程序。当按下接在 X0 上的启动按钮后，接在 Y0 上的照明灯可发光 30s。如果在这段时间内又有人按下按钮，则时间间隔从头开始计算。这样可确保在最后一次按下按钮后，灯光可维持 30s 的照明。

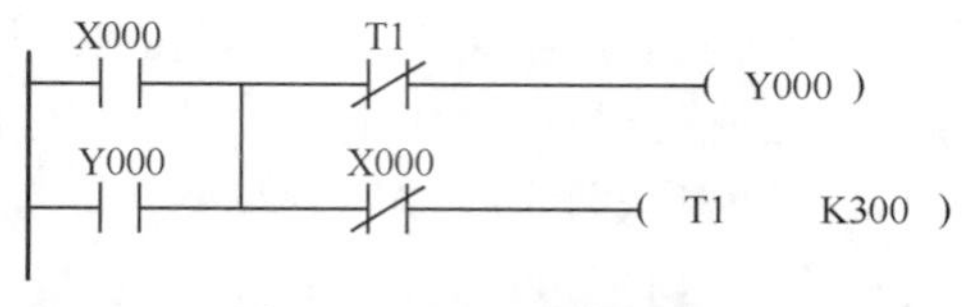

图 2-29　照明灯的控制程序

图 2-29 所示为照明灯的控制程序。按下按钮使 X0 接通，接在 Y0 上的照明灯被点亮，同时 T1 开始定时，30s 后 T1 常闭触点动作，切断 Y0，使照明灯熄灭。如果在这段时间内又有人按下启动按钮，则 X0 的常闭触点动作，切断 T1 线圈，使定时器 T1 的当前值清零。待松开按钮使 X0 复位后 T1 线圈就会重新接通，时间间隔从头开始计算。这样就能确保在最后一次按下按钮后，灯光维持 30s 的照明，满足控制要求。

2. FX 系列 PLC 的辅助继电器

辅助继电器经常用于状态暂存、中间运算等，类似于继电器-接触器控制系统的中间继电器。辅助继电器在结构上也有线圈和触点，其常开触点和常闭触点可以无限次在程序中使用，但不能直接驱动外部负载，外部负载的驱动必须由输出继电器进行。

辅助继电器采用字母 M 表示，并辅以十进制地址编号。辅助继电器按用途分为以下几类。

① 通用辅助继电器 M0～M499（500 点）。

② 断电保持辅助继电器 M500～M7679（7180 点）。断电保持辅助继电器用于保存停电前的状态，并在运行时再现该状态的情形。停电保持由内装的后备电池支持。

③ 特殊辅助继电器 M8000～M8511（512 点）。PLC 内部有很多特殊辅助继电器。这些特殊辅助继电器各自具有特定的功能，一般分为两大类。一类是用户只能利用其触点进行编程的特殊辅助继电器，这类特殊辅助继电器的线圈由 PLC 自动驱动。例如，M8000（运行监控）、M8002（初始脉冲）、M8012（100ms 时钟脉冲）等，其波形如图 2-30 所示。另一类是可驱动线圈型特殊辅助继电器，用户驱动线圈后，PLC 做特定的动作。例如，M8033 指 PLC 停止时输出保持、M8034 指 PLC 禁止全部输出、M8039 指 PLC 定时扫描等。

设计路灯的控制程序。

要求：每晚 7 点由工作人员按下按钮 X0，点亮路灯 Y0，次日凌晨按下 X1 停止。需特别注意的是，如果夜间出现意外停电，要求恢复供电后继续点亮路灯。

图 2-31 所示为路灯的控制程序。M500 是断电保持辅助继电器。当出现意外停电时，Y0 断电，路灯熄灭。因为 M500 能保存停电前的状态，并在运行时再现该状态的情形，所以恢复来电时，M500 能使 Y0 继续接通，点亮路灯。

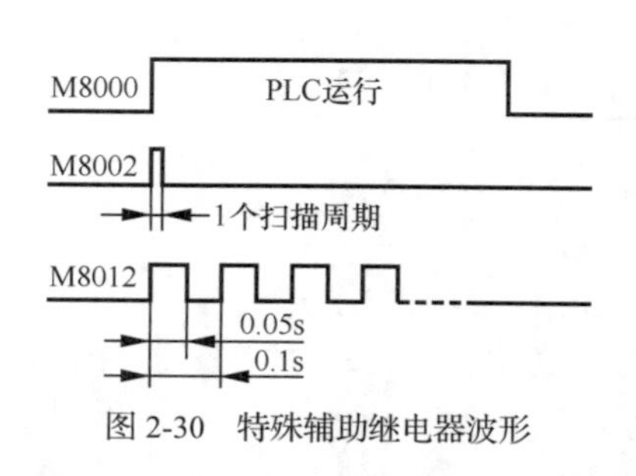

图 2-30　特殊辅助继电器波形

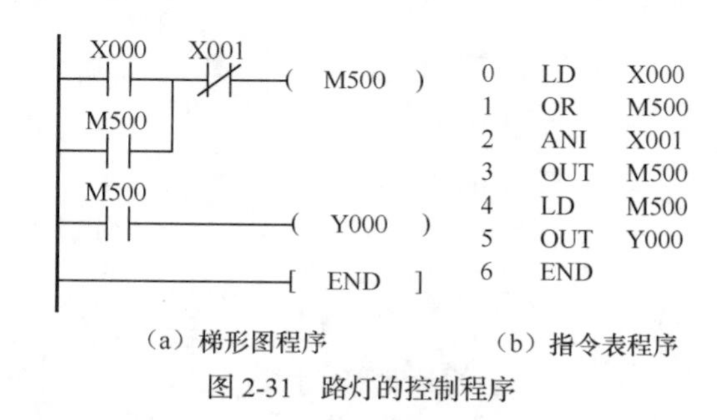

（a）梯形图程序　　（b）指令表程序

图 2-31　路灯的控制程序

辅助继电器在梯形图程序设计中非常“活跃”。熟练掌握辅助继电器的使用，可以使程序设计更加灵活和便利，甚至可以节省 PLC 的 I/O 点数。

三、任务实施

1. 选择 I/O 设备，分配 I/O 地址，画出 I/O 接线图

根据本任务的控制要求，要实现电动机延时启动，只需选择发送控制信号的启动、停止按钮和传输热过载信号的 FR 常闭触点作为 PLC 的输入设备，选择接触器 KM 作为 PLC 的输出设备，控制电动机的主电路即可。时间控制功能由定时器完成。由于定时器是 PLC 的内部元件，因此不需要考虑外部接线问题。根据选定的 I/O 设备分配 PLC 地址如下。

X20——SB1 启动按钮。

X21——SB2 停止按钮，与热继电器触点（常开触点）并联。

Y20——接触器 KM。

根据上述分配的地址，绘制的电动机延时启动的 I/O 接线图如图 2-32 所示。

2. 设计 PLC 控制程序

根据继电器-接触器控制系统原理，可得出电动机延时启动的 PLC 程序，如图 2-33 所示。其中，X20 接外部按钮，只能提供短信号，而定时器 T0 需要长信号才能定时。程序中采用 X20 提供启动信号，辅助继电器 M0 自保以后供定时器 T0 使用，这样就将外部设备的短信号变成了程序所需要的长信号。当定时器 T0 的当前值等于设定值时，Y20 接通使 KM 线圈通电，达到延时启动电动机的目的。

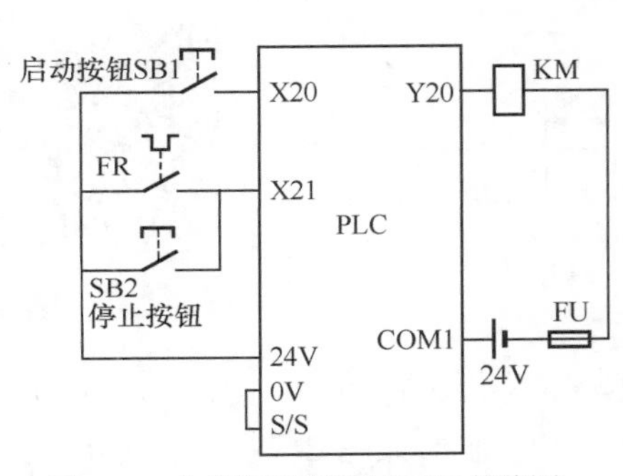

图 2-32　电动机延时启动的 I/O 接线图

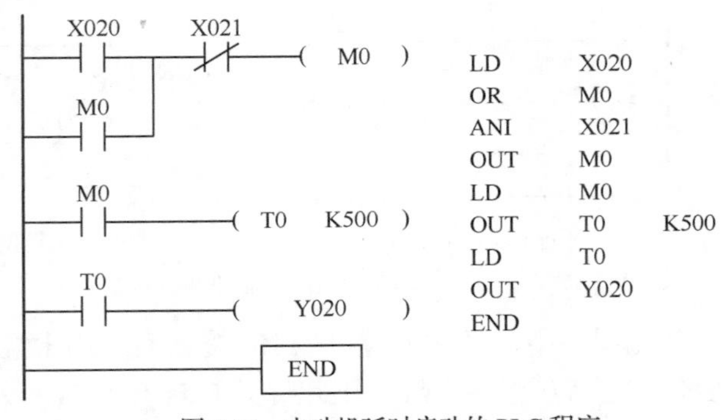

图 2-33　电动机延时启动的 PLC 程序

若电动机除了要求延时启动，还要求按下停止按钮后延时 20s 才停止运行，如何修改程序？参考程序请扫描二维码观看。

3. 程序调试

按照图 2-32 所示接好各信号线，输入程序，观察运行结果。

四、知识拓展——定时器延时扩展电路、定时器振荡电路、定时器自复位电路、积算定时器

定时器除了可实现基本的定时操作，还可实现一些典型程序。学习这些典型程序的原理和作用，熟记其结构组成，读者可以大大提高定时器应用程序的设计能力。

1. 定时器延时扩展电路

我们知道单个定时器最长的延时时间为 3276.7s，如果生产实际中要求的延时时间大于

此数据，就需要使用定时器延时扩展电路，即用两个或多个定时器串联定时。

在图 2-34 所示的梯形图程序中，X0 的常开触点闭合后，T0 开始定时。达到 3000s 时 T0 的常开触点闭合，T1 开始定时。再经过 600s 后 T1 的常开触点闭合，使 Y0 闭合。从 X0 闭合到 Y0 闭合总共经过了 3600s（1h）的延时。

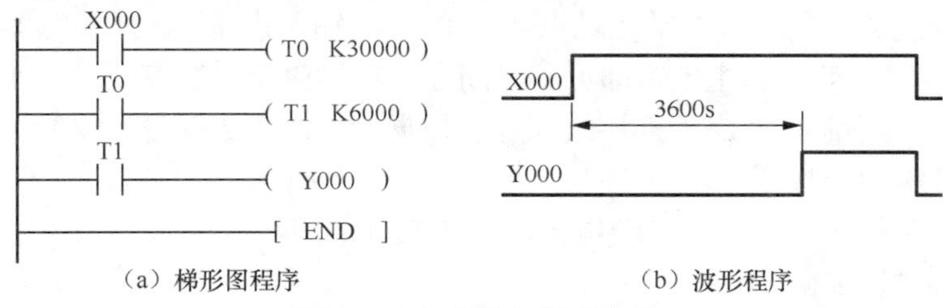

（a）梯形图程序　　（b）波形程序

图 2-34　定时器延时扩展电路

2. 定时器振荡电路

图 2-35 所示为定时器振荡电路（一）。当输入继电器 X0（也就是 X000）接通时，定时器 T0 开始定时，经延时后其常开触点动作，使输出继电器 Y0 接通，同时 T1 开始定时。T1 定时时间到了以后，其常闭触点动作，切断 T0 线圈，使 T1 和 Y0 都复位。在随后的下一个扫描周期里，T1 常闭触点复位使 T0 线圈再次接通，进入新一轮变化，依次重复下去。直至 X0 断开使 T0、T1 及 Y0 全部断开。

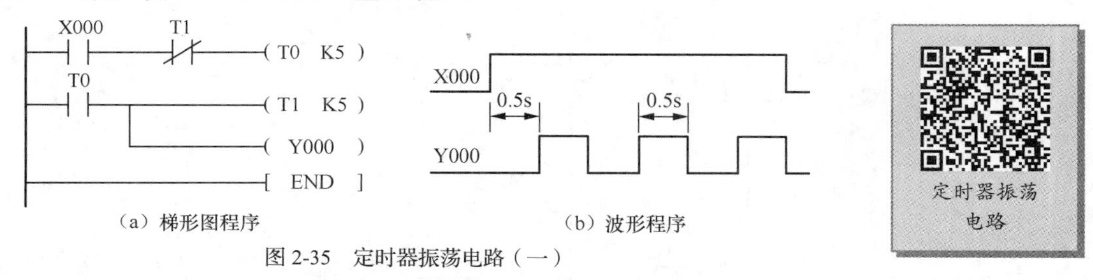

（a）梯形图程序　　（b）波形程序

图 2-35　定时器振荡电路（一）

此程序中，当输入继电器 X0 接通后，输出继电器 Y0（也就是 Y000）以 1s 周期闪烁变化（若 Y0 接指示灯，则此灯灭 0.5s 亮 0.5s，交替进行），波形如图 2-35（b）所示。改变 T0、T1 的设定值，可以调整 Y0 的输出脉冲宽度。

阅读 PLC 控制程序时一定要牢记两点：一是 CPU 扫描执行程序的顺序是从上到下，位于上面梯级的程序先执行，下面梯级的程序后执行；二是 PLC 的工作方式是周期性循环扫描，CPU 执行程序的一个扫描周期结束后再进入下一个扫描周期，直到 PLC 处于 STOP 状态。

定时器振荡电路的实质是两个（或者多个）定时器交替定时形成振荡，负载 Y0 可以放在图 2-35（a）所示的位置，也可以放在前面与定时器 T0 形成连续输出，如图 2-36（a）所示。注意在图 2-36（a）所示的程序中，在 Y0 线圈之前要串联 T0 的常闭触点，待 T0 定时时间到了以后切断 Y0 线圈，迫使 Y0 接通 0.5s 就断开 0.5s，进行闪烁变化，波形如图 2-36（b）所示。

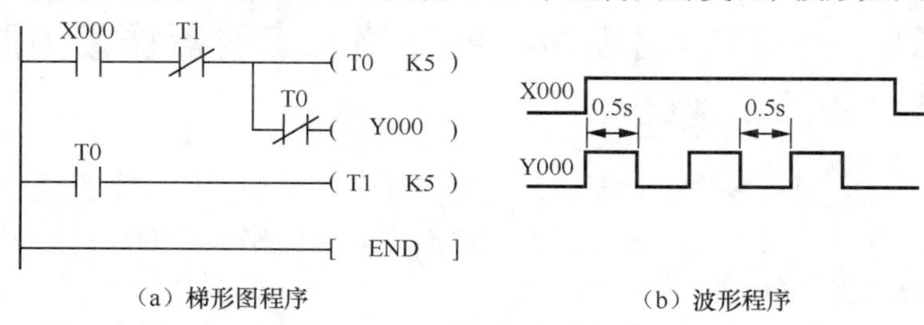

（a）梯形图程序　　（b）波形程序

图 2-36　定时器振荡电路（二）

合上开关 K1（接入 PLC 的 X0 端子），红灯（接入 Y0 端子）与黄灯（接入 Y1 端子）依次轮流点亮 1s，一直循环下去。

利用定时器振荡电路原理设计该应用实例的梯形图程序如图 2-37 所示，其控制原理请读者自行分析。

X000　T1　(T0　K10)
T0　(Y000)
T0　(T1　K10)
(Y001)
[END]

图 2-37　定时器振荡电路应用实例的梯形图程序

若需红、黄、绿 3 色彩灯交替点亮 1s，一直持续下去，能否利用定时器振荡电路实现？参考答案请扫描二维码观看。

3. 定时器自复位电路——用于循环定时

图 2-38 所示为通用定时器自复位电路，其工作过程分析如下：X20 接通 1s 时，T0 常开触点动作使 Y0 接通；在随后的第二个扫描周期中，Y0 常闭触点动作使 T0 线圈断开，T0 常开触点立即复位断开，Y0 也断开；在第三个扫描周期中，Y0 常闭触点复位使 T0 线圈重新开始定时，重复前面的过程。其 I/O 波形如图 2-38（b）所示。

对于定时器自复位电路，要分析定时时间到了以后的前后 3 个扫描周期，才能真正理解其自复位工作过程。如图 2-38（a）所示，T0 线圈的复位是依靠 T0 定时时间到了以后，其常开触点动作接通 Y0，再由 Y0 常闭触点动作，切断 T0 线圈完成的，因此该电路称为定时器自复位电路。定时器自复位电路用于循环定时。

对于 100ms 定时器，可以将图 2-38（a）所示的 Y0 常闭触点替换成 T0 常闭触点，如图 2-38（c）所示。对于 1ms 定时器和 10ms 定时器，因其分辨率很高，容易造成常开触点与常闭触点之间的竞争，使循环定时不稳定，故不建议做这种替换。

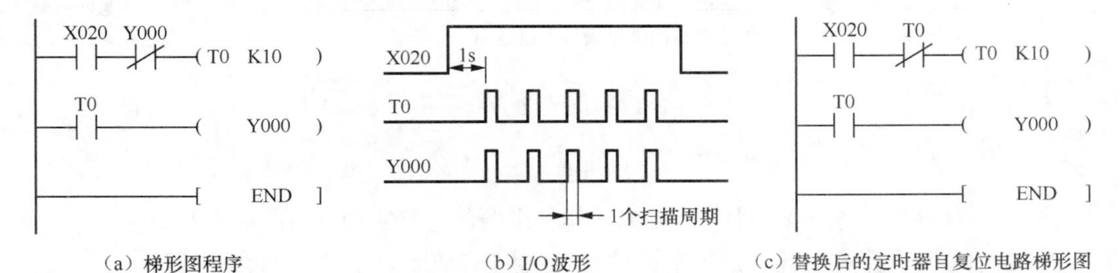

（a）梯形图程序　（b）I/O 波形　（c）替换后的定时器自复位电路梯形图

图 2-38　通用定时器自复位电路

从图 2-38 中可以看出，若将 Y0 对应的输出端子接一灯泡，从理论上说灯泡应该是每 1s 闪亮一下。但由于 Y0 每次接通的时间只有 1 个扫描周期，调试程序时根本看不到灯泡闪亮的效果。在图 2-39 所示的梯形图程序中，用启保停的方式让输出继电器 Y0 每次接通后保持 0.5s 再断开，就可以看到 Y0 输出点亮灯泡的效果。

通用定时器自复位电路

分析并调试图 2-39 所示的程序，思考能否将其中的 T0 常闭触点替换成 Y0 常闭触点，为什么？

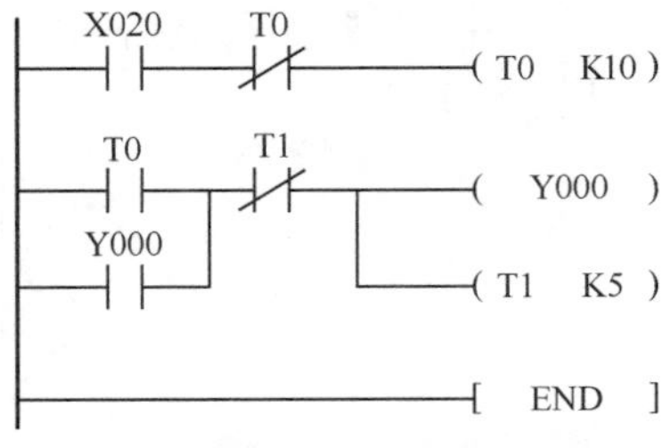

图 2-39 定时器自复位电路梯形图程序

4. 积算定时器

三菱 PLC 除通用定时器以外，还有另一种定时器——积算定时器。积算定时器的地址范围是 T246～T255。如图 2-40 所示，积算定时器与通用定时器的区别在于：线圈的驱动信号 X20 断开或停电时，积算定时器不复位，当前值保持不变，触点的状态也保持不变。当驱动信号 X20 再次被接通或恢复来电时，积算定时器累计计时。当前值达到设定值时，积算定时器的触点动作（常开触点闭合、常闭触点断开）。需要注意的是，必须用 RST 指令对积算定时器进行复位。当复位信号 X21 接通时，积算定时器处于复位状态，其触点复位，当前值清零且不计时。如图 2-40 所示，T250 实现了 X20 信号两次接通的计时（2s+1s）。

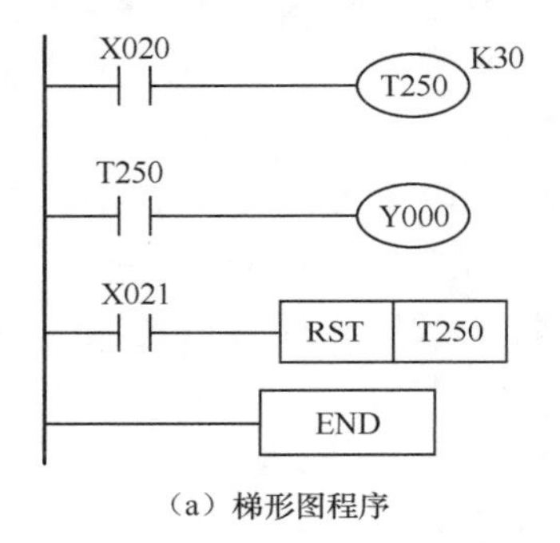

（a）梯形图程序

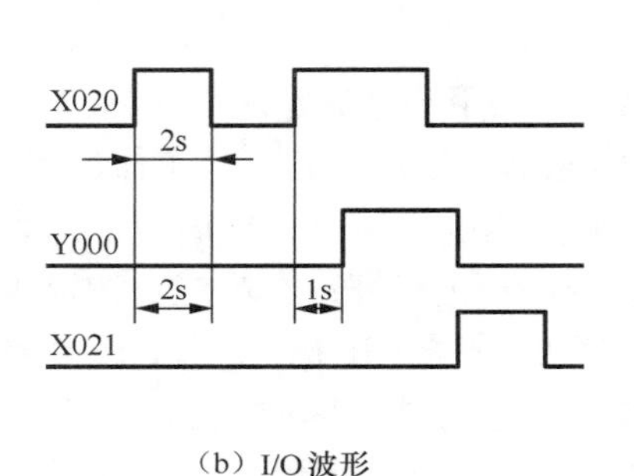

（b）I/O 波形

0	LD	X020
1	OUT	T250
		K30
2	LD	T250
3	OUT	Y000
4	LD	X021
5	RST	T250
6	END	

（c）指令表程序

图 2-40 积算定时器的基本用法

积算定时器有 1ms 和 100ms 两种时基脉冲，对应的设定值分别为 0.001～32.767s 和 0.1～3 276.7s，如图 2-41 所示。

1ms积算定时器T246～T249（4点） 设定值为 0.001～32.767s	100ms积算定时器T250～T255（6点） 设定值为 0.1～3276.7s

图 2-41 积算定时器的地址编号和设定值

合上开关 K1（X0），红灯（Y0）亮 1s 灭 1s，累计点亮 0.5h 后即自行关闭系统。

图 2-42 所示为积算定时器应用实例。其利用振荡电路实现红灯间歇点亮（亮 1s 灭 1s），其点亮的时间用积算定时器 T250 累计计时，达到 1800s 时 T250 常闭触点动作，切断 T0 线圈，使整个系统停止工作。当 X0 断开时积算定时器 T250 复位。

积算定时器自复位电路是怎样的呢？阅读分析图 2-43（a）所示的梯形图程序，补全图 2-43（b）所示的 I/O 波形图。参考答案请扫描二维码观看。

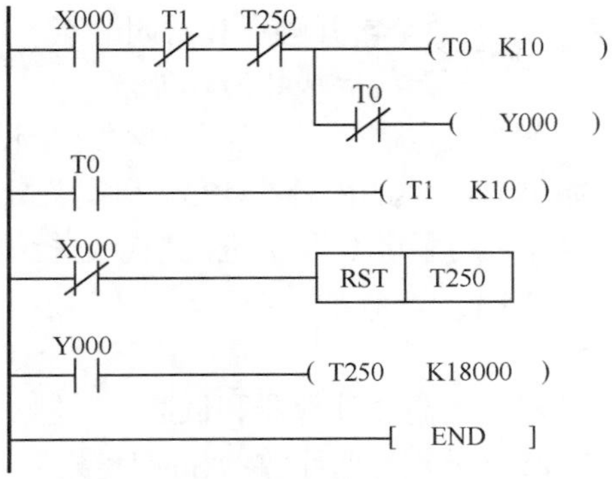

图 2-42　积算定时器应用实例

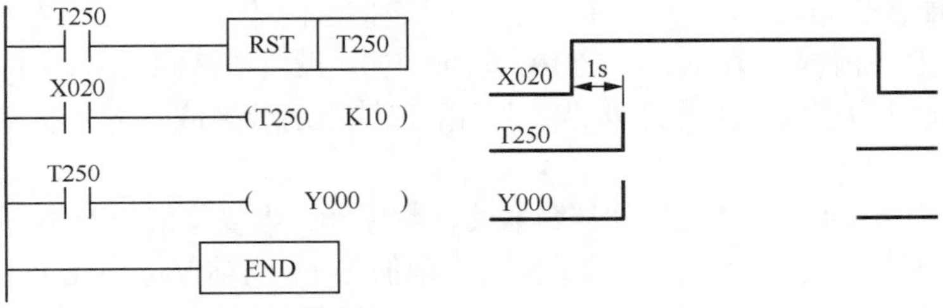

（a）梯形图程序　　（b）I/O 波形

图 2-43　积算定时器自复位电路

五、任务拓展——两台电动机的顺序启停控制

由多台电动机拖动的机械设备，通常对电动机的启停控制有一定的顺序要求，称为电动机的顺序启停控制。请读者思考如何运用所学知识完成这样的设计任务，详情见实训工单 3。

任务四　进库物品的统计监控

一、任务分析

有一个小型仓库，工作人员需要对每天存放进来的物品进行统计：当物品达到 150 件时，仓库监控室的黄灯被点亮；当物品达到 200 件时，仓库监控室的红灯以 1s 的时间间隔闪烁报警。

本任务的关键是对进库物品进行统计计数。解决的思路是在进库口设置传感器，以检测是否有物品进库，然后将传感器的检测信号通过输入端子传给 PLC 进行计数。这需要用到 PLC 的另一编程元件——计数器。

二、相关知识——计数器

1. FX 系列 PLC 的计数器

计数器是 PLC 的重要内部元件，它可以在 CPU 执行扫描操作时对内部元件 X、Y、M、S、T、C 的信号进行计数。计数器与定时器一样，也有一个设定值寄存器（字）、一个当前值寄存器（字）、一个线圈以及无数个常开触点和常闭触点（位）。当计数次数达到其设定值时，计数器触点动作，用于控制系统完成相应功能。

计数器的设定值也与定时器的设定值一样，既可用常数 K 设定，也可用数据寄存器 D 设定。例如，指定为 D10，如果 D10 中的内容为 123，则与设定值 K123 等效。

FX 系列 PLC 的计数器地址采用字母 C 和十进制数字进行编号，如 C0、C1 等，FX_{2N}、FX_{3U} 系列的低速计数器编号为 C0～C234。

2. 16 位低速计数器

通常情况下，PLC 的计数器分为高速计数器和低速计数器。高速计数器与扫描周期无关，需要单独订货，低速计数器一般分为加计数器和减计数器。FX 系列的 16 位低速计数器都是加计数器，其地址编号如下。

（1）通用加计数器：C0～C99（100 点）；设定值区间为 K1～K32767。

（2）停电保持加计数器：C100～C199（100 点）；设定值区间为 K1～K32767。

停电保持加计数器的特点是在外界停电后能保持当前计数值不变，恢复来电时能累计计数。

从图 2-44 中可看出 16 位通用加计数器的计数原理：当复位信号 X10 断开时，计数信号 X11 每接通一次（上升沿到来），计数器的当前值加 1，当前值达到设定值时，计数器的触点动作且不再计数；当复位信号接通时，计数器处于复位状态，此时，当前值清零，触点复位，并且不计数；当复位信号和计数信号都接通时，计数器也处于复位状态。

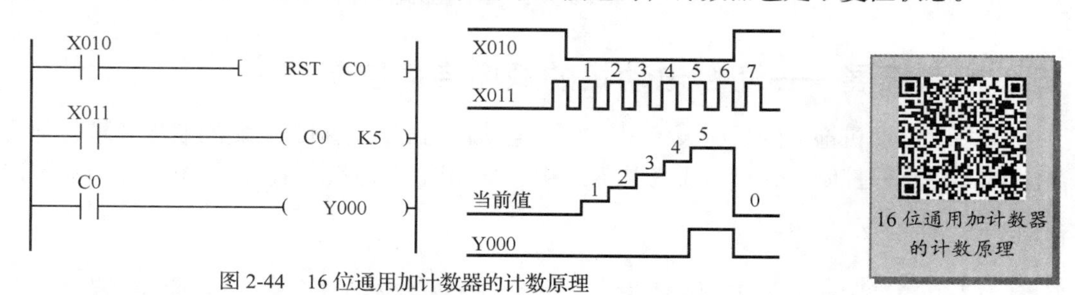

图 2-44　16 位通用加计数器的计数原理

在阅读、分析程序时，首先要判断计数器是否处于复位状态，只有当计数器的复位信号断开、处于计数状态时才会计数。

三、任务实施

1. 选择 I/O 设备，分配 I/O 地址，绘制 I/O 接线图

根据任务要求，需要在进库口设置传感器，检测是否有进库物品到来，这是输入信号。传感器检测到信号以后发送给计数器进行统计计数，计数器是 PLC 的内部元件，不需要选择相应的外部设备。但计数器需要有复位信号，从本任务来看，需要单独配置一个按钮供计数器复位，同时其作为整个监控系统的启动按钮。本任务的输出设备就是两个监控指示灯（红灯和黄灯）。其分配地址如下。

X0——进库物品检测传感器。

X1——监控系统启动按钮（计数复位按钮）SB。

Y0——监控室红灯 L0。

Y1——监控室黄灯 L1。

图 2-45 所示为仓库监控系统的 I/O 接线图。

2. 设计控制程序

图 2-46 所示为仓库物品统计监控程序（一）。每进库一件物品，传感器就通过 X0 输入一个信号，计数器 C0、C1 分别计数一次。C0 计满 150 件时其触点动作，使黄灯（L1）点亮；C1 计满 200 件时其触点动作，与 M8013（1s 时钟脉冲）串联后实现红灯（L0）以 1s 的时间间隔闪烁报警。

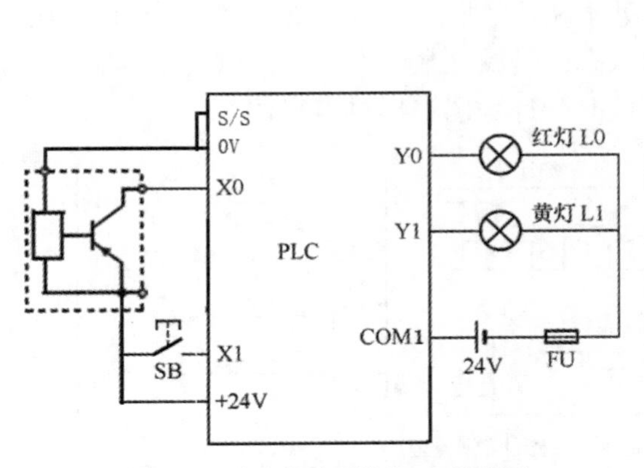

图 2-45　仓库监控系统的 I/O 接线图

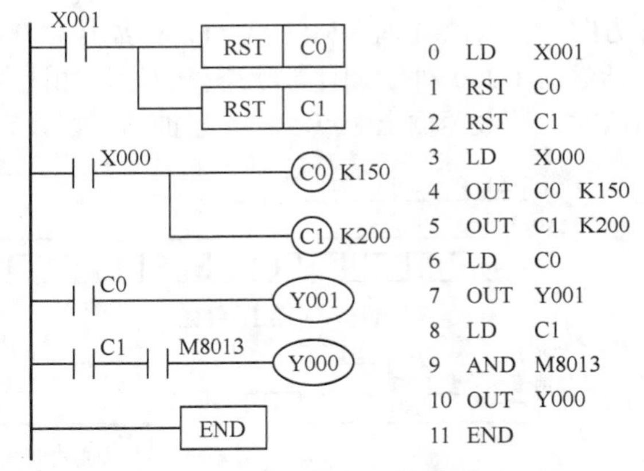

图 2-46　仓库物品统计监控程序（一）

也可以采用图 2-47 所示的仓库物品统计监控程序（二），当 C0 计满 150 件后再用 C1 接着计数，C1 计满 51 件后让红灯闪烁。因为当第 150 件物品到来时，C0 的当前值达到设定值，其常开触点闭合使 C1 计数一次，所以 C1 的设定值是 51 而不是 50，这一点应格外注意。

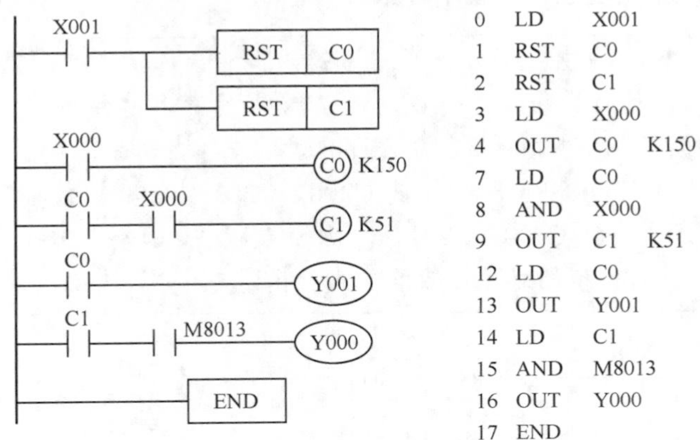

图 2-47　仓库物品统计监控程序（二）

能否用定时器的振荡电路实现本任务的红灯闪烁效果？
参考答案请扫描二维码观看。

3. 程序调试

按照 I/O 接线图接好电源线、通信线及 I/O 信号线，输入程序进行调试，直至满足要求。

四、知识拓展——32 位加/减双向计数器、通用计数器的自复位电路

1. 32 位加/减双向计数器

FX 系列的低速计数器除前面已讲解的 16 位低速计数器外，还有 32 位通用加/减双向

计数器（地址编号为 C200～C219，共 20 点）以及 32 位停电保持加/减双向计数器（地址编号为 C220～C234，共 15 点），设定值为−2147483648～2147483647。

32 位加/减双向计数器的设定值可正可负，计数过程中当前值可加可减，分别用特殊辅助继电器 M8200～M8234 指定计数方向，对应的特殊辅助继电器断开时为加计数，接通时为减计数。如图 2-48 所示，用 X12 通过 M8200 控制 32 位通用加/减双向计数器 C200 的计数方向。当 X12=1 时，M8200 = 1，计数器 C200 处于减计数状态；当 X12=0 时，M8200 = 0，计数器 C200 处于加计数状态。无论是加计数状态还是减计数状态，当前值大于等于设定值时，计数器输出触点动作；当前值小于设定值时，计数器输出触点复位。

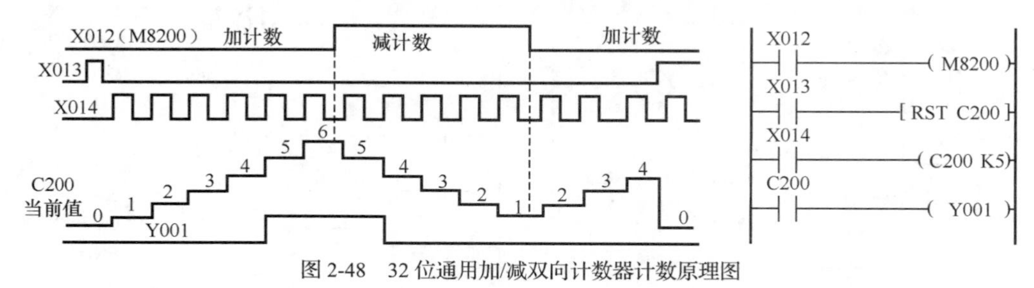

图 2-48　32 位通用加/减双向计数器计数原理图

需要注意的是，只要 32 位加/减双向计数器不处于复位状态，无论当前值是否达到设定值，其当前值始终随计数信号的变化而变化，如图 2-48 所示。

与 16 位低速计数器一样，当复位信号到来时，32 位加/减双向计数器就处于复位状态。此时，当前值清零，触点复位，并且不计数。

仓库的物品每天既有进库的，也有出库的。为了实现对进出库物品都能进行计数统计，可以对图 2-46 所示的程序做一些修改，修改后的程序如图 2-49 所示。X2 为物品出库开关，当物品需要出库时将 X2 合上，接通 M8200 和 M8201，使 C200、C201 处于减计数状态；物品进库时将 X2 断开，使 C200、C201 处于加计数状态。无论 C200、C201 处于何种状态，其当前值始终随计数信号的变化而变化，以准确反映库存物品的数量。

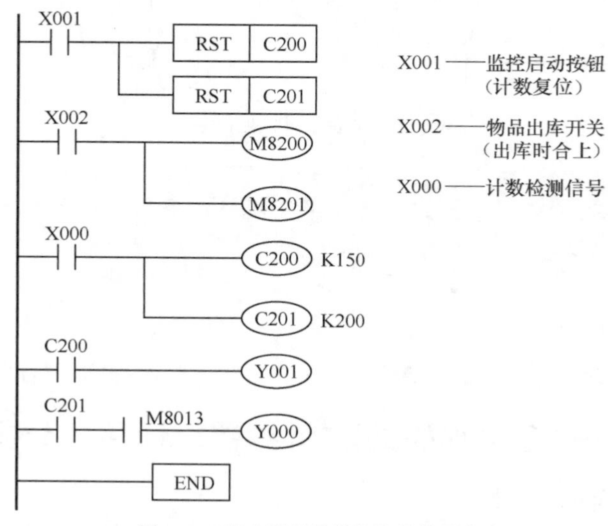

图 2-49　进出库物品的统计监控程序

2. 通用计数器的自复位电路

对于图 2-50 所示的程序，C0 对计数脉冲 X4 进行计数，计数到第 3 次的时候，C0 的常开触点动作使 Y0 接通。而在 CPU 的第 2 个扫描周期中，由于 C0 的另一常开触点动作使其线圈复位，后面的常开触点也跟着复位，因此在第 2 个扫描周期中，Y0 又断开。在第 3 个扫描周期中，由于 C0 常开触点复位解除了线圈的复位状态，因此使 C0 又处于计数状态，重新开始下一轮计数。

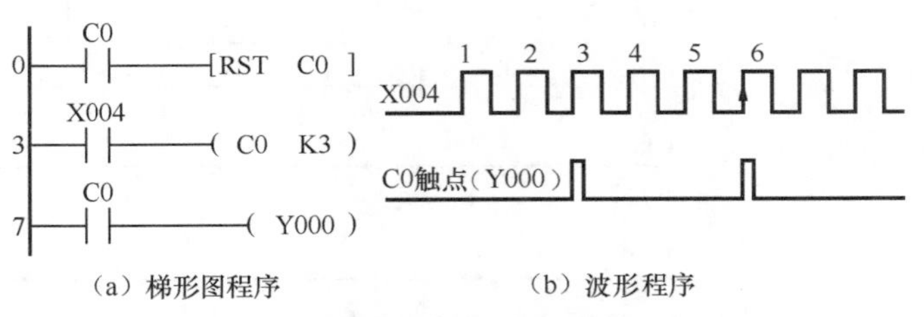

（a）梯形图程序　　（b）波形程序

图 2-50　通用计数器的自复位电路程序

通用计数器的自复位电路程序

与定时器自复位电路一样，通用计数器的自复位电路也要分析前后 3 个扫描周期，才能真正理解它的自复位工作过程。通用计数器的自复位电路主要用于循环计数。定时器、计数器的自复位电路在实践中应用非常广泛，要深刻理解才能熟练地应用。

图 2-51 所示为时钟电路程序。采用特殊辅助继电器 M8013 发出秒脉冲并输入 C0 进行计数。C0 每计数 60 次（1 min）就向 C1 发出一个计数信号，C1 每计数 60 次（1h）就向 C2 发出一个计数信号。C0、C1 分别计数 60 次（00～59），C2 计数 24 次（00～23）。

M8013（1s）　C0　K60
C0　C1　K60　RST　C0
C1　C2　K24　RST　C1
C2　RST　C2
END

```
0   LD    M8013
1   OUT   C0     K60
2   LD    C0
3   OUT   C1     K60
4   RST   C0
5   LD    C1
6   OUT   C2     K24
7   RST   C1
8   LD    C2
9   RST   C2
10  END
```

（a）梯形图程序　　（b）指令表程序

图 2-51　时钟电路程序

如何将图 2-51 所示时钟电路程序的秒、分、时的信号输出？参考答案请扫描二维码观看。

3. 计数范围扩展

FX 系列 PLC 计数器最大计数 32767，若需更大的计数范围，则要进行扩展。图 2-52 所示为计数器扩展电路程序。计数器 C0 形成了一个设定值为 100 次的自复位电路。C0 对 X0 的接通次数进行计数，计满 100 次时自复位一次，然后重新开始计数，同时输出到 C1 端计数一次。当 C1 计数达到 2000 次时，即 X0 共接通 100×2000=200 000 次时，C1 常开触点闭合，使 Y1 接通。该电路的计数值为两个计数器设定值的乘积。程序中用 M8002 对 C0、C1 进行初始复位。M8002 是提供初始脉冲的特殊辅助继电器，PLC 由 STOP 状态进入 RUN 状态的第 1 个扫描周期，M8002 接通，其他时间一直断开。

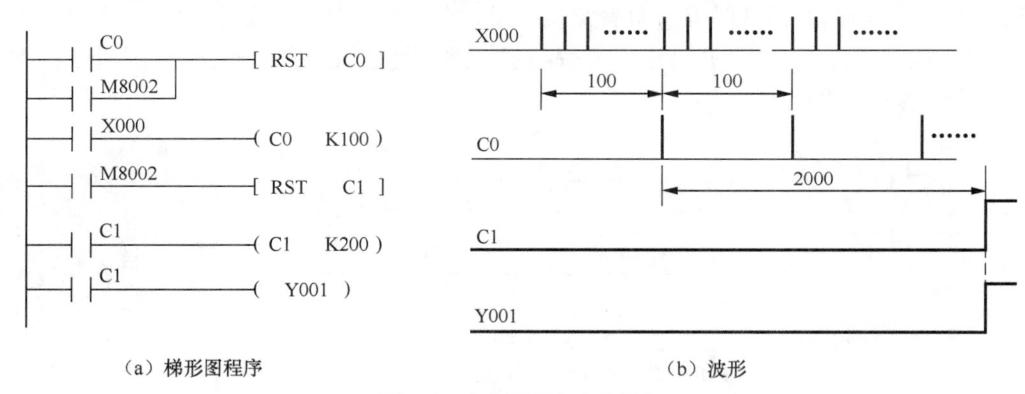

（a）梯形图程序　　（b）波形

图 2-52　计数器扩展电路程序

图 2-47 所示的程序也是扩大计数范围的一种应用。程序中用两个计数器对进库物品进行计数，C0 达到设定值时 C1 才开始计数，总计数值等于 C0 的设定值加上 C1 的设定值减 1。

定时器和计数器串联使用还可以扩大定时器的定时范围，如图 2-53 所示。梯形图程序第 1 行采用定时器自复位电路，每隔 10s（T0 的设定值）发送 1 个脉冲信号给计数器 C1 计数 1 次，同时将 T0 自复位，进入下一个 10s 的定时。C1 计满 360 次（1h）时，其常开触点动作将 Y1 接通。总的定时时间为 T0 的设定值乘以计数器 C1 的设定值，扩大了定时器的定时范围。

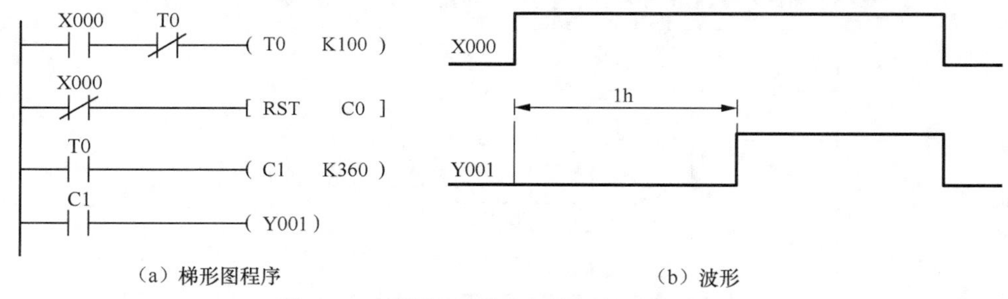

（a）梯形图程序　　（b）波形

图 2-53　定时器和计数器串联使用扩大定时范围

五、任务拓展——间歇润滑装置的自动控制

定时器、计数器在工业控制中应用非常广泛。例如，某些间歇润滑装置就需要运用定时器进行自动控制，详情见实训工单 4，请读者运用定时器知识进行设计。

任务五　洗手间的冲水清洗控制

一、任务分析

某宾馆洗手间的控制要求：当使用者进去时，光电开关动作使 X0 接通，3s 后 Y0 接通，使控制水阀打开，开始冲水，时间为 2s；使用者离开后，再一次冲水，时间为 3s。

根据本任务的控制要求，可以画出洗手间的冲水清洗控制 I/O 波形，如图 2-54 所示。

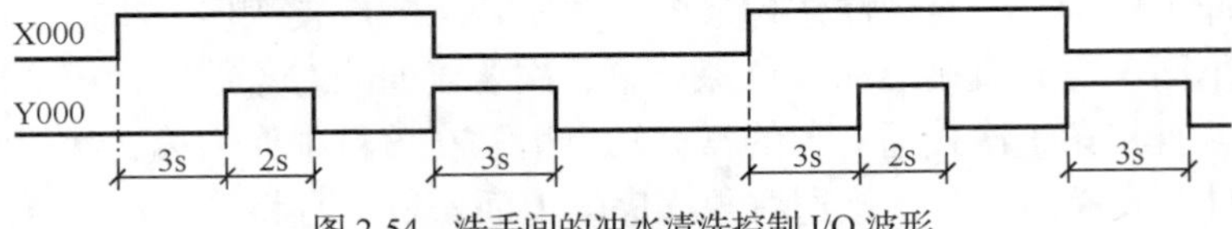

图 2-54　洗手间的冲水清洗控制 I/O 波形

由此看出，使用者进出 1 次（X0 接通 1 次）则输出 Y0 要接通 2 次。X0 接通后延时 3s 将 Y0 第 1 次接通，这用定时器就可以实现。然后当使用者离开（X0 的下降沿到来）时 Y0 第 2 次接通，且前后两次接通的时间长短不一样，分别是 2s 和 3s。这需要用到 PLC 的边沿指令或上升沿/下降沿微分指令。

二、相关知识——上升沿/下降沿微分指令（脉冲输出指令）

上升沿/下降沿微分（PLS/PLF）指令，也称为脉冲输出指令。其功能是，当驱动信号的上升沿/下降沿到来时，操作元件接通 1 个扫描周期，其余时间断开。如图 2-55 所示，当输入 X0 的上升沿到来时，辅助继电器 M0 接通 1 个扫描周期，其余时间不论 X0 是接通还是断开，M0 都断开。同样，当输入 X1 的下降沿到来时，辅助继电器 M1 接通 1 个扫描周期，其余时间断开。由此看出，PLS/PLF 指令可以将输入信号的宽脉冲变成 2 个窄脉冲使用。

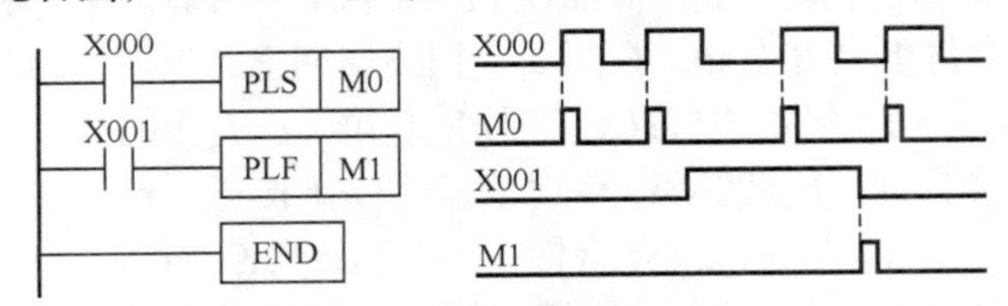

图 2-55　PLS/PLF 指令用法

图 2-56 所示为单按钮（X20）实现电动机（Y0）的启停控制。当 X20 第 1 次被按下时，M0 接通 1 个扫描周期。因为此时 Y0 是没接通的初始状态，所以 CPU 从上往下扫描程序时 M1 不能接通，扫描到第 3 行时 Y0 接通，使电动机启动。在第 2 个扫描周期里，因为不是 X20 的上升沿，所以 M0 断开。此时尽管 Y0 的常开触点闭合，但 M1 仍不能接通，Y0 得以自保使电动机连续运行。直到 X20 第 2 次被按下时，M0 又接通 1 个扫描周期。此时 Y0 常开触点依旧处于闭合状态，使得 M1 接通。M1 常闭触点动作，切断 Y0，使电动机停止运行。X20 第 3 次被按下时，电动机再次启动运行。X20 第 4 次被按下时，电动机停止运行。

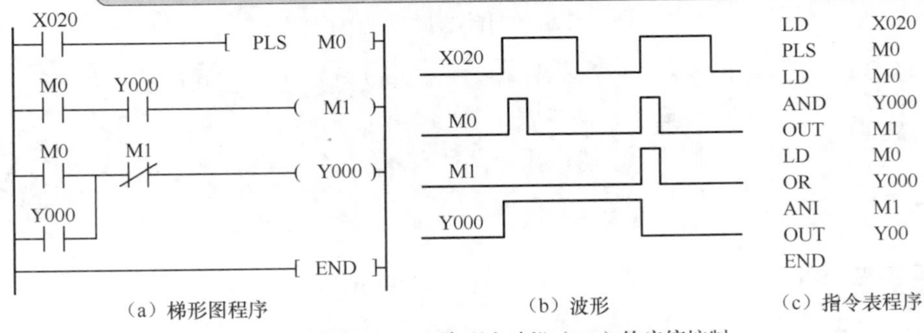

图 2-56　单按钮（X20）实现电动机（Y0）的启停控制

设计此类程序的关键有两点：一是要使用 PLS/PLF 指令，将输入设备的宽信号变成程序中的窄（脉冲）信号；二是要注意梯形图程序中各行的放置顺序。将第 1 次要接通的对象放在程序最下面一行，直接启动并自保；第 2 次要接通的对象放置在第 1 次接通对象程序的上面一行，且将第 1 次接通对象的常开触点串联在该行中作为第 2 次启动的条件；第 3 次要接通的对象放置在第 2 次接通对象程序的上面一行，且将第 2 次接通对象的常开触点串联在该行中作为第 3 次启动的条件，以此类推。在图 2-56 所示程序中，第 1 次按下 X20 时，接通 Y0 使电动机启动运行，所以 Y0 线圈放在程序最下面一行；第 2 次按下 X20 时，接通 M1，让 M1 充当停止按钮切断 Y0，所以将 M1 的线圈与 Y0 的常开触点串联放在程序倒数第 2 行，保证第 2 次按下 X20 时，电动机停止运行。

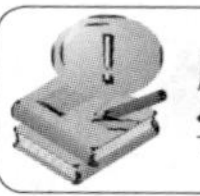
应用实例

设计单按钮控制台灯两挡发光亮度的程序。

要求：按钮（X20）第 1 次合上时，Y0 接通；X20 第 2 次合上时，Y0 和 Y1 都接通；X20 第 3 次合上时，Y0、Y1 都断开。

单按钮控制台灯两挡发光亮度的梯形图程序如图 2-57（a）所示，波形如图 2-57（b）所示，指令表程序如图 2-57（c）所示。当 X20 第 1 次合上时，M0 接通 1 个扫描周期。由于此时 Y0 还是没有接通的初始状态，因此 CPU 从上往下扫描程序时 M1 和 Y1 都不能接通，只有 Y0 接通，台灯低亮度发光。在第 2 个扫描周期里，虽然 Y0 的常开触点闭合，但 M0 断开了，因此 M1 和 Y1 仍不能接通。直到 X20 第 2 次合上时，M0 又接通 1 个扫描周期。由于此时 Y0 已经接通，因此其常开触点闭合使 Y1 接通，台灯高亮度发光。X20 第 3 次合上时，M0 接通，因 Y1 常开触点闭合使 M1 接通，切断 Y0 和 Y1，台灯熄灭。1 个输入设备（按钮）每次按下的功能不同，就能实现用 1 个输入设备完成多种控制功能的目的。

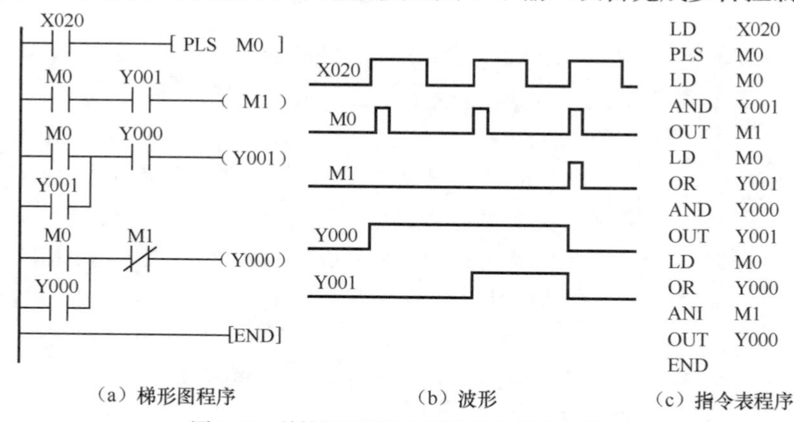

（a）梯形图程序　（b）波形　（c）指令表程序

图 2-57　单按钮控制台灯两挡发光亮度的程序

思考并实践

如图 2-57 所示，若将控制要求改为按钮（X20）第 1 次按下时，Y0 接通；X20 第 2 次按下时，Y1 接通且 Y0 断开；X20 第 3 次按下时，1 断开。请修改并调试程序，参考答案请自行扫描二维码观看。

三、任务实施

设计洗手间的冲水清洗控制程序时，可以分别采用 PLS 和 PLF 指令作为 Y0 第 1 次接

通前的开始定时信号和第 2 次接通的启动信号。同一编号的继电器线圈不能在梯形图程序中出现两次，否则称为“双线圈输出”，这是违反梯形图程序设计规则的，所以 Y0 前后两次接通要用辅助继电器（M10 和 M15）进行过渡和“记录”，再将 M10 和 M15 的常开触点并联后驱动 Y0 输出，如图 2-58 所示。

M0 和 M1 都是微分短信号，要使定时器正确定时，就必须设计成启保停电路。而 PLC 的定时器只有到设定时间的时候触点才会动作，换句话说，PLC 的定时器只有延时触点而没有瞬时触点。因此，用 M0 驱动辅助继电器 M2 接通并自保，给 T0 定时 30s 提供长信号保证，再通过 M10 将输出 Y0 接通。同样，M15 也是供 T2 完成 30s 定时的辅助继电器，而且通过 M15 将 Y0 第 2 次接通。

思考　如图 2-58 所示，不用 M0 和 M2，能否直接用 X0 使 T0 定时 30s，再接通 Y0?

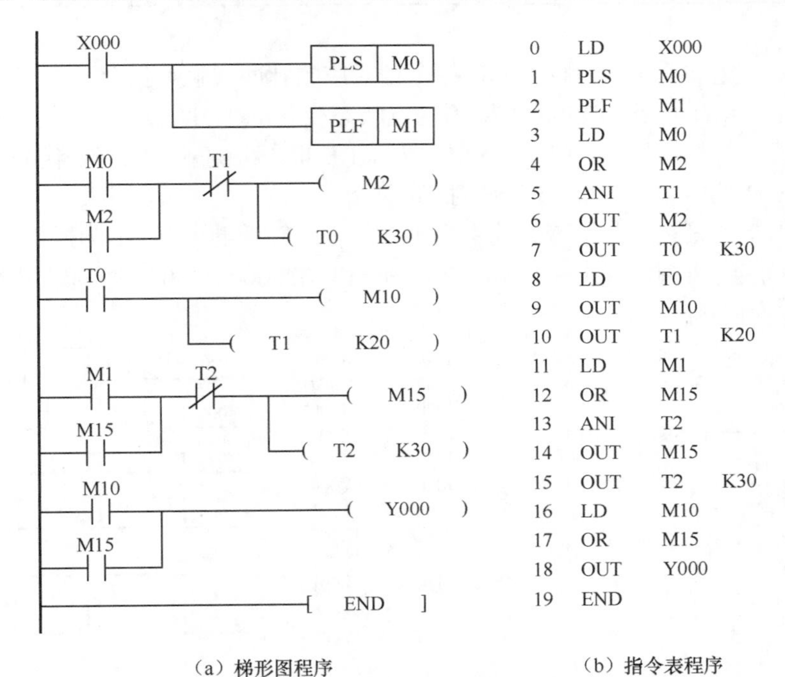

（a）梯形图程序　　（b）指令表程序

图 2-58　洗手间的冲水清洗控制程序

四、知识拓展——边沿检测指令

触点状态变化的边沿检测指令共有 6 个，如表 2-1 所示，其用法如图 2-59 所示。

表 2-1　触点状态变化的边沿检测指令

指令助记符（名称）	功能	梯形图程序	操作元件	程序步
LDP（取脉冲上升沿）	取脉冲上升沿与母线连接	X, Y, M, S, T, C　Y, M, S	X，Y，M，S，T，C	2
LDF（取脉冲下降沿）	取脉冲下降沿与母线连接	X, Y, M, S, T, C　Y, M, S	X，Y，M，S，T，C	2

续表

指令助记符（名称）	功能	梯形图程序	操作元件	程序步
ANDP（与脉冲上升沿）	串联脉冲上升沿	X, Y, M, S, T, C (Y, M, S)	X，Y，M，S，T，C	2
ANDF（与脉冲下降沿）	串联脉冲下降沿	X, Y, M, S, T, C (Y, M, S)	X，Y，M，S，T，C	2
ORP（或脉冲上升沿）	并联脉冲上升沿	(Y, M, S) X, Y, M, S, T, C	X，Y，M，S，T，C	2
ORF（或脉冲下降沿）	并联脉冲下降沿	(Y, M, S) X, Y, M, S, T, C	X，Y，M，S，T，C	2

说明如下。

（1）这是一组与 LD、AND 及 OR 指令相对应的脉冲式触点指令。

（2）LDP、ANDP 及 ORP 指令检测触点状态变化的上升沿，当上升沿到来时，使其操作对象接通一个扫描周期。LDF、ANDF 及 ORF 指令检测触点状态变化的下降沿，当下降沿到来时，使其操作对象接通一个扫描周期。

（3）这组指令只在某些场合为编程提供方便，当辅助继电器 M 为操作元件时，M 的序号会影响程序的执行情况（注：M0～M2799 和 M2800～M3071 两组继电器的动作有差异，详情请查阅手册）。

图 2-59 触点状态变化的边沿检测指令用法

用边沿检测指令设计单按钮实现电动机的启停控制程序和洗手间的冲水清洗控制程序。参考答案请自行扫描二维码观看。

任务六 LED 数码管的显示设计

一、任务分析

LED 数码管（也称“七段数码管”）由 7 段条形 LED 和一个圆点 LED 组成，根据条

形 LED 和圆点 LED 的亮暗可以显示 0～9 共 10 个数字和许多字符。设计用 PLC 控制的 LED 数码管显示程序，要求：分别按下 X0、X1 和 X2 时，数码管相应显示数字“0”“1”“2”；按下 X3 时，数码管显示小圆点。每个字符显示 1s 后自动熄灭。

七段数码管结构如图 2-60 所示，有共阴极和共阳极两种接法，本书采用共阴极接法。在共阴极接法中，COM 端子一般接低电平，这样只需控制阳极端子的电平高低就可以控制数码管显示不同的字符。例如，当 b 端子和 c 端子输入为高电平、其他各端子输入为低电平时，数码管显示数字 1；当 a、b、c、d、e、f 端子输入全为高电平、其他各端子输入为低电平时，数码管显示数字 0。

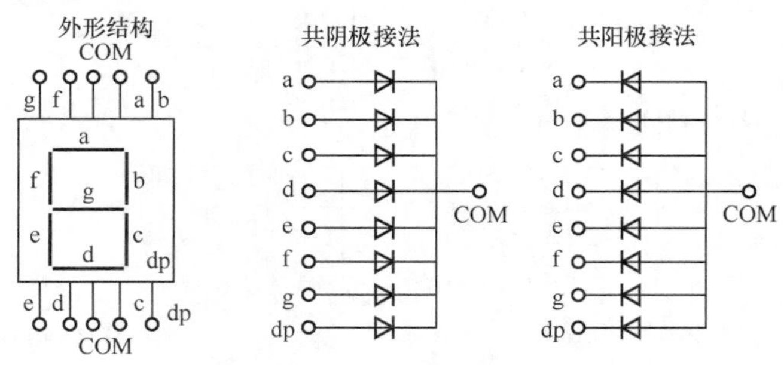

图 2-60 七段数码管结构

二、相关知识——梯形图程序设计规则与梯形图程序优化、经验设计法

1. 梯形图程序设计规则与梯形图程序优化

（1）I/O 继电器、内部辅助继电器、定时器、计数器等器件的触点可以多次重复使用，无须复杂的程序结构来减少触点的使用次数。

（2）梯形图程序每行都是从左母线开始的，经过许多触点的串、并联，最后用线圈终止于右母线。触点不能放在线圈的右边，如图 2-61 所示。

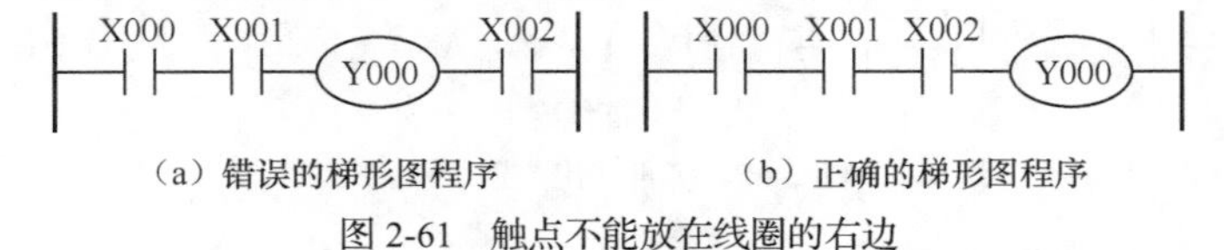

（a）错误的梯形图程序　（b）正确的梯形图程序

图 2-61 触点不能放在线圈的右边

（3）在梯形图程序中，除步进程序外，不允许同一编号的线圈多次输出（不允许双线圈输出），如图 2-62 所示。

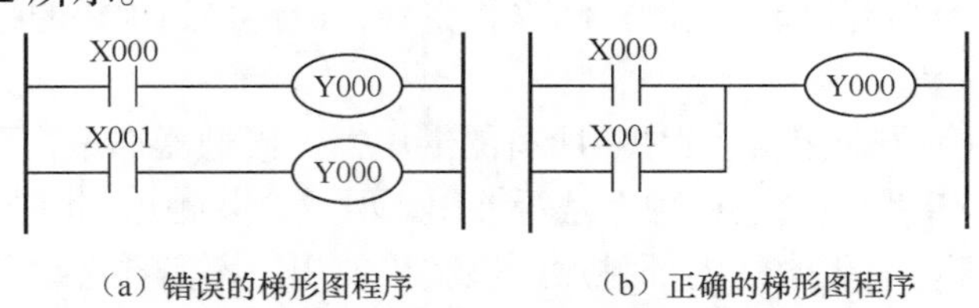

（a）错误的梯形图程序　（b）正确的梯形图程序

图 2-62 不允许双线圈输出

（4）在梯形图程序中不允许出现桥式电路。当出现图 2-63（a）所示的桥式电路时，必须转换成图 2-63（b）所示的形式才能进行程序调试。

（5）为了减少程序的执行步数，梯形图程序中串联触点多的应放在上面，并联触点多的应放在左边。如图 2-64 所示，优化后的梯形图程序比没优化的少一步。

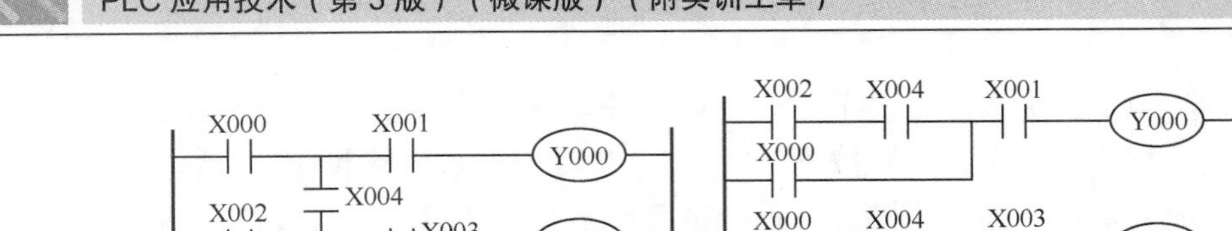

（a）桥式电路

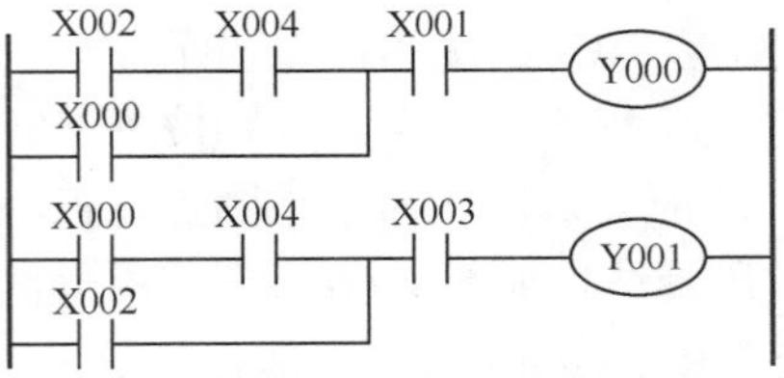

（b）桥式电路转换后的梯形图程序

图 2-63　不允许出现桥式电路

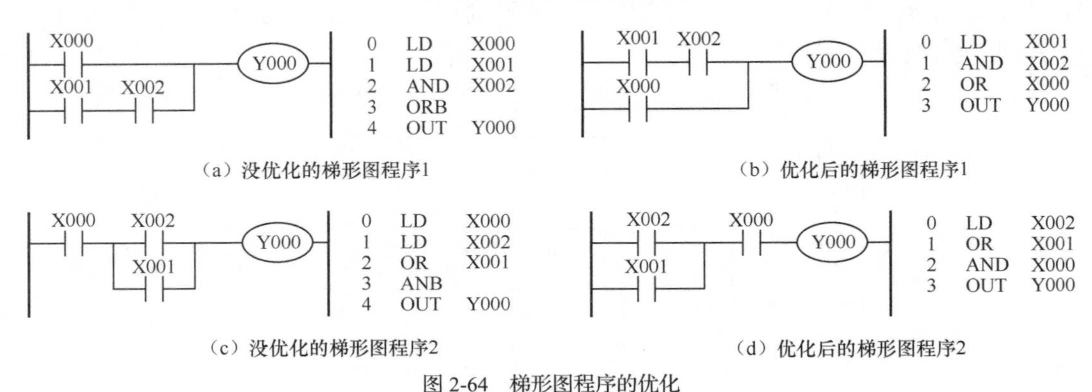

```
0   LD    X000
1   LD    X001
2   AND   X002
3   ORB
4   OUT   Y000
```

（a）没优化的梯形图程序1

```
0   LD    X001
1   AND   X002
2   OR    X000
3   OUT   Y000
```

（b）优化后的梯形图程序1

```
0   LD    X000
1   LD    X002
2   OR    X001
3   ANB
4   OUT   Y000
```

（c）没优化的梯形图程序2

```
0   LD    X002
1   OR    X001
2   AND   X000
3   OUT   Y000
```

（d）优化后的梯形图程序2

图 2-64　梯形图程序的优化

（6）尽量使用连续输出，避免使用多重输出指令，如图 2-65 所示，连续输出的梯形图程序比多重输出的梯形图程序在转化成指令表程序时要简单得多。

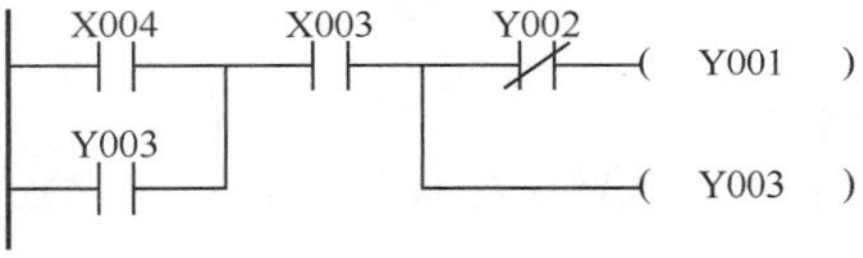

```
0   LD    X004    4   ANI   Y002
1   OR    Y003    5   OUT   Y001
2   AND   X003    6   MPP
3   MPS           7   OUT   Y003
```

（a）多重输出

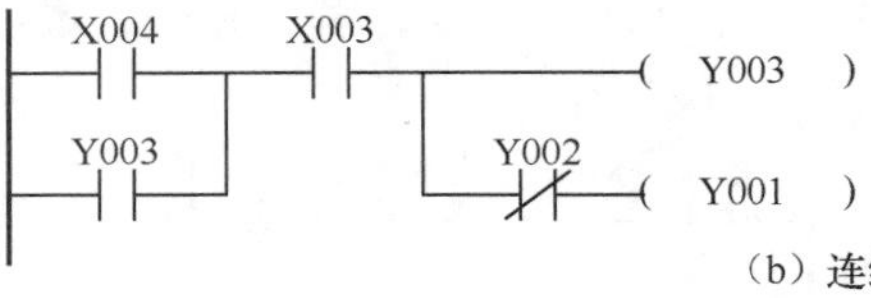

```
0   LD    X004    3   OUT   Y003
1   OR    Y003    4   ANI   Y002
2   AND   X003    5   OUT   Y001
```

（b）连续输出

图 2-65　多重输出与连续输出

2. 经验设计法

所谓经验设计法，就是在传统的继电器-接触器控制电路和 PLC 典型控制电路的基础上，依据积累的经验进行翻译、设计、修改和完善，最终得到优化的控制程序。需要注意的事项如下。

（1）在继电器-接触器控制电路中，所有的继电器、接触器都是物理元件，其触点都是有限的。因此在控制电路中要注意触点是否够用，尽量合并触点。但在 PLC 中，所有的编程元件都是虚拟器件，有无数的内部触点可供编程使用，不需要考虑节省触点。

（2）在继电器-接触器控制电路中，要尽量减少元器件的使用数量和通电时间，以降低成本、节省电能和减小故障概率。但在 PLC 中，当 PLC 的硬件型号选定以后，其价格就确定了。编制程序时可以使用 PLC 丰富的内部资源，使程序功能更加强大和完善。

（3）在继电器-接触器控制电路中，满足条件的各条支路是并行执行的，因此要考虑复杂的联锁关系和临界竞争问题。然而在 PLC 中，由于 CPU 扫描梯形图程序的顺序是从上

到下（串行）执行的，因此可以简化联锁关系，不考虑临界竞争问题。

（4）在满足控制要求的前提下，力求程序简洁和具有更强的可读性。

三、任务实施

1. 拟订方案，分配 I/O 地址，绘制 I/O 接线图

根据本任务的控制要求，输入地址已经确定。按下 X0 要求数码管显示数字“0”，即 X0 应为“0”按键；同理，X1 为“1”按键；X2 为“2”按键；X3 为“圆点”按键。本任务的输出设备就是数码管，但因为它是由 7 段条形 LED a、b、c、d、e、f、g 和一个圆点 LED dp 组成的，所以需要占用 8 个输出地址。本任务的输出地址分配：数码管圆点 LED dp 对应 Y0；数码管条形 LED a～g 段对应 Y1～Y7。由此绘制的数码管显示的 I/O 接线图如图 2-66 所示。

2. 设计梯形图程序

各个数字的显示都是由七段数码管的不同点亮情况组合而成的。例如，数字“0”和数字“1”都需要数码管的 b（Y2）、c（Y3）两段点亮。而 PLC 的梯形图程序设计规则是不允许出现双线圈的，所以要用辅助继电器 M 进行过渡。用 M 记录各 LED 的显示状态，再用记录的各状态点亮相应的 LED。

下面用 PLC 的经验设计法进行数码管显示程序的设计，读者应注意体会。

（1）数字显示状态的基本程序

搭建程序的大致框架。在本程序中用辅助继电器 M 做好各按键数字的状态记录。例如，按下 X0 时，用 M0 做记录，表明要显示数字“0”，如图 2-67 所示。因为圆点 LED dp 单一地接通 Y0，所以不需要用 M 做中间记录。

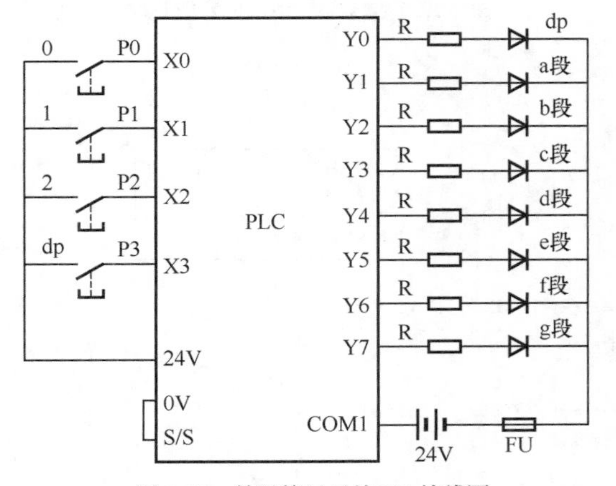

图 2-66　数码管显示的 I/O 接线图

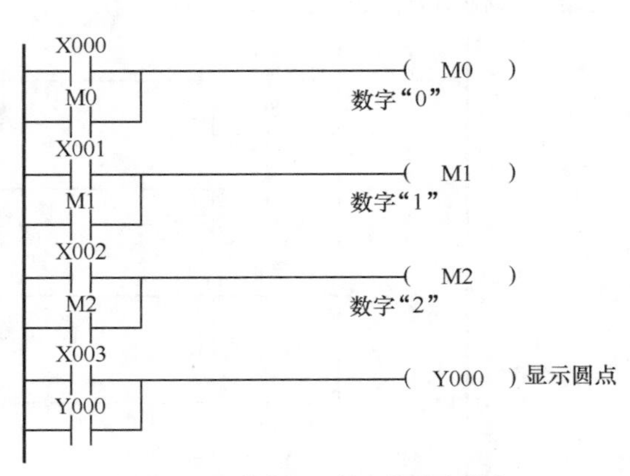

图 2-67　数字显示状态的基本程序

（2）数字的数码管显示程序

将上一步记录的各状态用相应的输出设备进行输出。例如，M0 状态是输出数字“0”，就要点亮 a、b、c、d、e、f 段，也就是要将 Y1～Y6 接通；M1 状态是输出数字“1”，就要点亮 b、c 段，也就是要将 Y2、Y3 接通。据此设计的数字的数码管显示程序如图 2-68 所示。

（3）数码管显示 1s 的定时程序

因为各个数字都显示 1s，所以用 M0～M2 各状态及 Y0 的常开触点将定时器 T0 接通定时 1s，如图 2-69 所示。

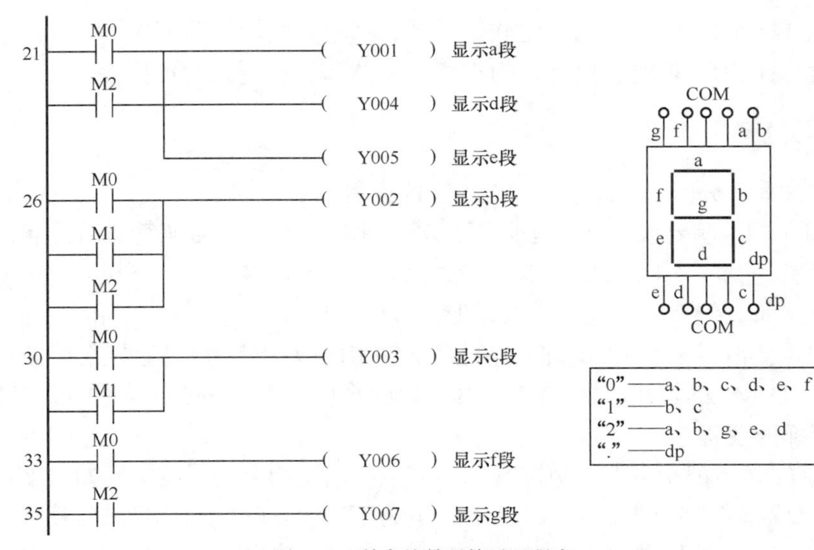

图 2-68　数字的数码管显示程序

（4）数码管显示的最终梯形图程序

将前面各步骤的程序段组合在一起，并进行总体功能检查（有无遗漏或者相互冲突的地方，若有就要进行程序添加或者衔接过渡），最后完善成总体程序，如图 2-70 所示。本程序中 T0 常闭触点切断 M 各状态和 Y0，就是最后检查出来的遗漏的地方。

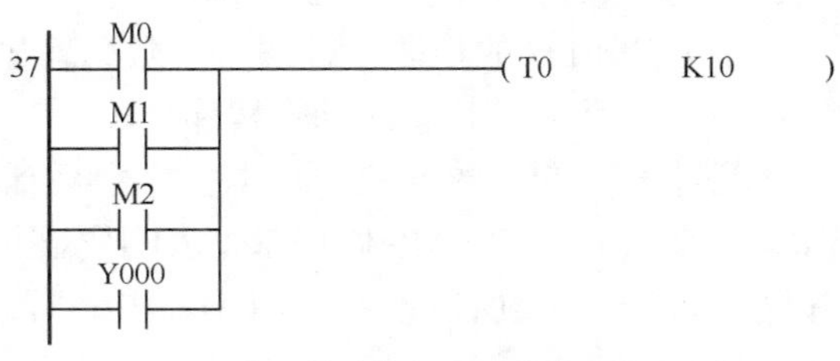

图 2-69　数码管显示 1s 的定时程序

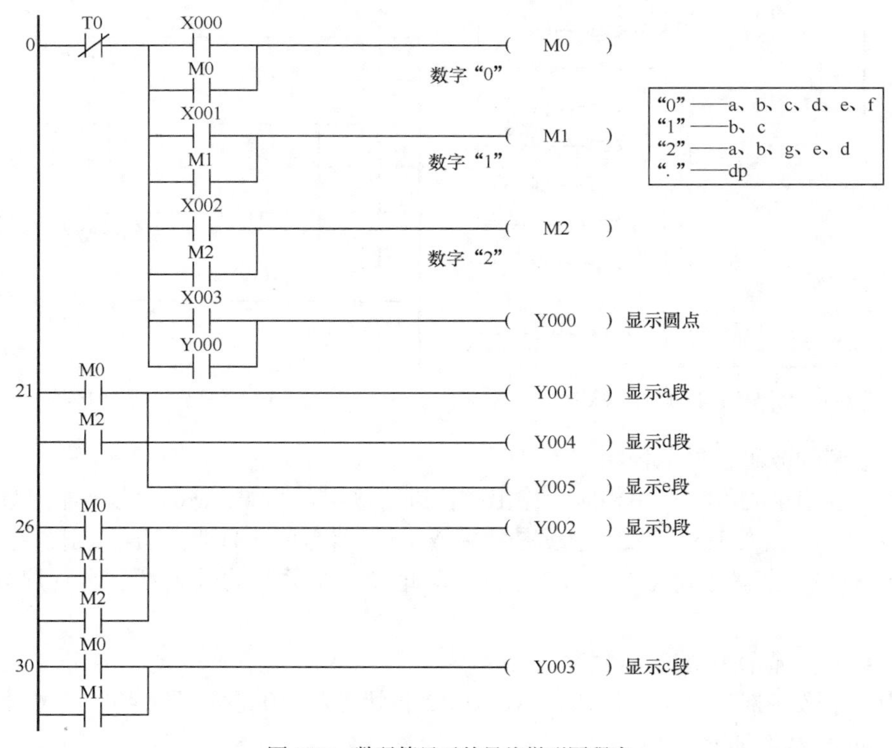

图 2-70　数码管显示的最终梯形图程序

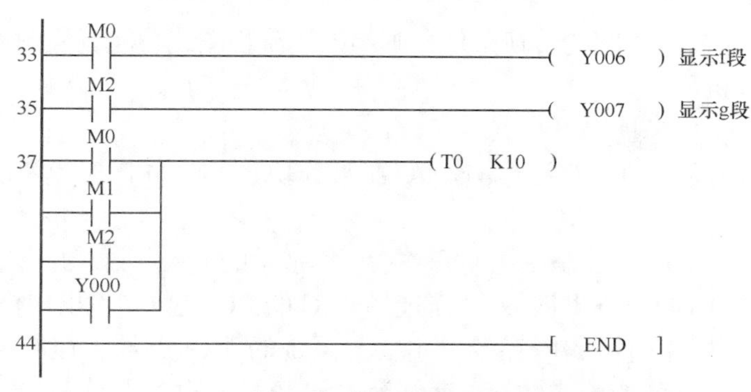

图 2-70　数码管显示的最终梯形图程序（续）

3. 编写指令表程序及进行程序调试

按照 I/O 接线图，接好电源线、通信线及 I/O 信号线，输入梯形图程序或编写指令表程序并调试运行，直至满足控制要求。现场调试时要注意确保数码管的接线正确。

四、知识拓展——PLC 控制系统设计

1. PLC 控制系统设计的基本原则

PLC 控制系统设计包括硬件设计和软件设计两部分，PLC 控制系统设计的基本原则主要有如下几点。

（1）充分发挥 PLC 的控制功能，最大限度地满足被控制的生产机械或生产过程的控制要求。设计前，应深入现场进行调查、研究，搜集资料，并与相关部门的设计人员和实际操作人员密切配合，共同拟订控制方案，协同解决设计中出现的各种问题。

（2）在满足控制要求的前提下，力求控制系统经济、简单、维修方便。

（3）保证控制系统安全且可靠。保证人身安全与设备安全永远都是第一位的，在满足控制要求的同时，要注意硬件的安全保护。

（4）考虑到生产的发展、工艺的改进及系统的扩展，在选用 PLC 时，在 I/O 点数和内存容量上要适当地留有余地。

（5）设计调试点以便于调试，采用模块化设计，尽量减少程序量，并全面注释，以便维修。

（6）软件设计主要是指编写程序，要求程序结构清楚、可读性强、程序简短、占用内存少、扫描周期短。

2. PLC 控制系统设计的内容

（1）根据设计任务书进行工艺分析，并确定控制方案，它是设计的依据。

（2）选择输入设备（如按钮、开关、传感器等）和输出设备（如继电器、接触器、指示灯等执行机构）。

（3）选定 PLC 的型号（包括机型、容量、I/O 模块和电源等）。

（4）分配 PLC 的 I/O 点数，绘制 PLC 的 I/O 接线图。

（5）编写程序并调试。

（6）设计 PLC 控制系统的操作台、电气控制柜以及安装接线图等。

（7）编写设计说明书和使用说明书。

3. PLC 控制系统设计的步骤

（1）工艺分析

深入了解控制对象的工艺过程、工作特点、控制要求，并划分控制的各个阶段，归纳

各个阶段的控制特点和各个阶段之间的转换条件，画出控制流程图或功能流程图。

（2）选择合适的 PLC 机型

在选择 PLC 机型时，主要考虑以下几点。

① 功能的选择。对于小型的 PLC 主要考虑 I/O 扩展模块、A/D 与 D/A 模块以及指令功能（如中断、PID 等）。

② I/O 点数的确定。统计 PLC 控制系统的开关量、模拟量的 I/O 点数，并考虑以后的扩展（一般要加上 10%～20%的设备用量），从而选择 PLC 的 I/O 点数和输出规格。

③ 内存的估计。用户程序所需的内存容量主要与系统的 I/O 点数、控制要求、程序结构长短等因素有关。一般可按该式估算：存储容量 = 开关量输入点数 × 10 + 开关量输出点数 × 8 + 模拟通道数 × 100 + 定时器数量或计数器数量 × 2 + 通信接口个数 × 300 + 备用量。

（3）分配 I/O 点数

分配 PLC 的 I/O 点数，编写 I/O 点数分配表或画出 I/O 端子的接线图，接着进行 PLC 程序设计，同时进行控制柜或操作台的设计及现场施工。

（4）程序设计

对于较复杂的 PLC 控制系统，根据生产工艺要求，画出控制流程图或功能流程图，然后设计出梯形图程序，再根据梯形图程序编写指令表程序清单，对程序进行模拟调试和修改，直到满足控制要求为止。

（5）控制柜及操作台的设计和现场施工

设计控制柜及操作台的电气布置图和安装接线图；设计控制系统各部分的电气互锁图；根据图纸进行现场接线并检查。

（6）控制系统整体调试

如果控制系统由几个部分组成，那么应先进行局部调试，再进行整体调试。如果控制程序的步序较多，那么可先进行分段调试，然后连接起来进行总调试。

联机调试时，把编制好的程序下载到现场的 PLC 中。调试时，主电路一定要断电，只对控制电路进行联机调试。通过现场的联机调试，还会发现新的问题或某些可改进控制功能的方式。

（7）编制技术文件

技术文件应包括 PLC 的外部接线图、电气原理图、电气布置图、电气元件明细表、功能流程图、带注释的梯形图程序和说明书等。在说明书中通常应对程序的控制要求、程序的结构、流程图等给予必要说明，并且给出程序的安装操作、使用步骤等。

五、任务拓展——酒店自动门的开关控制

在工程实际中许多项目有手动控制和自动控制两种方式，手动控制方式主要用于检修和调试。手动控制程序和自动控制程序必须互锁。例如，酒店自动门的开关控制设计，详情见实训工单 5，请读者综合运用所学知识完成设计和调试任务。

综合实训　竞赛抢答器控制系统设计

详情见实训工单 6。

习　题

1. 在 FX_{3U} 系列 PLC 的编程元件中，I/O 继电器地址编号与其他编程元件的地址编号有何不同?

2. 在 PLC 控制中，停止按钮和热继电器在外部使用常开触点或常闭触点时，PLC 控制程序相同吗？实际使用时应采用哪种？为什么?

3. 电路块串联指令与触点串联指令有什么区别？电路块并联指令与触点并联指令有什么区别?

4. 将图 2-71 所示的梯形图程序改写成指令表程序。

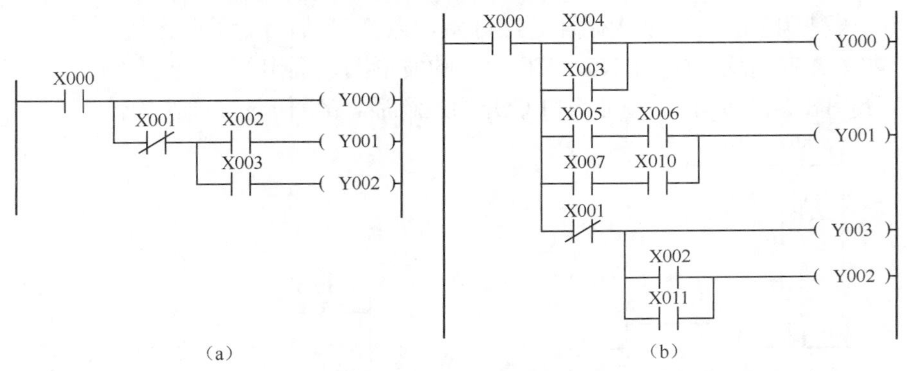

图 2-71　第 4 题梯形图程序

5. 设计一个既能点动控制又能连续运转的控制电路。

6. 某机床有两台电动机 M1 和 M2，要求：M1 启动后 M2 才能启动，任意一台电动机过载时，两台电动机均停止，按下停止按钮时，两台电动机同时停止。画出主电路，设计 PLC 程序并进行调试。

7. 按图 2-72 所示的波形图，设计出梯形图程序。

8. 将图 2-73 所示的指令表程序改画成梯形图程序。

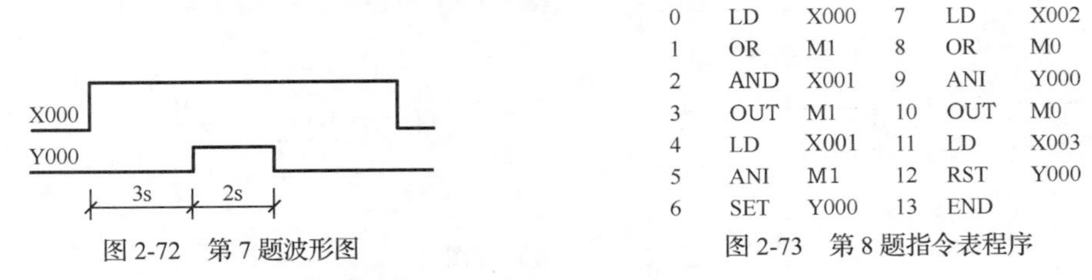

0	LD	X000	7	LD	X002
1	OR	M1	8	OR	M0
2	AND	X001	9	ANI	Y000
3	OUT	M1	10	OUT	M0
4	LD	X001	11	LD	X003
5	ANI	M1	12	RST	Y000
6	SET	Y000	13	END	

图 2-72　第 7 题波形图

图 2-73　第 8 题指令表程序

9. 画出图 2-74 中所示的 Y0、Y1 的 I/O 波形。

10. 如何将 C200～C234 设置为加计数器或减计数器?

11. 设计彩灯的交替点亮控制程序。要求：灯组 L1～L8 隔灯显示，每 2s 变换一次，反复进行，用一个开关实现启停控制。设计程序并进行调试。

12. 如图 2-75 所示，某车间运料运输带分为 3 段，分别由 3 台电动机驱动。要求：载有物品的运输带运行，没有载物品的运输带停止运行，但要保证物品在整个运输过程中连续地从上段运输带运送到下段运输带。根据上述要求，采用传感器来检测被运送物品是否接近两段运输带的接合部，并通过该检测信号启动下段运输带的电动机，下段运输带电动机启动 2s 后停止上段运输带的电动机。出现异常情况时按下停止按钮，整个系统立即停止工作。画出主电路，分配 I/O 地址及绘制 PLC 接线图，设计程序并进行调试。

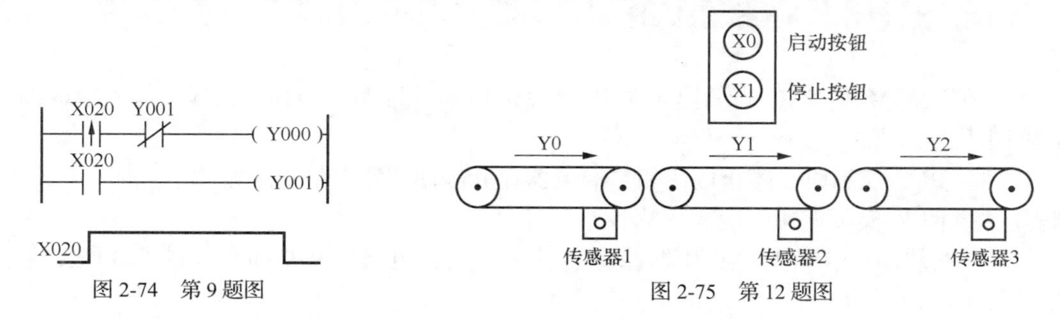

图 2-74　第 9 题图　　图 2-75　第 12 题图

13. 合上开关 K1，红、黄、绿 3 色灯的点亮顺序为红灯亮 1s→黄灯亮 2s→绿灯亮 3s，每次只点亮一种颜色的灯，依次循环。红灯累计点亮 1h 后自行关闭系统。

14. 如图 2-76 所示，已知 X0、X1、X2 的波形图，画出 Y1 的波形图。

15. 分析图 2-77 所示，试问当 PLC 开始运行后，Y1 何时接通？为什么？

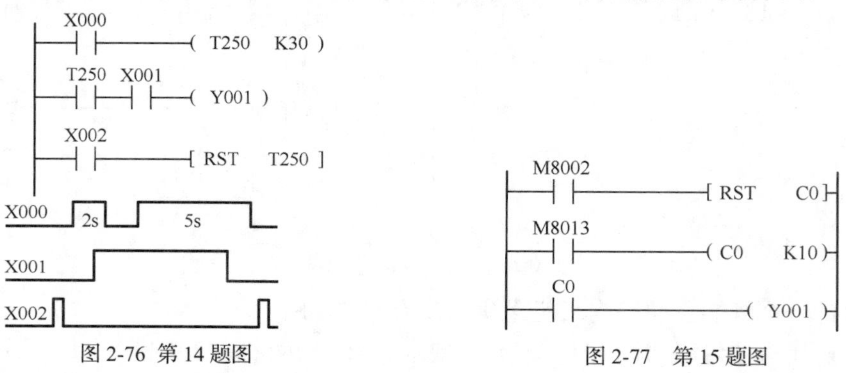

图 2-76　第 14 题图　　图 2-77　第 15 题图

16. 分析图 2-78 所示，画出指定元件的波形。

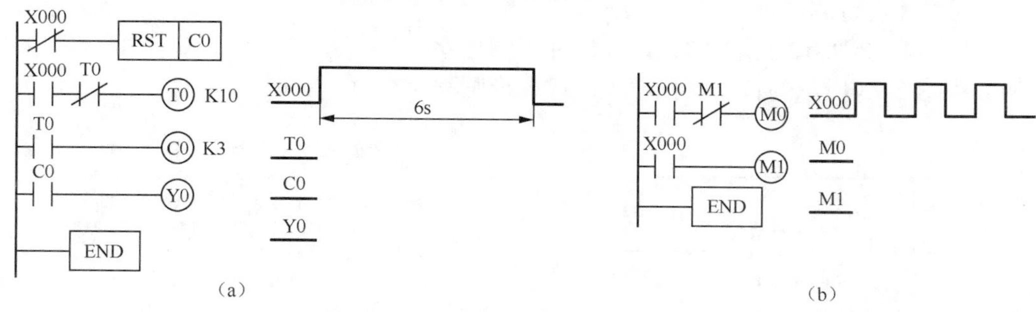

图 2-78　第 16 题图

17. 分析图 2-79 所示的梯形图程序和给定元件的波形，画出其他元件的波形。

18. 将图 2-79 所示的 T0 改为 T250，重画 Y0 的波形。

19. 设计一个监控系统，监视 3 台电动机的运转：如果 2 台或 2 台以上电动机运转，信号灯就持续发光；如果只有 1 台电动机运转，信号灯就以 1 Hz 的频率闪烁；如果 3 台电动机都不运转，信号灯就以 2 Hz 的频率闪烁。

20. 设计一个汽车车库自动门控制系统。具体控制要求：当汽车到达车库门前时，超声波开关接收来车的信号，门电动机正转，车库门上升。当车库门升到顶点碰到上限位开关时，车库门停止上升。当汽车驶入车库后，光电开关发出信号，20s 后门电动机反转，车库门下降。当碰到下限位开关后，门电动机停止运行。

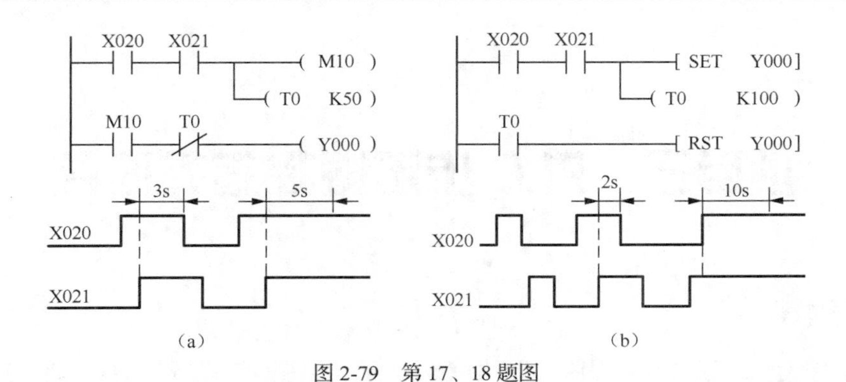

图 2-79　第 17、18 题图

21. 分别设计符合图 2-80 所示波形的梯形图程序。

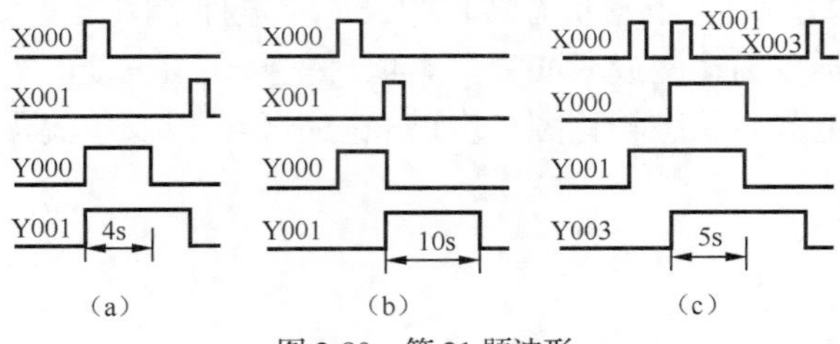

图 2-80　第 21 题波形

22. 波形如图 2-81 所示，按下按钮 X0 后，Y0 变为 ON 并自保，T0 定时 7s 后，用 C0 对 X1 输入的脉冲计数，计满 4 个脉冲后 Y0 变为 OFF，同时 C0 和 T0 被复位，在 PLC 刚开始执行用户程序时，C0 也被复位，设计出梯形图。

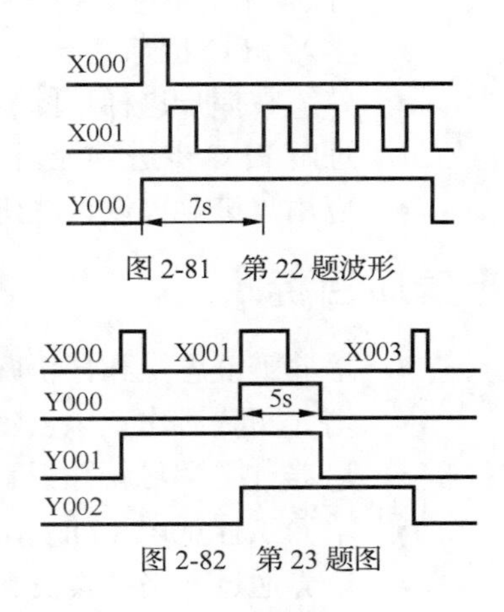

图 2-81　第 22 题波形

X000　X001　X003
Y000　5s
Y001
Y002

图 2-82　第 23 题图

23. 用经验设计法设计满足图 2-82 所示要求的 I/O 关系梯形图程序。

24. 设计一个用 PLC 基本逻辑指令控制的数码管循环显示数字 0、1、2、……、9 的控制系统。具体要求：程序开始后显示 0，延时 1s；显示 1，延时 1s；显示 2，延时 1s；……；显示 9，延时 1s；再显示 0，如此循环。按下停止按钮则停止显示。

25. 某生产线上需要对产品进行打包装箱后运输，具体要求：每 100 件产品打一包，每 50 包装一箱，每 20 箱装一车。设计自动打包装箱后运输的控制程序。

26. 设计电动机的正反转控制程序并进行调试。无论是正转还是反转，均要求电动机先星形（Y）连接启动，5s 后改为三角形（△）连接正常运行。

实战演练　3 人抢答控制设计

某 3 人抢答比赛，主持人按下“开始”按钮后方可进行抢答，最先获得抢答权者对应的信号灯会点亮；若提前抢答则相应信号灯以 1s 为周期闪烁，对此按违规处理。主持人按下复位按钮方可进入下轮抢答。

（1）若有多人提前抢答，均按违规处理。

（2）当某人的抢答台累计违规 2 次后，取消其抢答权，该抢答台不再有效。

项目三　PLC 步进顺控指令应用

【项目导读】

步进顺控设计法是 PLC 程序编制的重要方法。步进顺控设计法将系统的工作过程分解成若干阶段，这些阶段称为状态，也称为步。先依据工作过程绘制各个状态转移的顺序功能图（称为状态转移图）；再依据状态转移图设计步进梯形图程序及指令表程序，使程序设计思路变得清晰，不容易遗漏或者冲突。本项目主要介绍三菱 FX_{3U} 系列 PLC 的步进顺控编程思想、状态继电器、状态转移图、步进顺控指令，以及单流程、选择分支与并行分支 3 种序列的编程方法。

【学习目标】

- 理解 PLC 步进顺控设计法的编程思想。
- 学习 PLC 状态继电器，深刻理解并熟练掌握状态转移图的绘制。
- 熟练掌握步进梯形图程序的编制。
- 理解 PLC 步进顺控指令的编程应用。
- 应用步进顺控设计法进行简单、中等、复杂的 PLC 控制系统设计。

【素质目标】

- 培养辩证思维和分析归纳能力。
- 培养团队协作意识、创新意识和严谨求实的科学态度。
- 培养自主学习新知识、新技能的主动性和意识。
- 培养工程意识（如安全生产意识、质量意识、经济意识和环保意识等）。
- 培养通过网络搜集资料、获取相关知识和信息的能力。
- 培养良好的职业道德、精益求精的工匠精神，树立正确的价值观。

【思维导图】

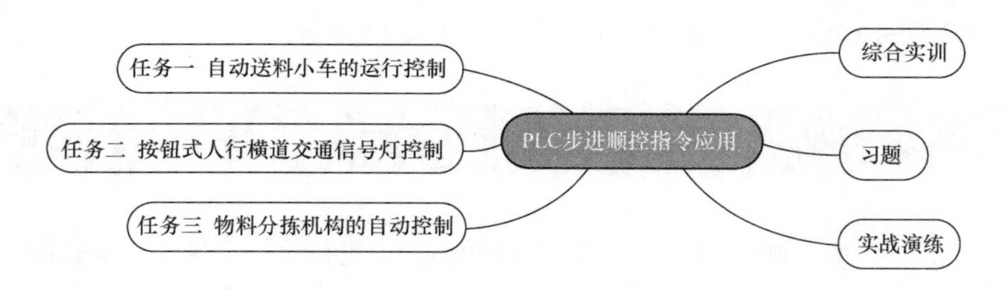

任务一　自动送料小车的运行控制

一、任务分析

某自动送料小车在初始位置（原位）时，限位开关SQ1被压下，按下启动按钮SB，小车按照图3-1所示的顺序运动，完成一个工作周期。

（1）电动机正转，小车右行碰到限位开关SQ2后电动机停转，小车停留在右端。

（2）停留5s后电动机反转，小车左行。

（3）碰到限位开关SQ3后，电动机又开始正转，小车右行至原位，压下限位开关SQ1，停在初始位置。

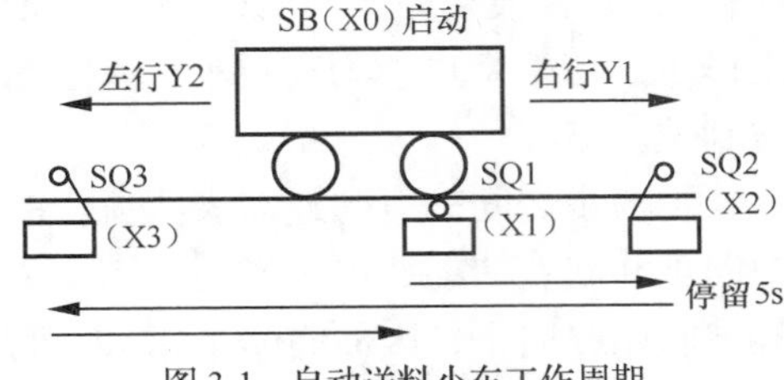

图3-1　自动送料小车工作周期

这是典型的顺序控制实例。小车的一个工作周期可以分为4个阶段，分别是启动右行、暂停等待、换向左行和右行回到原位。这种类型的程序适合用步进顺控的思想编写。

二、相关知识——PLC状态继电器及单一流向的步进顺控设计法

1. 步进顺控概述

一个控制过程可以分为若干个阶段，每个阶段只执行一个或少量单一的动作，阶段又称为状态或者步。步与步之间由转移条件分隔，当相邻两步之间的转移条件得到满足时就实现状态转移。状态转移只有一种流向的称为单流程顺控结构。例如，自动送料小车的控制过程就是单流程顺控结构。

2. FX系列PLC的状态继电器

在FX系列PLC中每个状态（步）采用一个状态继电器表示。状态继电器是构成状态转移图的基本元素，是PLC的编程元件之一。FX_{3U}系列PLC共有4096个状态继电器，用字母S和十进制数字编号，其类别、元件编号、个数、用途及特点如表3-1所示。

表3-1　FX_{3U}系列PLC的状态继电器

类别	元件编号	个数	用途及特点
初始状态	S0～S9	10	用作状态转移图的初始状态
回零状态	S10～S19	10	在多运行模式控制当中，用作返回原点的状态
通用状态	S20～S499	480	用作状态转移图的中间状态，表示工作状态
掉电保持状态	S500～S899，S1000～S4095	3496	具有停电保持功能，停电恢复后需继续执行的场合可用这些状态继电器
信号报警状态	S900～S999	100	用作报警元件

注：① 状态的编号必须在指定范围内选择；

② 各状态继电器的触点在PLC内部可自由使用，次数不限；

③ 在不用步进顺控指令时，状态继电器可作为辅助继电器在程序中使用；

④ 通过参数设置，可改变一般的状态继电器和掉电保持状态继电器的地址分配。

3. 状态转移图的结构及画法

状态转移图也称为顺序功能图，用于描述控制系统的控制过程，具有简单、直观的特点，是设计 PLC 顺控程序的有力工具。图 3-2 所示为状态转移图的画法。各工作状态（工作步）用矩形框图表示，初始步用双矩形框图表示。各步的名称用不同的状态继电器表示，写在矩形框内。例如，用 S0 代表初始步，S20、S21 等依次代表各工作步。初始步也称为准备步，表示初始条件准备到位。

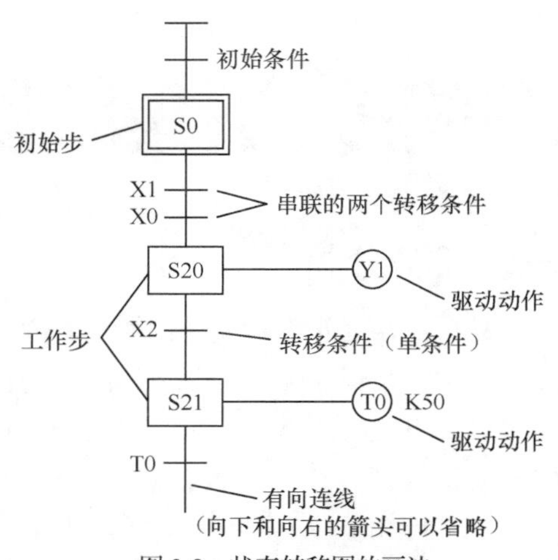

图 3-2　状态转移图的画法

步与步之间的有向连线表明流程的方向，其中向下和向右的箭头可以省略。图 3-2 所示的流程方向始终向下，因而省略了箭头。有向连线上的垂直短线和它旁边标注的文字符号表示状态转移条件，如 S20 步与 S21 步之间的“X2”就是这两步的转移条件，表示采用 X2 的常开触点作为转移条件。当 X2=1 时，其常开触点闭合就说明转移条件成立。若采用 X2 的常闭触点作为转移条件，则垂直短线旁边的文字符号应标注为 $\overline{\mathrm{X2}}$。各步所在的框图旁边的线圈符号是输出信号，称为驱动动作，如 S20 步的动作是驱动 Y1 的线圈，S21 步的动作是驱动 T0 的线圈。

驱动动作、转移目标和转移条件称为状态转移图的三要素。其中，转移目标和转移条件是必不可少的，驱动动作则视具体情况而定，可能没有实际的动作。如图 3-2 所示，初始步 S0 没有动作，S20 为其转移目标，X0、X1 为串联的两个转移条件。在 S20 步中，Y1 为驱动动作，S21 为转移目标，X2 为转移条件。

不管控制系统多么复杂，在仔细分析控制要求的前提下，厘清思路后都能画出这样的状态转移图，如每步要做什么（驱动动作），做到什么情况就结束（转移条件），结束后转去哪里接着做什么（转移目标），就这样一步一步地依据控制过程顺序画出状态转移图的各步。只要能正确画出状态转移图，梯形图程序的编制就变得相当容易了。

4. 状态转移图的实现

状态转移图画好以后，就可以编制步进梯形图程序和指令表程序了。深刻理解状态转移图的内涵对编制步进梯形图程序有很大的帮助。

流程开始运行时，必须用初始条件预先将初始步驱动，使之成为活动步。若项目中没有明确的控制要求，则可以使用 PLC 的特殊辅助继电器 M8002 作初始条件将初始步激活。M8002 的功能是使 PLC 从 STOP 模式转变为 RUN 模式的第一个扫描周期接通，以后一直断开，称为初始脉冲。

初始步 S0 被激活后，若流程中的转移条件（图 3-2 所示为 X0 · X1）为“1”，则向 S20 步转移。对这两步而言，S0 是前级步，S20 是后续步。要在它们之间实现转移，除了对应的转移条件（X0 · X1）必须为“1”，前级步 S0 必须首先被激活。也就是说，状态的转移必须一步一步地往下进行，不能跨越，所以称为步进顺序控制。值得注意的是，一旦后续步转移为活动步，前级步就要立即复位成非活动步。当 S20 步被激活后，前级步 S0 需要复位成非活动步。

上述理念要贯穿在后面的步进梯形图程序和指令表程序设计中，只有深刻理解了状态转移图的含义，才能正确编制程序。

这样，状态转移图的转移分析就变得条理清晰，无须考虑状态之间繁杂的联锁关系，可以理解为“只做自己需要做的事，无须考虑其他”。另外，这也方便了阅读、理解程序，使程序的试运行、调试、故障检查与排除变得非常容易，这就是步进顺控设计法的优点。

5. FX 系列 PLC 的步进顺控指令

用步进顺控思路编制的梯形图程序称为步进梯形图程序。步进梯形图程序中所用的状态继电器常开触点称为步进触点。FX 系列 PLC 有两条专用于编制步进顺控程序的指令——步进触点驱动（STL）指令（表示步进梯形图程序的开始）和步进返回（RET）指令（表示步进梯形图程序的结束）。

（1）STL 指令

STL 指令的功能为取状态继电器的步进触点与左母线连接，如图 3-3 所示。图 3-3（a）所示为 SWOPC-FXGP/WIN-C 编程软件中的步进触点，图 3-3（b）所示为 GX Works2 编程软件中的步进触点。

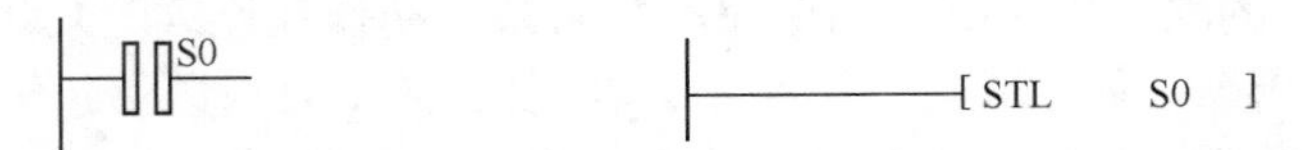

（a）SWOPC-FXGP/WIN-C编程软件中的步进触点　（b）GX Works2编程软件中的步进触点

图 3-3　STL 指令与步进触点

步进触点只有常开触点，没有常闭触点。与普通常开触点的画法有区别，只有状态继电器 S 才有步进触点，也就是说，STL 指令必须和状态继电器 S 结合使用。不用 STL 指令时状态继电器 S 可以代替辅助继电器 M 使用。

STL 指令有主控含义，即接在 STL 指令后面的触点在指令表程序中要用 LD 指令或 LDI 指令。

STL 指令有自动将前级步复位的功能，即在状态转移成功后的第 2 个扫描周期自动将前级步复位。因此，使用 STL 指令编程时只需依照状态转移图逐步将后续步激活即可，不考虑前级步的复位问题。

（2）RET 指令

一系列 STL 指令的后面，即在步进程序的结束处必须使用 RET 指令，表示步进顺控功能（主控功能）结束，如图 3-4 所示。

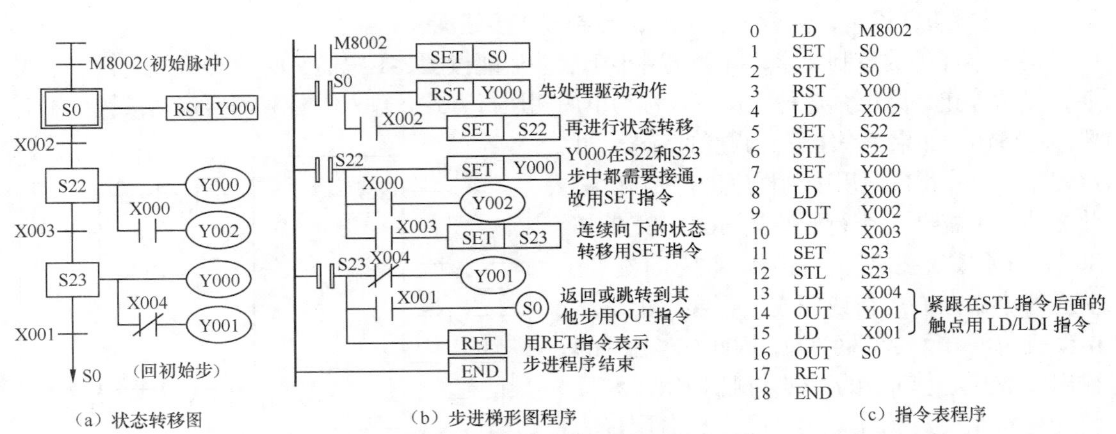

（a）状态转移图　（b）步进梯形图程序　（c）指令表程序

图 3-4　步进梯形图程序和指令表程序编制举例

6. 步进梯形图程序和指令表程序编制

步进顺控的编程思想是依据状态转移图，从初始步开始，用 STL 指令首先驱动各步的步进触点，再用步进触点驱动各步的动作，最后编制转移条件和转移目标。这样一步一步地将整个控制程序编制完毕。

依据图 3-4（a）所示的状态转移图，用 STL 指令、RET 指令编制的步进梯形图程序和指令表程序分别如图 3-4（b）和图 3-4（c）所示，需要注意以下几点。

（1）所有的步都要先用 STL 指令驱动的步进触点去驱动动作（没有驱动动作的除外），再进行状态转移处理，不能颠倒。

（2）除用初始条件驱动初始步外，其他各步的转移都要遵守“前级步是活动步，且满足相应的转移条件才能实现状态转移”这个规则。例如，从 S0 步转移到 S22 步，在 S0 步先用 S0 的步进触点与左母线连接，再将 Y0 复位（S0 步的动作），最后串上转移条件 X2 将后续步 S22 接通，如图 3-4（b）所示步进梯形图程序中的第 2 行，其他各步的转移也是如此。

（3）各步的动作用 OUT 指令驱动。若某一动作在连续的几步中都需要被驱动，可以用 SET/RST 指令。如图 3-4（a）所示，在 S22 步和 S23 步的动作中都需要接通 Y0 线圈，如图 3-4（b）所示，在 S22 步用 SET 指令将 Y0 置位，在 S0 步（S23 的后续步）用 RST 指令将 Y0 复位。

（4）紧跟在 STL 指令后面的触点用 LD/LDI 指令，连续向下的状态转移用 SET 指令，返回或者跳转到其他步用 OUT 指令。

（5）CPU 只执行活动步对应的电路块，因此，步进梯形图程序允许双线圈输出。若程序中含有其他非步进顺控的内容，则步进顺控程序和非步进顺控程序之间不允许出现双线圈。

（6）由于 STL 指令的复位功能是在状态转移成功后的第 2 个扫描周期中实现的，因此相邻两步的动作若不能同时被驱动，就需要安排相互制约的联锁环节，如电动机的正反转控制。但如果在 PLC 的 I/O 接线图中已经考虑了硬件联锁，那么在程序中无须再考虑联锁问题。

（7）在步进顺控的结束处必须使用 RET 指令，表示步进顺控功能结束。若程序中含有其他非步进顺控的内容，则需要安排在步进顺控程序开始之前或结束之后，不能穿插在步进顺控程序之间。

三、任务实施

1. 选择 I/O 设备，分配 I/O 地址，绘制 I/O 接线图

根据本任务的控制要求，自动送料小车启动后能按图 3-1 中箭头所示的路线运行 1 个周期，然后停止在原位，这种工作方式称为单周期运行方式。输入设备只需要启动按钮，不需要停止按钮。如果考虑维修、调整的需求，可以安排 1 个停止按钮用手动程序进行控制。除此之外，还需要 3 个行程开关 SQ1、SQ2 和 SQ3，分别安装在原位、右限位和左限位。自动送料小车向右运行或向左运行实际上是用电动机的正、反转来驱动的，因此，本任务的输出设备就是电动机的正转接触器 KM1 和反转接触器 KM2。依据图 3-1 所示已分配好的 I/O 地址绘制的 I/O 接线图，如图 3-5 所示。

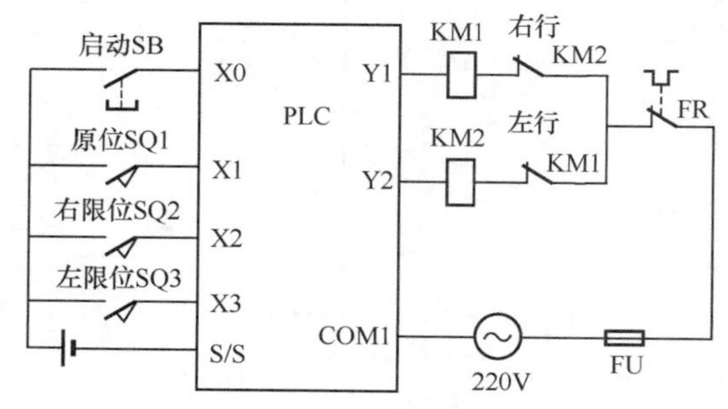

图 3-5　自动送料小车 I/O 接线图

输出端用 KM1、KM2 常闭触点进行硬件联锁，是为了保证安全，即使在 KM1、KM2 线圈故障的情况下，也能确保电动机主电路不会短路。

2. 编制自动送料小车的状态转移图

根据自动送料小车的运行情况，将 1 个工作周期分为 4 个阶段，分别是启动右行、停留等待、换向左行和右行回原位。据此绘制的状态转移图如图 3-6 所示。

需要说明的是，在由 S22 步转移到 S23 步时，自动送料小车由"换向左行"转移到"右行回原位"。也就是说，在这里的前后步中，电动机要由反转直接换到正转。通过继电器-接触器控制系统可以知道，电动机的正、反转接触器 KM1、KM2 是不允许同时接通的，否则主电路中电源会短路。前面也介绍过，STL 指令有自动将前级步复位的功能，但是在状态转移成功后的第 2 个扫描周期才会将前级步复位。也就是说，在由 S22 步刚刚转移到 S23 步的那个扫描周期里，这两步是同时接通的。为了确保这两步的动作 Y1 和 Y2 不同时接通，就必须在程序中用常闭触点进行电气互锁，如图 3-6（a）所示。由于图 3-5 所示的 I/O 接线图已经在输出端用接触器 KM1、KM2 的常闭触点进行了硬件联锁，因此无须再考虑状态转移图中的联锁问题，如图 3-6（b）所示。

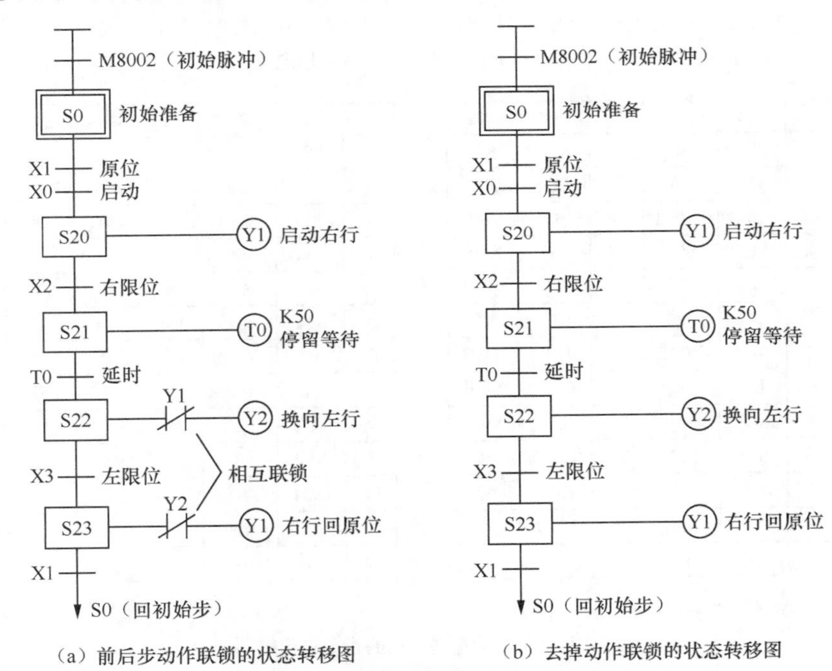

（a）前后步动作联锁的状态转移图　　（b）去掉动作联锁的状态转移图

图 3-6　自动送料小车的状态转移图

3. 编制自动送料小车的步进梯形图程序和指令表程序

根据图 3-6 所示的状态转移图，编制对应的步进梯形图程序，如图 3-7 所示。在每步中都先处理驱动动作，再用转移条件进行状态转移处理。因为使用了 STL 指令编程，所以无须考虑前级步的复位问题。在 S23 步被激活后，先驱动 Y1，如果转移条件 X1 接通，就返回初始步 S0，这属于流程跳转，所以要用 OUT 指令重新激活 S0。

根据图 3-7 所示的步进梯形图程序可以很容易地写出对应的指令表程序，如图 3-8 所示。

4. 程序调试

按照 I/O 接线图接好各信号线、电源线等，输入程序，便可以进行程序调试。

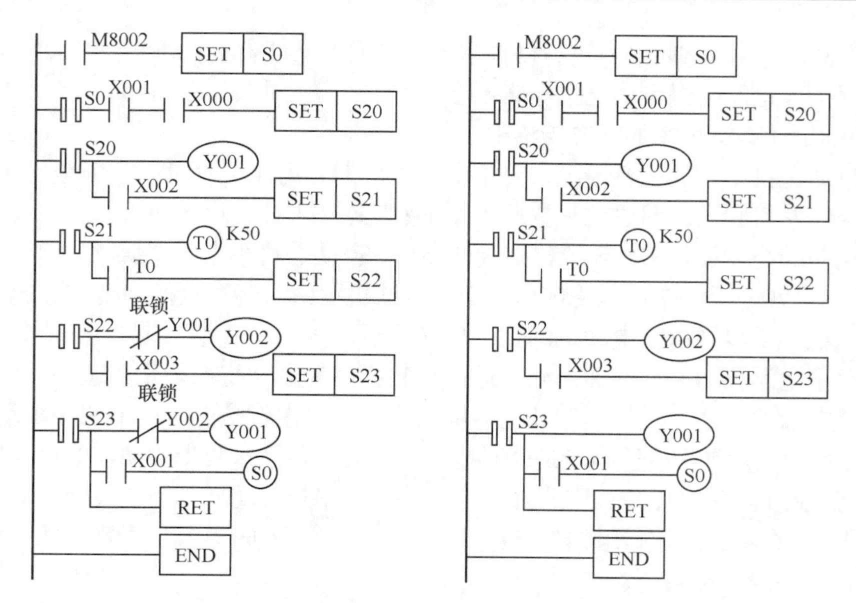

（a）前后步动作联锁的步进梯形图程序　　（b）去掉动作联锁的步进梯形图程序

图 3-7　自动送料小车的步进梯形图程序

0	LD	M8002	13	SET	S22
1	SET	S0	14	STL	S22
2	STL	S0	15	LDI	Y001
3	LD	X001	16	OUT	Y002
4	AND	X000	17	LD	X003
5	SET	S20	18	SET	S23
6	STL	S20	19	STL	S23
7	OUT	Y001	20	LDI	Y002
8	LD	X002	21	OUT	Y001
9	SET	S21	22	LD	X001
10	STL	S21	23	OUT	S0
11	OUT	T0	24	RET	
		K50	25	END	
12	LD	T0			

（a）前后步动作联锁的指令表程序

0	LD	M8002	13	SET	S22
1	SET	S0	14	STL	S22
2	STL	S0	15	OUT	Y002
3	LD	X001	16	LD	X003
4	AND	X000	17	SET	S23
5	SET	S20	18	STL	S23
6	STL	S20	19	OUT	Y001
7	OUT	Y001	20	LD	X001
8	LD	X002	21	OUT	S0
9	SET	S21	22	RET	
10	STL	S21	23	END	
11	OUT	T0			
		K50			
12	LD	T0			

（b）去掉动作联锁的指令表程序

图 3-8　自动送料小车的指令表程序

5. 任务延伸

如果自动送料小车运行 1 个工作周期后自动进入下一个工作周期运行，直至按下停止按钮才停止工作，这种工作方式称为连续运行方式。在本任务中，若要求自动送料小车用连续运行方式进行工作，可以借助辅助继电器 M0，用启保停电路把启动按钮的短信号变成 M0 长信号，再用 M0 作为初始步 S0 向工作步 S20 转移的条件，如图 3-9（a）所示。需要停止运行时，按下停止按钮，X10 动作切断 M0，自动送料小车在当前周期结束后停止在初始步 S0（此时 M0 已断开，转移条件不成立）。这种停止方式称为“原位”停止，生产实际中有很多设备都被要求停止在原位。

需要说明的是，启保停电路不属于状态转移成分，不要画到图 3-9（a）所示的状态转移图中，只需单独画在状态转移图附近作为一种补充表示即可，以方便使用者阅读和分析程序。编制步进梯形图程序时不要把这部分内容插写在 STL 指令和 RET 指令之间，可以单独编写在步进梯形图程序的最前面，如图 3-9（b）所示；或者编写在步进梯形图程序的最后面，如图 3-9（c）所示。

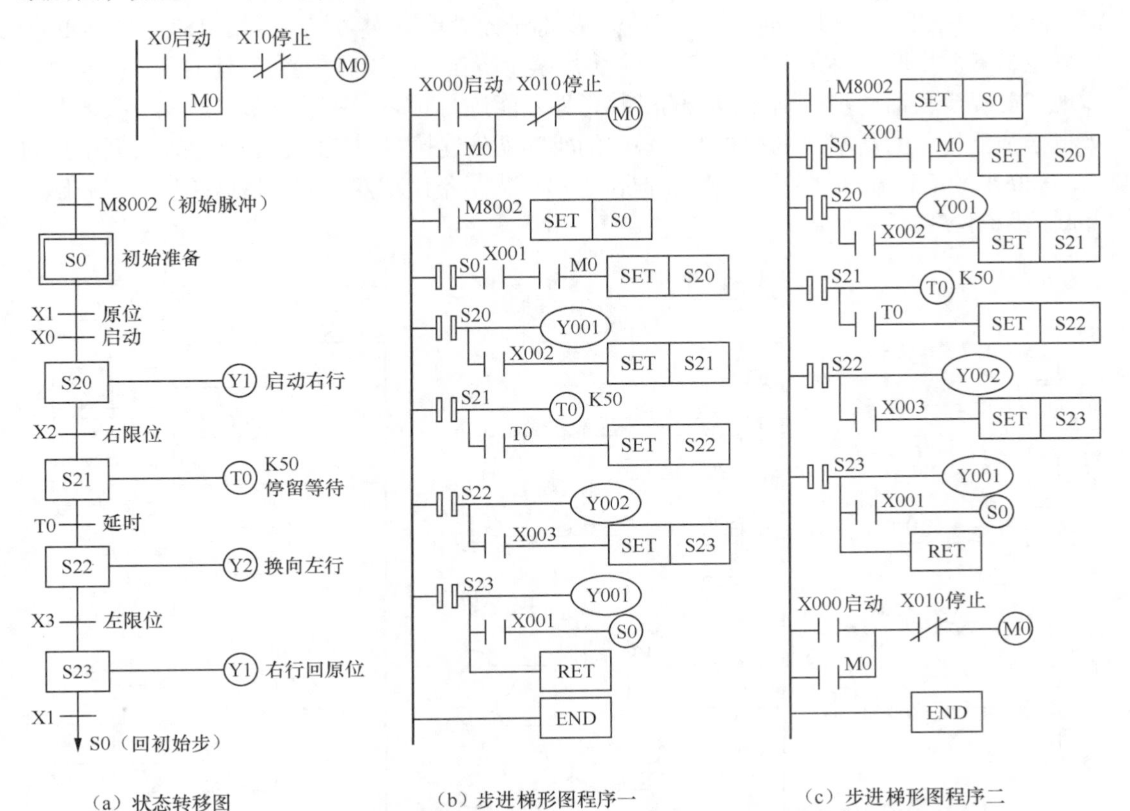

（a）状态转移图　　（b）步进梯形图程序一　　（c）步进梯形图程序二

图 3-9　自动送料小车采用连续运行方式时的状态转移图和步进梯形图程序

四、知识拓展——步进顺控程序的其他编制方式

有些厂家的 PLC 没有专用的步进触点驱动（STL）指令，需要采用其他方式进行编制，如启保停方式、置位/复位方式等，如图 3-10 所示。这两种方式既可以用状态继电器 S 表示步的名称，也可以用辅助继电器 M 表示步的名称。需要注意的是，采用这两种方式编制程序时一定要处理好前级步的复位问题，因为只有 STL 指令才能自动将前级步复位，其他指令没有这个功能。另外，还要注意不能出现双线圈。

为此，在采用启保停方式和置位/复位方式编制步进梯形图程序与指令表程序时，各步被激活后需要处理 3 件事。首先要驱动动作；其次将后续步接通；最后将前级步复位。

1. 启保停方式

采用启保停方式编制步进顺控程序时，既要注意处理好每一步的自锁和前级步的复位问题，还要注意处理好双线圈的问题，如图 3-10（b）所示。用前级步的常开触点串联对应的转移条件将后续步接通，以体现“前级步是活动步，满足相应的转移条件才能实现状态转移”这一基本规则。各步都用自身的常开触点自锁，用后续步的常闭触点切断前级步的线圈使其复位，呈现“启保停”方式，体现“后续步接通时前级步必须复位”的要求。各步的驱动动作可以和状态继电器线圈并联。S20 步的动作和 S23 步的动作都是驱动 Y1，为了不出现双线圈，将这两步的常开触点并联后驱动 Y1。

2. 置位/复位方式

采用置位/复位方式编制步进顺控程序时，要注意处理好前级步的复位问题和双线圈的输出问题，如图 3-10（c）所示。其中每一步都是先处理驱动动作，再用 RST 指令将前级步复位，最后串联转移条件用 SET 指令将后续步置位，所以称为置位/复位方式。同时要体现“前级步是活动步，满足相应的转移条件才能进行状态转移”以及“后续步接通时前级步必须复位”的基本规则和要求。各步的驱动动作连接在对应的状态继电器常开触点之后。S20 步的动作和 S23 步的动作都是驱动 Y1，为了不出现双线圈，将这两步的常开触点并联后驱动 Y1。

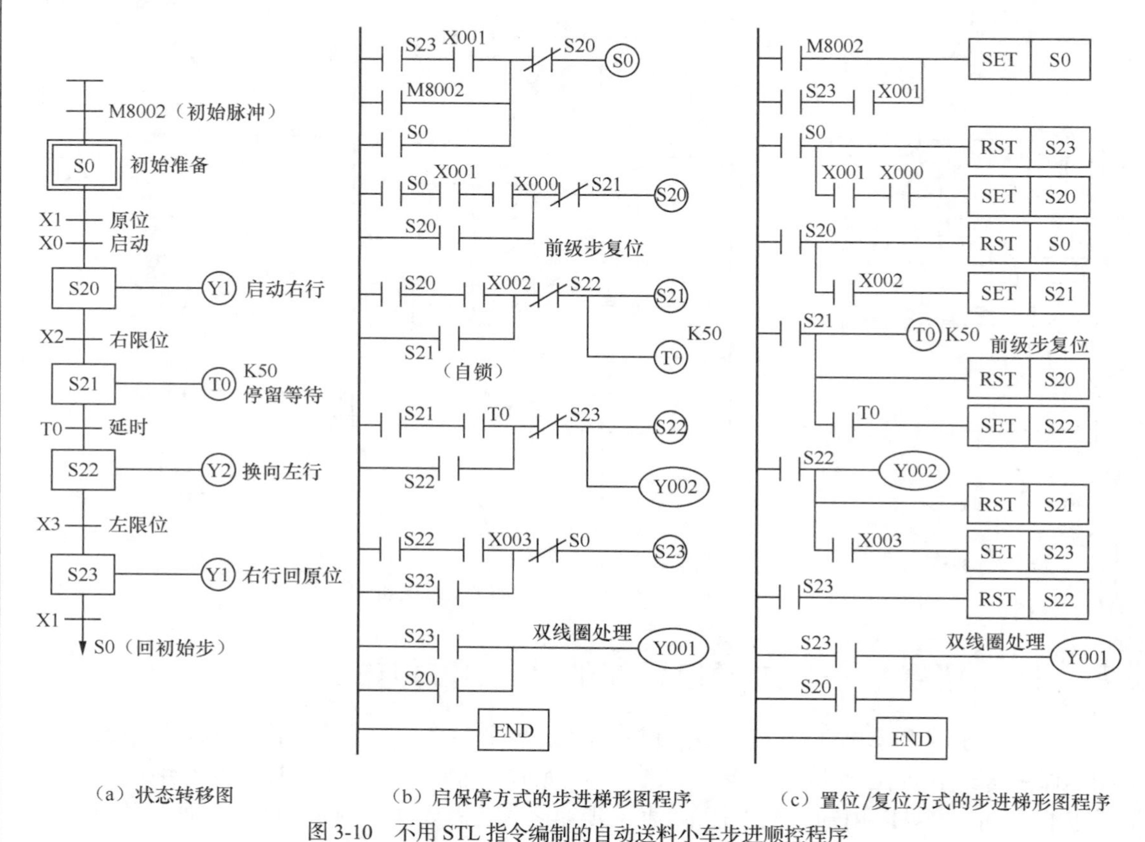

（a）状态转移图　（b）启保停方式的步进梯形图程序　（c）置位/复位方式的步进梯形图程序

图 3-10　不用 STL 指令编制的自动送料小车步进顺控程序

五、任务拓展——多个传输带的自动控制

详情见实训工单 7。

任务二　按钮式人行横道交通信号灯控制

一、任务分析

在只需要纵向行驶的交通系统中，也需要考虑人行横道交通信号灯的控制问题。人行

横道交通信号灯通常用按钮启动，交通路口情况如图 3-11 所示。在正常情况下，车道上有车辆行驶，如果行人要通过交通路口，要先按动按钮，等到绿灯点亮时方可通过，此时车道上红灯已经点亮。延时一段时间后，人行横道的红灯恢复点亮，车道上的绿灯恢复点亮。各段时间分配（也称为时序图）如图 3-12 所示。车道和人行横道同时被控制，这种结构称为并行分支结构。

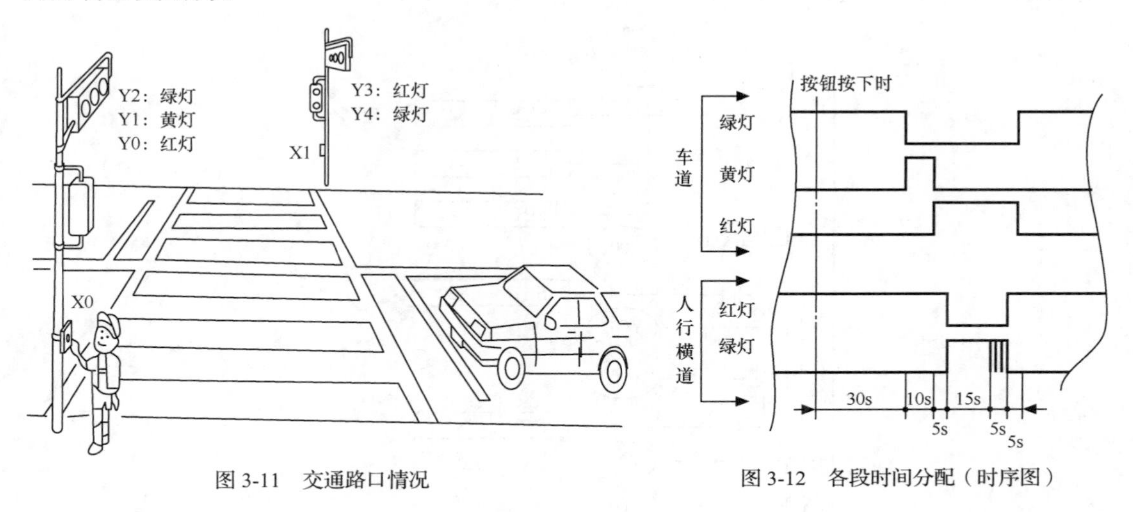

图 3-11　交通路口情况　　　　图 3-12　各段时间分配（时序图）

二、相关知识——并行分支结构的步进顺控设计法

1. 并行分支结构

并行分支结构是指同时处理多个并行的流程，其状态转移图如图 3-13 所示。其中 S20 步为分支状态，当 S20 步被激活成活动步后，若转移条件 X0 成立，则同时执行左、中、右 3 支程序。

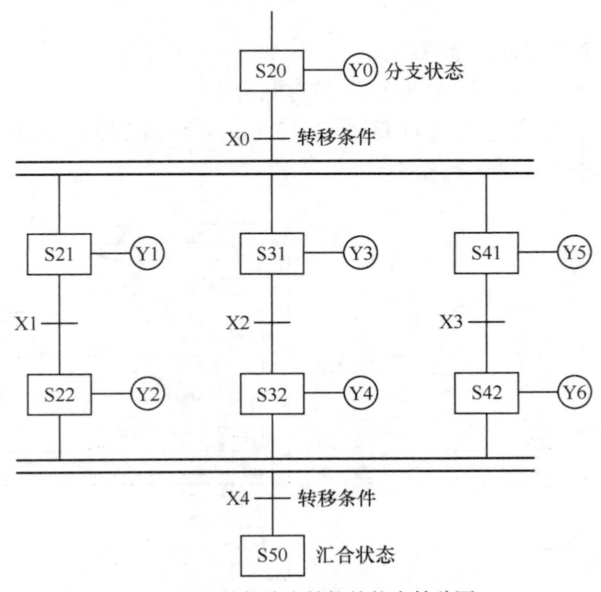

图 3-13　并行分支结构的状态转移图

S50 步为汇合状态，由 S22、S32、S42 这 3 个状态共同驱动，当这 3 个状态都成为活

动步且转移条件 X4 成立时，才能实现转移将 S50 步激活。

2. 并行分支结构的编程原则

并行分支结构的编程原则是先集中处理分支转移情况，然后依顺序进行各分支程序处理，最后集中处理汇合状态。并行分支结构的步进梯形图程序如图 3-14 所示。根据步进梯形图程序可以写出对应的指令表程序。

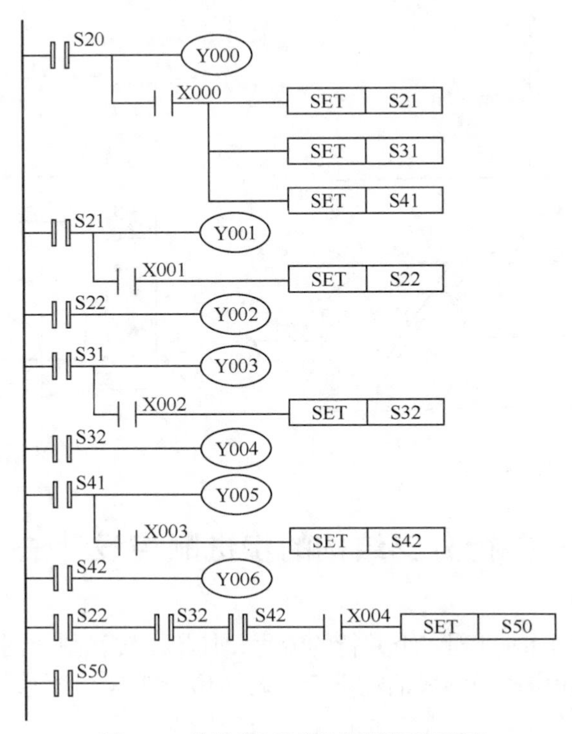

图 3-14　并行分支结构的步进梯形图程序

3. 并行分支结构编程的注意事项

（1）并行分支结构最多能实现 8 个分支的汇合。

（2）在并行分支、汇合处不允许有图 3-15（a）所示的转移条件，而必须将其转化为图 3-15（b）所示的结构后再进行编程。

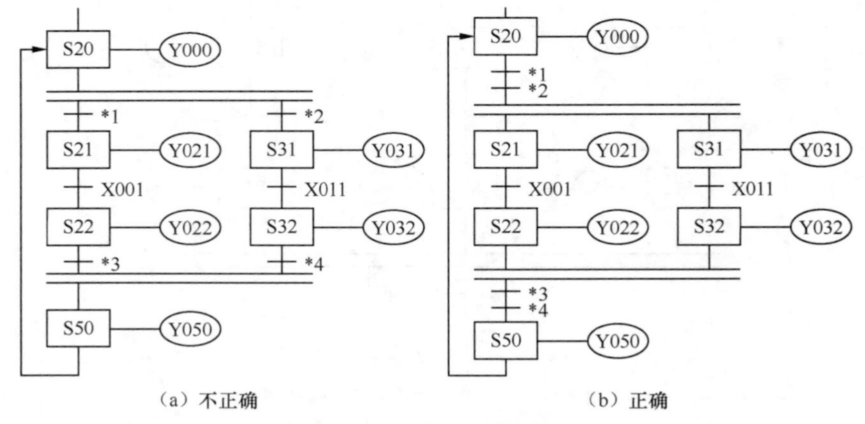

图 3-15　并行分支、汇合处的编程

三、任务实施

1. 选择 I/O 设备，分配 I/O 地址，画出 I/O 接线图

本任务的 I/O 设备比较简单。输入设备是两个按钮，X0 接 SB1（人行横道北按钮），X1 接 SB2（人行横道南按钮）；输出设备是彩色交通信号灯，Y0 接 LD0（车道红灯），Y1 接 LD1（车道黄灯），Y2 接 LD2（车道绿灯），Y3 接 LD3（人行横道红灯），Y4 接 LD4（人行横道绿灯）。根据分配的 I/O 地址，绘制 I/O 接线图，如图 3-16 所示。

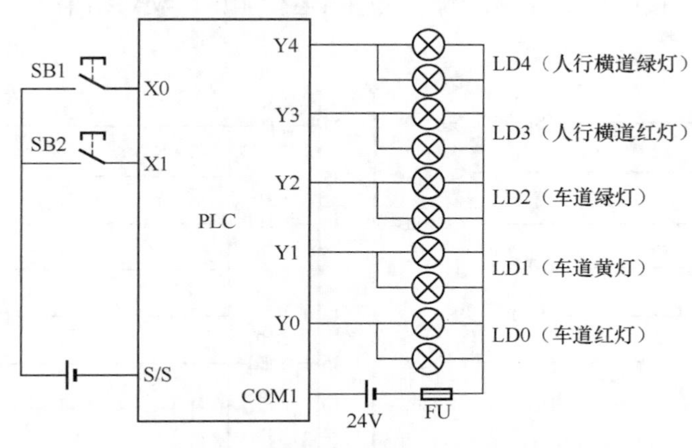

图 3-16　按钮式人行横道交通信号灯控制系统的 I/O 接线图

2. 设计按钮式人行横道交通信号灯控制系统的状态转移图

根据控制要求，绘制的状态转移图如图 3-17 所示。初始状态是车道绿灯、人行横道红灯。按下人行横道按钮（X0 或 X1）后系统进入并行运行状态：首先维持初始状态 30s，然后车道绿灯变为黄灯，最后经 10s 后变为红灯。车道红灯闪烁 5s 后人行横道红灯变为绿灯，15s 后人行横道绿灯开始闪烁，闪烁 5s 后人行横道绿灯变为红灯，再过 5s 后返回初始状态。

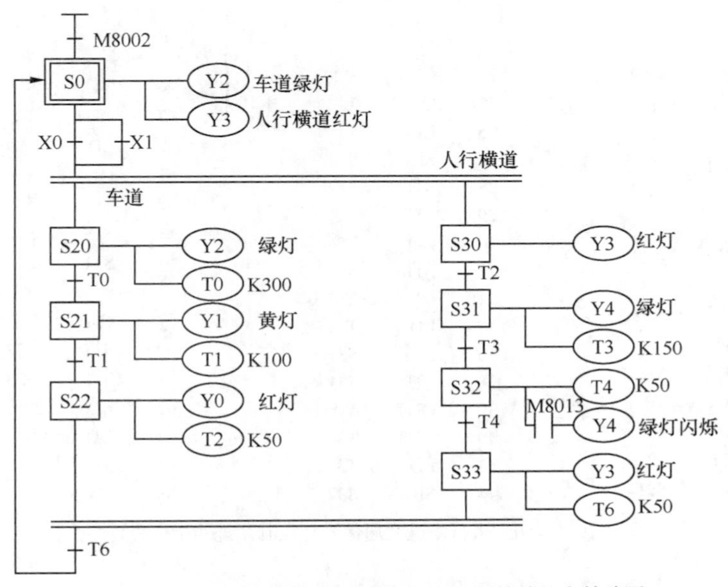

图 3-17　按钮式人行横道交通信号灯控制系统的状态转移图

3. 设计按钮式人行横道交通信号灯控制系统的 PLC 程序

根据图 3-17 所示的状态转移图，编制的步进梯形图程序和指令表程序分别如图 3-18 和图 3-19 所示。程序中的“人行横道绿灯闪烁 5s”要求用 T4 定时器串联特殊辅助继电器 M8013 实现。此外，也可以采用定时器闪烁电路进行 1s 闪烁控制，用计数器计数 5 次，共同完成绿灯的闪烁任务。如图 3-20 所示，绿灯每亮 0.5s 灭 0.5s，计数器计数一次，当计数 5 次时其触点动作，实现状态转移，人行横道绿灯变为红灯。

4. 程序调试

按照 I/O 接线图接好外部各线，输入程序后运行调试，观察结果。

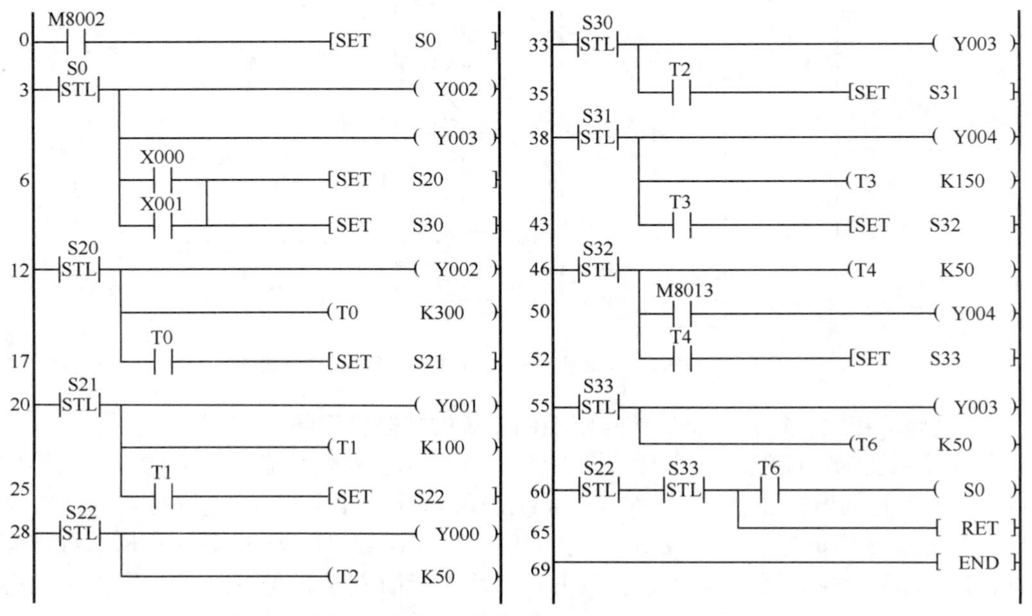

图 3-18 按钮式人行横道交通信号灯控制系统的步进梯形图程序

0	LD	M8002	
1	SET	S0	
3	STL	S0	
4	OUT	Y002	
5	OUT	Y003	
6	LD	X000	
7	OR	X001	
8	SET	S20	
10	SET	S30	
12	STL	S20	
13	OUT	Y002	
14	OUT	T0	K300
17	LD	T0	
18	SET	S21	
20	STL	S21	
21	OUT	Y001	
22	OUT	T1	K100
25	LD	T1	
26	SET	S22	
28	STL	S22	
29	OUT	Y000	
30	OUT	T2	K50
33	STL	S30	
34	OUT	Y003	
35	LD	T2	
36	SET	S31	
38	STL	S31	
39	OUT	Y004	
40	OUT	T3	K150
43	LD	T3	
44	SET	S32	
46	STL	S32	
47	OUT	T4	K50
50	LD	M8013	
51	OUT	Y004	
52	LD	T4	
53	SET	S33	
55	STL	S33	
56	OUT	Y003	
57	OUT	T6	K50
60	STL	S22	
61	STL	S33	
62	LD	T6	
63	OUT	S0	
64	RET		
65	END		

图 3-19 按钮式人行横道交通信号灯控制系统的指令表程序

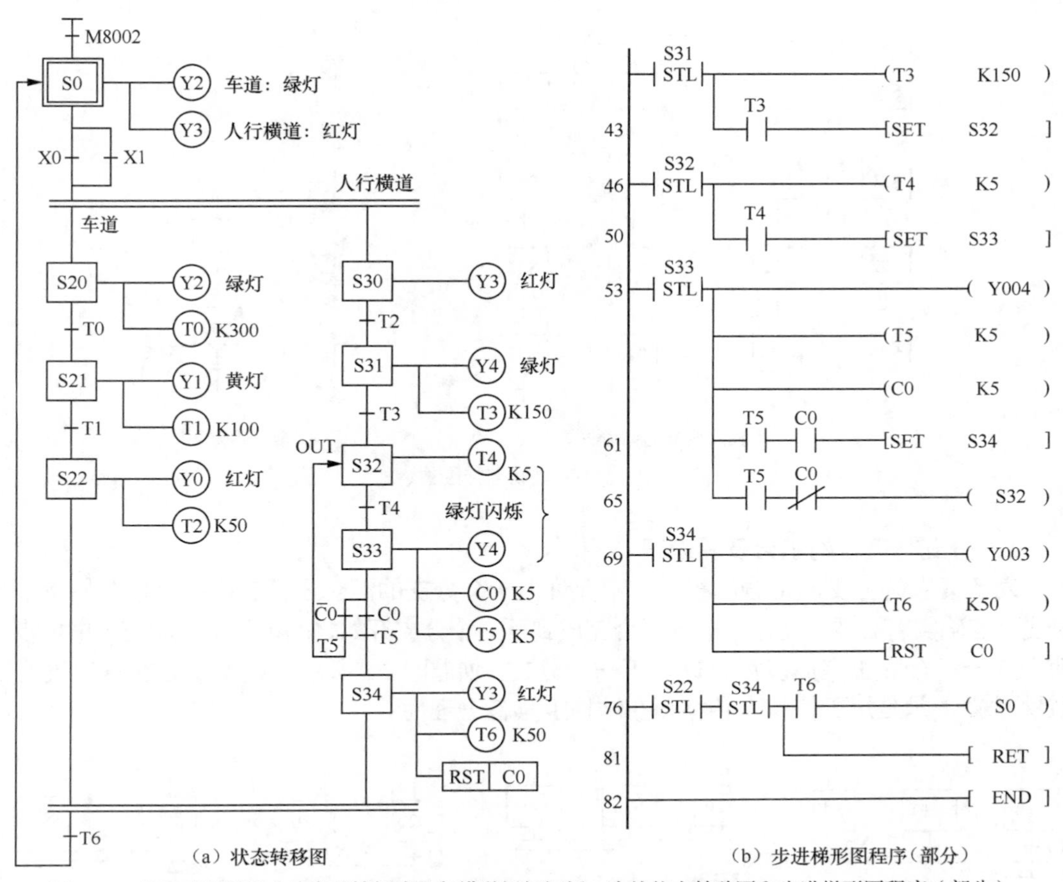

（a）状态转移图 （b）步进梯形图程序（部分）

图 3-20 用定时器闪烁电路实现按钮式人行横道绿灯闪烁 5 次的状态转移图和步进梯形图程序（部分）

四、知识拓展——流程跳转、分支与汇合的组合及其编程

1. 流程跳转

流程跳转分为单流程内的跳转与单流程之间的跳转，如图 3-21 所示。在编制指令表程序时，所有跳转均使用 OUT 指令。图 3-21（a）、图 3-21（b）所示为单流程内的跳转，图 3-21（c）所示为一个单流程向另一个单流程跳转，图 3-21（d）所示为复位跳转，即当程序执行结束时状态自动清零。编制指令表程序时，复位跳转用 RST 指令。

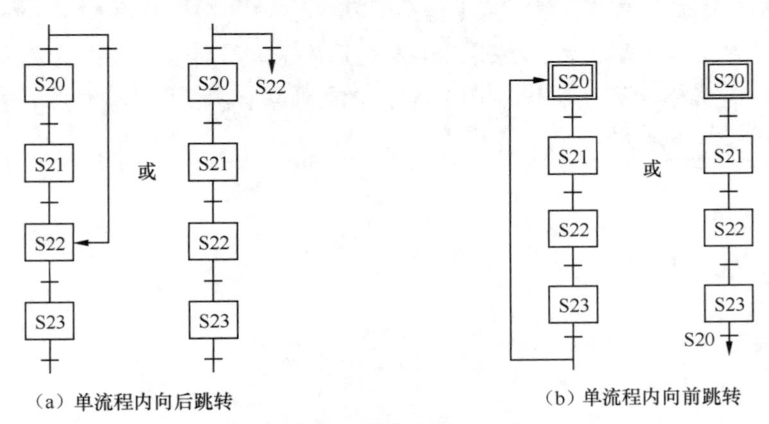

（a）单流程内向后跳转 （b）单流程内向前跳转

图 3-21 流程跳转状态转移图

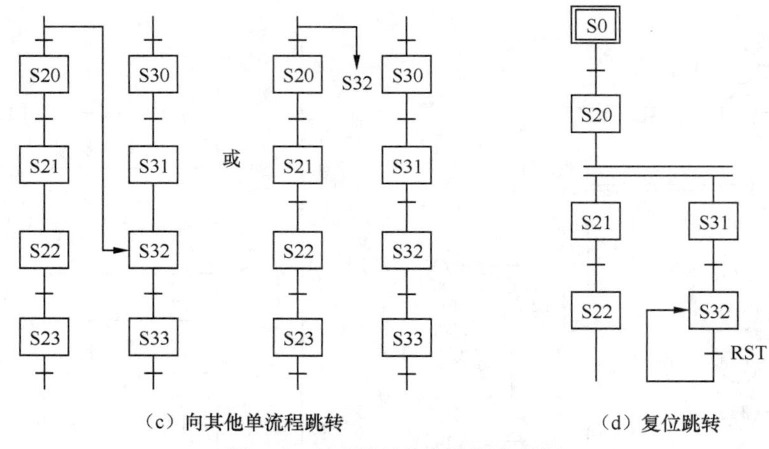

（c）向其他单流程跳转　　（d）复位跳转

图 3-21　流程跳转状态转移图（续）

2. 分支与汇合的组合及其编程

对于复杂的分支与汇合的组合，不允许上一个分支的汇合还没完成就直接开始下一个分支。若确实有必要，需在上一个汇合完成到下一个分支开始之间加入虚拟状态（虚拟步），使上一个汇合真正完成以后再进入下一个分支，如图 3-22 所示。虚拟状态在这里没有实质性意义，只是用于使状态转移图在结构上具备合理性。

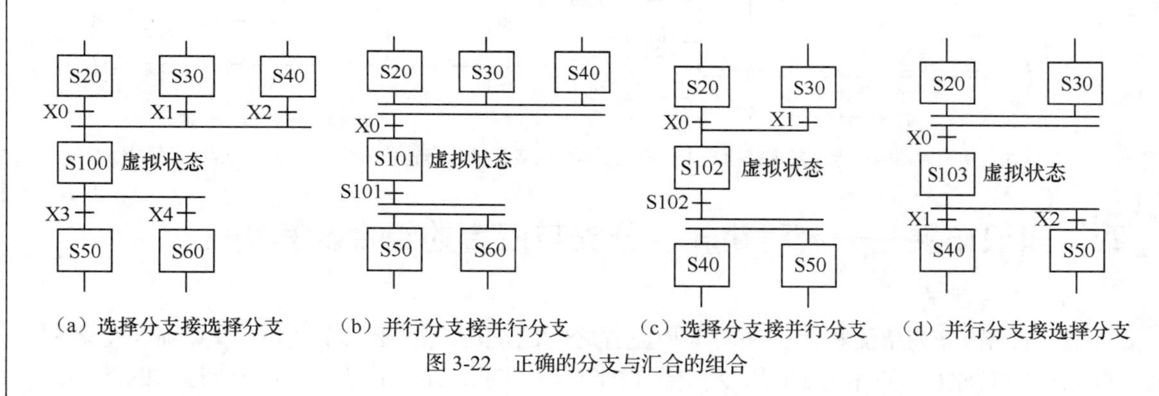

（a）选择分支接选择分支　（b）并行分支接并行分支　（c）选择分支接并行分支　（d）并行分支接选择分支

图 3-22　正确的分支与汇合的组合

若将图 3-17 所示的状态转移图设计成既能选择单周期运行方式又能选择连续运行方式，则结果如图 3-23 所示。其中的 S25、S26 均为虚拟步，没有实质性动作。用工作方式开关（单周期运行方式用常闭触点 $\overline{X2}$，连续运行方式用常开触点 X2）来决定是回到 S0 步等待还是跳转到 S26 步继续工作。

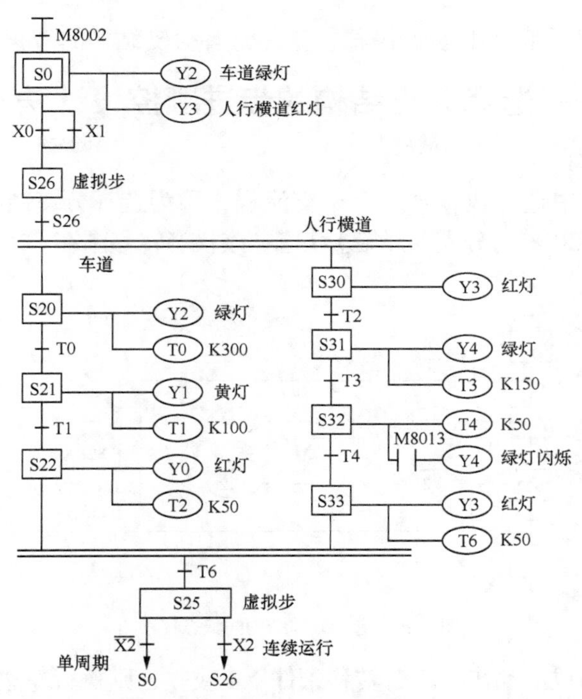

图 3-23　单周期/连续运行的按钮式人行横道交通信号灯控制系统状态转移图

任务三　物料分拣机构的自动控制

一、任务分析

图 3-24 所示为大、小球分拣系统。左上部为原点位置，机械臂处于原点位置时才允许进入自动工作循环。启动开关 PS0 合上后，机械臂的动作顺序：向下→吸住球→向上→向右运行→向下→释放球→向上→向左运行至左上部（原点位置），吸住球和释放球的时间均为1s。机械臂在上、下、左、右各处均设置行程开关 SQ，各处地址已分配好，如图 3-24 所示。

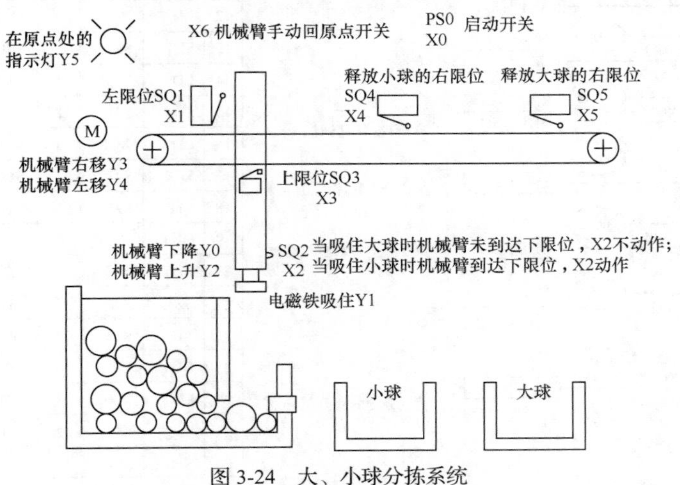

图 3-24　大、小球分拣系统

当机械臂下降时，若电磁铁吸着的是大球，下限位开关 SQ2 断开，若吸着的是小球，则 SQ2 接通（以此判断是大球还是小球）。这是选择分支结构的流程。

二、相关知识——选择分支结构的步进顺控设计法

1. 选择分支结构

从多个分支流程中选择执行某一个单支流程，称为选择分支结构，其状态转移图如图 3-25 所示。其中 S20 步为分支（开始）状态，该状态转移图在 S20 步以后形成了 3 个分支，供选择、执行。

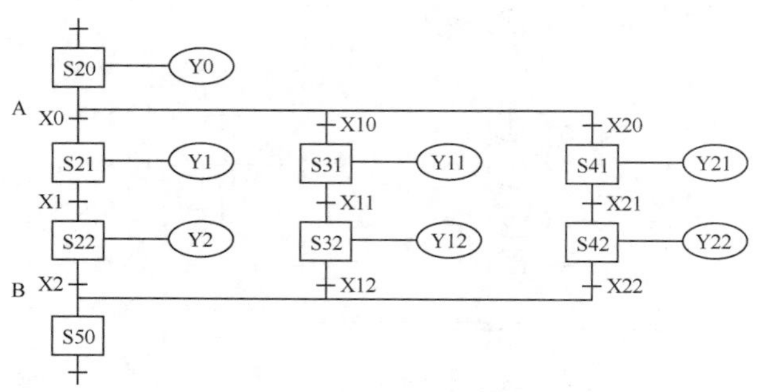

图 3-25 选择分支结构的状态转移图

当 S20 步被激活成活动步后，若转移条件 X0 成立，则执行左边的程序；若转移条件 X10 成立，则执行中间的程序；若转移条件 X20 成立，则执行右边的程序。转移条件 X0、X10 及 X20 不能同时成立。

S50 步为进入汇合状态，可通过 S22、S32、S42 中任意一步驱动。

2. 选择分支结构的编程原则

选择分支结构的编程原则是先集中处理分支转移情况，然后依顺序进入各分支程序处理和汇合状态，如图 3-26 所示。图 3-20 中也含有选择分支结构。图 3-20（a）所示的状态转移图中，S33 步以后形成了 2 个分支。在 S33 步被激活以后，T5 定时到 C0 计数 5 次才能转移到 S34 步；若 C0 计数不满 5 次，只能跳回到 S32 步，继而转移到 S33 步，重新执行绿灯闪烁。

S20 Y000
X000 SET S21
X010 SET S31
X020 SET S41 转移到各个分支
S21 Y001
X001 SET S22 第 1 分支程序
S22 Y002
X002 SET S50 第 1 分支转移到汇合点
S31 Y011
X011 SET S32 第 2 分支程序
S32 Y012
X012 SET S50 第 2 分支转移到汇合点
S41 Y021
X021 SET S42 第 3 分支程序
S42 Y022
X022 SET S50 第 3 分支转移到汇合点
S50

（a）步进梯形图程序

…					
10	STL	S20	27	OUT	Y011
11	OUT	Y000	28	LD	X011
12	LD	X000	29	SET	S32
13	SET	S21	30	STL	S32
14	LD	X010	31	OUT	Y012
15	SET	S31	32	LD	X012
16	LD	X020	33	SET	S50
17	SET	S41	34	STL	S41
18	STL	S21	35	OUT	Y021
19	OUT	Y001	36	LD	X021
20	LD	X001	37	SET	S42
21	SET	S22	38	STL	S42
22	STL	S22	39	OUT	Y022
23	OUT	Y002	40	LD	X022
24	LD	X002	41	SET	S50
25	SET	S50	42	STL	S50
26	STL	S31	43	…	

（b）指令表程序

图 3-26 选择分支结构的步进梯形图程序和指令表程序

三、任务实施

1. 选择 I/O 设备，分配 I/O 地址，画出 I/O 接线图

本任务的 I/O 设备及 I/O 地址已确定，如图 3-24 所示。

输入设备：X1——左限位开关。

X2——下限位开关（小球动作、大球不动作）。

X3——上限位开关。

X4——释放小球的右限位开关。

X5——释放大球的右限位开关。

X0——启动开关。

X6——机械臂手动回原点开关。

输出设备：Y0——机械臂下降。

Y2——机械臂上升。

Y1——电磁铁吸住。

Y3——机械臂右移。

Y4——机械臂左移。

Y5——机械臂在原点处的指示灯。

根据上述 I/O 地址，绘制大、小球分拣系统的 I/O 接线图，如图 3-27 所示。

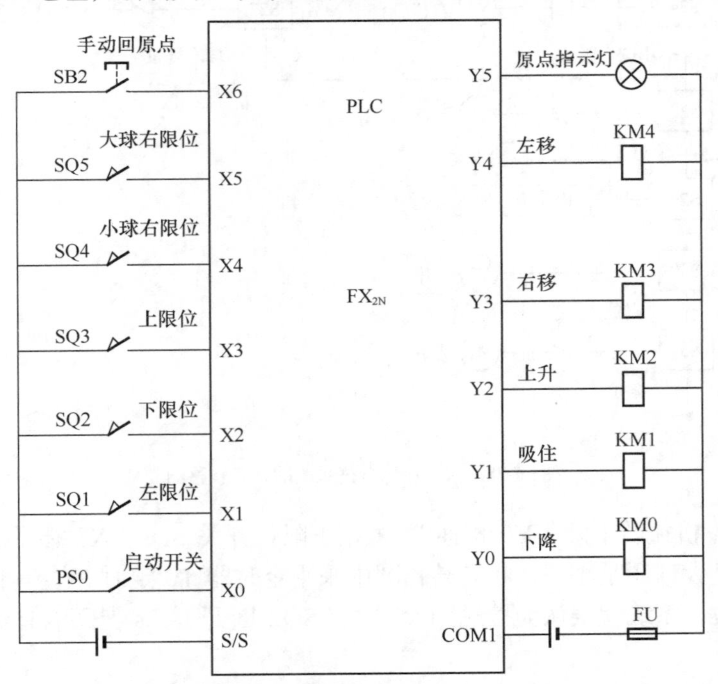

图 3-27　大、小球分拣系统的 I/O 接线图

2. 设计大、小球分拣系统的状态转移图

根据控制要求画出大、小球分拣系统的状态转移图，如图 3-28 所示。本任务要求机械臂在原点时才能进入自动工作循环。因此，在初始步 S0 时要检查机械臂是否在原点。当机械臂在原点时，左限位 X1 和上限位 X3 有效，Y5 指示灯被点亮。此时合上启动开关 PS0（X0 端子），S21 步被激活，机械臂下降吸球，系统开始进入选择分支。若吸着的是大球

（SQ2 断开），执行右边的分支程序；若吸着的是小球（SQ2 接通），执行左边的分支程序。在机械臂碰到右限位开关（S28 步）时结束分支程序进入汇合状态，以后就进入单流程结构，系统在完成机械臂的下降、释放球（大、小球）、上升及左行回原位的操作后回到 S0 步。此时，若启动开关 PS0（X0 端子）有效，系统自动进入下一轮工作。断开 PS0 时，系统继续完成本周期的工作以后停留在初始步。

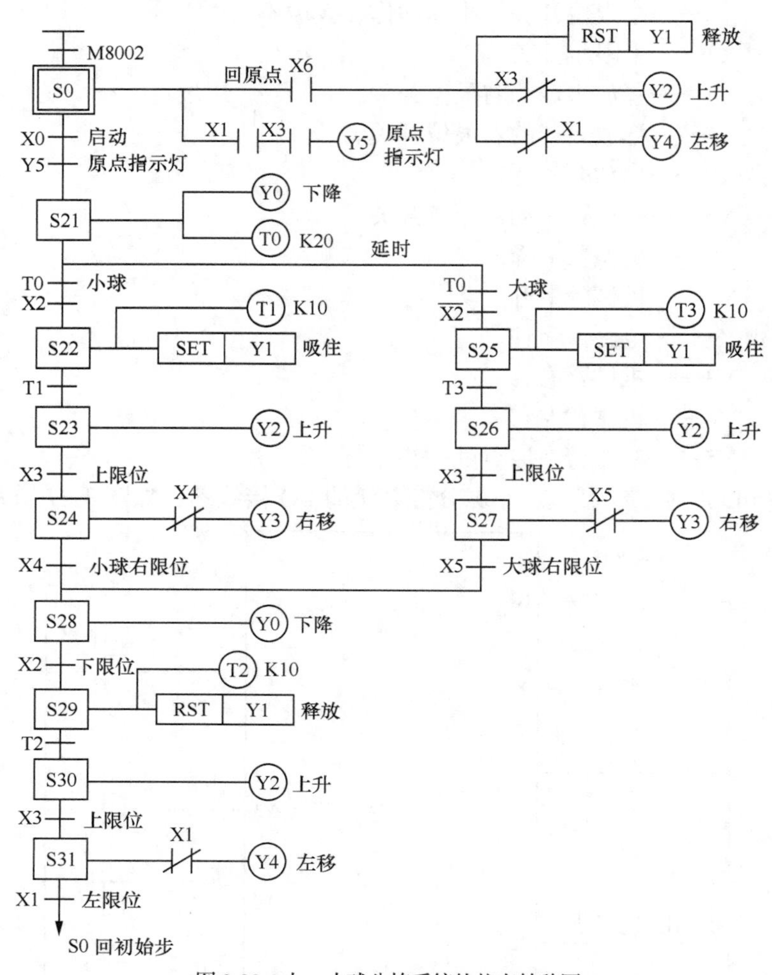

图 3-28　大、小球分拣系统的状态转移图

在 S21 步，机械臂下降（Y0 接通），根据下限位开关 SQ2（X2 端子）是否接通来判断其接触到的是大球还是小球。状态转移图中采用定时器 T0 定时 2s，其目的是避免机械臂还没下降到位，系统就误认为接触到大球了（SQ2 断开），2s 是否合适必须经现场调试确认。

工程实践中通常要求执行件在原点位置才能进入自动工作程序。如图 3-28 所示，状态转移图在初始步 S0 设置了回原点的操作。若开始的时候机械臂不在原点，可以用 X6 手动使其回到原点，使 Y5 指示灯被点亮，满足原点启动的要求。

3. 设计大、小球分拣系统的步进梯形图程序和指令表程序

根据图 3-28 所示的状态转移图，可以很容易地编制大、小球分拣系统的步进梯形图程序，写出其对应的指令表程序，如图 3-29 和图 3-30 所示。

```
0   M8002 ─┤ ├──────────────────────[SET  S0   ]
3   S0 ┤STL├─ X006 ─┤ ├─────────────[RST  Y001 ]
                       X003 ─┤/├────( Y002 )
                       X001 ─┤/├────( Y004 )
12         ─ X001 ─┤ ├─ X003 ─┤ ├───( Y005 )
15         ─ X000 ─┤ ├─ Y005 ─┤ ├───[SET  S21  ]
19  S21 ┤STL├───────────────────────( Y000 )
           ─────────────────────────(T0   K20  )
24         ─ T0 ─┤ ├─ X002 ─┤ ├─────[SET  S22  ]
28         ─ T0 ─┤ ├─ X002 ─┤/├─────[SET  S25  ]
32  S22 ┤STL├───────────────────────[SET  Y001 ]
           ─────────────────────────(T1   K10  )
37         ─ T1 ─┤ ├────────────────[SET  S23  ]
40  S23 ┤STL├───────────────────────( Y002 )
42         ─ X003 ─┤ ├──────────────[SET  S24  ]
45  S24 ┤STL├─ X004 ─┤/├────────────( Y003 )
48         ─ X004 ─┤ ├──────────────[SET  S28  ]
51  S25 ┤STL├───────────────────────[SET  Y001 ]
           ─────────────────────────(T3   K10  )
56         ─ T3 ─┤ ├────────────────[SET  S26  ]
59  S26 ┤STL├───────────────────────( Y002 )
61         ─ X003 ─┤ ├──────────────[SET  S27  ]
66  S27 ┤STL├─ X005 ─┤/├────────────( Y003 )
67         ─ X005 ─┤ ├──────────────[SET  S28  ]
70  S28 ┤STL├───────────────────────( Y000 )
72         ─ X002 ─┤ ├──────────────[SET  S29  ]
75  S29 ┤STL├───────────────────────[RST  Y001 ]
           ─────────────────────────(T2   K10  )
80         ─ T2 ─┤ ├────────────────[SET  S30  ]
83  S30 ┤STL├───────────────────────( Y002 )
85         ─ X003 ─┤ ├──────────────[SET  S31  ]
88  S31 ┤STL├─ X001 ─┤/├────────────( Y004 )
91         ─ X001 ─┤ ├──────────────( S0 )
94         ─────────────────────────[RET ]
95  ────────────────────────────────[END ]
```

图 3-29　大、小球分拣系统的步进梯形图程序

步序	指令	操作数	
0	LD	M8002	
1	SET	S0	
2	STL	S0	
3	LD	X006	
4	RST	Y001	
5	MPS		
6	ANI	X003	
7	OUT	Y002	
8	MPP		
9	ANI	X001	
10	OUT	Y004	
11	LD	X001	
12	AND	X003	
13	OUT	Y005	
14	LD	X000	
15	AND	Y005	
16	SET	S21	
17	STL	S21	
18	OUT	Y000	
19	OUT	T0	K20
20	LD	T0	
21	AND	X002	
24	SET	S22	
25	LD	T0	
26	ANI	X002	
30	SET	S25	
32	STL	S22	
33	SET	Y001	
34	OUT	T1	K10
37	LD	T1	
38	SET	S23	
40	STL	S23	
41	OUT	Y002	
42	LD	X003	
43	SET	S24	
45	STL	S24	
46	LDI	X004	
47	OUT	Y003	
48	LD	X004	
49	SET	S28	
51	STL	S25	
52	SET	Y001	
53	OUT	T3	K10
56	LD	T3	
57	SET	S26	
59	STL	S26	
60	OUT	Y002	
61	LD	X003	
62	SET	S27	
63	STL	S27	
65	LDI	X005	
66	OUT	Y003	
67	LD	X005	
68	SET	S28	
70	STL	S28	
71	OUT	Y000	
72	LD	X002	
73	SET	S29	
75	STL	X29	
76	RST	Y001	
77	OUT	T2	K10
80	LD	T2	
81	SET	S30	
83	STL	S30	
84	OUT	Y002	
85	LD	X003	
86	SET	S31	
88	STL	S31	
89	LDI	X001	
90	OUT	Y004	
91	LD	X001	
92	OUT	S0	
94	RET		
95	END		

图 3-30　大、小球分拣系统的指令表程序

4. 程序调试

按照图 3-27 所示 I/O 接线图，接好各信号线，输入图 3-29 所示的步进梯形图程序，调试并观察运行结果，直至满足控制要求。

5. 任务延伸

一般情况下，在工程实践中都会考虑紧急情况下的安全停机问题，此时需要增加一个“急停”按钮 SB（X10 端子），并增加图 3-31 所示的“急停”程序。如果自动运行过程中出现意外事故，按下“急停”按钮 SB 使 X10 接通，将状态转移图中的工作步（状态继电器 S21～S31）和驱动动作（Y0～Y4）全部复位，将 S0 步置位，系统立即停止运行并回到初始步等待。ZRST 指令是具有区间复位作用的功能指令，能够将指定地址区间的元件（如 S21～S31、Y0～Y4）全部复位。待排除故障且机械臂重新回到原点后，再次按下启动按钮，系统就可以重新运行。

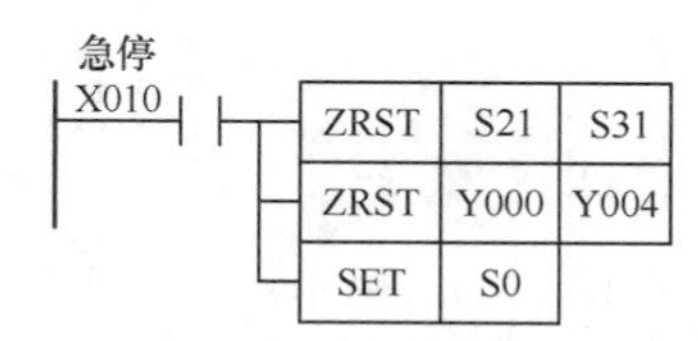

图 3-31 大、小球分拣系统的“急停”程序

编制步进梯形图程序时，可以将“急停”程序编制在步进梯形图程序的最前面或者最后面，不要混杂在 STL 指令和 RET 指令之间。

四、知识拓展——单流程与多流程状态转移图

由一个初始状态开始的状态转移图无论是否有分支与汇合结构，都是单流程状态转移图。前述各例均为单流程。在比较复杂的控制系统中，允许用多个初始状态分别编制单流程状态转移图。多个单流程状态转移图构成多流程状态转移图。编制多流程状态转移图的原则：初始状态不能重复；所有通用状态继电器不能重复、不能交叉，但可以断续；系统执行时按照初始状态号由低到高依次进行。编制指令表程序时，应先编制低初始状态号的单流程，然后编制高一个的初始状态号单流程，以后按顺序编制。

五、任务拓展——剪板机的自动工作控制

详情见实训工单 8。

综合实训　十字路口交通信号灯的控制

详情见实训工单 9。

习　题

1. 什么是状态转移图的三要素？状态转移图上的有向连线有什么含义？
2. FX 系列 PLC 中步进顺控指令有哪几条？如何使用？
3. 在状态转移图中，对状态使用 OUT 指令和 SET 指令有何异同？
4. 有 3 台电动机，控制要求：按下启动按钮，M1 启动 10s 后 M2 自行启动，再过 5s 后 M3 自行启动，按下停止按钮，M3 停止 6s 后 M2 停止，再过 3s 后 M1 停止。
5. 图 3-32 所示的状态转移图属于何种结构？编制对应的步进梯形图程序和指令表程序。

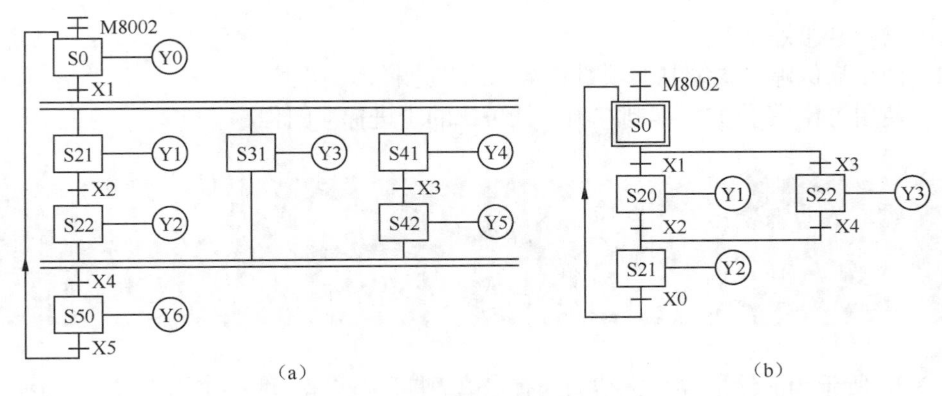

图 3-32　第 5 题状态转移图

6. 有 5 只彩灯，依次点亮 1s，循环往复，设计其状态转移图和步进梯形图程序。

7. 一组彩灯由“欢迎您”3 个字组成，要求 3 个字依次各亮 3s，全熄 1s 后全亮 3s，再全熄 1s，重复上述过程。用步进顺控设计法编制控制程序。

8. 设计正、反转电动机Y/△降压启动的状态转移图和步进梯形图程序。

9. 电动葫芦提升机构的动负荷试验控制要求：自动运行时，上升 5s 后停 7s，然后下降 5s 再停 7s，反复运行 0.5 h，最后发出声光报警信号，并停止运行。用步进顺控编程法编制该系统的控制程序。

10. 设计一个用 PLC 控制的工业洗衣机控制系统，其控制要求：洗衣机启动后进水，高水位开关动作时开始洗涤。洗涤方式有标准方式和轻柔方式两种，分别如下所述。

（1）标准方式：正转洗涤 3s 后停止 1s，再反转洗涤 3s 后停止 1s，如此循环 3 次，洗涤结束。然后排水至低水位时脱水 5s（同时排水），这样就完成了从进水到脱水的大循环。经过 3 次大循环后，洗衣机报警，2s 后自动停机。

（2）轻柔方式：正转洗涤 3s 后停止 1s，循环 3 次，洗涤结束。然后排水至低水位时脱水 5s（同时排水），这样就完成从进水到脱水的大循环。经过 2 次大循环后，洗衣机报警，2s 后自动停机。

11. 设计一个用 PLC 控制的双头钻床控制系统。

（1）用双头钻床来加工圆盘状工件上均匀分布的 6 个孔，如图 3-33 所示。操作人员将工件放好后，按下启动按钮，工件被夹紧，夹紧后压力继电器为 ON，此时两个钻头同时开始向下进给加工。大钻头钻到设定的深度（SQ1）时，钻头上升，升到设定的起始位置（SQ2）时，停止上升；小钻头钻到设定的深度（SQ3）时，钻头上升，升到设定的起始位置（SQ4）时，停止上升。两个钻头都到位后工件旋转 120°，旋转到位时 SQ5 为 ON，然后开始钻第 2 对孔。3 对孔都钻完后松开工件，松开到位后 SQ6 为 ON，系统返回初始状态。

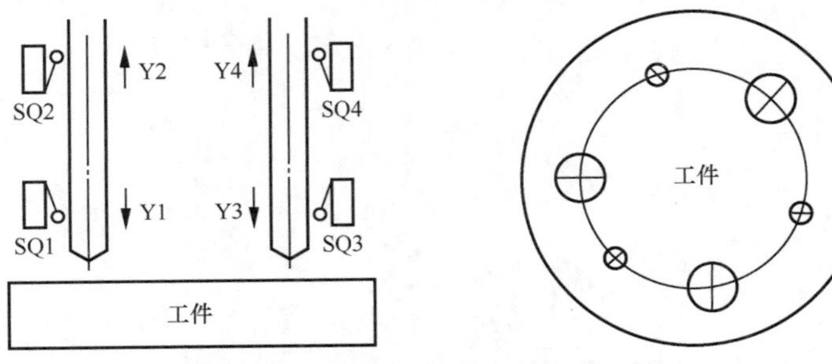

图 3-33　第 11 题双头钻床和圆盘状工件

（2）具有紧急停止功能。

12. 使用启保停方式编制本项目任务二的步进梯形图程序。

13. 使用置位/复位方式编制本项目任务二的步进梯形图程序。

实战演练　设计一个用 PLC 控制的液体搅拌装置控制系统

图 3-34 所示为液体搅拌装置结构，有“单周期”“连续”两种工作方式。初始状态下，各电磁阀关闭，低液位指示灯 L1 未被点亮。

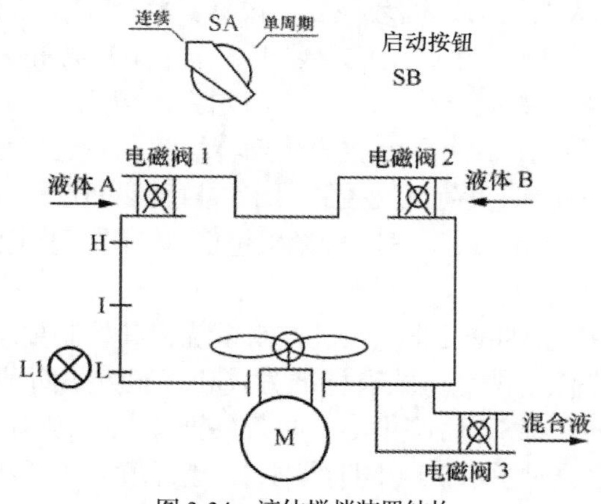

图 3-34　液体搅拌装置结构

按下启动按钮 SB，电磁阀 1 打开，注入液体 A。液面到达中液位 I 时，电磁阀 1 关闭，电磁阀 2 打开，注入液体 B。到达高液位 H 时，电磁阀 2 关闭，搅拌电动机 M 工作。3s 后搅拌结束，电磁阀 3 打开，混合液往外排出，液面下降，到达低液位 L 时，低液位指示灯 L1 点亮，2s 后混合液排空，关闭电磁阀 3，一个工作周期结束。若采用“单周期”工作方式，则系统返回初始状态停止；若采用“连续”工作方式，则电磁阀 1 打开继续工作。

项目四　PLC 功能指令应用

【项目导读】

PLC 的基本逻辑指令主要用于逻辑功能处理，步进顺控指令用于顺序逻辑控制系统。但在工业自动化控制领域中，许多场合需要数据运算和特殊处理。因此，现代 PLC 中引入了功能指令（或称为应用指令）。功能指令主要用于数据的传输、运算、变换及程序控制等功能。本项目主要介绍三菱 FX_{3U} 系列 PLC 的各种数据类软元件的组成和用法、功能指令的表示方法和使用要素，以及常用的传输指令、比较指令、运算指令、移位指令及程序控制指令等。

【学习目标】

- 认识和理解 PLC 的各种数据类软元件的组成和用法。
- 深刻理解功能指令的表示方法和使用要素。
- 掌握 PLC 常用功能指令的编程应用。
- 综合应用基本逻辑指令和常用功能指令进行 PLC 控制系统设计，并完成调试。

【素质目标】

- 培养辩证思维和大局观念，提升分析、归纳能力和格局意识。
- 培养团队协作意识、创新意识和严谨求实的科学态度。
- 培养自主学习新知识、新技能的主动性和意识。
- 培养工程意识（如安全生产意识、质量意识、经济意识和环保意识等）。
- 培养通过网络搜集资料、获取相关知识和信息的能力。
- 培养良好的职业道德、精益求精的工匠精神，树立正确的价值观。

【思维导图】

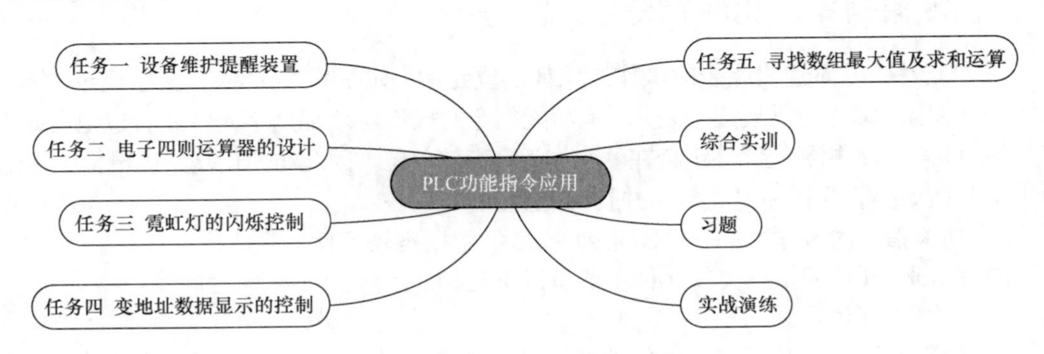

任务一　设备维护提醒装置

一、任务分析

对现代设备进行维护保养都需要规范操作。现有 5 台设备要进行维护保养管理，需设计一个设备维护提醒装置。要求：5 台设备同时启停工作，每操作使用一次，提醒装置记录一次，当操作次数等于 10 次时，点亮红色指示灯，提醒已到维护时间；当操作次数小于 10 次时，点亮绿色指示灯，表明可以继续使用。

本任务其实只需用一对启停按钮控制 5 台设备的启停运行，然后用计数器记录设备操作次数，计满 10 次时做相应输出控制即可。用基本逻辑指令编制的设备维护提醒装置控制程序如图 4-1 所示。按下启动按钮后，Y0～Y4 同时启动，但输出指令要逐个编制，这很烦琐。有没有使程序更简单的方法呢？当然有，那就是使用功能指令。

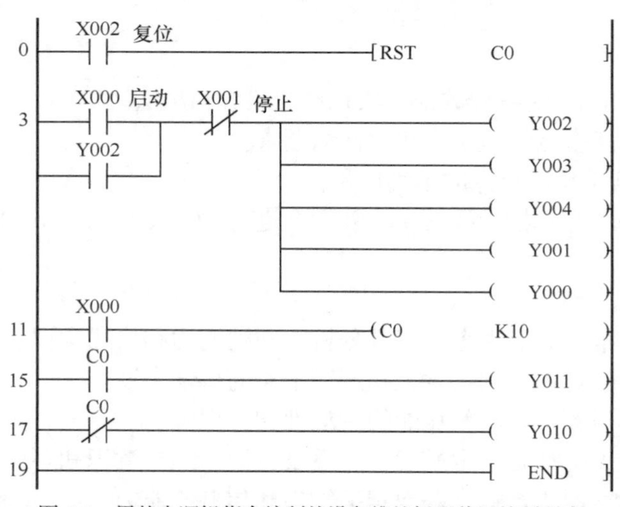

图 4-1　用基本逻辑指令编制的设备维护提醒装置控制程序

二、相关知识——功能指令的操作数及表达形式、数据长度和指令类型、传输指令、比较指令

在 PLC 中，基本逻辑指令的操作对象都是位元件，如 Y0、M0 等，主要用于开关量信息的处理，因此编程时需要逐个表示。但功能指令的操作对象都是字元件或者位组合元件，就是将相同类别的相邻位元件组合在一起作为字存储单位。因此与使用基本逻辑指令相比，使用功能指令编制的程序更简单，并且功能更强大。

1．功能指令的操作数——FX_{3U} 系列 PLC 的数据类软元件

FX_{3U} 系列 PLC 的数据类软元件主要有以下几种。

（1）数据寄存器

数据寄存器（D）用于存储数值数据，可写可读，都是 16 位的（最高位为符号位），可处理的数值范围为−32768～32767。

两个相邻的数据寄存器可组成 32 位数据寄存器（最高位为符号位）。在进行 32 位操作

时只要指定低位的编号即可，低位一般采用偶数编号。例如，用 D0 表示（D1、D0）32 位数据。

数据寄存器又分为一般型、停电保持型、停电保持专用型、文件型和特殊型。FX 系列 PLC 数据寄存器编号如表 4-1 所示。

表 4-1　FX 系列 PLC 数据寄存器编号

机型	一般型	停电保持型	停电保持专用型	文件型	特殊型
FX_{1S}	D0～D127，128 点①	—	D128～D255，128 点①	根据参数设定，可以将 D1000～D2499 作为文件寄存器使用	D8000～D8255，256 点
FX_{2N}，FX_{2NC}	D0～D199，200 点②	D200～D511，312 点③	D512～D7999，7488 点①	根据参数设定，可以将 D1000 以上作为文件寄存器使用	D8000～D8255，256 点
FX_{3U}	D0～D199，200 点②	D200～D511，312 点③	D512～D7999，7488 点①	根据参数设定，可以将 D1000 以上作为文件寄存器使用	D8000～D8511，512 点

注：① 无法通过设定参数变更停电保持的特性；
② 非停电保持型，通过设定参数可变更为停电保持型；
③ 停电保持型，通过设定参数可变更为非停电保持型。

（2）位组合数据

因为 4 位二进制编码的十进制（BCD）码表示 1 位十进制数，所以在 FX 系列 PLC 中，用相邻的 4 个位元件作为一个组合，表示 1 个十进制数，表达形式为 K*n*X、K*n*Y、K*n*M、K*n*S 等。*n* 是指 4 位 BCD 码的个数。例如，K1X0 表示 X3～X0 这 4 位输入继电器的组合；K3Y0 表示 Y13～Y10、Y7～Y0 这 12 位输出继电器的组合；K4M10 表示 M25～M10 这 16 位辅助继电器的组合。

注意　位组合元件的最低位最好采用以 0 结尾的位元件。

（3）其他

K 表示十进制常数；H 表示十六进制常数；T、C 分别表示定时器、计数器的当前值寄存器。

2. 功能指令的表达形式

功能指令与基本逻辑指令不同，功能指令类似子程序，直接由助记符（功能代号）表达指令要做什么。FX 系列 PLC 功能指令的梯形图程序表达形式如图 4-2 所示。

[S]表示源操作数，其内容不随指令执行而变化。源操作数较多时，用[S1]、[S2]等表示。

[D]表示目标操作数，其内容随指令执行而变化。目标操作数较多时，用[D1]、[D2]等表示。

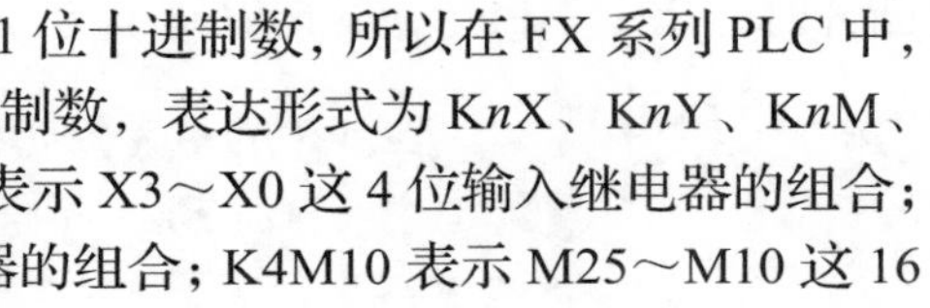

执行条件　32位　脉冲执行　操作数
X000　DMOVP　[S] K6X0　[D] D0
传送指令助记符

图 4-2　FX 系列 PLC 功能指令的梯形图程序表达形式

3. 数据长度和指令类型

（1）数据长度

功能指令可处理 16 位数据和 32 位数据。其中，“D”表示处理 32 位数据，如图 4-3 所示。

```
X000
─┤ ├──────[ MOV   D10   D12 ]  将D10中的数据送到D12中
                               （处理16位数据）
X001
─┤ ├──────[ DMOV  D20   D22 ]  将D21和D20中的数据送到D23和D22中
                               （处理32位数据）
```

图 4-3　16 位/32 位数据传输指令梯形图程序表达形式

（2）指令类型

FX 系列 PLC 的功能指令有连续执行型和脉冲执行型两种形式。32 位连续执行型功能指令的梯形图程序表达形式如图 4-4 所示。当 X1=1 时，功能指令在每个扫描周期都被执行 1 次。

16 位脉冲执行型功能指令的梯形图程序表达形式如图 4-5 所示，X0 每接通 1 次，功能指令只在第 1 个扫描周期被执行 1 次。

图 4-4　32 位连续执行型功能指令的梯形图程序表达形式　　图 4-5　16 位脉冲执行型功能指令的梯形图程序表达形式

4. 传输指令

传输指令 MOV 将源操作数内的数据传输到指定的目标操作数内，即[S]→[D]，源操作数内的数据不改变。如图 4-6 所示，当 X0 接通（X0=1）时，源操作数[S]中的常数 K100 被传输到目标操作元件 D10 中。当指令执行时，常数 K100 自动转换成二进制数。当 X0 断开时，指令不执行，数据保持不变。

图 4-7 所示为传输指令的应用实例。如图 4-7（a）所示，在 X0=1 的第 1 个扫描周期里将计数器 C0 的当前值读出并送到数据寄存器 D20 中；如图 4-7（b）所示，在 X1=1 的第 1 个扫描周期里将常数 K100 写入定时器 T0 的设定值寄存器 D10 中。

在图 4-7（a）所示的程序中，必须使用脉冲型传输指令 MOVP，否则，在 X0 接通的每个扫描周期都会传输计数器 C0 的当前值到 D20 中，若 C0 的计数频率较高，则会造成在 X0 接通的时间里传输到 D20 中的数据不相等。在图 4-7（b）所示的程序中，由于 K100 是常数，因此用 MOVP 指令和 MOV 指令效果一样。

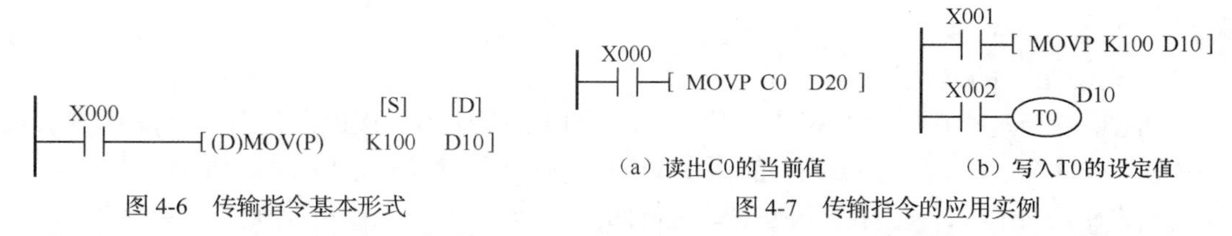

图 4-6　传输指令基本形式　　图 4-7　传输指令的应用实例

三相交流电动机Y/△降压启动控制电路如图 4-8 所示，用传输指令设计的电动机Y/△降压启动控制程序如图 4-9 所示。按下启动按钮 SB2（X2），传输常数 K7（B0111）给 K1Y0，即 Y0、Y1、Y2 都得电，电动机Y连接启动，同时 T0 开始定时。10s 后，传输 K3（B011）给 K1Y0，即 Y2 驱动的Y连接断开，1s 后传输 K10（B1010）给 K1Y0，即电动机△连接运行，同时启动指示灯（Y0）熄灭。若运行中电动机过载（X0）断开，则电动机自动停止并且 Y0 指示灯亮报警。

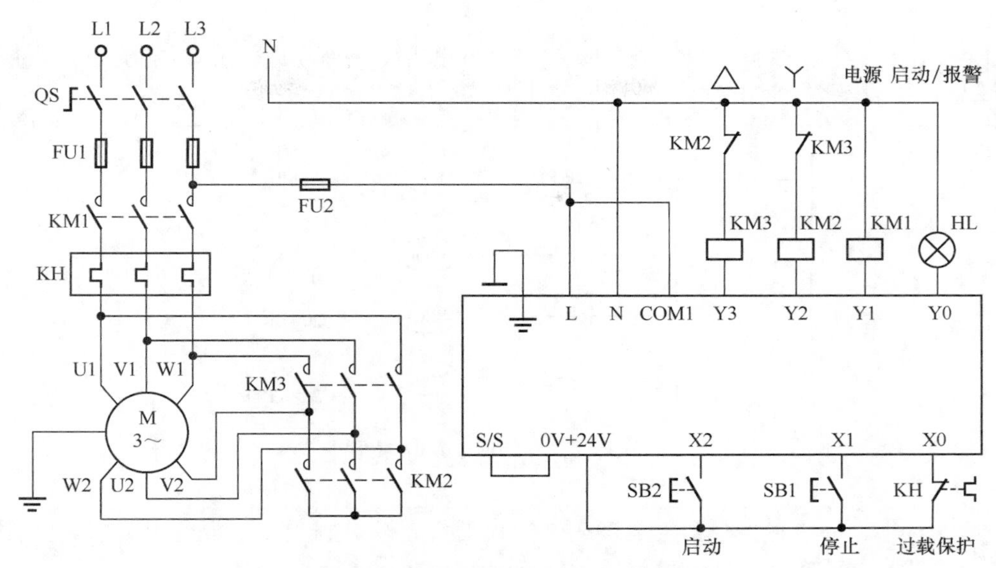

图 4-8　三相交流电动机Y/△降压启动控制电路

不难看出，在图 4-9 所示的程序中，采用启动按钮 X2 的上升沿指令 X002 执行 MOV 指令，其效果与采用 MOVP 指令的一样。

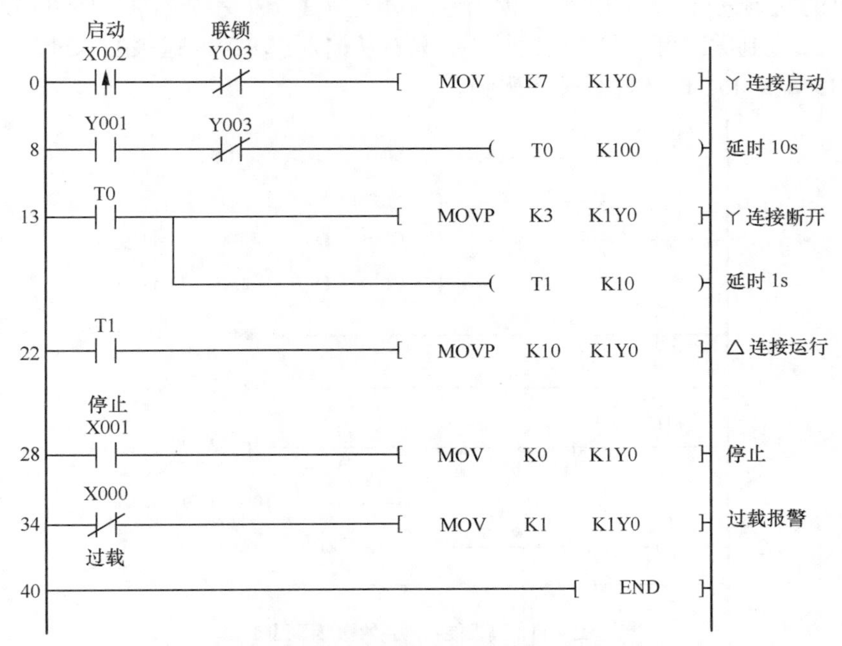

图 4-9　用传输指令设计的电动机Y/△降压启动控制程序

5. 比较指令

比较指令 CMP 将源操作数[S1]和[S2]的数据进行比较，然后对目标操作数[D]进行相应的操作。如图 4-10 所示，X0=1 时，将 C20 的当前值与常数 K100 进行比较。若当前值小于 K100，则将[D]指定的 M0 自动置 1（Y0 接通）；若当前值等于 K100，则 M1 自动置 1（Y1 接通）；若当前值大于 K100，则 M2 自动置 1（Y2 接通）。在 X0 断开，即不执行 CMP 指令时，M0～M2 保持 X0 断开前的状态。若要清除比较结果，则需要用 RST 或 ZRST 指令。

说明

数据比较即进行代数值大小比较（带符号比较），所有的源操作数均按二进制处理。

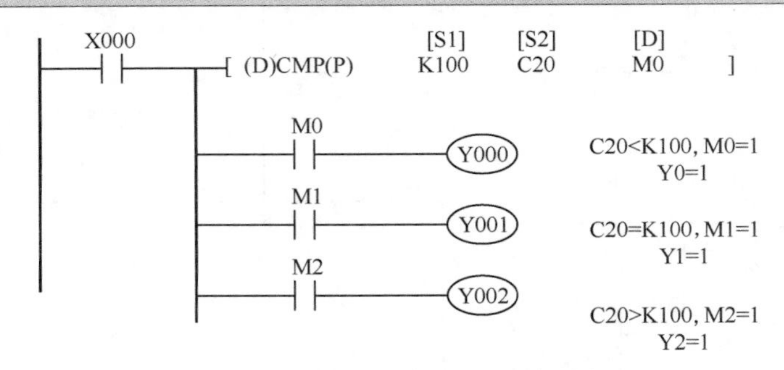

图 4-10　比较指令基本形式

应用实例

有一个高性能密码锁，由两组密码数据锁定。开锁时只有输入两组正确的密码才能打开，密码锁打开后，经过 5s 再重新锁定。

图 4-11 所示为高性能密码锁的梯形图程序。程序运行时用初始脉冲 M8002 预先设定好密码（2 个十六进制数 H5A 和 H6C）。开锁的过程实际上就是将从 K2X0 输入的数据与事先安排好的密码进行比较的过程。因为密码设定为 2 个十六进制数，所以输入只需要 8 位（K2X0）二进制数即可。在两次比较中，只有从输入点 K2X0 送来的二进制数恰好等于所设定的 H5A 和 H6C 时才能打开密码锁。

```
M8002
─┤├──┬──────────[ MOVP  H5A   D0   ]
     └──────────[ MOVP  H6C   D1   ]
M8000
─┤├──┬──────────[ CMP   D0   K2X0  M0 ]
     └──────────[ CMP   D1   K2X0  M3 ]
M1
─┤├─────────────────────[ SET   M11 ]
M4
─┤├─────────────────────[ SET   M14 ]
M11  M14
─┤├──┤├──┬──────────────( Y000     )
         └──────────────( T0   K50 )
T0
─┤├─────────────────[ ZRST  M0  M14 ]
────────────────────────[ END ]
```

图 4-11　高性能密码锁的梯形图程序

因为要对从 K2X0 输入的数据进行两次比较，而 CMP 指令中定义的目标操作数的通、断是随机的，即进行第二次比较时，第一次的比较结果将自动清零，所以梯形图程序中使用了中间变量 M11 和 M14，对应 M1 和 M4。这样就将两次比较的结果保存下来，再将 M11 和 M14 的常开触点串联以驱动 Y0（打开密码锁）。

因为开锁的时间是随机的，所以梯形图程序中采用特殊辅助继电器 M8000 作为比较指令 CMP 的执行条件。当 PLC 处于 RUN 状态时，M8000 一直接通，称为运行监控，用它作指令执行的条件实际上相当于无条件执行指令。还要说明的是梯形图程序中的比较指

令 CMP 必须是连续型的，才能保证开锁过程中一直处于密码比较状态。

三、任务实施

1. 选择 I/O 设备，分配 I/O 地址，绘制 I/O 接线图

根据本任务的控制要求，输入设备需要有启停 5 台电动机的操作按钮和控制整个装置的启停按钮（主要用于系统复位和计数器复位）。输出设备就是红、绿色的信号灯和 5 台电动机的接触器。地址分配如下。

输入：电动机启动按钮——X0；停止按钮——X1；系统复位按钮——X2。

输出：绿灯 L0——Y10；红灯 L1——Y11；电动机的接触器 KM1～KM5——Y0～Y4。

绘制的 I/O 接线图如图 4-12 所示。

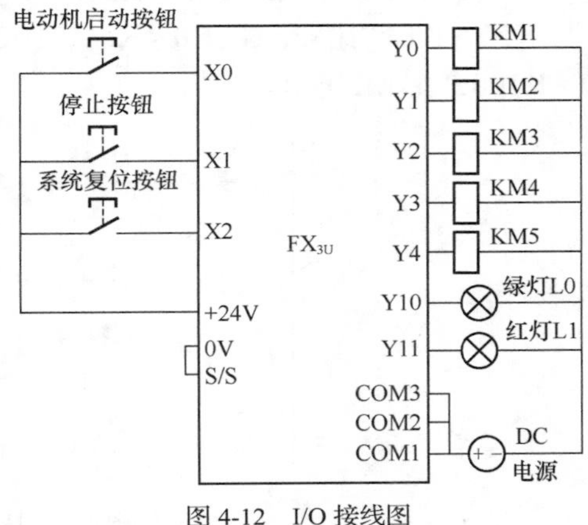

图 4-12　I/O 接线图

2. 设计控制程序

运用功能指令编制的设备维护提醒装置控制程序如图 4-13 所示。按下启动按钮，传输十六进制数据 H1F 到 K2Y0，即令 Y0～Y4 接通，启动 5 台电动机运行，且 C1 记录一次。此时由于 C1 的当前值小于 K10，因此 M0 置位，使 Y10 接通，绿灯点亮。当记录到第 10 次时，M1 置位，使 Y11 接通，红灯点亮，提醒已到维护时间。

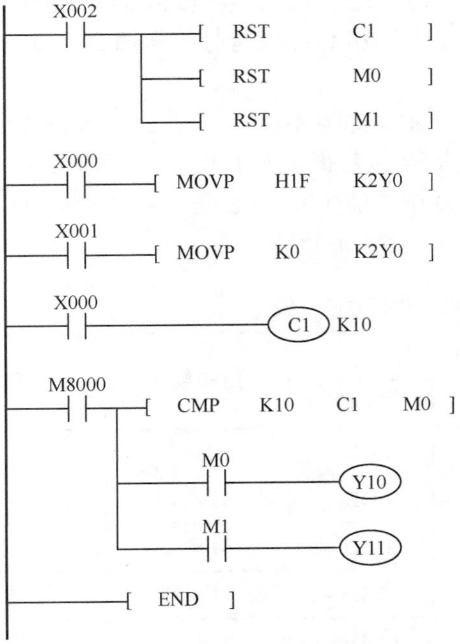

```
X002
─┤├─┬─[ RST    C1        ]
    ├─[ RST    M0        ]
    └─[ RST    M1        ]
X000
─┤├───[ MOVP   H1F   K2Y0 ]
X001
─┤├───[ MOVP   K0    K2Y0 ]
X000
─┤├───────────( C1 ) K10
M8000
─┤├─┬─[ CMP  K10  C1  M0 ]
    │  M0
    ├─┤├──────( Y10 )
    │  M1
    └─┤├──────( Y11 )
──────[ END ]
```

```
LD    X002
RST   C1
RST   M0
RST   M1
LD    X000
MOVP  H1F   K2Y0
LD    X001
MOVP  K0    K2Y0
LD    X000
OUT   C1    K10
LD    M8000
CMP   K10   C1    M0
MPS
AND   M0
OUT   Y010
MPP
AND   M1
OUT   Y011
END
```

图 4-13　运用功能指令编制的设备维护提醒装置控制程序

其中 C1 的设定值等于或大于 K10 均可。当设备维护完毕后需用复位按钮（X2）对计数器 C1 以及 M0、M1 进行复位，设备才能重新投入使用。

3. 程序调试

按照 I/O 接线图接好各信号线、电源线等，输入程序，便可以观察运行结果。

四、知识拓展——区间比较指令 ZCP、触点比较指令、块传输指令 BMOV、多点传输指令 FMOV、区间复位指令 ZRST

1. 区间比较指令

区间比较指令 ZCP 使用说明如图 4-14 所示。它将一个数据 [S]与两个源操作数[S1]、[S2]进行代数比较，然后对目标操作数[D]进行相应的操作。当 X0=1 时，将 C0 的当前值与 K50、K100 比较。若 C0＜K50，则 M0 置 1；若 K50≤C0≤K100，则 M1 置 1；若 C0＞K100，则 M2 置 1。

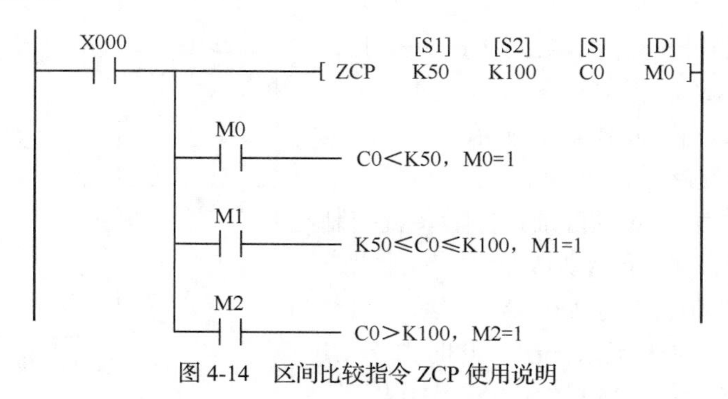

图 4-14 区间比较指令 ZCP 使用说明

2. 触点比较指令

触点比较指令的属性如表 4-2 所示。其中，32 位触点比较指令的助记符是在 16 位指令助记符的后面加 D。其梯形图程序符号是在 16 位比较符号前面加 D，如 D=、D>、D<= 等，如图 4-15 所示。

触点比较指令的应用实例如图 4-15 所示。如图 4-15（a）所示，C0 的当前值等于 K10 时，线圈 Y0 被驱动；D11、D10 中的值（32 位数据）大于 K–30 且 X0=1 时，Y1 被置位。如图 4-15（b）所示，X0=1 且 D21、D20 中的值（32 位数据）小于 K50000 时，Y0 被复位；X1=1 或 K10 大于等于 C0 的当前值时，Y1 被驱动。

表 4-2　　触点比较指令的属性

	FNC 编号（功能代号）	助记符		比较条件	逻辑功能
		16 位	32 位		
取比较触点	224	LD=	LDD=	S1=S2	S1 与 S2 相等
	225	LD>	LDD>	S1＞S2	S1 大于 S2
	226	LD<	LDD<	S1＜S2	S1 小于 S2
	228	LD<>	LDD<>	S1≠S2	S1 与 S2 不相等
	229	LD<=	LDD<=	S1≤S2	S1 小于等于 S2
	230	LD>=	LDD>=	S1≥S2	S1 大于等于 S2
串联比较触点	232	AND=	ANDD=	S1=S2	S1 与 S2 相等
	233	AND>	ANDD>	S1＞S2	S1 大于 S2
	234	AND<	ANDD<	S1＜S2	S1 小于 S2

续表

	FNC 编号（功能代号）	助记符		比较条件	逻辑功能
		16 位	32 位		
串联比较触点	236	AND<>	ANDD<>	S1≠S2	S1 与 S2 不相等
	237	AND<=	ANDD<=	S1≤S2	S1 小于等于 S2
	238	AND>=	ANDD>=	S1≥S2	S1 大于等于 S2
并联比较触点	240	OR=	ORD=	S1=S2	S1 与 S2 相等
	241	OR>	ORD>	S1＞S2	S1 大于 S2
	242	OR<	ORD<	S1＜S2	S1 小于 S2
	244	OR<>	ORD<>	S1≠S2	S1 与 S2 不相等
	245	OR<=	ORD<=	S1≤S2	S1 小于等于 S2
	246	OR>=	ORD>=	S1≥S2	S1 大于等于 S2

```
(a)
 ├[ =    C0    K10 ]──────────( Y000 )
 │                      X000
 ├[ D>   D10   K-30 ]───┤ ├───[ SET   Y001 ]

(b)
  X000
 ├┤ ├───[ D<   D20   K50000 ]───[ RST   Y000 ]
  X001
 ├┤ ├─────────────────┬────────( Y001 )
 ├[ >=   K10   C0 ]───┘
```

图 4-15　触点比较指令的应用实例

应用实例

工业控制中有时候受比较条件的限制，要反复使用几次 CMP 指令或 ZCP 指令。这时候改用触点比较指令进行编程会方便得多。图 4-16 所示为用触点比较指令设计的交替点亮 12 盏彩灯控制程序。

12 盏彩灯分别接在 Y13～Y0 点，当 X0 接通后系统开始工作。图 4-16 所示的梯形图程序中第 1、2 两行构成定时器 T200 的自复位电路。当小于等于 2s 时，第 1～6 盏彩灯点亮；当 2～4s 时，第 7～12 盏彩灯点亮；当大于等于 4s 时，12 盏彩灯全亮，保持 6s 再循环。当 X0 为 OFF 时，彩灯全部熄灭。用 10ms 的定时器 T200 进行定时，当前值达到 201（2.01s）时，切换到第 7～12 盏彩灯点亮。若用定时器 T0 需要等到当前值为 21（2.1s）时才能切换，则采用定时器 T200 能提高系统精度。

```
  X000   M0
 ├┤ ├───┤/├──────────( T200   K600 )
  T200
 ├┤ ├────────────────( M0 )
 ├[ < = T200  K200 ]──────────────────[ MOV  H3F    K3Y0 ]
 ├[ > T200  K200 ]──[ < T200  K400 ]──[ MOV  H0FC0  K3Y0 ]
 ├[ > = T200  K400 ]──────────────────[ MOV  H0FFF  K3Y0 ]
  X000
 ├┤/├─────────────────────────────────[ MOV  K0     K3Y0 ]
 ├────────────────────[ END ]
```

图 4-16　用触点比较指令设计的交替点亮 12 盏彩灯控制程序

3. 块传输指令

块传输指令 BMOV 的使用说明如图 4-17 所示。当 X0=1 时，将从源操作数指定的软元件（D0）开始的 n（K3）个数据传输到指定的目标操作数（D10）开始的 n（K3）个软元件中。

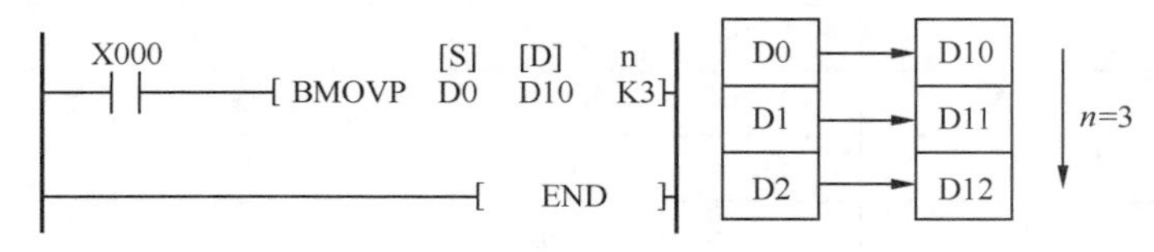

图 4-17　块传输指令 BMOV 的使用说明

BMOV 指令中的源与目标是位组合元件时，源与目标要采用相同的位数，如图 4-18 所示。

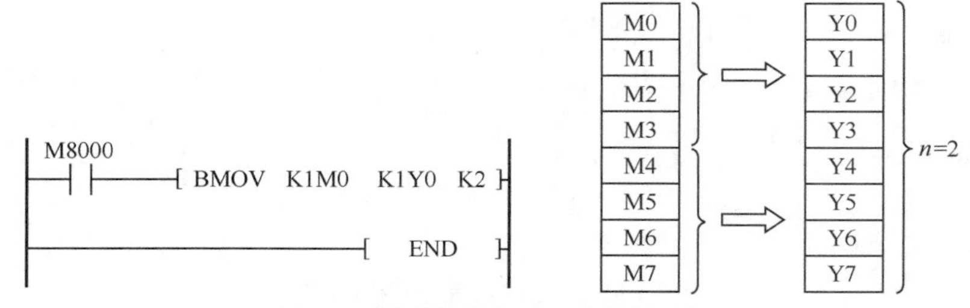

图 4-18　块传输指令 BMOV 使用说明

4. 多点传输指令

多点传输指令 FMOV 将源操作数指定的软元件内容向以目标操作数指定的软元件开头的 n 个软元件传输，n 个软元件的内容都一样。如图 4-19 所示，将 D0～D99 共 100 个软元件的内容全部置 0。

5. 区间复位指令

区间复位指令 ZRST 将[D1]、[D2]指定的元件号范围内的同类元件成批复位。目标操作数可取 T、C、D（字元件）或 Y、M、S（位元件）。[D1]、[D2]指定的应为同类元件，[D1]的元件号应小于[D2]的元件号。如图 4-20 所示，将 M0～M100 的 101 位辅助继电器全部清零。

图 4-19　多点传输指令 FMOV

图 4-20　区间复位指令 ZRST

任务二　电子四则运算器的设计

一、任务分析

现要求设计一个电子四则运算器，完成运算式 $Y=20X/35-8$ 的计算，当结果 $Y=0$ 时，点亮红灯，否则点亮绿灯。

运算式中的 X 和 Y 是两位数（变量），“X” 是自变量，可选用 KnX 输入；“Y” 是因变量，由 KnY 输出。从表达式可以看出，因变量 Y 与自变量 X 成比例，X 的变化范围（位数）决定了 Y 的变化范围（位数）。注意：KnX 与 KnY 表示的都是二进制数。本任务需要用到 PLC 的四则运算指令。

二、相关知识——四则运算指令

FX_{3U} 系列 PLC 提供的 4 条四则运算指令的操作数只能为整数，当运算结果出现小数时，按自动去掉小数部分的原则进行处理。非整数进行运算需先取整，除法运算的结果分为商和余数。

1. 加法指令

加法指令 ADD 将指定的源元件中的二进制数相加，将所得结果送到指定的目标元件中。如图 4-21 所示，当执行条件 X0=1 时，将[D10]+[D12]→[D14]。ADD 指令是代数运算，如 5+(−8)=−3。

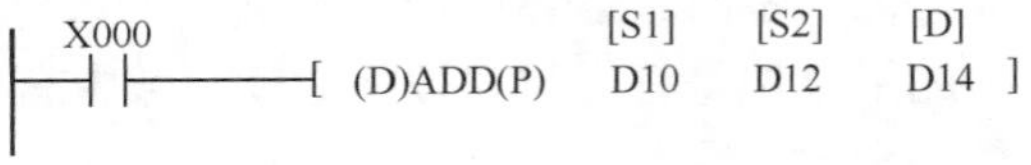

X000 [S1] [S2] [D]
(D)ADD(P) D10 D12 D14

图 4-21　加法指令 ADD

ADD 指令有 3 个常用标志：M8020 为零标志；M8021 为借位标志；M8022 为进位标志。

若运算结果为零，则零标志 M8020 自动置 1；若运算结果超过 32767（16 位）或 2147483647（32 位），则进位标志 M8022 置 1；若运算结果小于−32767（16 位）或 −2147483647（32 位），则借位标志 M8021 置 1。

在 32 位运算中，被指定的字元件是低 16 位元件，而下一个元件为高 16 位元件。如图 4-21 所示，执行 32 位运算时，若 X0=1，则[D11、D10]+[D13、D12]→[D15、D14]。

源元件和目标元件可以用相同的元件号。若源元件和目标元件的元件号相同且采用连续执行的 ADD、DADD 指令时，加法的结果在每个扫描周期都会改变。

2. 减法指令

减法指令 SUB 将指定的源元件中的二进制数相减，将所得结果送到指定的目标元件中去。如图 4-22 所示，当执行条件 X0=1 时，[D10] − [D12]→[D14]。SUB 指令也是代数运算，如 5−(−8)=13。如果是 32 位运算，当 X0=1 时，[D11、D10] − [D13、D12]→[D15、D14]。

X000 [S1] [S2] [D]
(D)SUB(P) D10 D12 D14

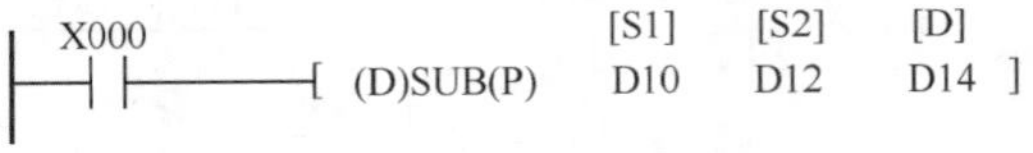

图 4-22　减法指令 SUB

减法指令 SUB 各种标志位的动作、连续执行型和脉冲执行型的差异均与加法指令 ADD 的相同。

3. 乘法指令

乘法指令 MUL 将指定的源元件中的二进制数相乘，将所得结果送到指定的目标元件中去。MUL 指令的源操作数分为 16 位和 32 位两种情况。源操作数是 16 位时，目标操作数是 32 位；源操作数是 32 位时，目标操作数是 64 位。最高位为符号位，0 为正，1 为负。

如图 4-23 所示，当为 16 位运算，执行条件 X0=1 时，[D0]×[D2]→[D5、D4]。当为 32 位运算，执行条件 X0=1 时，[D1、D0]×[D3、D2]→[D7、D6、D5、D4]。

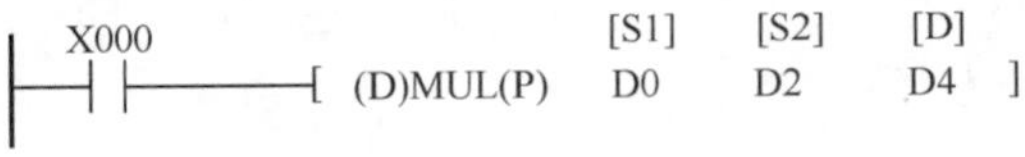

X000 [S1] [S2] [D]
(D)MUL(P) D0 D2 D4

图 4-23　乘法指令 MUL

例如，将位组合元件用于目标操作数时，限于 K 的取值，只能得到低 32 位的结果，不能得到高 32 位的结果。这时，应将数据移入字元件再进行计算。

用字元件时，也不能监视 64 位数据，只能分别监视高 32 位和低 32 位数据。

4. 除法指令

除法指令 DIV 将指定源元件中的二进制数相除，[S1]为被除数，[S2]为除数，商送到指定的目标元件[D]中去，余数送到[D]的下一个目标元件中去。DIV 指令分为 16 位和 32 位运算两种情况。

X000 [S1] [S2] [D]
[(D)DIV(P) D0 D2 D4]

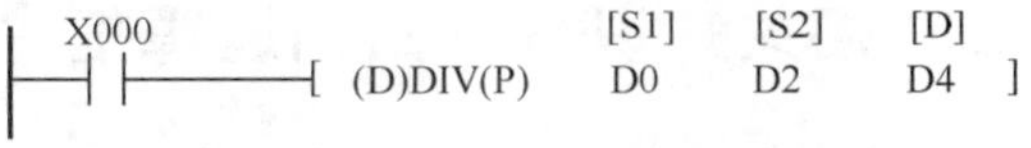

图 4-24 除法指令 DIV

如图 4-24 所示，当为 16 位运算，执行条件 X0=1 时，[D0]除以[D2]的商送到[D4]中，余数送到[D5]中。例如，当[D0]=19、[D2]=3 时，则执行 DIV 指令后[D4]=6、[D5]=1。

当为 32 位运算，执行条件 X0=1 时，[D1、D0]除以[D3、D2]，商送到[D5、D4]中，余数送到[D7、D6]中。

商为零时，运算错误，不执行 DIV 指令。若[D]指定位元件，则得不到余数。商和余数的最高位是符号位。被除数或余数中有一个为负数，商就为负数；被除数为负数时，余数为负数。

【乘除法指令拓展应用】

四则运算指令除了能进行基本的加、减、乘、除运算，还能巧妙地利用其运算功能实现某些特定的控制关系。图 4-25 所示为利用乘除法指令实现灯组移位循环的实例。有一组灯，共 8 盏，接于 Y0～Y7。当 K3Y0×2 时，相当于将其二进制数左移一位。所以执行乘 2 运算，实现 Y0→Y7 的正序变化；同理，除以 2 运算实现 Y7→Y0 的反序变化。程序中 T0 和 M8013 配合，使两条运算指令轮流执行。先从 Y0→Y7 每隔 1s 移一位，再从 Y7→Y0 每隔 1s 移一位，并循环，如图 4-26 所示。

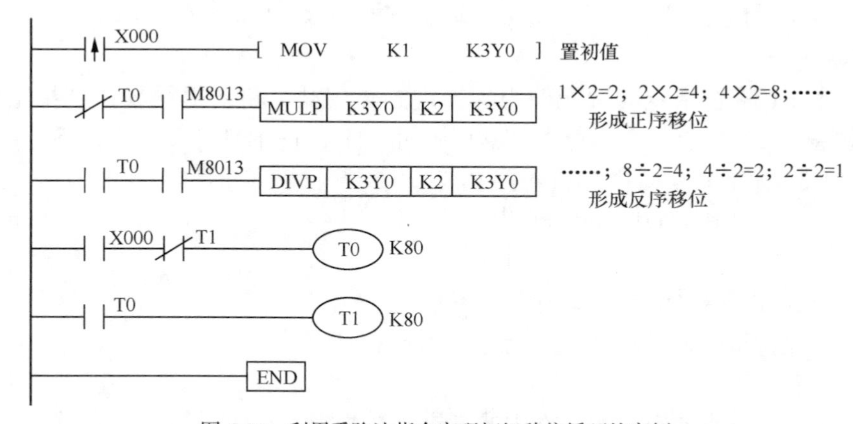

图 4-25 利用乘除法指令实现灯组移位循环的实例

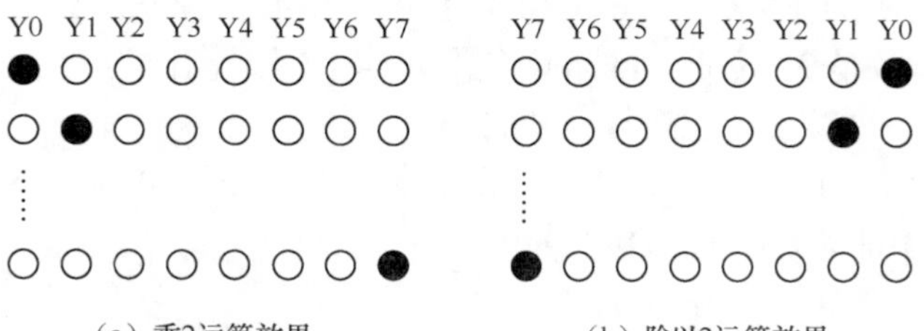

图 4-26 乘 2 和除以 2 运算效果

三、任务实施

1. 选择 I/O 设备，分配 I/O 地址，画出 I/O 接线图

根据前述任务分析，选定 K2X0 作为自变量输入，K2Y0 作为因变量结果输出。表 4-3 所示为分配的 I/O 地址，电子四则运算器的 I/O 接线图如图 4-27 所示。

表 4-3　分配的 I/O 地址

输入		功能说明	输出		功能说明
K2X0	X0～X7	二进制数输入	K2Y0	Y0～Y7	二进制数输出
—	X20	启动	—	Y10	绿灯
—	—	—	—	Y11	红灯

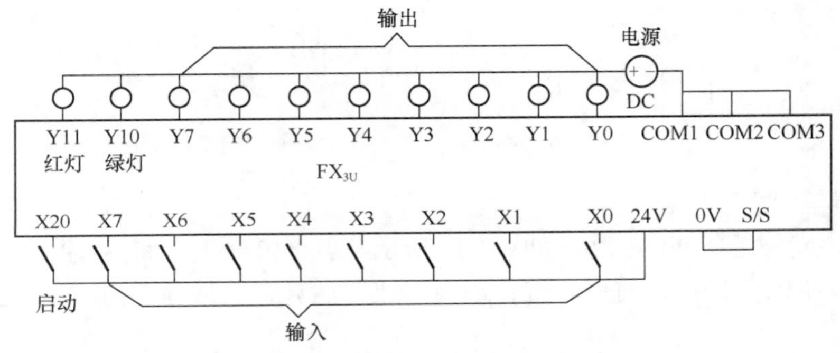

图 4-27　电子四则运算器的 I/O 接线图

2. 设计 PLC 控制程序

根据本任务的控制要求，设计的电子四则运算器的梯形图程序如图 4-28 所示。当 X20=1 时，从 K2X0 输入的变量存入 D0，与常数 K20 相乘以后存入 D2。再除以常数 K35 后减去 8，结果输入 K2Y0 输出。当输出结果等于 0 时，零标志位自动置 1，点亮红灯 Y11，否则点亮绿灯 Y10。

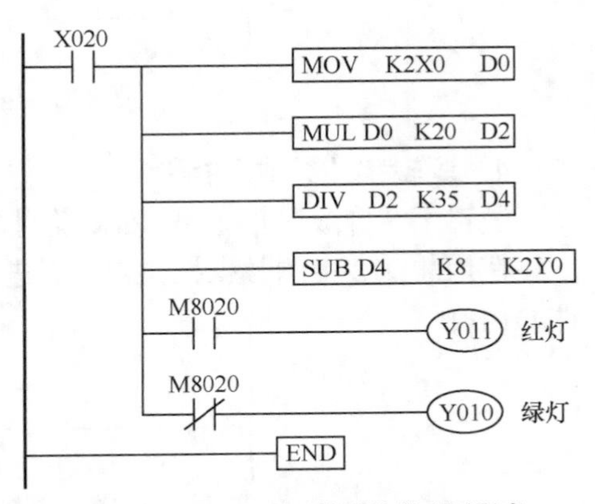

图 4-28　电子四则运算器的梯形图程序

3. 程序调试

按照 I/O 接线图接好外部各线，输入控制程序进行调试，观察结果。

四、知识拓展——加 1 指令和减 1 指令、逻辑运算指令

1. 加 1 指令和减 1 指令

图 4-29（a）所示为加 1 指令 INC，当 X000 由 OFF→ON 时，由[D]指定的目标元件 D1 中的二进制数自动加 1。图 4-29（b）所示为减 1 指令 DEC，当 X1 由 0→1 时，由[D]指定的目标元件 D1 中的二进制数自动减 1。若用连续指令，每个扫描周期都要加 1、减 1，不容易精确判断结果，所以 INC、DEC 指令应采用脉冲执行型。

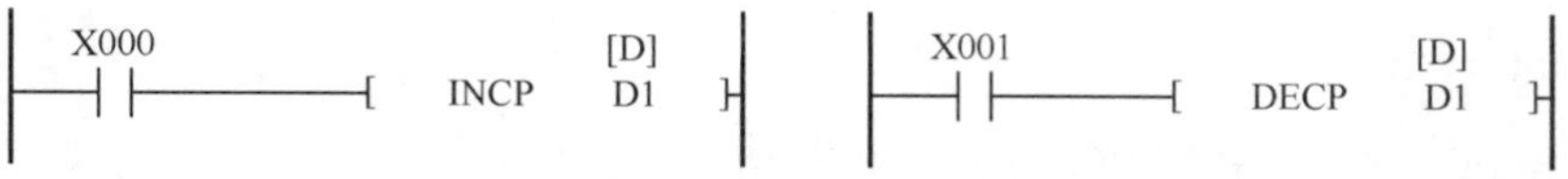

X000 INCP [D] D1

X001 DECP [D] D1

（a）加1指令INC　　（b）减1指令DEC

图 4-29　INC、DEC 指令说明

INC、DEC 指令的运算结果不影响标志位 M8020、M8021 和 M8022。

2. 逻辑字“与”指令

逻辑字“与”指令 WAND 说明如图 4-30 所示。当 X0=1 时，将[S1]指定的 D10 和[S2]指定的 D12 中的数据按位对应，进行逻辑“与”运算，结果存于由[D]指定的目标元件 D14 中。

X000 WAND [S1] D10 [S2] D12 [D] D14

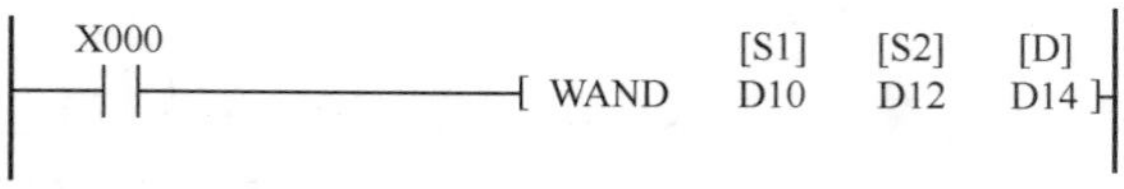

图 4-30　逻辑字“与”指令 WAND 说明

3. 逻辑字“或”指令

逻辑字“或”指令 WOR 说明如图 4-31 所示。当 X10=1 时，将[S1]指定的 D10 和[S2]指定的 D12 中的数据按位对应，进行逻辑“或”运算，结果存于由[D]指定的目标元件 D14 中。

X010 WOR [S1] D10 [S2] D12 [D] D14

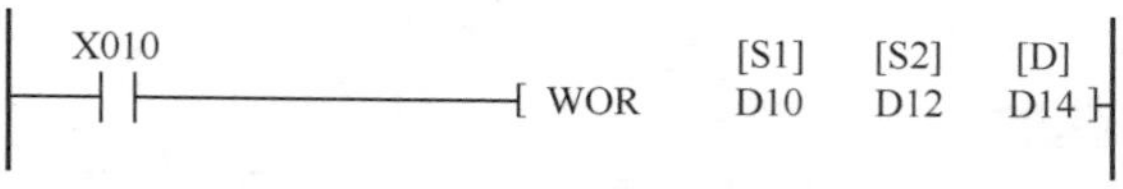

图 4-31　逻辑字“或”指令 WOR 说明

4. 逻辑字“异或”指令

逻辑字“异或”指令 WXOR 说明如图 4-32 所示。当 X20=1 时，将[S1]指定的 D10 和[S2]指定的 D12 中的数据按位对应，进行逻辑“异或”运算，结果存于由[D]指定的目标元件 D14 中。

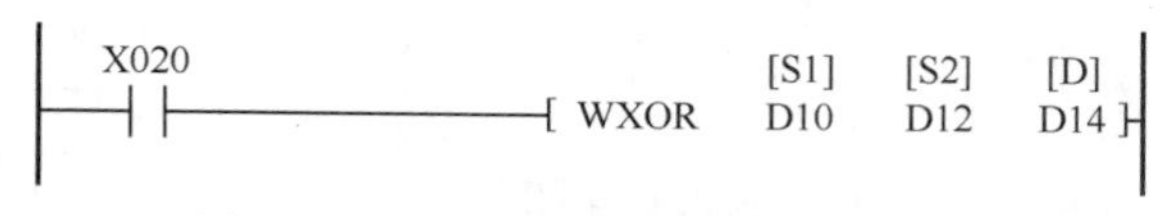

图 4-32　逻辑字“异或”指令 WXOR 说明

图 4-33 所示为用输入继电器的 K2X0 对输出继电器的 K2Y0 进行控制的逻辑运算指令应用实例。当 X0=1 时，K2X0 与 H0F 进行逻辑“与”运算，实现 K2X0 低 4 位对 K2Y0 低 4 位的直接控制（状态保持），高 4 位被屏蔽。当 X1=1 时，K2X0 与 H0F 进行逻辑“或”运算，实现 K2X0 高 4 位对 K2Y0 高 4 位的直接控制（状态保持），低 4 位被置 1。当 X2=1 时，K2X0 与 H0F 进行逻辑“异或”运算，实现 K2X0 低 4 位对 K2Y0 低 4 位的取反控制（状态取反），对高 4 位的直接控制（状态保持）。

```
X000
─┤ ├────[ WAND    K2X0    H0F    K2Y0 ]
X001
─┤ ├────[ WOR     K2X0    H0F    K2Y0 ]
X002
─┤ ├────[ WXOR    K2X0    H0F    K2Y0 ]

─────────────────[ END ]
```

图 4-33　逻辑运算指令应用实例

任务三　霓虹灯的闪烁控制

一、任务分析

某广场需安装 6 盏霓虹灯 L0～L5，要求 L0～L5 以正序每隔 1s 轮流点亮，然后保持全亮 5s，再循环。

将霓虹灯 L0～L5 接于 Y0～Y5，除了可以用乘以 2、除以 2 的方法实现控制功能外，还可以用移位指令、编码及解码指令编程来满足控制要求。

二、相关知识——移位指令

1. 循环右移及循环左移指令

循环移位是一种环形移动，循环右移指令 ROR 使[D]中各位数据向右循环移 *n* 位，最后将从最低位移出的数据存于进位标志 M8022 中，如图 4-34（a）所示，P 表示脉冲执行形式。

循环左移指令 ROL 使[D]中各位数据向左循环移 *n* 位，最后将从最高位移出的数据存于进位标志 M8022 中，如图 4-34（b）所示。

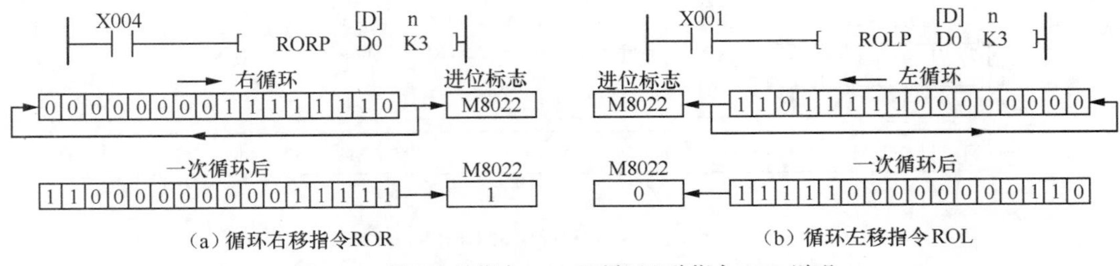

（a）循环右移指令ROR　　（b）循环左移指令ROL

图 4-34　循环右移指令 ROR 和循环左移指令 ROL 说明

特别说明

① 执行这两条指令时，如果目标操作数为位组合元件，则只有 K4 或 K8 才有效。

② 移位指令只能使用脉冲执行形式或者边沿执行条件。

应用实例

某彩灯组共有 14 盏彩灯，分别接于 Y0～Y15 点上，要求彩灯组以 0.1s 间隔正、反序轮流点亮。图 4-35 所示为彩灯组正、反序轮流点亮的控制程序。X0、X1 分别为启动和停止按钮。按下启动按钮时首先赋初值

K1 给 K4Y0，然后每隔 0.1s 左移位一次，形成正序移动；当最后一个彩灯（接在 Y15 点上）点亮 0.1s 后移位到 Y16 点时，立即将 M1 置位，切断正序移位，并将 M2 复位，接通反序的右移位，使 Y16 中的“1”又移回 Y15 中。也就是说，Y16 只起转换信息的作用，以后每隔 0.1s 右移位一次，形成反序点亮。反序到 Y0 接通后又进入正序，依次循环。

2. 位右移及位左移指令

位右移指令 SFTR 的源操作数和目标操作数都是位元件。当执行条件满足时，[D]中的数据向右移动 n_2 位，共有 n_1 位参与移动，[S]中的数据移到[D]中的空位。如图 4-36 所示，当 X10=1 时，（M3～M0）溢出，（M7～M4）→（M3～M0），（M11～M8）→（M7～M4），（M15～M12）→（M11～M8），（X3～X0）→（M15～M12）。若移位前 K4M0=B1110010100110100，K1X0=B0100，则移位一次后 K4M0=B0100111001010011。

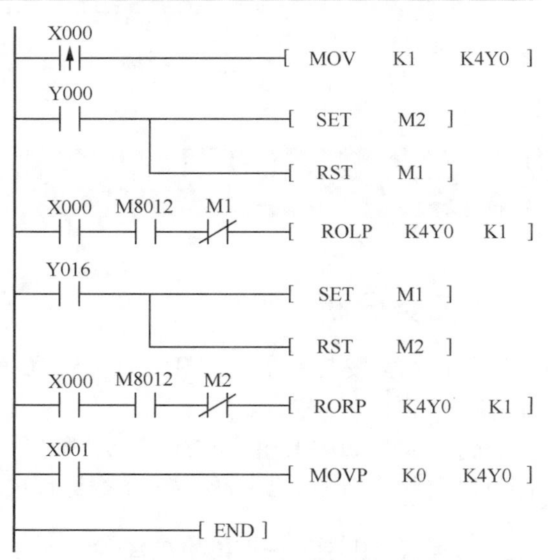

图 4-35 彩灯组正、反序轮流点亮的控制程序

位左移指令 SFTL 与位右移指令 SFTR 的方向相反。当执行条件满足时，[D]中的数据向左移动 n_2 位，共有 n_1 位参与移动，[S]中的数据移到[D]中的空位。如图 4-37 所示，当 X10=1 时，（M15～M12）溢出，（M11～M8）→（M15～M12），（M7～M4）→（M11～M8），（M3～M0）→（M7～M4），（X3～X0）→（M3～M0）。若移位前 K4M0=B1110010100110100，K1X0=B0100，则移位一次后 K4M0=B0101001101000100。

使用 SFTL 指令和 SFTR 指令时，要注意设计好源操作数[S]中的数据，使其移位到[D]中的空位时正好是所需要的数据。

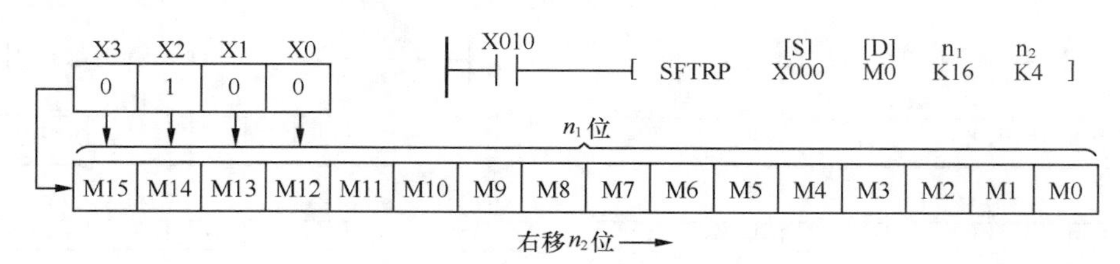

图 4-36 位右移指令 SFTR 说明

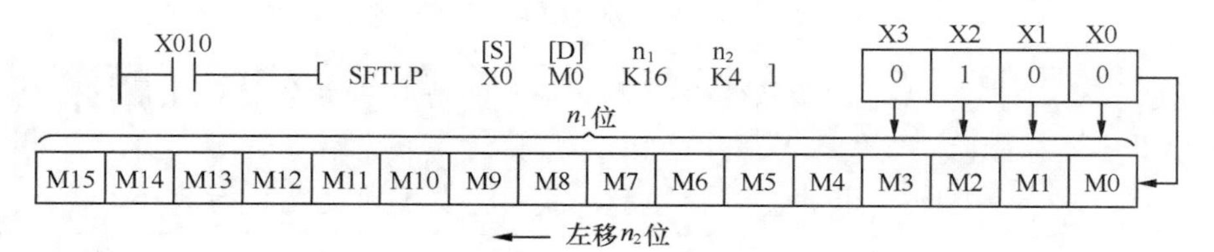

图 4-37 位左移指令 SFTL 说明

现有 5 行 3 列共 15 盏彩灯组成的点阵，自行编号。按照中文“王”字的书写顺序依次以 1s 间隔点亮，形成“王”字，保持 3s 后熄灭，再循环。

为方便编程，可按照书写顺序进行地址编号，如图 4-38（b）所示。共有 11 个输出点，按中文“王”字的书写顺序依次为 Y0～Y12，用 X0 作启动地址，设计的梯形图程序如图 4-38（a）所示。当 X0=1 时，将常数 K7 分别传到 K1M0 和 K3Y0，Y0～Y2 被点亮，也就是写下“王”字的第 1 笔。同时 T0 自复位电路开始定时，1s 后进行左移位，（M2～M0）→（Y2～Y0），（Y2～Y0）→（Y5～Y3），其他位也依次左移 3 位，使 Y5～Y3 点亮，即写下“王”字的第 2 笔。依次将 Y12～Y0 全部点亮形成“王”字。T1 定时 3s 后全部熄灭，进入下一轮循环。

在图 4-38 所示的程序中，因为 Y0～Y12 被陆续点亮，所以要求从源操作数[S]移到[D]中的数据始终为 1，即要求 K1M0 始终为 B0111。程序中用启动按钮 X0 接通的瞬间赋初始值 K1M0=K7（B0111）即可满足要求。

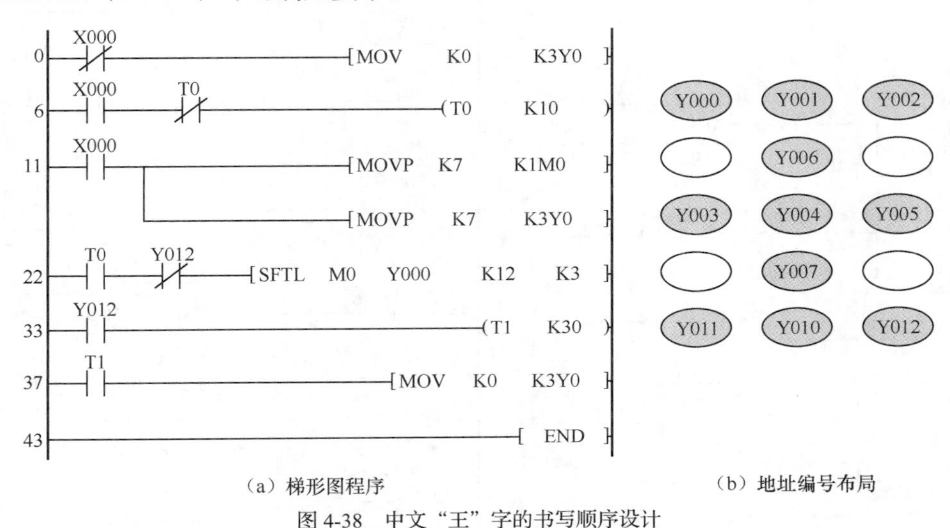

（a）梯形图程序　　（b）地址编号布局

图 4-38　中文“王”字的书写顺序设计

若要实现按书写顺序一灯接一灯地点亮形成“王”字，应如何修改程序？参考答案请扫描二维码观看。

三、任务实施

1. 选择 I/O 设备，分配 I/O 地址，画出 I/O 接线图

根据本任务的控制要求，选定 X0 为启动按钮、X1 为停止按钮，霓虹灯 L0～L5 接于 Y0～Y5，绘制 I/O 接线图，如图 4-39 所示。

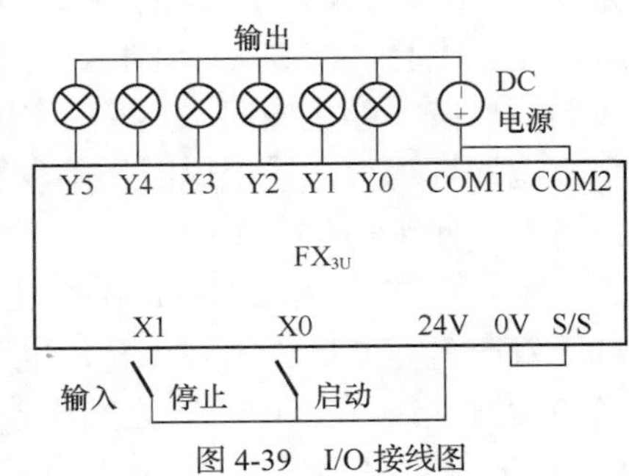

图 4-39　I/O 接线图

2. 设计 PLC 控制程序

霓虹灯的闪烁控制程序（一）如图 4-40 所示，是使用基本逻辑指令和循环移位指令设计的。程序中用了 M1 和 M2 两个辅助继电器，分别用于接通 1s 左移位电路和全亮电路（M2 还用于切断 1s 左移位电路）。当按下启动按钮 X0 时，先赋初值 K1 给 K4Y0，使 Y0 接通，L0 灯被点亮，同时接通 M1，为产生 1s 左移位的信号做准备。随着 M8013 的接通和断开，左移位信号被一次又一次地接通，霓虹灯被轮流点亮。当 Y6 接通时立即向 Y6～Y0 传输“1”，

全部霓虹灯被点亮，并且将 M2 置位以切断 1s 左移位电路而保持全亮 5s 状态。5s 后将 M2 复位，进入循环。按下停止按钮 X1，传输 K0 给 K4Y0，所有的霓虹灯都熄灭。

特别要注意的是，在图 4-40 所示的程序中，当 Y6 接通时必须传输 H7F 给 K4Y0 才能保证全部霓虹灯被点亮时 T0 定时 5s。

循环移位指令要求占用 16（K4）个或者 32（K8）个目的地址，本程序中占用了 16（K4Y0）个输出端子。当输出端子不富余时，可以考虑用辅助继电器 M 作为循环移位的目的地址，再将辅助继电器信号转移到实际要用的输出端子上，如图 4-41 所示。

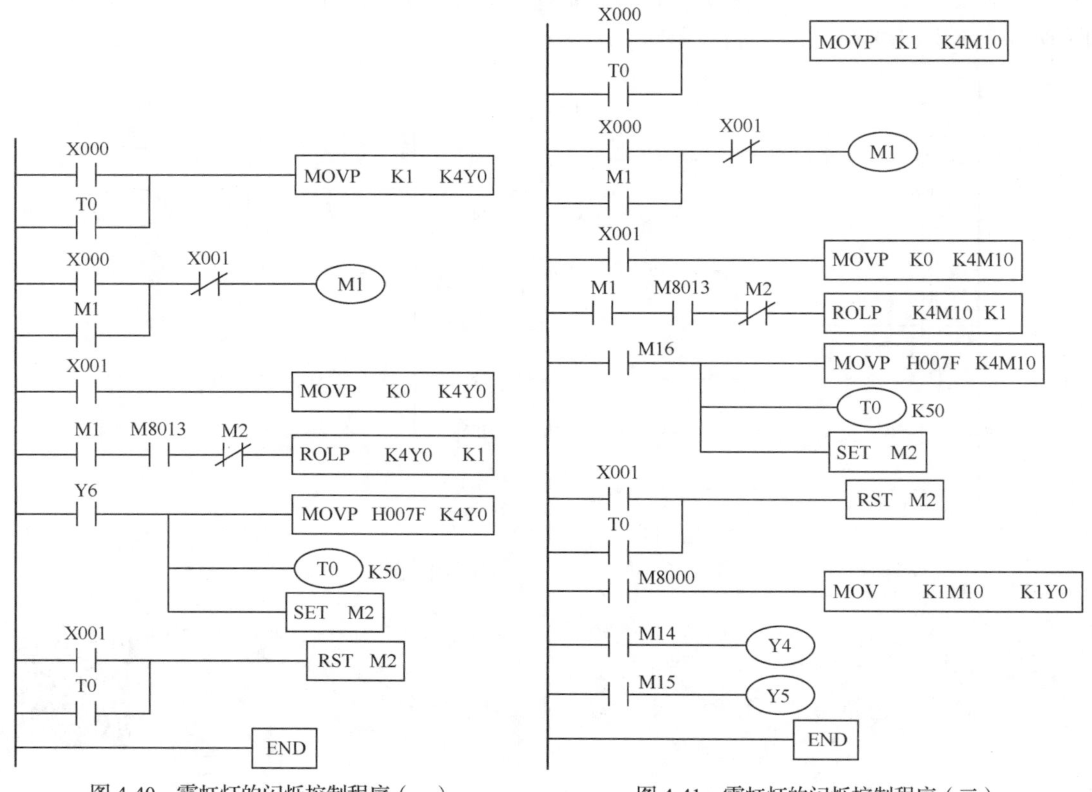

图 4-40　霓虹灯的闪烁控制程序（一）

图 4-41　霓虹灯的闪烁控制程序（二）

功能指令也可以采用步进顺控的思想编程。图 4-42 所示为用步进指令和移位指令编制的霓虹灯的闪烁控制程序。在工作步 S21 中用 MOV 指令赋初始值 1 到 K4Y0 中点亮第一盏霓虹灯，在工作步 S22 中用循环左移指令 ROL，每隔 1s 向左移动一位，霓虹灯一盏接一盏地被轮流点亮。在 S23 步中将霓虹灯全部点亮并保持 5s，然后就在这 3 步中轮流接通，形成循环。按下停止按钮 X1 将工作步 S21～S23 全部复位，初始步 S0 置位，并传输 K0 将全部霓虹灯熄灭，系统返回初始步等待下次启动。用步进顺控的思想编程很简洁，思路也很清晰，便于初学者掌握。

图 4-43 所示为用 SFTL 指令设计的霓虹灯的闪烁控制程序。开始的时候要求一盏霓虹灯接着一盏霓虹灯轮流被点亮，也就是说，在 Y0～Y5 中只能有一盏霓虹灯被点亮。所以当初始值“1”在 Y0～Y5 之间移位时，从源操作数 M0 移位到空位上的数据必须是“0”，而当 Y6 被点亮后进入“全亮”状态时，源操作数 M0=1，为下一次移位到 Y0 处（下一轮点亮 Y0）做准备。

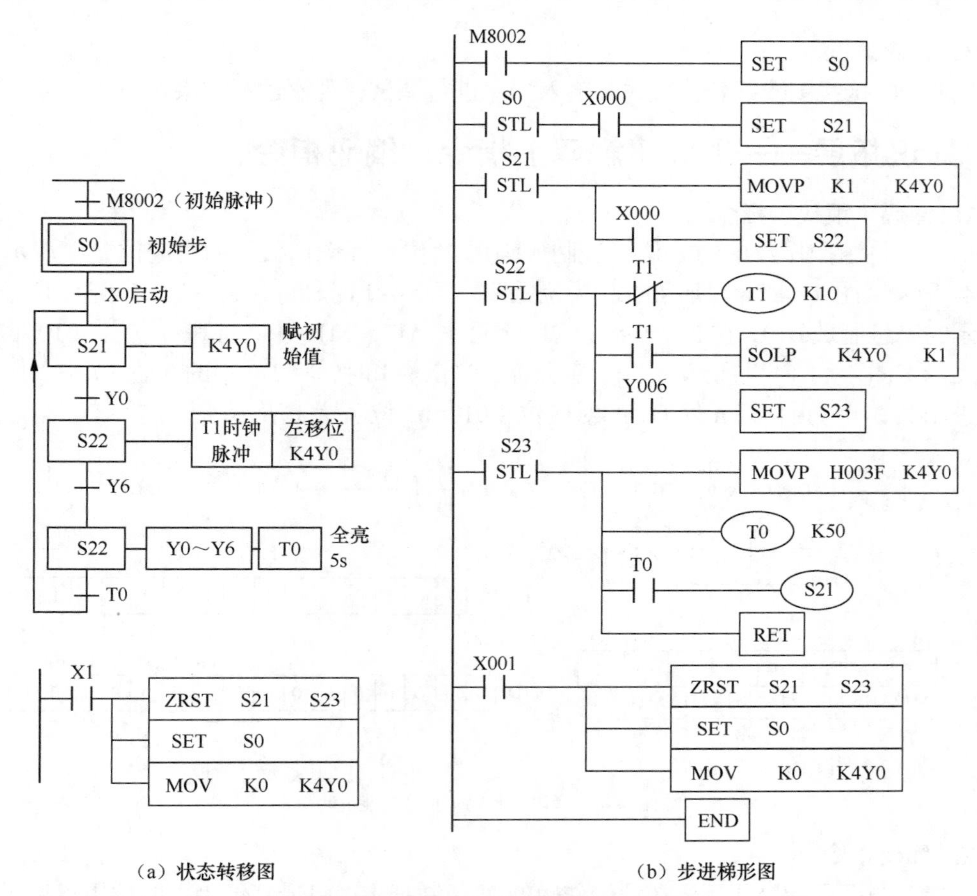

(a) 状态转移图　　(b) 步进梯形图

图 4-42　霓虹灯的闪烁控制程序（三）

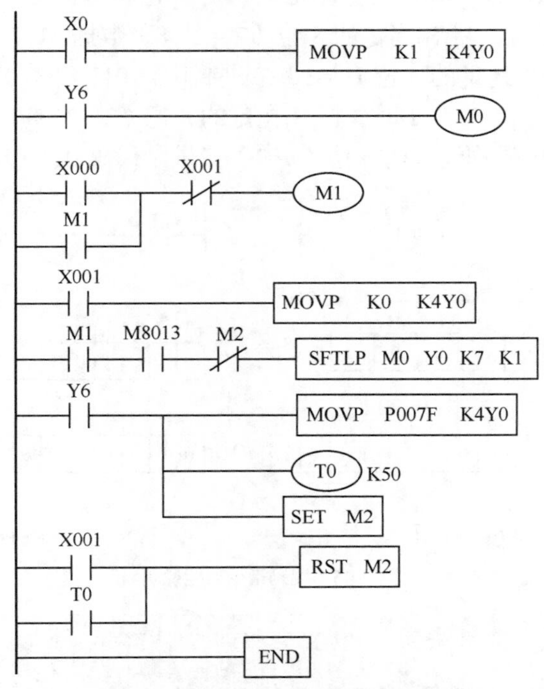

图 4-43　霓虹灯的闪烁控制程序（四）

3. 程序调试

按照 I/O 接线图接好各信号线，输入程序进行调试，观察运行结果。

四、知识拓展——译码（解码）指令、编码指令

1. 译码（解码）指令

功能：将源操作数中的 n 位二进制代码用 2^n 位目标操作数中的对应位置 1 表示，如图 4-44 所示。图 4-44（a）所示的[D]为位元件，当 X4=1 时，将 X2、X1、X0 这 3 位（n=3）所表示的二进制数 010，在 2^n（2^3=8）位目标元件 M17～M10 中，将其对应位（010=b2 位）置 1 表示。图 4-44（b）所示的[D]为字元件，当 X4=1 时，将 D0 中的 3 位（n=3）所表示的二进制数 010，用目标元件 D1 的对应位（010=b2 位）置 1 表示。

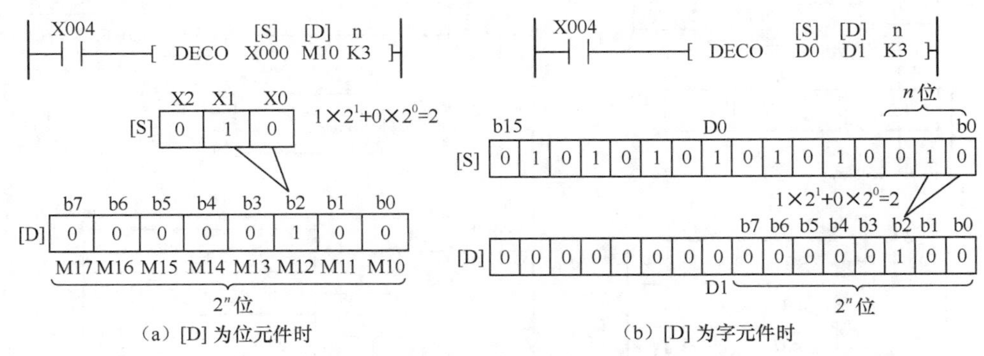

图 4-44 译码（解码）指令功能说明

2. 编码指令

功能：与译码指令相反，在源操作数的 2^n 位数据中，将最高位为 1 的位用目标操作数的 n 位二进制代码表示出来，n=1～8（位元件）或 n=1～4（字元件）。图 4-45（a）所示的[S]为位元件，当 X5=1 时，将[S]指定的 8 位（$2^n=2^3$=8）数据 M17～M10 中最高位为 1 的 M13（b3）位用目标操作地址的 n 位（n=3）二进制代码 011（b3=011）表示出来。图 4-45（b）所示的[S]为字元件，当 X5=1 时，将[S]指定的 8 位（$2^n=2^3$=8）数据（00001011）中最高位为 1 的 b3 位用目标操作地址的 n 位（n=3）二进制代码 011（b3=011）表示出来。

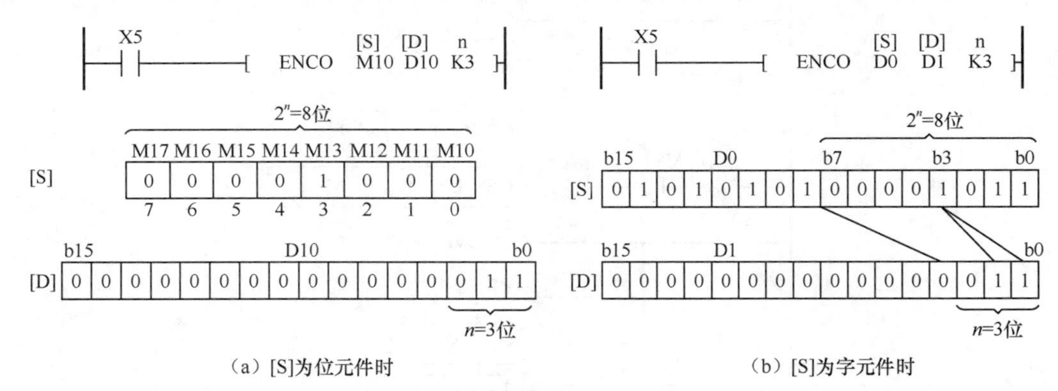

图 4-45 编码指令功能说明

用一个开关实现 5 台电动机的顺序启动控制。要求：合上开关时，电动机 M1～M5 按一定的时间间隔依次启动运行；断开开关时，5 台电动机同时停止工作。

单开关控制 5 台电动机启停的梯形图程序如图 4-46 所示。合上开关，X0=1，执行加 1 操作使 M10=1，经译码（解码）指令（DECOP）译码后将第 1 台电动机 M1 启动（Y0 置位）。间隔 6s 后，T0 接通，再次执行加 1、译码等操作使第 2 台电动机 M2 启动（Y1 置位），如此继续，将 5 台电动机全部启动。断开开关，X0=0，下降沿边沿指令将辅助继电器和 Y0～Y4 复位，5 台电动机全部停止。

```
X000 启动   T0
─┤├──────┬──┤/├──────(T0) K60          定时器T0自复位
         └───────────(T1) K330         启动限时
启动
X000        T1
─┤↑├──┬──┤/├──┬──[ INCP   K1M10    ]   加1操作
T0    │        └──[ DECOP  M10  M0  K3 ]  译码，M1~M5顺序为1
─┤├───┘
M1
─┤├──────────────[ SET    Y000     ]   第1台电动机启动
M2
─┤├──────────────[ SET    Y001     ]   第2台电动机启动
M3
─┤├──────────────[ SET    Y002     ]   第3台电动机启动
M4
─┤├──────────────[ SET    Y003     ]   第4台电动机启动
M5
─┤├──────────────[ SET    Y004     ]   第5台电动机启动
X000 停止
─┤↓├───┬─────────[ ZRST   M0    M20   ]  M复位
       └─────────[ ZRST   Y000  Y004  ]  Y复位
─────────────────[ END ]
```

图 4-46　单开关控制 5 台电动机启停的梯形图程序

试试看

能否用译码指令设计霓虹灯的闪烁控制程序？参考答案请扫描二维码观看。

五、任务拓展——设计广告字牌的灯光闪烁控制系统

详情见实训工单 10。

任务四　变地址数据显示的控制

一、任务分析

设计数据寄存器区域内容的显示控制程序。数据寄存器区域地址从 D0 开始，按钮 X1 每按一次地址号就加 1，即地址号依次是 D0、D1、D2、D3、……其内容也从 1000 开始，依次为 1000、1001、1002、1003、……

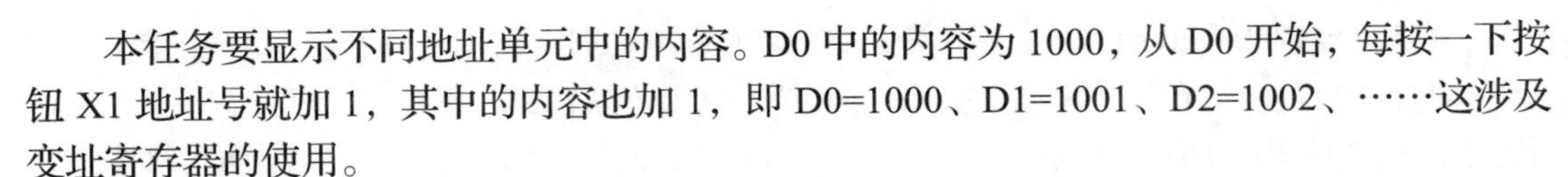

本任务要显示不同地址单元中的内容。D0 中的内容为 1000，从 D0 开始，每按一下按钮 X1 地址号就加 1，其中的内容也加 1，即 D0=1000、D1=1001、D2=1002、……这涉及变址寄存器的使用。

本任务要显示的内容是 4 位 BCD 码，需要用 4 个 LED 数码管，分别显示寄存器数据的千位、百位、十位和个位。

二、相关知识——变址寄存器、二进制数与 BCD 码变换指令、七段译码指令、位传输指令

1．变址寄存器（V、Z）——功能指令的操作数

变址寄存器 V、Z 是两组 16 位的数据寄存器，分别为 V0～V7 和 Z0～Z7。变址寄存器与通用数据寄存器有相同的数据存储功能，主要用于操作数地址的修改或数据内容的修改。变址的方法是将 V 或 Z 放在操作数的后面，充当修改操作数地址或内容的偏移量，修改后其实际地址等于操作数的原地址加上偏移量的代数和。若是修改数据，则修改后的实际数据等于原数据加上偏移量的代数和。

变址功能可以使地址像数据一样被操作，极大地增强了程序的功能。可充当变址操作数的有 K、H、K*n*X、K*n*Y、K*n*M、K*n*S、P、T、C、D。

在图 4-47 所示的变址操作程序中，当 X0=1 时，变址寄存器 V3 中的数据是 10，Z3 中的数据是 20，则地址 D0Z3=D(0+20)=D20；常数 K30V3=K(30+10)=K40；32 位数据传输指令“DMOVP　D4Z3　D20”表示将 D25、D24 组成的 32 位字元件中的数据传输到 D21、D20 组成的 32 位字元件中。

```
 X000
--| |----+--[ MOVP   K10       V3   ]    常数K10传输到V3
         |
         +--[ MOVP   K20       Z3   ]    常数K20传输到Z3
         |
         +--[ MOVP   K30       D0Z3 ]    常数K30传输到D20
         |
         +--[ MOVP   K30V3     D1   ]    常数K40传输到D1
 X001
--| |----+--[ DMOVP  D4Z3      D20  ]    32位数据D25、D24传输到D21、D20
         |
         +--[ DMOVP  H00013A5C Z3   ]    32位常数H00013A5C传输到V3、Z3

-------------------[ END ]
```

图 4-47　变址操作程序举例

当需要用 32 位变址寄存器时，就由 V、Z 组合而成。V 是高 16 位，Z 是低 16 位。在操作指令中只要指定 Z，编号相同的 V 就被自动占用。如图 4-47 所示，传输指令“DMOVP H00013A5C　Z3”表示将 32 位常数 H00013A5C 传输到由 V3、Z3 组成的 32 位字元件中。

图 4-48 所示为用加 1 指令、减 1 指令及变址寄存器完成的彩灯正序点亮至全亮、反序熄灭至全熄的循环变化程序。Y0～Y13 接 12 盏彩灯，程序中初始运行时将变址寄存器 Z 清零，X1 为控制开关。当 X1 合上后，用 M8013 使 K4Y0Z 中的数据加 1，然后 Z 中的值也加 1，点亮第 1 盏彩灯（Y0）。以后每隔 1s 点亮一盏彩灯，依次点亮所有的彩灯。当 Y14=1

时置位 M1，将加 1 程序切断，并接通减 1 程序。首先将变址寄存器 Z 的值减 1，接着将 K4Y0Z 中的数据减 1，即熄灭第 12 盏彩灯。以后每隔 1s 熄灭一盏彩灯，依次熄灭所有的彩灯，再循环。

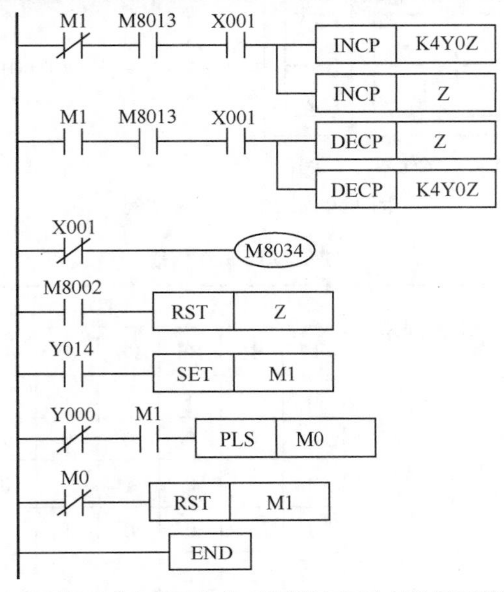

图 4-48　彩灯正序点亮至全亮、反序熄灭至全熄的循环变化程序

2. 二进制数与 BCD 码变换指令

（1）BCD 码变换为二进制数（BIN 指令）

BIN 指令的功能是将源操作数[S]中的 BCD 码转换成二进制数存入目标操作数[D]中。如图 4-49（a）所示，当 X0=1 时，K2X0 中的 BCD 码转换成二进制数存入 D10 中。

使用 BIN 指令时，如果源操作数不是 BCD 码就会出错，而且常数 K 不可作为该指令的操作数，因为常数 K 在操作前会自动进行二进制变换处理。BCD 码的取值范围：16 位时为 0～9999，32 位时为 0～99999999。

（2）二进制数变换为 BCD 码（BCD 指令）

BCD 指令的功能是将源操作数[S]中的二进制数转换成 BCD 码送到目标操作数[D]中。如图 4-49（b）所示，当 X0=1 时，D10 中的二进制数转换成 BCD 码送到输出端 K2Y0 中。

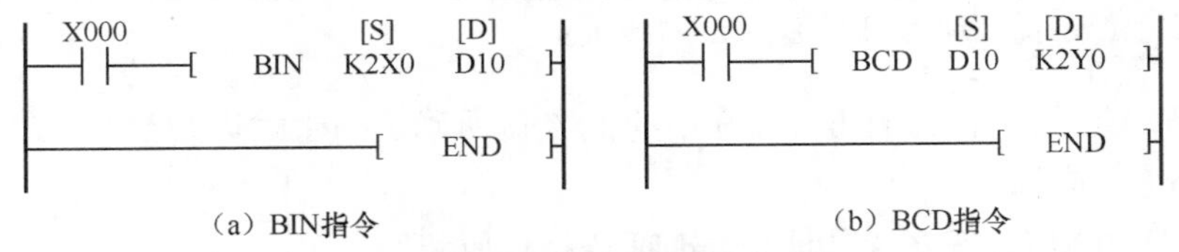

图 4-49　BIN 指令和 BCD 指令说明

BCD 指令可用于将 PLC 的二进制数变为 LED 数码管所需的 BCD 码（可直接用于带译码器的 LED 数码管，如图 4-50 所示）。

3. 七段译码指令

七段译码指令（SEGD 指令）的功能是将[S]指定元件的低 4 位（只用低 4 位）所确定

的十六进制数（0～F）经译码，驱动 LED 数码管进行显示。SEGD 译码真值表如表 4-4 所示。

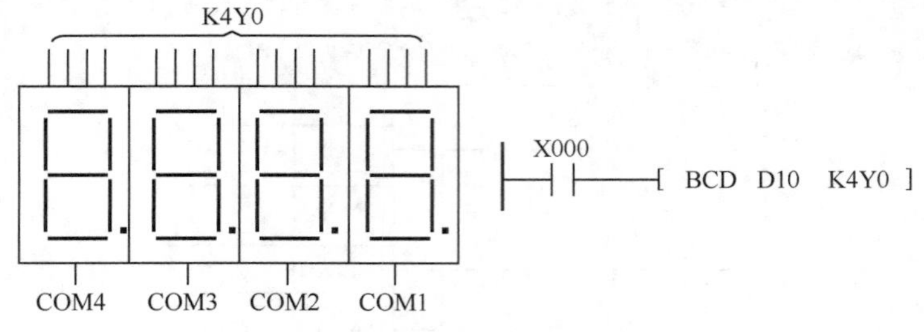

图 4-50 BCD 指令应用实例

表 4-4 SEGD 译码真值表

[S]		LED 数码管	[D]								显示数据
十六进制数	二进制数		B7	B6	B5	B4	B3	B2	B1	B0	
0	0000		0	0	1	1	1	1	1	1	0
1	0001		0	0	0	0	0	1	1	0	1
2	0010		0	1	0	1	1	0	1	1	2
3	0011		0	1	0	0	1	1	1	1	3
4	0100		0	1	1	0	0	1	1	0	4
5	0101		0	1	1	0	1	1	0	1	5
6	0110	B0 B5 B6 B1	0	1	1	1	1	1	0	1	6
7	0111		0	0	1	0	0	1	1	1	7
8	1000	B4 B2 B3 B7	0	1	1	1	1	1	1	1	8
9	1001		0	1	1	0	1	1	1	1	9
A	1010		0	1	1	1	0	1	1	1	A
B	1011		0	1	1	1	1	1	0	0	b
C	1100		0	0	1	1	1	0	0	1	C
D	1101		0	1	0	1	1	1	1	0	d
E	1110		0	1	1	1	1	0	0	1	E
F	1111		0	1	1	1	0	0	0	1	F

注：B0 代表目标位元件的最低位或目标字元件的最低位。

如图 4-51 所示，当 X0=1 时，D0 中的低 4 位所确定的十六进制数经 K2Y0 所连接的 LED 数码管进行显示。

X000 [S] [D]
SEGD D0 K2Y0

图 4-51 七段译码指令 SEGD

BCD 指令和 SEGD 指令都可以驱动 LED 数码管进行数码显示。不同的是，BCD 指令驱动的 LED 数码管需要自带译码器，每个 LED 数码管的阳极只需占用 4 个输出点，属于 PLC 机外译码指令；SEGD 指令可以直接驱动 LED 数码管进行显示，每个 LED 数码管的阳极要占用 7 个输出点，属于 PLC 机内译码指令。

4. 位传输指令

位传输指令（SMOV 指令）的功能是将源操作数[S]中的二进制数先转换成 BCD 码，

然后把 m1 指定位的 BCD 码传输到目的地址单元[D]的第 *n* 位上，从高往低连续传输 m2 位，再把目的地址单元中的 BCD 码转换成二进制数。如图 4-52 所示，当 X0=1 时，将源操作数 D1（已转换成 BCD 码）中的第 4 位（m1=K4）起的低 2 位（m2=K2）一起向目的地址单元 D2 中传输，传输至 D2 的第 3 位和第 2 位（n=K3）。D2 中的其他位（第 1 位和第 4 位）原有数据不变。传输完毕后再转换成二进制数。

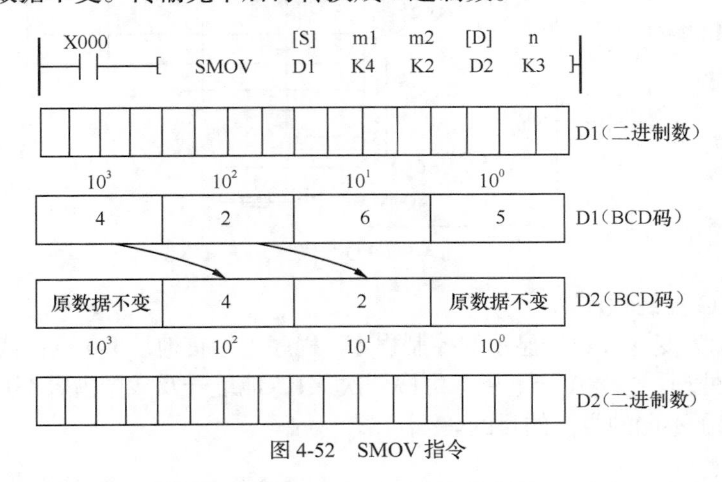

图 4-52　SMOV 指令

BCD 码的数值若超过 9999 则会出错。

位传输指令 SMOV 的应用实例如图 4-53 所示。将 D1 的第 1 位（BCD 码）传输到 D2 中的第 3 位（BCD 码）并自动转换成二进制数，这样 3 个 BCD 码数字开关的数据被组合后以二进制数方式存入 D2 中。

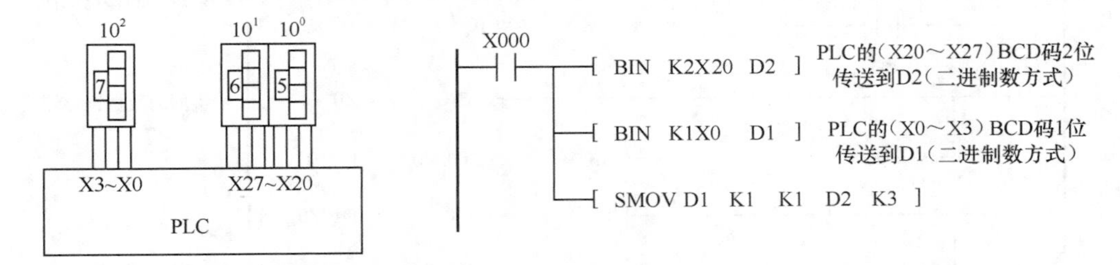

（a）不连续的输入端子组成的3个数字开关　（b）将3个数字开关的数据进行组合的梯形图

图 4-53 位传输指令 SMOV 的应用实例

三、任务实施

1. 选择 I/O 设备，分配 I/O 地址，画出 I/O 接线图

根据本任务的控制要求，选定 X0 为系统启停开关，输出设备就是显示用的 LED 数码管。本任务要显示的内容是 4 位 BCD 码，因此需要用 4 个 LED 数码管分别显示寄存器内容的千位、百位、十位和个位。若将 4 位数码管并行输出显示，则需要占用 28 个输出点。若采用分时显示 4 位 BCD 码的方案，可节省大量的输出点。例如，如图 4-54 所示，将 4 个 LED 数码管的阳极并接在 Y0～Y7 上，用 Y10～Y13 对应连接 4 个 LED 数码管的阴极。再用程序将这 4 个 LED 数码管的阴极分时连接到负载电源的负极，以达到分时显示千位、百位、十位、个位的目的。数码管只需要 7 位阳极输入端子和 4 位阴极片选输入端子，这样设计 PLC 共需要 11 个输出点，与同时显示方案相比可节省约 60%的输出点。

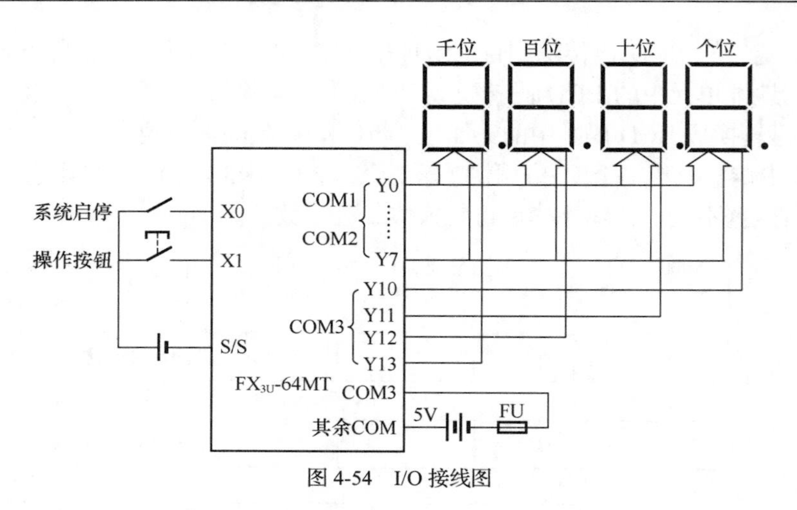

图 4-54　I/O 接线图

2. 设计 PLC 控制程序

图 4-55 所示为变地址数据显示的控制程序。程序先给首地址 D0 赋初值 1000，并对变量 Z0 进行清零处理。当 X0 合上后，每按一次 X1，地址号及数据内容都加 1，实现向不同的地址单元赋予不同的数值的目的。

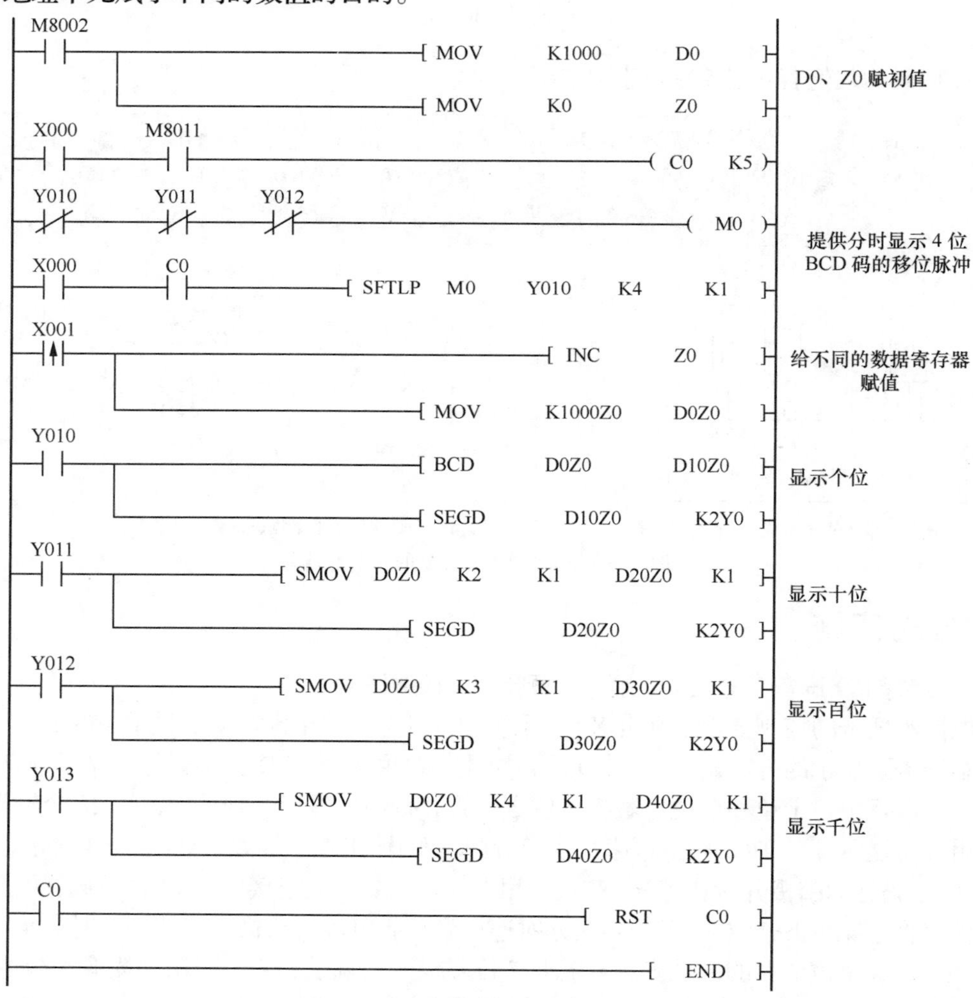

图 4-55　变地址数据显示的控制程序

PLC 控制 LED 数码管显示有两种方案：第一种是采用带译码器的 LED 数码管，这种方案只需将要显示的内容预先放在指定的地方，用 BCD 指令就可以直接显示出来，如图 4-50 所示；第二种是采用 SEGD 指令进行译码并显示出来。图 4-55 所示的程序采用第二种方案。

如图 4-55 所示，当 Y10 接通时，选通个位上的数码管，显示个位数据。由于 SEGD 指令只显示个位上的十六进制数，而本任务要显示的内容是 BCD 码，因此要先用 BCD 指令将 D0Z0 中要显示的内容转换成 BCD 码（传输到 D10Z0）再进行显示。当 Y11 接通时，选通十位上的数码管显示十位上的数据。由此，用位传输指令 SMOV 将 D0Z0 十位上的 BCD 码传输到 D20Z0 的个位上，再用 SEGD 指令进行显示。百位、千位上的数据显示以此类推。

分时显示的时间应尽量短暂，以减少抖动、增强视觉效果。图 4-55 所示程序的分时显示时间是 0.005s。

3. 程序调试

按照 I/O 接线图接好各信号线，尤其要注意数码管的阴极接线以及阴极各点在 PLC 的 COM 端子上的接线。输入程序进行调试，观察运行结果。

四、任务拓展——送料小车多地点随机卸料的 PLC 控制

在生产现场，尤其在一些自动化生产线上，经常会遇到一台送料小车在生产线上根据请求多地点随机卸料，或者送料小车多地点随机收集成（废）品的情况。数控加工中心取刀机构的取刀控制也是如此。试设计送料小车多地点随机卸料的 PLC 控制，详情见实训工单 11。

任务五　寻找数组最大值及求和运算

一、任务分析

某车间要对生产流水线进行过程控制。动态采集 20 个现场数据（16 位），存放在 D0～D19 中。每隔 0.5 h 找出其中的最大值，将其与标准值（放入 D30 中）进行比较，如果大于标准值就点亮红灯（Y0）；每隔 1h 计算平均值，并与标准平均值（放入 D40 中）进行比较，如果大于标准平均值，红灯（Y1）就闪烁报警。

本任务每隔 0.5h 要对现场的 20 个数据进行反复比较，找出其中的最大值，并与标准值进行比较；每隔 1h 要计算平均值，并与标准平均值进行比较，这要用到比较指令，还要用到程序控制指令来编程。

二、相关知识——条件跳转指令、子程序指令、循环指令

1. 条件跳转指令

条件跳转指令 CJ 可用来选择执行指定的程序段，跳过暂时不需要执行的程序段。条件跳转指令 CJ 属性如表 4-5 所示。

表 4-5　　条件跳转指令 CJ 属性

指令名称	助记符	指令编号（操作位数）	操作数	程序步
条件跳转	CJ（P）	FNC0（16）	P0～P127， P63 表示跳转到 END	CJ（P）　3 步 标号 P　1 步

图 4-56 所示为条件跳转指令 CJ 的应用实例。X0 是手动/自动运行的选择开关。X1、X2 分别是电动机 M1 和 M2 在手动运行方式下的启动按钮（点动控制），X3 是自动运行方式下两台电动机的启动按钮。Y0、Y1 分别是控制电动机 M1 启动和 M2 启动的输出信号。

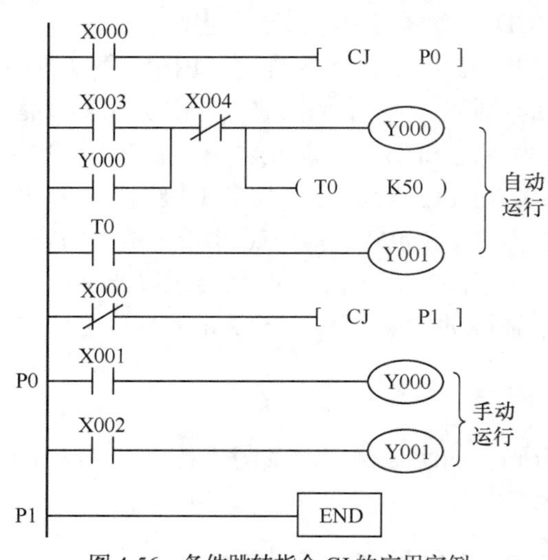

图 4-56 条件跳转指令 CJ 的应用实例

当 X0 常开触点闭合、常闭触点断开时，执行“CJ P0”指令，跳到标号为 P0 处执行手动运行程序。此时分别按下 X1 和 X2，可手动控制电动机 M1 和 M2 进行机床调整；而当 X0 常开触点断开、常闭触点闭合时，不执行“CJ P0”指令，顺序执行自动运行程序。此时按下启动按钮 X3，电动机 M1 先启动，5s 后电动机 M2 自行启动运行，按下停止按钮 X4 可同时停止两台电动机。然后执行“CJ P1”指令，跳过手动运行程序直接转到标号 P1 处结束。X0 的常开触点和常闭触点起联锁作用，因此手动运行和自动运行两个程序只能选择其中之一。

使用跳转指令 CJ 应注意以下几个问题。

（1）FX_{3U} 系列 PLC 的指针标号 P 有 128 点（P0～P127），用于分支和跳转程序。多条跳转指令可以使用相同的指针标号，但同一个指针标号只能出现一次，否则程序会出错。

（2）若跳转条件满足，则执行跳转指令 CJ，程序跳转到以指针标号 P 为入口的程序段开始执行；否则不执行跳转指令 CJ，按顺序执行下一条指令。

（3）P63 是 END 所在的步序，在程序中不需要设置 P63。

（4）若用 M8000 常开触点作为跳转条件，则跳转指令 CJ 变成无条件跳转指令。

（5）不在同一个指针标号的程序段中出现的同一线圈不看作双线圈。

（6）处于被跳过的程序段中的 Y、M、S，由于该程序段不执行，因此即使驱动它们的工作条件发生了变化，也依然保持跳转前的状态不变。同理，T、C 如果被跳过，那么跳转期间它们的当前值被锁定，当跳转中止、程序继续执行时，定时计数接着进行。

2. 子程序指令

在程序编制中，经常会遇到一些逻辑功能相同的程序段需要被反复运行，为了简化程序结构，可以编写子程序，然后在主程序中根据需求反复调用。子程序调用指令 CALL、返回指令 SRET 和主程序结束指令 FEND 属性如表 4-6 所示。

表 4-6 子程序调用指令 CALL、返回指令 SRET 和主程序结束指令 FEND 属性

指令名称	助记符	指令编号（操作位数）	操作数	程序步
子程序调用	CALL	FNC1（16）	P0～P62 P64～P127	CALL 3 步 标号 P 1 步
子程序返回	SRET	FNC2	无	1 步
主程序结束	FEND	FNC6	无	1 步

子程序调用指令 CALL 使用说明如图 4-57 所示。当 X0 常开触点闭合时，执行“CALL

P1”，即程序转到指针标号 P1 处，执行子程序。当执行到子程序的最后一行“SRET”时，程序返回主程序，从步序号 4 开始继续往下执行。当 X0 常开触点断开时，指针标号为 P1 的子程序不能被调用执行。

使用子程序时应注意以下问题。

（1）主程序在前，子程序在后，即子程序要放在 FEND 指令之后。不同位置的 CALL 指令可以调用相同指针标号的子程序，但同一指针标号的指针只能使用一次，跳转指令 CJ 中用过的指针标号不能再重复使用。

（2）子程序可以调用下一级子程序，称为子程序嵌套，FX_{3U} 系列 PLC 最多可以有 5 级子程序嵌套。

某电动机要求有连续运行和手动调整两种工作方式，两种工作方式的电动机控制程序如图 4-58 所示。当工作方式开关 X0 的常开触点闭合时，运行指针标号为 P2 的子程序，此时电动机为手动调整工作方式；当 X0 常开触点断开时，运行指针标号为 P1 的子程序，此时电动机为连续运行工作方式。

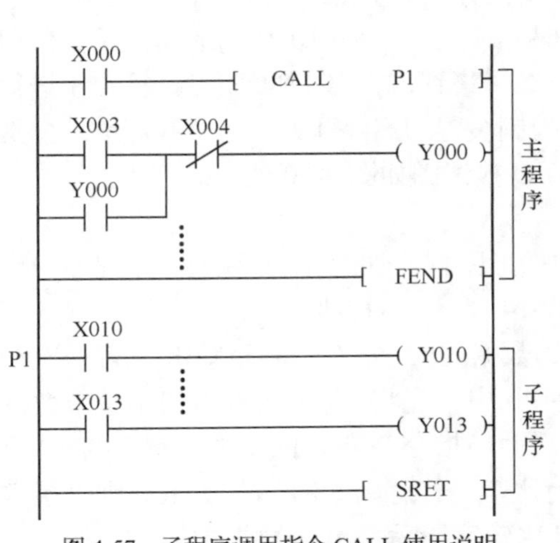

图 4-57　子程序调用指令 CALL 使用说明

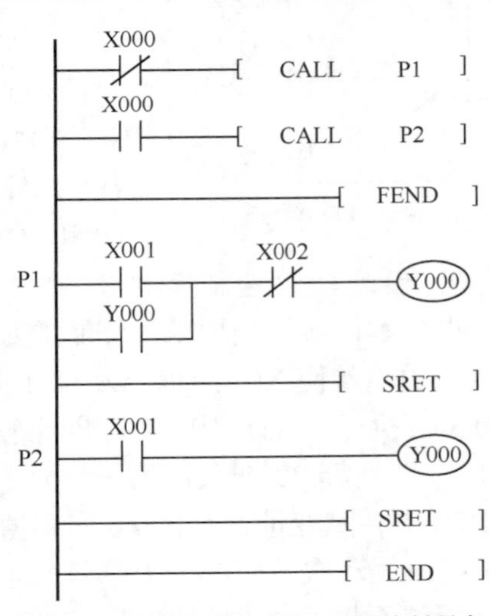

图 4-58　两种工作方式的电动机控制程序

3. 循环指令

循环指令 FOR、NEXT 用于某种操作反复进行的场合，使用循环指令 FOR、NEXT 可以使程序变得简洁、方便。循环指令 FOR、NEXT 属性如表 4-7 所示。循环指令由 FOR 和 NEXT 两条指令构成，因此这两条指令是成对使用的。

表 4-7　循环指令 FOR、NEXT 属性

指令名称	助记符	指令编号（操作位数）	操作数	程序步
循环开始	FOR	FNC8（16）	K、H、KnX、KnY、KnM、KnS、T、C、D、V、Z	3 步
循环结束	NEXT	FNC9	无	1 步

有 10 个数据放在从 D0 开始的连续 10 个数据寄存器中，编制程序计算它们的和。

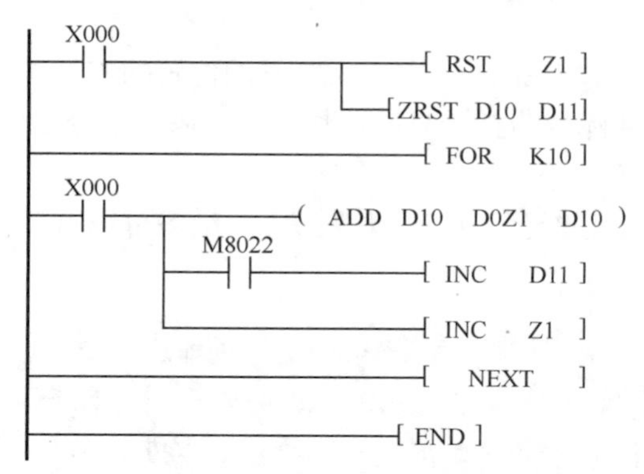

图 4-59 求连续 10 个单元数据之和的控制程序

求连续 10 个单元数据之和的控制程序如图 4-59 所示。当计算控制开关 X0 接通时，首先将变址寄存器 Z1 和数据寄存器 D10、D11 清零，然后用循环指令 FOR、NEXT 从 D0 单元开始进行连续的求和运算，并将所求之和送到 D10 中。若有进位，则标志位 M8022 置 1，向高 16 位 D11 中加 1。然后变址寄存器 Z1 中数据加 1，循环 10 次，最后将结果存于 D11 和 D10 中。

三、任务实施

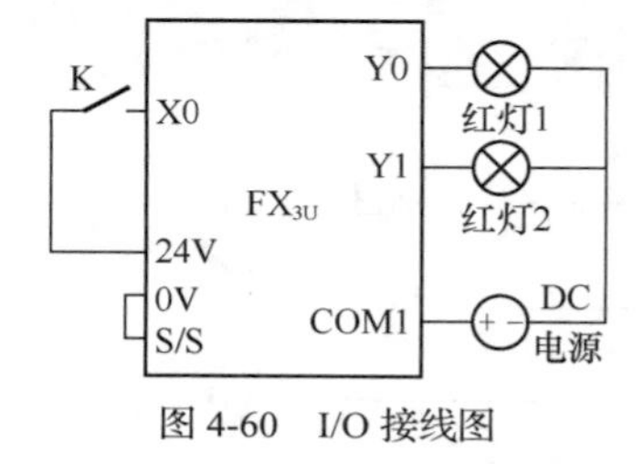

图 4-60 I/O 接线图

1. 选择 I/O 设备，分配 I/O 地址，画出 I/O 接线图

本任务在编程时不涉及 20 个现场数据的动态采集过程。假定这 20 个数据已经采集到位，只对其比较、计算控制进行编程。选择 X0 作为控制装置的启停开关，两个红灯地址分别为 Y0 和 Y1，绘制的 I/O 接线图如图 4-60 所示。

2. 设计 PLC 控制程序

根据本任务控制要求，编制的数组运算的梯形图程序如图 4-61 所示。在程序中，当通过开关输入使 X0=1 后，C0、C1 同时对 M8014（1min 时钟脉冲）进行计数。C0 每计满 0.5h，执行一次子程序 P0，即比较 20 个现场数据的大小。C1 每计满 1h 执行一次子程序 P1，即计算 20 个数据的平均值。在子程序 P0 中，先将 20 个数据中的第一个数据送到 D20 中，赋变址寄存器 Z0 的初值为 1，再用循环指令 FOR、NEXT 将剩下的 19 个数据（因此循环次数应等于 19）逐一与 D20 进行比较，若有比 D20 数据大的，则直接送往 D20 覆盖原数据，然后地址变量 Z0 加 1。全部比较完毕后，20 个数据中的最大值就一定会被存放在 D20 中。再用比较指令 CMP 将最大值（存放在 D20 中）与标准值（存放在 D30 中）对比，若最大值大于标准值，则把 Y0 接通。在子程序 P1 中，先将 D23、D22 清零，地址变量 Z1 也清零，再用循环指令 FOR、NEXT 将 20 个数据逐一相加，并将所求之和存放到 D23（高 16 位）、D22（低 16 位）中，因此循环次数为 20。接下来用 32 位操作的除法指令 DIV 将所求的和除以数据的个数 20，再将得到的平均值放到 D24 中。最后用比较指令 CMP 将其与标准平均值（存放在 D40 中）比较，若大于标准平均值，则使 Y1 闪烁报警。

本任务要求每隔 0.5h 找出最大值，每隔 1h 计算平均值。也就是说，当执行子程序 P1 计算平均值时，还要同时执行子程序 P0 找出最大值。程序实际执行时，每到 0.5h，只执行 P0；每到 1h，先执行 P0 找出最大值，再执行 P1 计算平均值，此时 P0、P1 会在同一个扫描周期中执行。

3. **程序调试**

按照 I/O 接线图接好各信号线，输入程序进行调试，观察运行结果。

```
      C0
├──┤ ├──────────────[ RST  C0 ]
      C1
├──┤ ├──────────────[ RST  C1 ]
     X000 M8014
├──┤ ├──┤ ├──┬──────( C0   K30 )
             └──────( C1   K60 )
      C0
├──┤ ├──────────────[ CALL  P0 ]
      C1
├──┤ ├──────────────[ CALL  P1 ]
├───────────────────[ FEND ]
     M8000
P0 ├──┤ ├──┬────────[ MOV   D0    D20 ]
           └────────[ MOV   K1    Z0 ]
├───────────────────[ FOR  K19 ]
     M8000
├──┤ ├──────────────[ CMP   D20   D0Z0  M0 ]
      M2
├──┤ ├──────────────[ MOV   D0Z0  D20 ]
     M8000
├──┤ ├──────────────[ INC   Z0 ]
├───────────────────[ NEXT ]
├[ >  D20  D30 ]────( Y000 )  红灯 1 接通
├───────────────────[ SRET ]
     M8000
P1 ├──┤ ├──┬────────[ZRST D22 D23]
           └────────[ RST  Z1 ]
├───────────────────[ FOR  K20 ]
     M8000
├──┤ ├──┬───────────[ ADD  D0Z  D22  D22 ]
        │  M8022
        ├──┤ ├──────[ INC  D23 ]
        └───────────[ INC  Z1 ]
├───────────────────[ NEXT ]
     M8000
├──┤ ├──────────────[ DDIV  D22  K20  D24 ]
                    M8013
├[ >  D24  D40 ]──┤ ├──( Y001 ) 红灯 2 闪烁
├───────────────────[ SRET ]
├───────────────────[ END ]
```

图 4-61 数组运算的梯形图程序

四、任务拓展——酒店自动门的开关控制（子任务编程）

详情见实训工单 12。

综合实训 自动售货机 PLC 控制设计

详情见实训工单 13。

习 题

1. 什么是位软元件？什么是字软元件？FX_{3U} 系列 PLC 的字软元件有哪些？
2. 32 位数据寄存器由什么组成？在指令的表达形式上有什么特点？
3. 以下软元件是什么类型的软元件？它们各由几位组成？
   X000 D20 S40 K4X0 V2 X010 K2M1 0M19
4. 写出以下位组合数据的地址区域。
   K1X0 K2S20 K3M10 K4Y0 K5M6
5. 有一个灯塔，现要求用传输指令完成工作过程：按照红灯、黄灯、绿灯顺序每隔 1s 依次点亮，灯全亮后保持 3s，不断循环。

6. 用功能指令设计彩灯的交替点亮控制程序：有一组彩灯 L1～L8，要求隔灯显示，每隔一定时间变换一次，反复进行。用一个开关实现启停控制，时间间隔范围为 0.2～2s，可以调节。

7. 用两种不同类型的比较指令实现功能：对 X0 的脉冲进行计数，当脉冲数大于 5 时，Y1 为 ON；反之，Y0 为 ON。并且，当 Y0 接通时间达到 10s 时，Y2 为 ON。试编制此梯形图程序。

8. 比较说明执行加、减、乘、除运算后，操作数位数的变化。

9. 完成四则运算 Y=(3X1 + 4X2)/5，其中 X1、X2 分别表示两个十进制数。

10. 在区间复位指令中，对两个目标操作数的编号大小有何要求？

11. 产品检验流程如图 4-62 所示，在产品检验完毕后，分别通过传感器对合格产品和不合格产品进行统计。试设计梯形图程序进行产品的合格率计算：当合格率大于等于 90%时，点亮绿色指示灯；当合格率小于 80%时，点亮红色指示灯；当合格率小于 90%且大于等于 80%时，点亮黄色指示灯。

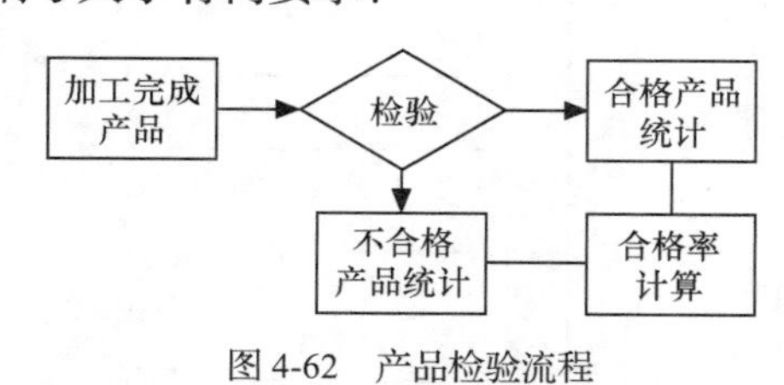

图 4-62　产品检验流程

提示

可将合格率按扩大 100 倍的方案进行运算，避免出现小数运算。

12. 试将十六进制数 H0B 转换成十进制数的形式，并显示出来。

13. D0 的初始值为 K0，D1 的初始值为 K100，每秒 D0 中的值加 1，每秒 D1 中的值减 1，编制此梯形图程序。

14. D0 的初始值为 H16B4，执行一次“ROLP　D0　K3”指令后，D0 的值为多少？标志位 M8022 为多少？

15. 现有 5 台电动机，按下启动按钮后电动机每隔 6s 顺序启动运行，按下停止按钮后电动机每隔 1s 反序停止。编制此控制程序。

16. 使用跳转指令时应注意哪些问题？使用子程序指令时应注意哪些问题？

17. 有 30 个数（16 位）存放在 D0～D29 中。求出其最小值，存入 D30 中，设计此梯形图程序。

18. 使用循环指令求 1+2+3+…+30 的结果。

19. 编制程序完成三相六拍步进电动机的正反转控制，并能进行调速控制，调速范围在(50～500 步)/s。脉冲序列由 Y10～Y12（晶体管输出型）送出，作为步进电动机驱动电源功放电路的输入。

实战演练　智慧停车场控制

一小型智慧停车场最大车位数为 100，进、出口均能自动检测车辆、控制道闸门启动。有车辆进入时空余车位数减 1，有车辆出库时空余车位数加 1，用 LED 数码管显示空余车位数。空余车位数为零时进口的道闸门不再打开，禁止车辆进入。

项目五　PLC 特殊功能模块应用

【项目导读】

三菱 FX 系列 PLC 均能提供丰富的特殊功能模块，现以三菱 FX_{3U} 系列 PLC 为例，讲述 PLC 模拟量 I/O 模块、通信模块等的功能和编程应用。

【学习目标】

- 掌握模拟量 I/O 模块的使用方法。
- 能够熟练进行数据线性化处理。
- 掌握主要变送器的接线方式。

【素质目标】

- 能够根据客户意图进行产品功能分析。
- 能够自主学习新知识、新技能。
- 培养良好的职业道德、精益求精的工匠精神。

【思维导图】

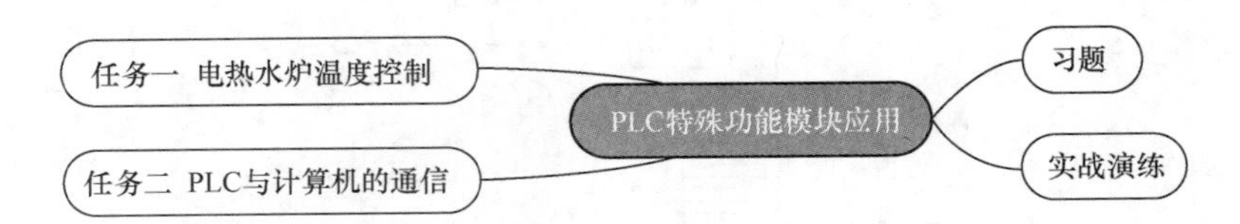

任务一　电热水炉温度控制

一、任务分析

图 5-1 所示为电热水炉温度控制示意图，要求当水位低于低液位开关时打开进水电磁阀加水，高于高液位开关时关闭进水电磁阀停止加水。当水位高于低液位开关时，打开电源控制开关开始加热，当水烧开时，停止加热并保温。

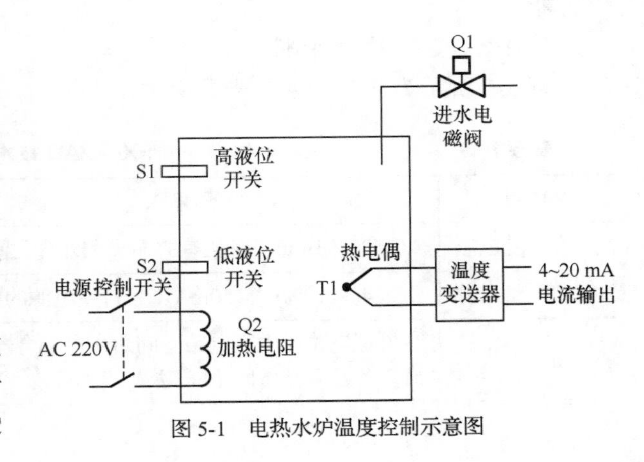

图 5-1　电热水炉温度控制示意图

在应用 PLC 控制电热水炉加热过程时，除考虑进水液位控制外，还要考虑加热温度控制，这里就需要用到 PLC

模拟量输入模块。从图 5-1 中可以看到温度信号通过温度变送器以 4～20mA 电流输出。以三菱 FX_{3U} 系列 PLC 为例，这里需要选择 FX_{2N}-2AD 型模拟量输入模块予以采集。

在完成任务设计时，首先确定 I/O 设备。在进行进水液位控制时，输入设备 S1 为高液位开关，S2 为低液位开关，输出设备 Q1 为进水电磁阀。在进行加热温度控制时，输入模拟量 T1 为炉内水温，输出设备 Q2 为加热电阻控制开关。开水温度一般为 95～100℃，保温温度一般设为 80℃以上，因此需要用到 PLC 功能指令中的比较指令。

二、相关知识

FX_{2N}-2AD 为 2 通道 12 位 A/D 转换模块，可连接 FX_{0N}、FX_{2N} 和 FX_{2NC} 等系列 PLC。两个模拟量输入通道可接收输入为 DC 0～10V、DC 0～5V 电压或 4～20mA 电流。此模块占用 8 个 I/O 点数，消耗 DC 5V 的电源和 20mA 的电流。FX_{2N}-2AD 和主单元用电缆在主单元的右边进行连接。使用 FROM/TO 指令与 PLC 进行数据传输。

1. 布线

在使用中，不能将一个通道作为模拟电压输入而将另一个通道作为电流输入，这是因为两个通道适应相同的偏置值和增益值。对于电流输入，使用时将 VIN 和 IIN 短接，如图 5-2 所示。

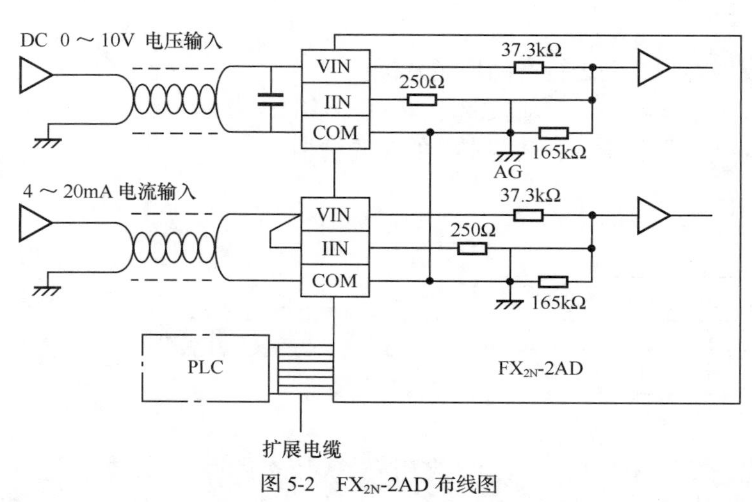

图 5-2　FX_{2N}-2AD 布线图

当电压输入存在波动或有大量噪声时，在 VIN 和 COM 之间连接一个 0.1～0.47μF 的电容器。

2. FX_{2N}-2AD 技术特性

表 5-1 所示为 FX_{2N}-2AD 技术特性。

表 5-1　FX_{2N}-2AD 技术特性

项目	电压输入	电流输入
绝缘承受电压	AC 500V 1min（在所有的端子和外壳之间）	
模拟电路电源	DC 24(1±10%)V，50mA（来自主电源的内部电源供应）	
隔离方式	在模拟电路和数字电路之间用光电耦合器进行隔离，主单元的电源用 DC/DC 转换器隔离，各输入端子间不隔离	

续表

<table>
<tr><th>项目</th><th>电压输入</th><th>电流输入</th></tr>
<tr><td rowspan="2">模拟量
输入范围</td><td colspan="2">在装用时，对于 DC 0～10V 的模拟电压输入，此单元的数字范围是 0～4000，当使用 FX$_{2N}$-2AD 并通过电流输入或通过 DC 0～5V 输入时，就有必要通过偏置值和增益值进行再调节</td></tr>
<tr><td>DC 0～10V，DC 0～5V（输入阻抗为 200kΩ），当输入电压超过−0.5V 或 DC 15V 时，此单元可能损坏</td><td>4～20mA（输入阻抗为 250 Ω），当输入电流超过−2mA 或 60mA 时，此单元可能损坏</td></tr>
<tr><td>分辨率</td><td>2.5mV（10V/4000）；1.25mV（5V/4000）</td><td>4μA［(20−4)A/4000］</td></tr>
<tr><td>集成精度</td><td>±1%（全范围 0～10V）</td><td>±1%（全范围 4～20mA）</td></tr>
<tr><td>处理时间</td><td colspan="2">2.5ms/通道（顺序程序和同步）</td></tr>
</table>

3. 模块的连接编号

图 5-3 所示为功能模块连接编号。

FX$_{2N}$-48MR X0~X27 Y0~Y27	FX$_{2N}$-2AD	FX$_{2N}$-16EX X30~X47	FX$_{2N}$-2DA
	0号		1号

图 5-3 功能模块连接编号

接在 FX$_{2N}$ 基本单元右边扩展总线上的特殊功能模块（假设模拟量输入模块 FX$_{2N}$-2AD、模拟量输出模块 FX$_{2N}$-2DA 等接到基本单元 FX$_{2N}$-48MR 的主单元模块上），其编号从最靠近基本单元的那一个开始顺次编为 0～7 号。

4. 缓冲存储器分配

特殊功能模块内部均有数据缓冲存储器（BFM）。它是 FX$_{2N}$-2AD 同 PLC 基本单元进行数据通信的区域，由 32 个 16 位的寄存器组成，编号为 BFM#0～BFM#31，如表 5-2 所示。

表 5-2 FX$_{2N}$-2AD BFM 分配

<table>
<tr><th>编号</th><th>b15～b8</th><th>b7～b4</th><th>b3</th><th>b2</th><th>b1</th><th>b0</th></tr>
<tr><td>#0</td><td>保留</td><td colspan="5">输入数据当前值（低 8 位数据）</td></tr>
<tr><td>#1</td><td colspan="2">保留</td><td colspan="4">输入数据当前值（高 4 位数据）</td></tr>
<tr><td>#2～#16</td><td colspan="6">保留</td></tr>
<tr><td>#17</td><td colspan="4">保留</td><td>模拟到数字转换开始</td><td>模拟到数字转换通道</td></tr>
<tr><td>#18 或更大</td><td colspan="6">保留</td></tr>
</table>

BFM#0：BFM#17（低 8 位数据）指定通道的输入数据当前值被存储。当前值数据以二进制形式存储。

BFM#1：输入数据当前值（高 4 位数据）被存储。当前值数据以二进制形式存储。

BFM#17：b0——进行 A/D 转换的通道(CH1, CH2)被指定。

b0=0 表示为 CH1 通道。

b0=1 表示为 CH2 通道。

b1—— 0→1 表示 A/D 转换过程开始。

例如，BFM#17=H0000，则选择 CH1 通道。

BFM#17=H0002，则 CH1 通道的 A/D 转换开始。

BFM#17=H0001，则选择 CH2 通道。

BFM#17=H0003，则 CH2 通道的 A/D 转换开始。

5．偏置值和增益值的调整

偏置值调整：调整数据的零点对应位置。

增益值调整：对数据整体进行按比例的放大或缩小。偏置值调整只调整零点，增益值调整对整体有效。模块出厂时，电压输入为 DC 0～10V，偏置值和增益值的数字值调整为 0～4000。当 FX_{2N}-2AD 用电流输入或 DC 0～5V 输入，或者根据工厂设定的输入特性进行输入时，就有必要进行偏置值和增益值的调整。偏置值和增益值的调整就是为实际的模拟输入设定数字值，这是由 FX_{2N}-2AD 的容量调节器来调整的。图 5-4 所示为 FX_{2N}-2AD 容量调节器，使用电压发生器和电流发生器来完成。也可以用 FX_{2N}-4DA 和 FX_{2N}-2DA 代替电压发生器和电流发生器来调整。

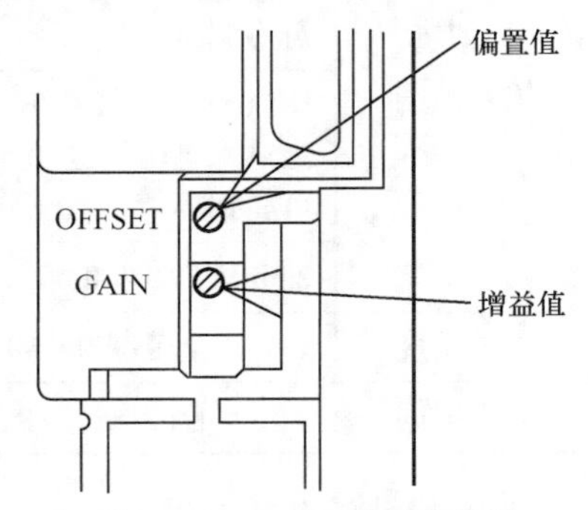

图 5-4　FX_{2N}-2AD 容量调节器

（1）偏置值调整

偏置值可设置为任意的数字值，但当数字值以图 5-5 所示的方式设置时，建议设置模拟值如图 5-5 所示。

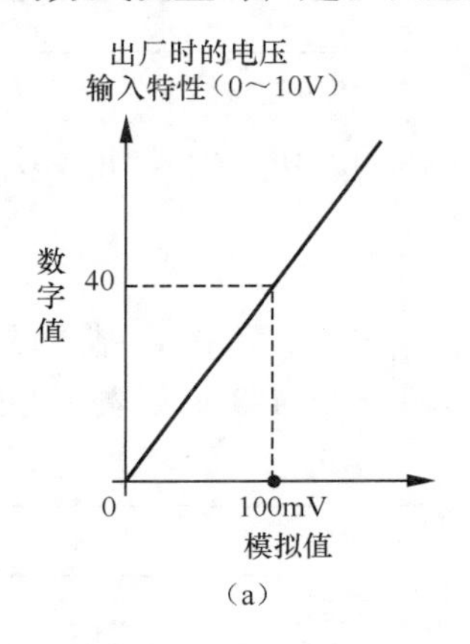

（a）

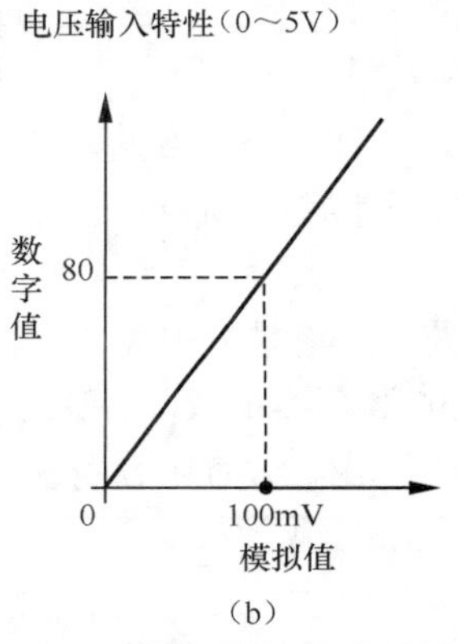

（b）

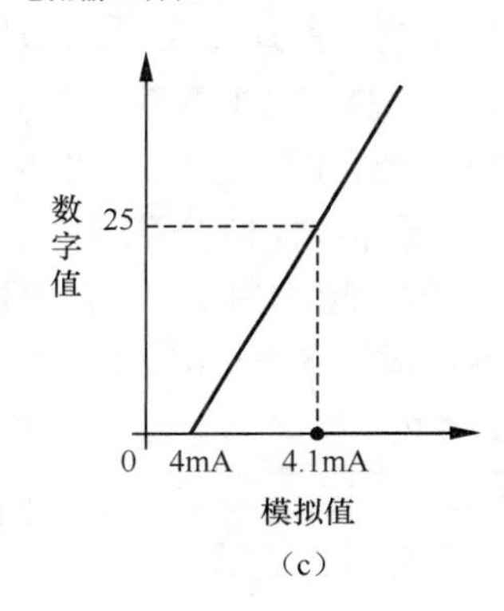

（c）

图 5-5　数字值设置方式举例

（2）增益值调整

增益值可设置为任意数字值，但为了将 12 位分辨率展示到最大，可使用的数字值范围为 0～4000。图 5-6 所示为 FX_{2N}-2AD 的增益值调整特性。

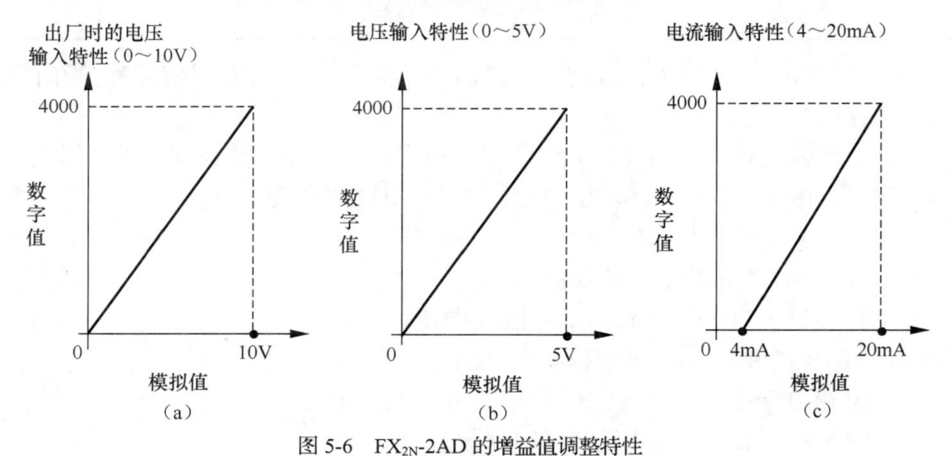

图 5-6　FX_{2N}-2AD 的增益值调整特性

例如，当模拟值范围为 0～10V，而使用的数字值范围为 0～4000 时，数字值为 40 等

于 100mV 的模拟输入（40×10V/4000 数字点）。对于偏置值和增益值调整要注意以下事项。

① CH1 通道和 CH2 通道偏置值调整和增益值调整是同时完成的。当调整了一个通道的偏置值和增益值时，另一个通道的值也会自动调整。

② 反复交替调整偏置值和增益值，直到获得稳定的数值。

③ 当数字值不稳定时，使用计算平均值数据程序调整偏置值和增益值。

④ 对模拟输入电路来说，每个通道都是相同的，通道之间几乎没有差别。但是，为了获得较大的精度，应独自检查每个通道。

⑤ 当调整偏置值和增益值时，按先增益值调整再偏置值调整的顺序进行。

（3）特殊功能模块的读写操作

FX 系列 PLC 基本单元与特殊功能模块之间的数据通信由 FROM/TO 指令来执行。FROM 指令是将增设的特殊功能模块 BFM 的内容读到 PLC 中的指令。TO 指令是从 PLC 对特殊功能模块 BFM 写入数据的指令。

① 读特殊功能模块指令 FROM。表 5-3 所示为读特殊功能模块指令 FROM 的属性。

表 5-3　读特殊功能模块指令 FROM 的属性

指令名称	助记符/功能代号	操作数				程序步
		m1	m2	D	n	
读特殊功能模块指令	FNC78/FROM	K、H（m1=0～7）	K、H（m2=0～31）	KnY、KnM KnS、T、C、D、V、Z	K、H（n=1～32）	16 位：9 步。32 位：17 步

图 5-7 所示为 FROM 指令使用说明，其中[m1]是特殊功能模块号（m1=0～7）；[m2]是特殊功能模块 BFM 首元件编号（m2=0～31）；[D]是指定存放的首元件号；[n]是指定特殊功能模块与 PLC 基本单元之间的字数，16 位操作时 n=1～32，32 位操作时 n=1～16。

如图 5-7 所示，FROM 指令实现的功能是从 1 号特殊模块的 BFM#29 中读出 16 位数据传输至 PLC 的 K4M0 中。当 X1=1 时写入，X1=0 时不执行传输，传输点的数据不变化。

② 写特殊功能模块指令 TO。表 5-4 所示为写特殊功能模块指令 TO 的属性。

表 5-4　写特殊功能模块指令 TO 的属性

指令名称	助记符/功能代号	操作数				程序步
		m1	m2	S	n	
写特殊功能模块指令	FNC79/TO	K、H（m1=0～7）	K、H（m2=0～31）	KnY、KnM KnS、T、C、D、V、Z	K、H（n=1～32）	16 位：9 步。32 位：17 步

图 5-8 所示为 TO 指令使用说明，其中[m1]是特殊功能模块号（m1=0～7）；[m2]是特殊功能模块 BFM 首元件编号（m2=0～31）；[S]是指定存放的首元件号；[n]是指定特殊功能模块与 PLC 基本单元之间的字数，16 位操作时 n=1～32，32 位操作时 n=1～16。

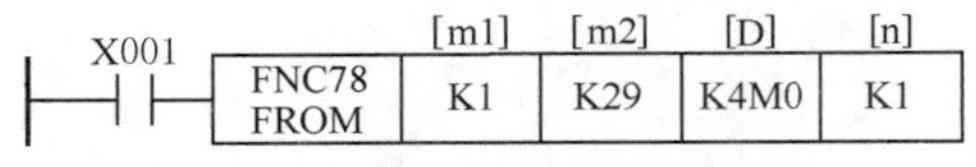

图 5-7　FROM 指令使用说明

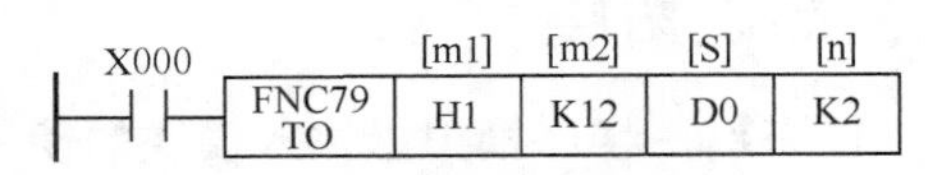

图 5-8　TO 指令使用说明

如图 5-8 所示，TO 指令实现的功能是在 1 号特殊模块的 BFM#12、#13 中写入 32 位 PLC 中 D0、D1 的数据。当 X0=1 时写入，X0=0 时不执行传输，传输点的数据不变化。

在执行读、写特殊功能模块指令 FROM、TO 时，当特殊继电器 M8028=0 时，FROM、TO 指令自动进入中断禁止状态，输入中断和定时器中断将在 FROM、TO 指令完成后执行，此时 FROM、TO 指令可以在中断程序中使用。当 M8028=1 时，FROM、TO 指令执行，若发生中断，则输入中断和定时器中断立即执行，但中断程序中不可以使用 FROM、TO 指令。

三、任务实施

1. 画出 I/O 接线图

图 5-9 所示为电热水炉温度控制的 I/O 接线图。X0 为高液位开关，X1 为低液位开关，Y0 为进水电磁阀，Y1 为加热电阻。温度信号接入 FX_{2N}-2AD 特殊模块。

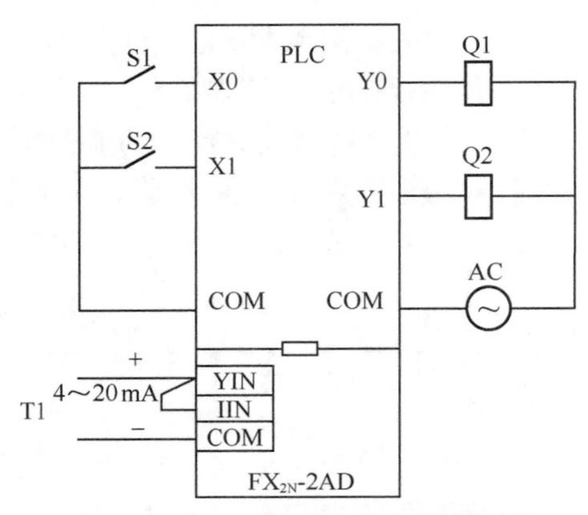

图 5-9　电热水炉温度控制的 I/O 接线图

2. 编制梯形图程序

根据电热水炉温度控制要求，设计梯形图程序，如图 5-10 所示。电热水炉运行，水位低于低液位开关（X1）时，打开进水电磁阀（Y0）加水；当水加至高液位开关（X0）时，关闭进水电磁阀（Y0）。此时 PLC 通过对 FX_{2N}-2AD 采集的炉内水温进行判断，控制电热水炉加热，即当水温低于 80℃时，开启加热（Y1）；当水温大于 95℃时，关闭加热（Y1）。

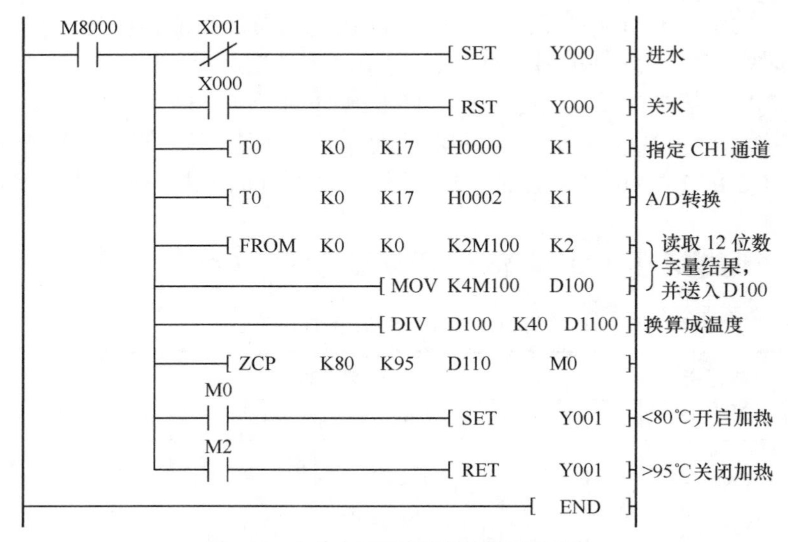

图 5-10　电热水炉温度控制的梯形图程序

3. 程序调试

按照电热水炉温度控制的 I/O 接线图接好各信号线、电源线等，输入程序进行调试。

四、知识拓展

1. FX_{3U}-4AD 模拟量输入模块的使用

FX_{3U}-4AD 模拟量输入模块为 4 通道模拟量输入模块，无须编程就可以连接 FX_{3U} 系列

PLC，可采集电压输入（DC 0～10V）或者电流输入（DC 4～20mA）信号。使用 FROM/TO 指令与 PLC 进行数据传输，其分辨率为电压 0.32mV、电流 1.25μA。

2. FX_{3U}-4AD 布线

FX_{3U}-4AD 模拟量输入模块接线端子排如图 5-11 所示。

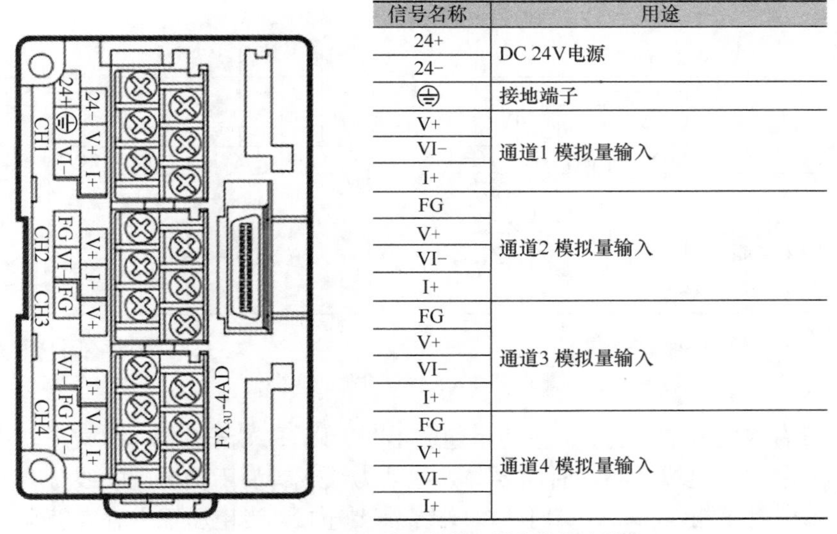

信号名称	用途
24+	DC 24V电源
24−	
⏚	接地端子
V+	通道1 模拟量输入
VI−	
I+	
FG	通道2 模拟量输入
V+	
VI−	
I+	
FG	通道3 模拟量输入
V+	
VI−	
I+	
FG	通道4 模拟量输入
V+	
VI−	
I+	

图 5-11　FX_{3U}-4AD 模拟量输入模块接线端子排

FX_{3U}-4AD 模拟量输入模块接线图如图 5-12 所示。

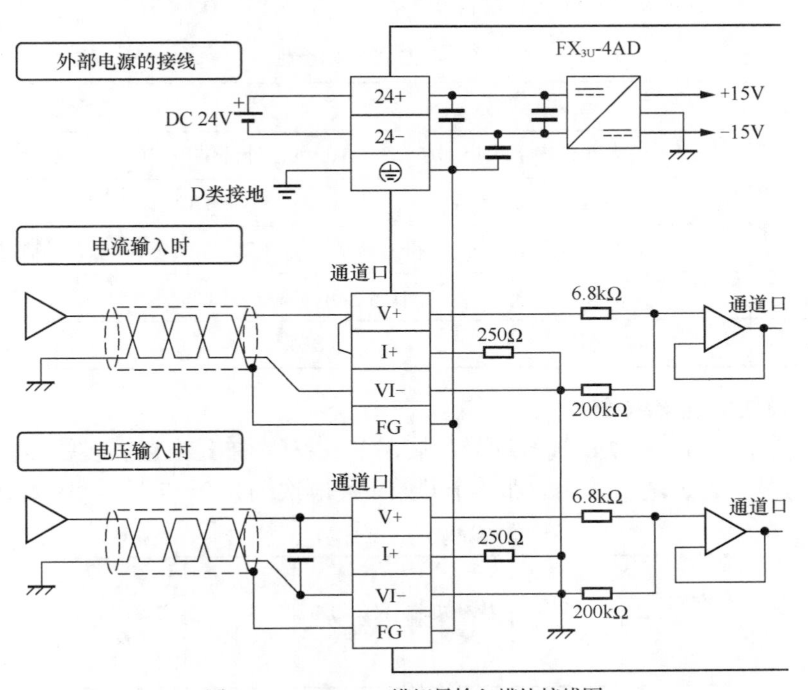

图 5-12　FX_{3U}-4AD 模拟量输入模块接线图

使用 FX_{3G}/FX_{3U} PLC 的 DC 24V 供给电源时的电源接线图如图 5-13 所示。连接的基本单元为 FX_{3G}/FX_{3U} PLC（AC 电源型）时，可以使用 DC 24V 供给电源。将 ⏚ 端子以及⊜

端子，连同基本单元的接地端子，一起连接到进行了 D 类接地（100Ω以下）的供给电源的接地端子，⊜端子在内部与 FG 端子连接。漏型输入[-COM]接线时，基本单元的 S/S 端子和 24V 端子连接；源型输入[+COM]接线时，基本单元的 S/S 端子和 0V 端子连接。

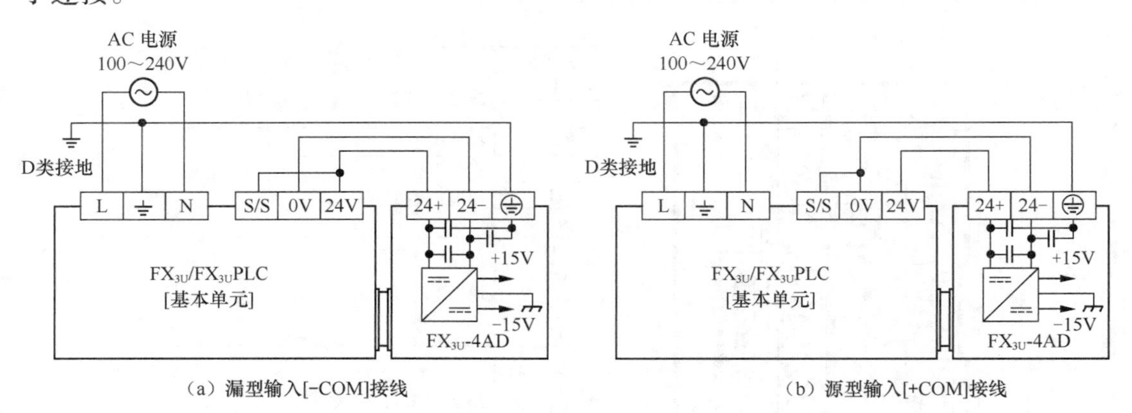

图 5-13　FX_{3U}-4AD 电源接线图

通道 1 没有专门的 FG 端子，在使用通道 1 时，以⊜端子代替 FG 端子。模拟量输入线使用两芯屏蔽双绞电缆，布线时需要与其他动力线或者易于受感应的线分开，以免其受到干扰。在采用电流输入时，V+端子和 I+端子需要短接。当电压输入存在波动或有大量噪声时，在 V+和 VI−之间连接一个 0.1～0.47μF 的电容器。

3. FX_{3U}-4AD 的技术特性

表 5-5 所示为 FX_{3U}-4AD 的技术特性。

表 5-5　FX_{3U}-4AD 的技术特性

项目	电压输入	电流输入
电源	PLC 内部供电 DC 5V、110mA，外部供电 DC 24V、90mA	
模拟量输入范围	DC −10～10V	DC −20～20mA，4～20mA
分辨率	0.32mV（15 位二进制+1 位符号位）	1.25 10μA（14 位二进制+1 位符号位）
综合精度	满量程 ± 0.3%～ ± 1.0%	
占用点数	8 点	

4. 功能模块的连接编号

图 5-14 所示为功能模块的连接编号。接在 FX_{3U} 基本单元右边扩展总线上的特殊功能模块，其编号从最靠近基本单元的那一个开始单元顺次编为 0～7 号。

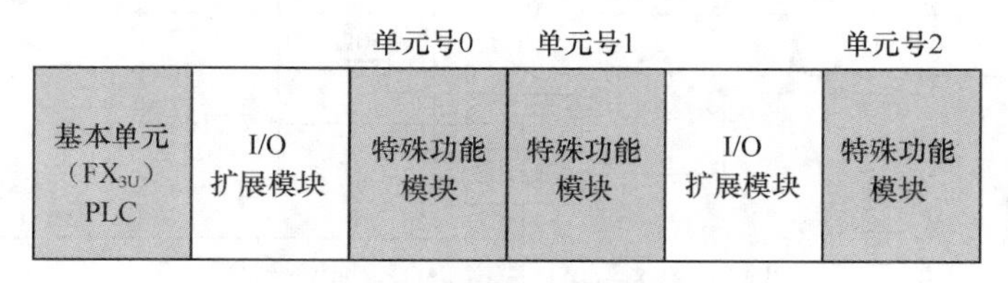

图 5-14　功能模块的连接编号

5. BFM 分配

特殊功能模块内部均有数据 BFM。根据连接的模拟量发生器的规格，设定与之相符的

各通道的输入模式（BFM#0）。用十六进制数设定输入模式。在使用通道的相应位中，选择输入模式进行设定，如表 5-6 所示。

表 5-6　FX_{3U}-4AD BFM 分配

设定值	输入模式	模拟量输入范围	数字量输出范围
0	电压输入模式	−10～10V	−32000～32000
1	电压输入模式	−10～10V	−4000～4000
2	电压输入模拟量值直接显示模式	−10～10V	−10000～10000
3	电流输入模式	4～20mA	0～16000
4	电流输入模式	4～20mA	0～4000
5	电流输入模拟量值直接显示模式	4～20mA	4000～20000
6	电流输入模式	−20～20mA	−16000～16000
7	电流输入模式	−20～20mA	−4000～4000
8	电流输入模拟量值直接显示模式	−20～20mA	−20000～20000
F	通道不使用		

用 FX_{3U}-4AD 模块实现模拟量电压或电流输出。

任务二　PLC 与计算机的通信

一、任务分析

图 5-15 所示为 PLC 与计算机通信，要求通过串行通信接口 FX-485PC-IF（RS-232C 转 RS-485）实现 FX 系列 PLC 与计算机之间的通信，并用计算机直接指定其中任意 PLC 的软元件，执行数据交换的功能，实现生产管理以及库存管理等。以计算机作为主站，一台计算机最多可连接 16 台 FX 系列 PLC，最大通信距离为 500m。

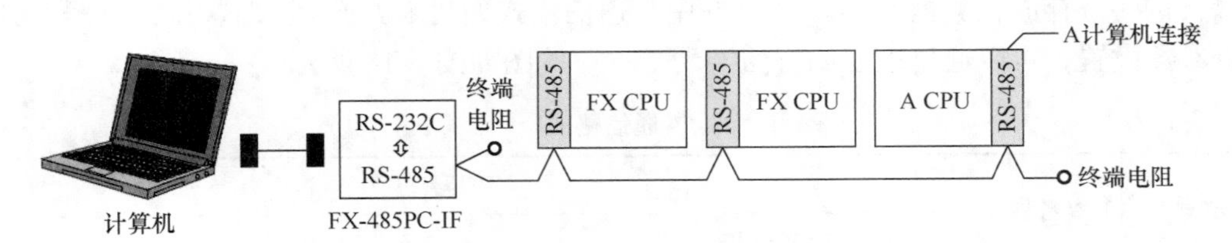

图 5-15　PLC 与计算机通信

图 5-16 所示为计算机通过 RS-232C（或者 USB 转换器接口）与一台 FX 系列 PLC 连接，最大通信距离为 15m。

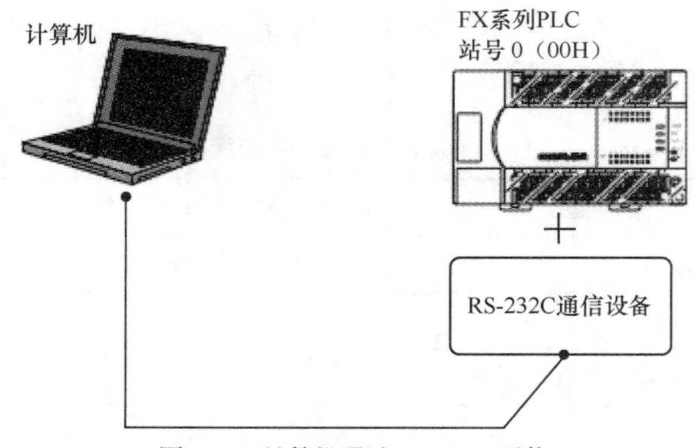

图 5-16　计算机通过 RS-232C 通信

二、相关知识——FX_{3U} 与计算机之间 RS-232C 通信

（1）通信设备连接

计算机可通过 RS-232C 的通信板 FX_{3U}-232-BD 等连接 FX_{3U} 系列 PLC 的基本单元，并能够以专用协议的方式与各种具有 RS-232C 接口的通信设备连接。例如，该通信板可用于与个人计算机、打印机和条形码阅读机之间的通信，其接线图如图 5-17 所示。

PLC 一侧

名称	FX_{3U}-232-BD FX_{2N}-232-BD FX_{1N}-232-BD FX_{3U}-232ADP	FX_{2NC}-232 ADP	FX_{0N}-232 ADP	FX-232 ADP
FG	—			1
RD(RXD)	2		3	
SD(TXD)	3		2	
ER(DTR)	4		20	
SG(GND)	5		7	
DR(DSR)	6		6	

RS-232C外部设备一侧

名称	使用CS、RS时		名称	使用DR、ER时	
	D-SUB 9针	D-SUB 25针		D-SUB 9针	D-SUB 25针
FG	—	1	FG	—	1
RD(RXD)	2	3	RD(RXD)	2	3
SD(TXD)	3	2	SD(TXD)	3	2
RS(RTS)	7	4	ER(DTR)	4	20
SG(GND)	5	7	SG(GND)	5	7
CS(CTS)	8	5	DR(DSR)	6	6

图 5-17　通信板与个人计算机、打印机和条形码阅读机之间通信的接线图

（2）通信参数设置

在两个串行通信设备进行任意通信之前，必须设置相互可辨认的参数，只有参数设置一致才能进行通信。这些参数包括波特率、停止位和奇偶校验等，它们通过位组合方式来设置，这些位存放在数据寄存器 D8120 中，通信格式如表 5-7 所示。对数据寄存器 D8120 进行参数设置，可以通过编程的方法实现，程序例图如图 5-18 所示。

表 5-7　　通信格式

位号	名称	内容	
		0（位 OFF）	1（位 ON）
b0	数据长	7 位	8 位
b1 b2	奇偶性	(b1,b2)。 (0,0)：无。 (0,1)：奇数（ODD）。 (1,1)：偶数（EVEN）	

续表

位号	名称	内容	
		0（位 OFF）	**1（位 ON）**
b3	停止位	1 位	2 位
b4 b5 b6 b7	传输速率 $/(\mathrm{bit} \cdot \mathrm{s}^{-1})$	(b7,b6,b5,b4)。 (0,0,1,1)：300。 (0,1,0,0)：600。 (0,1,0,1)：1200。 (0,1,1,0)：2400	(b7,b6,b5,b4)。 (0,0,1,1)：4800。 (1,0,0,0)：9600。 (1,0,0,1)：19200
b8[①]	起始符	无	有（D8124）初始值 STX（02H）
b9[①]	终止符	无	有（D8125）初始值 ETX (03H)
b10 b11	控制线	无顺序	(b11,b10)。 (0,0)：无<RS-232C 接口>。 (0,1)：普通模式<RS-232C 接口>。 (1,0)：互锁模式<RS-232C 接口>[⑤]。 (1,1)：调制解调器模式<RS-232C 接口、RS-485 接口>[③]
		计算机连接通信[④]	(b11,b10)。 (0,0)：RS-485 接口。 (1,0)：RS-232C 接口
b12	不可使用		
b13[②]	和校验	不附加	附加
b14[②]	协议	不使用	使用
b15[②]	控制顺序	方式 1	方式 4

注：① 起始符、终止符的内容可由用户变更；

② b13～b15 是计算机连接通信时的设定项目；

③ RS-485 未考虑设置控制线的方法，使用 FX_{2N}-485-BD、FX_{0N}-485-ADP 时，请设定(b11,b10)=(1,1)；

④ 计算机连接通信时设定，与 FNC80（RS）没有关系；

⑤ 适应机种是 FX_{2NC} 及以上版本。

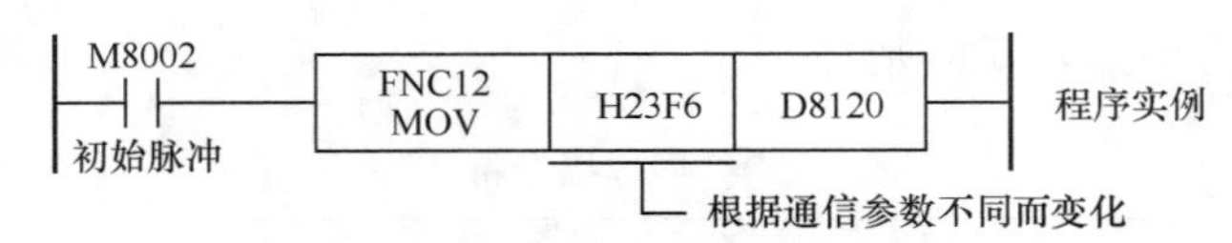

图 5-18　D8120 通信参数设置程序例图

通信参数也可以通过编程软件来设置。例如，通过 GX Works2 编程软件来设置，方法如下。

启动 GX Works2，新建工程，在导航窗口的工程视图中双击“参数”→“PLC 参数”，如图 5-19 所示。

当显示图 5-20 所示的对话框时，选择“PLC 系统设置（2）”选项卡，选中“进行通信设置”复选框，设置相关参数，确保与计算机中设定的内容相符。设置结束后，选中菜单栏的“在线”→“PLC 写入”。单击“参数+程序”，然后单击“执行”。

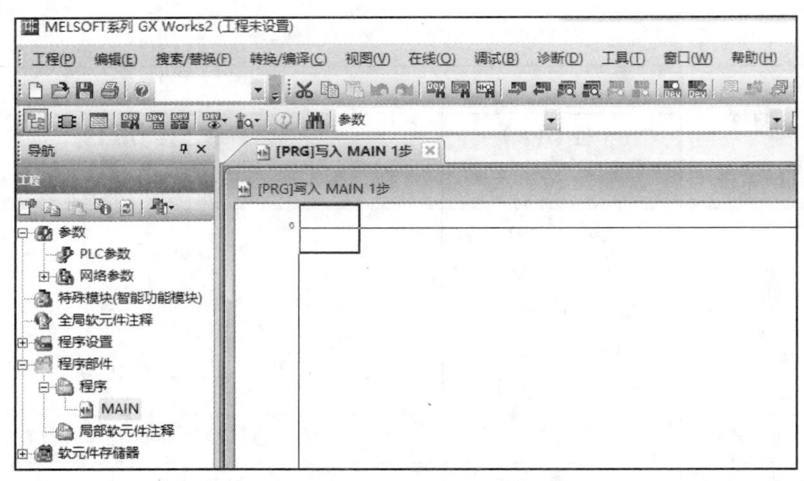

图 5-19　GX Works2 通信参数设置导航窗口

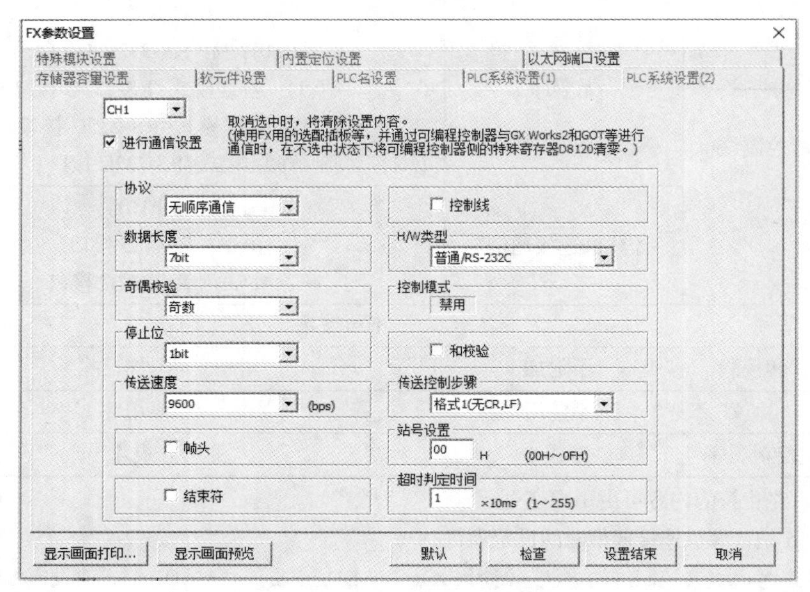

图 5-20　“FX 参数设置”对话框

（3）串行通信指令

串行通信指令特征如表 5-8 所示。

表 5-8　　串行通信指令特征

指令	处理内容	支持的 PLC	
		FX_{3S}、FX_{3G}、FX_{3GC}、FX_{3U}、FX_{3UC}	$FX_2(FX)$、FX_{2C}、FX_{0N}、FX_{1S}、FX_{1N}、FX_{1NC}、FX_{2N}、FX_{2NC}
BR	以 1 点为单位读出位软元件	○	○
WR	以 16 点为单位读出位软元件，以 1 点为单位读出字软元件	○	○

续表

指令	处理内容	支持的 PLC	
		FX_{3S}、FX_{3G}、FX_{3GC}、FX_{3U}、FX_{3UC}	FX_2(FX)、FX_{2C}、FX_{ON}、FX_{1S}、FX_{1N}、FX_{1NC}、FX_{2N}、FX_{2NC}
QR	以 16 点为单位读出位软元件，以 1 点为单位读出字软元件	○	×
BW	以 1 点为单位写入位软元件	○	○
WW	以 16 点为单位写入位软元件，以 1 点为单位写入字软元件	○	○
QW	以 16 点为单位写入位软元件，以 1 点为单位写入字软元件	○	×
BT	位软元件以 1 点为单位随机指定置位/复位（强制 ON/OFF）	○	○
WT	位软元件以 16 点为单位随机指定置位/复位（强制 ON/OFF），或字软元件以 1 点为单位随机指定写入数据	○	○
QT	以 16 点为单位随机指定位软元件后，置位/复位（强制 ON/OFF），或以 1 点为单位随机指定字软元件后，写入数据	○	×
RR	远程运行 PLC	○	○
RS	远程停止 PLC	○	○
PC	读出 PLC 的型号名称	○	○
GW	ON/OFF 所有连接的 PLC 的全局信号	○	○
—	没有用于下位请求通信（从 PLC 发出发送请求）的指令	○	○
TT	从计算机接收到的字符被直接返回计算机	○	○

三、任务实施

连接 FX_{3U}-232-BD 和个人计算机，使其与 PLC 交换数据，个人计算机中可使用一般的通信软件或个人计算机中的专用程序。要求个人计算机的通信格式如表 5-9 所示，PLC 中的通信程序如图 5-21 所示。

表 5-9 个人计算机的通信格式

参数项	备注
数据长度	8 位
奇偶性	偶
停止位	1 位
波特率/（$bit \cdot s^{-1}$）	2400

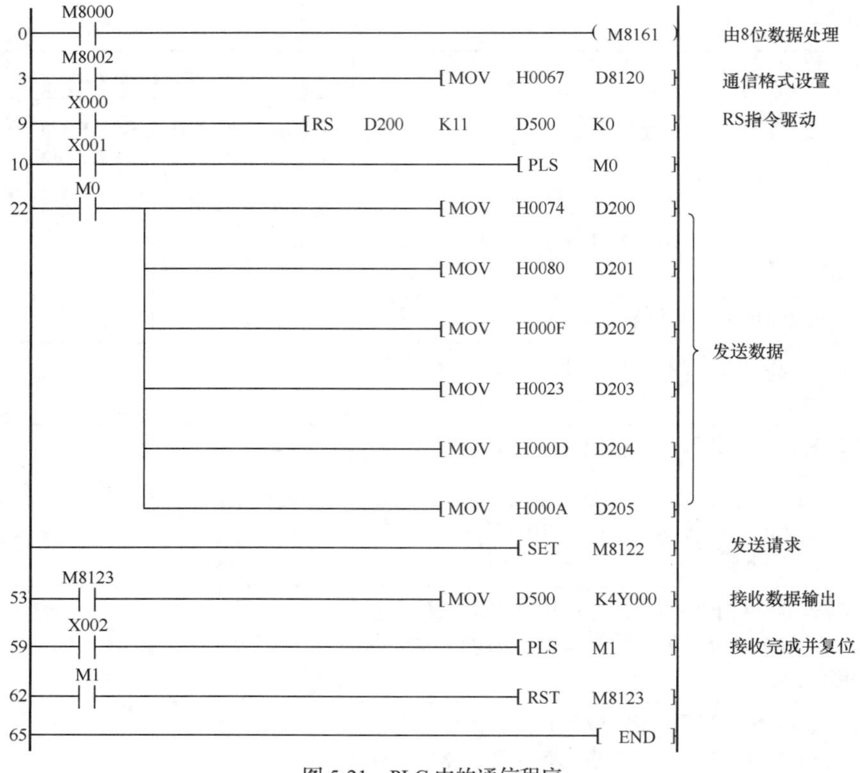

图 5-21　PLC 中的通信程序

四、知识拓展

N：N 网络功能就是在最多 8 台 FX 系列 PLC 之间，通过 RS-485 通信连接，进行软元件相互连接。图 5-22 所示的 N：N 网络构成示例展示了最大点数的情况，根据连接模式和 FX 系列 PLC 的不同，规格差异以及限制内容也有所不同。

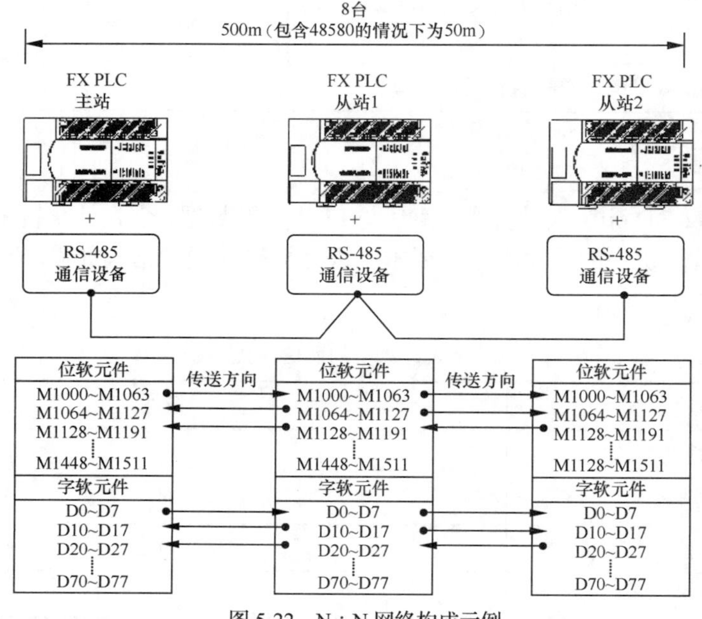

图 5-22　N：N 网络构成示例

对 N：N 网络功能进行设定，执行数据连接之前的组建步骤如图 5-23 所示。

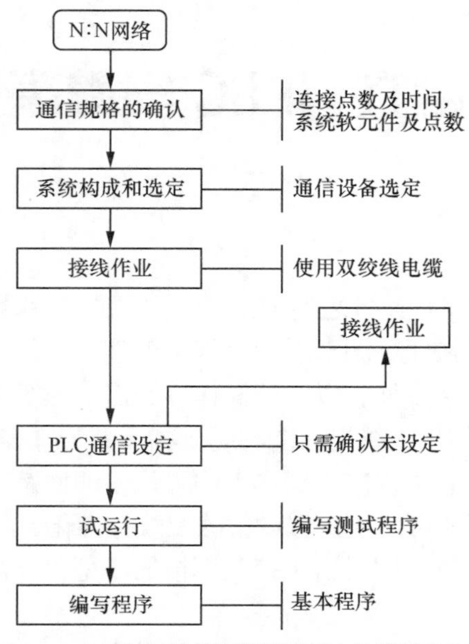

图 5-23　N：N 网络执行数据连接之前的组建步骤

习　　题

1. 结合相关资料，列举 5 种 FX 系列 PLC 特殊功能模块。

2. 在特殊功能模块中要经常用到 PLC 的功能指令 FROM 和 TO，解释这两条指令的含义。

3. 要求 2 点模拟量采样，求其平均值，并将该平均值作为模拟量输出值予以输出，试选用 PLC 特殊功能模块并编写程序。

4. 利用串行通信指令将数据寄存器 D200～D209 中的数据按 16 位通信模式传输出去，并将接收来的数据转存在 D100～D109 中。

5. 用两台 FX_{3U} 系列 PLC 组建 N：N 网络，将从站 X20～X27 的信号传输到主站。主站接收到信号后，当信号全部为 ON 时，主站向从站发出命令，置 M0 为 ON。试分别编写主站和从站梯形图程序。

实战演练　恒流供水系统控制设计

某公司需要设计一个恒流供水系统，要求使用 PLC 自动控制流量调节阀，保持供水管道电磁流量计读数恒定在需求范围内。

项目六　PLC 与触摸屏

【项目导读】

人机界面是操作人员和机械设备之间进行双向沟通的“桥梁”，它是一种多功能显示屏，用户可以自由地组合文字、按钮、图形、数字等来处理、监控、管理及应对随时可能变化的信息。随着机械设备的飞速发展，以往的操作界面需由熟练的操作员操作，而且操作困难，很难提高工作效率。而使用人机界面能够明确指示并告知操作员机械设备目前的状况，使操作变得简单、直观，并且可以减少操作上的失误，即使是新手也可以很轻松地操作整个机械设备。使用人机界面还可以使机械设备的配线标准化、简单化，减少 PLC 控制器所需的 I/O 点数，降低生产成本，同时由于控制面板的小型化及高性能，因此相对地提高了整套设备的附加价值。

触摸屏作为一种新型的人机界面，从一出现就受到关注，它简单、易用、强大的功能以及优异的稳定性使其非常适用于工业环境，甚至可以用于日常生活中，如自动化停车设备、自动洗车机、天车升降控制、生产线监控等。

随着科技的飞速发展，越来越多的机械设备与现场操作都趋向于使用人机界面。PLC 控制器强大的功能及复杂的数据处理“呼唤”一种功能与之匹配且操作简便的人机界面出现，触摸屏的诞生无疑是 21 世纪自动化领域里一个巨大的革新。

【学习目标】

- 认识和了解人机界面的功能、作用以及种类特点。
- 掌握触摸屏与 PLC 的连接方法，通过触摸屏实现与 PLC 和计算机通信。
- 掌握触摸屏的组态方法，利用触摸屏实现小型 PLC 控制系统。

【素质目标】

- 培养团队协作意识、创新意识和严谨求实的科学态度。
- 培养学习新知识、新技能的主动性和意识。
- 培养工程意识（如安全生产意识、质量意识、经济意识和环保意识等）。
- 树立正确的价值观。

【思维导图】

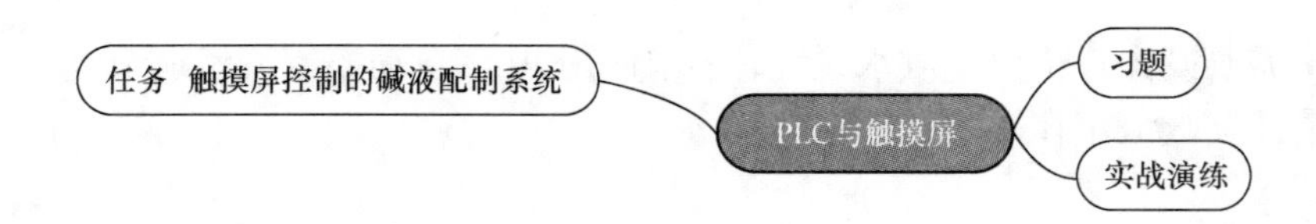

任务　触摸屏控制的碱液配制系统

一、任务分析

图 6-1 所示为碱液配制系统示意图。配制碱液时，先打开加碱液电磁阀 V2，加高浓度碱液至罐中低液位开关 LSL 处。关闭加碱液电磁阀 V2，然后开启搅拌电动机 M1，再打开加水电磁阀 V1 加水至高液位开关 LSH 处。关闭加水电磁阀 V1，电动机 M1 运行 10min 后停止。

本任务选用威纶通 TK8072iP 触摸屏连接 PLC 控制。

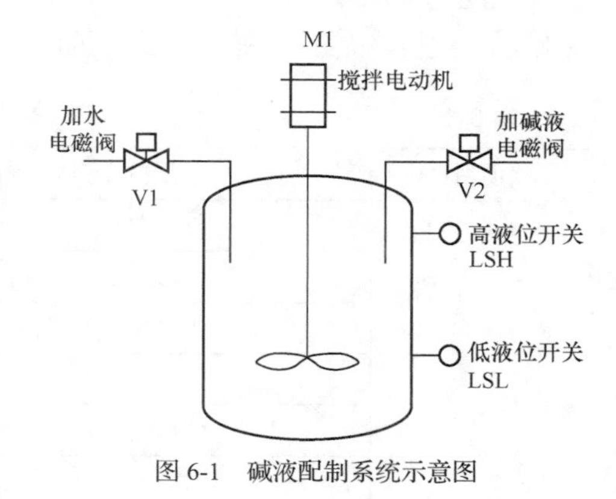

图 6-1　碱液配制系统示意图

二、相关知识

触摸屏是专门面向 PLC 应用的人机界面，它不同于一些简单的仪表或其他简单的控制 PLC 的设备。其功能非常强大，使用非常方便，非常适应现代工业越来越庞大的工作量及多方面的功能需求，逐渐成为现代工业必不可少的设备之一。

1. 人机界面的主要功能

（1）指示灯（PLC I/O 显示、内部节点显示、多段指示灯等）。

（2）开关（位状态型开关、多段开关、切换窗口开关等）。

（3）各种动态图表（棒图、仪表、移动元件、趋势图等）。

（4）数据显示（数值显示、ASCII 码显示、文字显示等）。

（5）数据输入（数值输入、ASCII 码输入、文字输入等）。

（6）异常报警（报警显示、跑马灯显示、事件显示等）。

（7）静态显示（直线、圆、矩形、文字等）。

2. 人机界面的功能特点

（1）可以同时开启弹出窗口。

（2）可以拥有与 Windows 系列操作系统类似的任务栏和快选窗口工作按钮。

（3）利用工作按钮可以调出快选窗口，可在快选窗口中放置要经常显示的元件或直接切换窗口的开关，也可定义其他窗口为快选窗口，然后利用“切换快选窗口”功能键来切换快选窗口。

（4）可在弹出窗口中放置窗口控制功能键，使弹出窗口可以最小（大）化以及任意移动窗口。

（5）留言板功能，可更改笔的粗细、颜色，并可使用橡皮擦功能等。

（6）方便、易用而又强大的在线模拟和离线模拟功能，使复杂的程序设计变得轻松、有效，并可节约大量的工程调试时间。

（7）256 色及以上显示方式使触摸屏的显示更加丰富多彩。

（8）方便、快捷的主从连接方式使多台触摸屏的互联通信简单、易行。

（9）32 位及其以上处理器的应用使触摸屏拥有更快的处理速度。

（10）可以和绝大多数主流 PLC 直接连接。

（11）拥有简单、易用而又功能强大的组态软件。

3. 威纶通 TK8072iP 触摸屏

威纶通 TK8072iP 触摸屏是专为工控行业小型触摸屏的需求开发的机种。其具有彩色液晶显示、速度快捷、节省空间及性价比高的特点。表 6-1 所示为 TK8072iP 触摸屏技术参数。

表 6-1　TK8072iP 触摸屏技术参数

项目	形式	备注
产品规格	外壳材质	工程塑料
	显示器	7 英寸（1 英寸≈2.54 厘米）彩色 TFT LCD
	CPU	32 位双核 RISC 中央处理器
	闪存	128MB
	内存	128MB
	以太网接口	10/100Base-T×1
	串行口	COM1：RS-232 4W；COM2：RS485 2W/4W
	万年历	内置
	输入电源	DC24V ± 20%
	外形尺寸（$W \times H \times D$）	200.4mm × 146.5mm ×34mm
	开孔尺寸（$W \times H$）	192mm ×138mm
	质量	约 0.52 kg
	使用软件	EasyBuilder Pro
环境规格	操作温度	0～55℃
	储存温度	−20～60℃
	环境湿度	10%～90%，非冷凝
	振动	10～25 Hz
	电磁干扰	符合 FCC class A
	CE 认证	CE marked
LCD 显示器	防水性	前面板符合 NEMA4/IP65
	分辨率	800 × 480 像素
	点距（$H \times V$）	0.1926mm× 0.179mm
	可视角（$T/B/L/R$）	60°/70°/70°/70°
	亮度	450cd/m^2
	背光	LED
	对比度	500:1

4. EasyBuilder Pro 组态软件安装

人机界面触摸屏的应用需要使用组态软件，EasyBuilder Pro 是威纶通触摸屏的专用组态软件。

（1）软件来源

可从威纶通公司网站获取所有可用版本（包括简体中文、繁体中文及英文等版本）软

件及最新软件更新档案。

（2）计算机硬件要求（建议配置）

CPU：Intel Pentium II 以上。

内存：256MB 以上。

硬盘：2.5 GB 以上，最少留有 500MB 的磁盘空间。

光驱：4 倍速以上光驱一个。

显示器：支持分辨率 1024 × 768 像素以上的彩色显示器。

鼠标、键盘：各一个。

以太网接口：工程下载/上传时使用。

USB 接口 2.0：工程下载/上传时使用。

RS-232 COM 接口：在线模拟时使用。

打印机：一台。

（3）操作系统

Windows XP / Windows Vista / Windows 7 / Windows 8 及以上版本均可。

（4）安装步骤

以 EasyBuilder ProV6.08.01 简体中文版为例，双击 autorun.exe，依据安装向导依次安装。

三、任务实施

依据功能要求，本任务选用 FX$_{3U}$ 系列 PLC 和 TK8072iP 触摸屏进行控制。通过触摸屏实现碱液配制过程的自动控制，同时实现对每台设备的独立控制。

1. 完成 PLC 程序设计

根据碱液配制系统控制要求，图 6-2 所示为碱液配制系统 PLC 梯形图程序。输入端子：X0 为低液位开关信号，X1 为高液位开关信号。输出端子：Y0 为加水电磁阀控制信号，Y1 为加碱液电磁阀控制信号，Y2 为搅拌电动机控制信号。M0 为自动运行辅助继电器，M1、M2、M3 为手动操作辅助继电器。

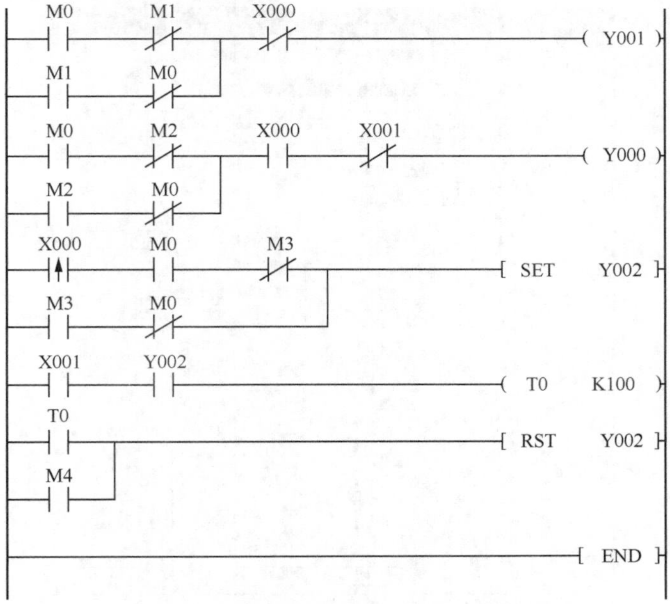

图 6-2　碱液配制系统 PLC 梯形图程序

2. 组态触摸屏

在 EasyBuilder Pro 软件安装完成后，双击计算机桌面上的 Utility Manager 快捷方式即可开启。整个 EasyBuilder Pro 系统包含 5 个模块：设计、分析测试工具、传输、维护和数据转换。EasyBuilder Pro 是组态软件，可以用来配置各种元件，一般简称 EB Pro。在 EB Pro 中也可以下载及在线（或离线）模拟。

首先，需要建立一个工程文件，其基本步骤如下。

① 建立新的工程文件。

② 保存或编译工程文件。

③ 执行在线模拟或离线模拟。

④ 下载工程文件至 HMI。

（1）创建工程

进入 EB Pro 并开启新工程，选择“型号”等，选中“使用范本”复选框，如图 6-3 所示。

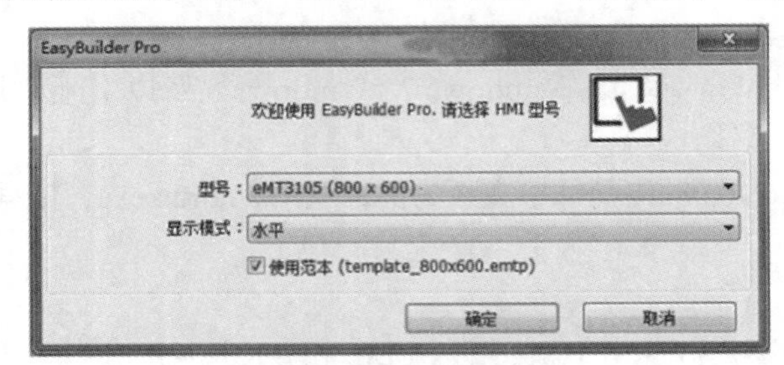

图 6-3 选择触摸屏型号

（2）创建一个开关元件

接下来向这个工程中添加一个开关元件。

① 执行“编辑”→“系统参数”命令，弹出“设置系统参数”对话框，如图 6-4 所示。设置 PLC 类型为“MITSUBISHI FX_{3U}”，人机类型设置为所使用的触摸屏类型。其他设置与图 6-5 所示一致。

图 6-4 “设置系统参数”对话框

② 执行“元件”→“位状态切换开关”命令或者单击图标，这时会弹出“新建切换开关元件”对话框。按照图 6-6 所示进行参数的设置。

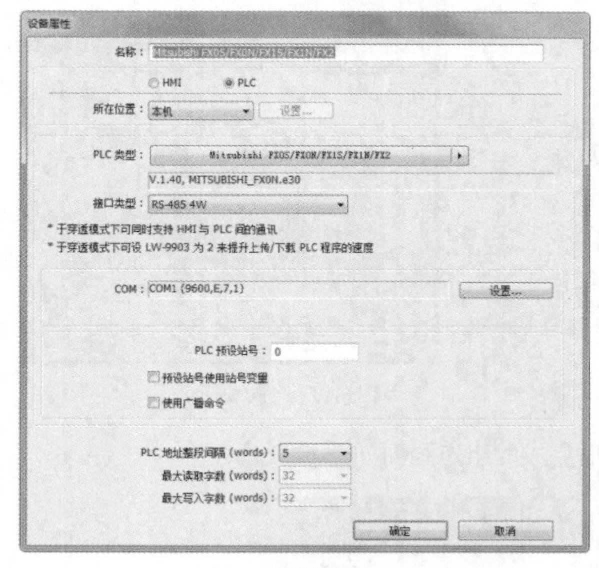

图 6-5　设备属性

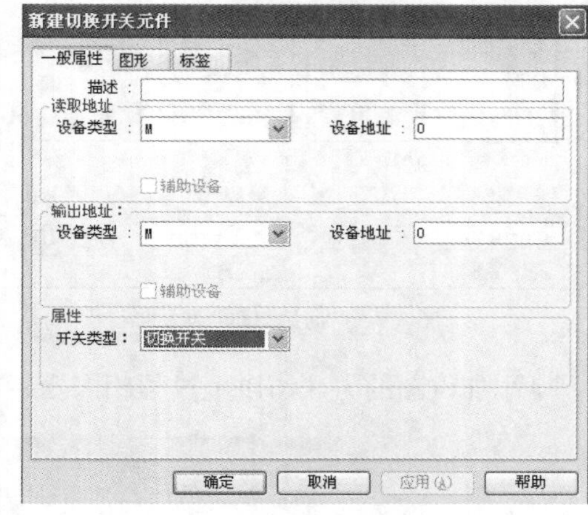

图 6-6　“新建切换开关元件”对话框

将创建好的开关元件放置在图 6-7 所示的位置。

（3）制作图形画面

使用 EB Pro 的绘图工具画好图形，然后把该图形保存到向量图库中，要使用该向量图时只需要从向量图库中调用该图即可。要新增向量图必须先新增 1 个包含这个向量图的向量图库，向量图有两种使用方式：一种是作为静态向量图使用，另一种则是作为表示各种元件显示状态的图形使用。

① 选择指定元件属性中的“图形”选项卡，如图 6-8 所示。

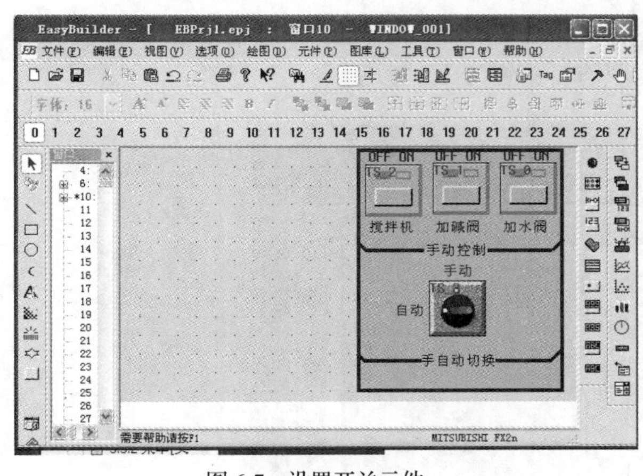

图 6-7　设置开关元件

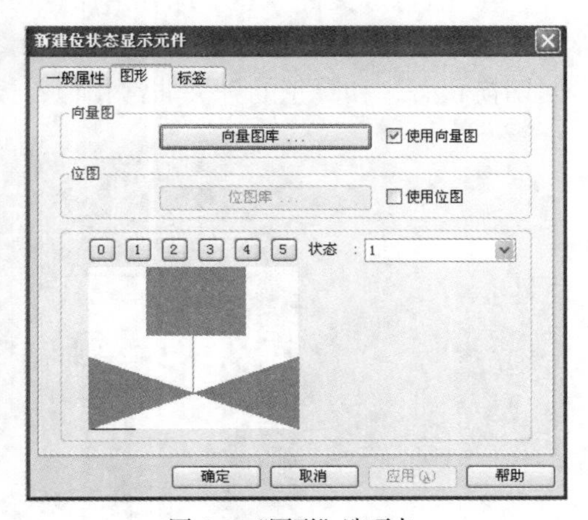

图 6-8　“图形”选项卡

② 选中“使用向量图”复选框，然后单击“向量图库”按钮，这时会弹出如图 6-9 所示的“向量图库”对话框。

③ 单击“确定”按钮，该元件就能以选择的向量图为显示图形而放置在屏幕上了，如图 6-10 所示。

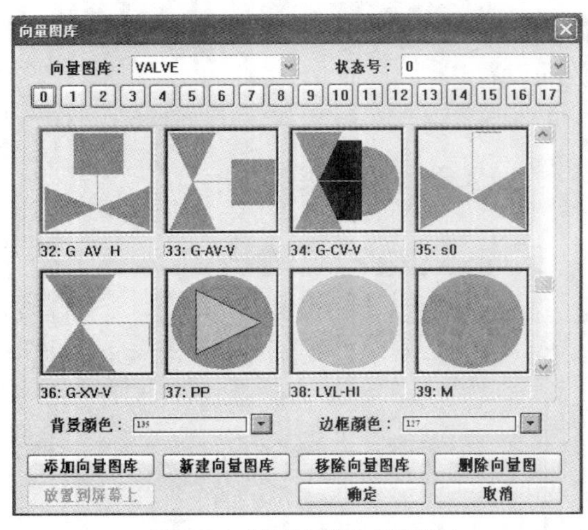

图 6-9 “向量图库”对话框

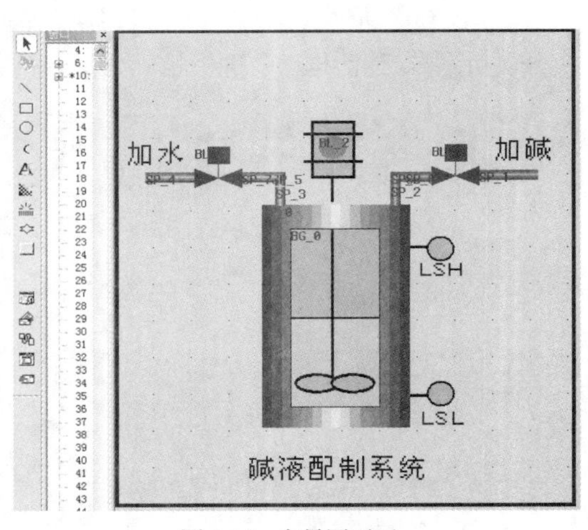

图 6-10 向量图画面

添加位图的方法与以上过程相同。最后完成的组态画面如图 6-11 所示。

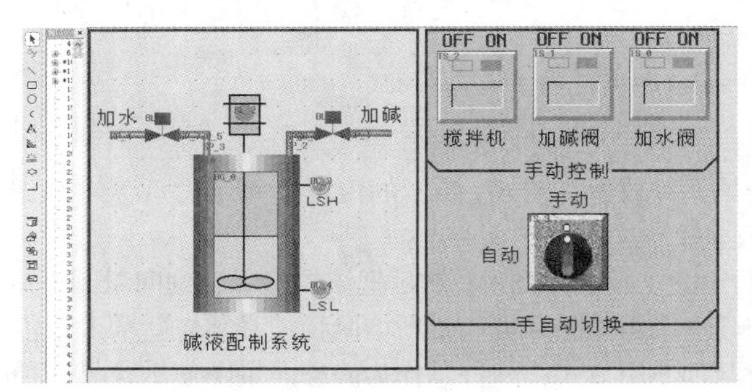

图 6-11 组态画面

④ 执行“文件”→“保存”命令，接着执行“工具”→“编译”命令。

⑤ 执行“工具”→“离线模拟”命令，这时可以看到所设置的开关，在单击时可以来回切换状态，和真正的开关非常相似，模拟仿真如图 6-12 所示。

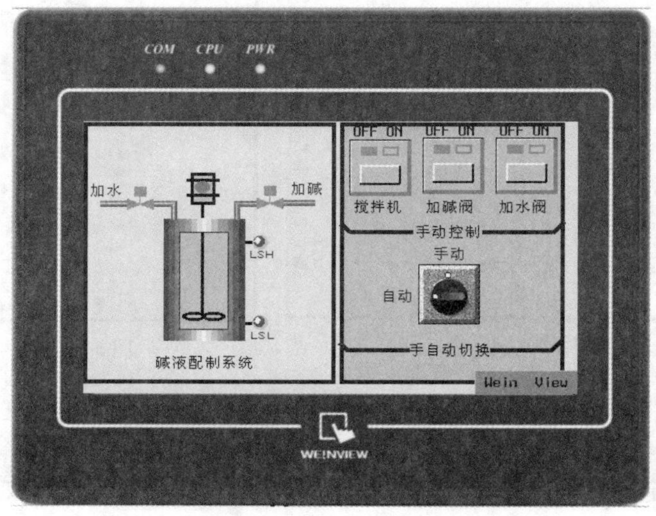

图 6-12 模拟仿真

（4）下载与模拟

当编译好工程以后，就可以将工程文件下载到触摸屏上进行实际的操作了。在 EB Pro 的工具列上，单击“工具”→“下载”，选中“以太网”或“USB 下载线”单选按钮，如图 6-13 所示。

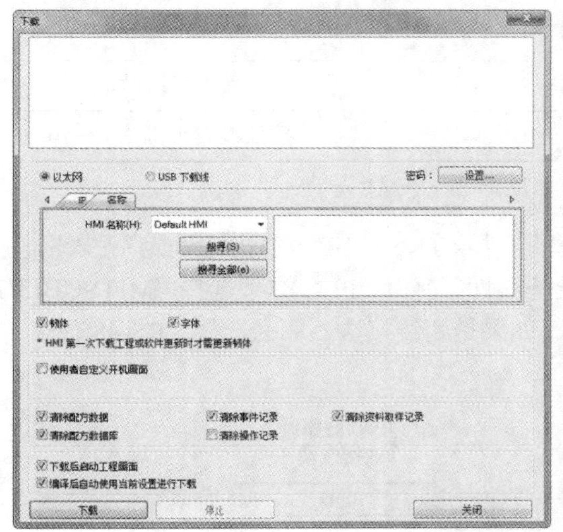

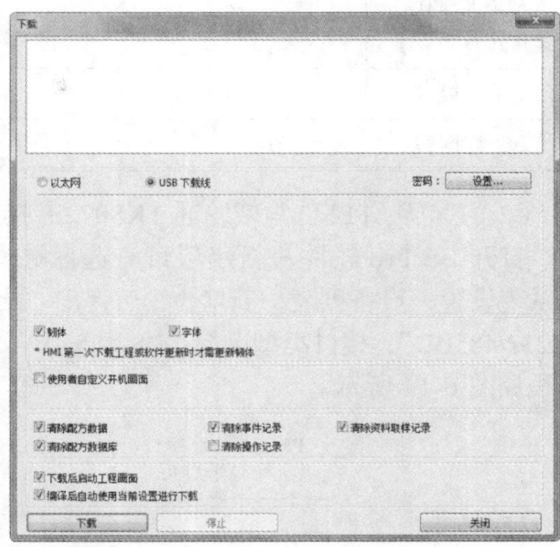

图 6-13　工程文件下载

① 在 EB Pro 中打开想要下载文件的“.epj”格式文件，或者对当前正在编辑的文件先执行“编辑”→“保存”命令，然后执行“工具”→“编译”命令。

② 编译完成后，关闭“编译”对话框，接着执行“工具”→“下载”命令或单击图标下载。最后单击“确定”按钮，这样就完成了一个工程文件的下载。

③ 离线模拟：在 PC 上模拟工程文件的运行，不与任何装置连线。

④ 在线模拟：在 PC 上模拟工程文件的运行，无须将程序下载到 HMI。此时 PLC 直接与 PC 连接，确保正确设定参数。

3. FX 系列 PLC 与威纶通 TK8072iP 触摸屏的连接

（1）EB Pro 软件设置

EB Pro 软件设置如表 6-2 所示。

表 6-2　EB Pro 软件设置

参数项	推荐设置	可选设置	注意事项
PLC 类型	MITSUBISHI FX_{3U}	MITSUBISHI FX_{3U}	采用不同的 PLC 时，应选择对应的 PLC 类型
通信接口类型	RS-485	RS-232/RS-485	—
数据位	7	7 或 8	必须与 PLC 通信接口设定相同
停止位	1	1 或 2	必须与 PLC 通信接口设定相同
波特率/（$bit \cdot s^{-1}$）	9600	9600/19200/38400/57600/115200	必须与 PLC 通信接口设定相同
校验	偶校验	偶校验/奇校验/无	必须与 PLC 通信接口设定相同
人机站号	0	0～255	对此协议不需要设定
PLC 站号	0	0～255	必须与 PLC 通信接口设定相同

续表

参数项	推荐设置	可选设置	注意事项
多台人机互联	关闭	关闭/主机/副机	仅用于多台人机互联
人机互联通信速度/(bit · s^{-1})	115200	38400/115200	仅用于多台人机互联
PLC 超时常数	3.0	1.5～5.0	采用默认设定
PLC 数据包	0	0～10	建议设置范围为 0～10

（2）FX 系列 PLC 与威纶通 TK8072iP 接线

打开 EB Pro 软件→新建项目→选择触摸屏型号 TK8072iP，单击“确定”按钮。打开系统设置→设备列表→新增，然后弹出“设备属性”窗口，PLC 类型选择“MITSUBISHI FX232/485BD”，接口类型选择“RS-485 4W”（如果是两线接法，那么选择“RS-485 2W”），接线如图 6-14 所示。

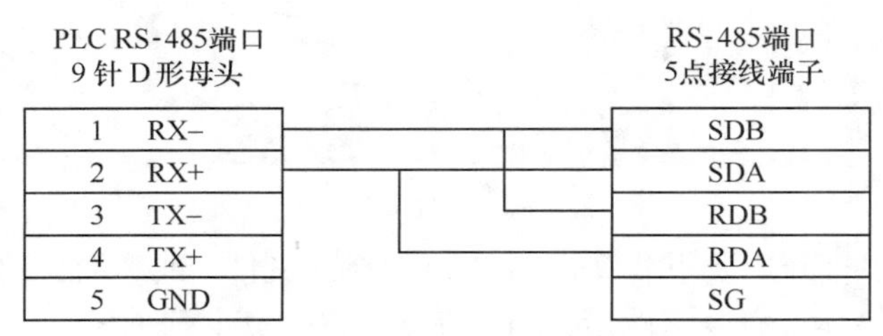

图 6-14 FX 系列 PLC 与威纶通 TK8072iP 接线

4. 运行调试

将组态程序下载到触摸屏后，使 PLC 与触摸屏连接，接通电源进行调试。

四、知识拓展——三菱人机界面介绍

三菱 MITSUBISHI 推出了 GT10、GT15、GT11、GT11-C、GOT-F900 和 GOT-900 图像操作终端，使用 GT Designer 软件进行组态。

GT15 为高性能机型，GT11 为基本功能机型。它们均采用 64 位处理器，内置 USB 接口。GT11-C 主要面向低端市场，具备独立操作的基本功能，是性价比很高的触摸屏，具有 256 色显示与单色显示，屏幕尺寸有 10.4 英寸（1 英寸≈2.54 厘米）、8.4 英寸和 5.7 英寸。GT11-C 具有以下特点。

（1）GT11-C 采用 64 位 RISC 处理器，同时内置 3MB 的内存，监控及画面操作更为快捷，响应速度约为旧机型的 4 倍。

（2）在通信方面，其内置的 RS-232 接口和 RS-422 接口可以实现高速通信。其内置的 USB 高速通信接口可以实现最高 115.2kbit/s 的高速通信，且无论是连接三菱 PLC 还是其他品牌的 PLC 都可以实现高速通信。其内置的 USB 高速通信接口可以实现高速的画面数据传输。

（3）GT11-C 可以连接种类繁多的对象，包括三菱变频器、三菱伺服放大器、温度控制器、三菱 CNC 以及其他品牌的 PLC 等。

（4）具有 A/FX 列表编辑功能，方便在现场对程序做出修改。

（5）最高的亮度可达 350cd/m^2，在任何环境下都可以清晰显示。

除了以上特点，GT11-C 还可以使用 Windows 字体对文字进行修饰，从而实现绚丽的文字显示。同时由于其支持 Unicode 2.1，因此可以显示多国语言，使其能够方便地在全世界使用。

GT15 主要面向高端市场，具有适应网络等应用广泛的扩展功能，支持 65536 色显示，具备高亮度，色彩更加真实、自然，操作时可得到极佳的视觉感受。标准内置 9MB 内存，最大可扩展至 57MB。其屏幕尺寸有 15 英寸、12.1 英寸、10.4 英寸和 8.4 英寸等。

GOT-F900 系列人机界面包括 F930GOT-BWD-C、F940GOT-LWD-C、F940GOT-SWD-C 及 F940WGOT-TWD-C。GOT-F900 系列是人机界面与编程器合二为一的新型触摸屏，可以在触摸屏上直接对 PLC 进行监控及编程，在现场不需要使用 FX-20P-E 等便携式简易编程器，融合了 FX-10P-E 编程器的功能。

五、任务拓展——三相异步电动机正反转运行的触摸屏控制

任务要求

无论电动机是正转还是反转，均要求有运行时间控制。设定的运行时间一到，电动机即停止运行。可以在触摸屏上设定时间，已经运行的时间要在触摸屏界面上显示出来。

分析

本任务拓展通过触摸屏控制，所以不需要在输入端子接入启动、停止按钮，直接利用触摸屏组态和 PLC 控制即可完成任务。

1. 硬件选择及系统接线图

硬件选择及系统接线图如图 6-15 所示。

Y0、Y1——正、反转接触器线圈。

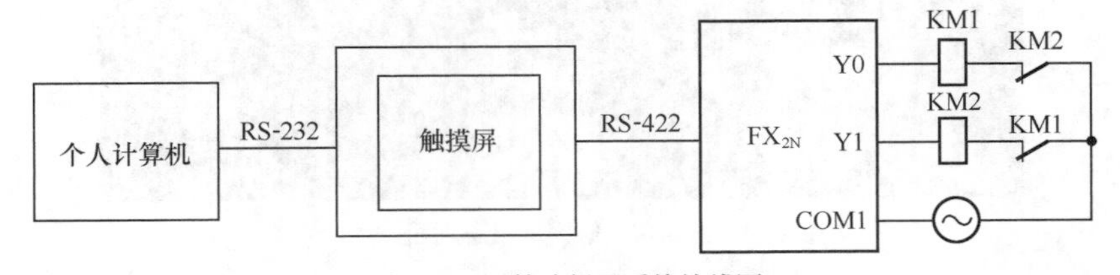

图 6-15 硬件选择及系统接线图

2. 设计 PLC 控制程序

PLC 控制程序如图 6-16 所示。

3. 触摸屏组态

根据本任务控制要求，制作的触摸屏组态画面如图 6-17 所示。

触摸按键：正转启动——M100；反转启动——M101；停止——M102。

指示器：正转指示——Y0；反转指示——Y1；停止指示——M102。

运行时间设定——D100，运行时间显示——D102。

4. 运行调试

将组态程序下载到触摸屏后，使 PLC 与触摸屏连接，接通电源进行调试，直至满足需要。

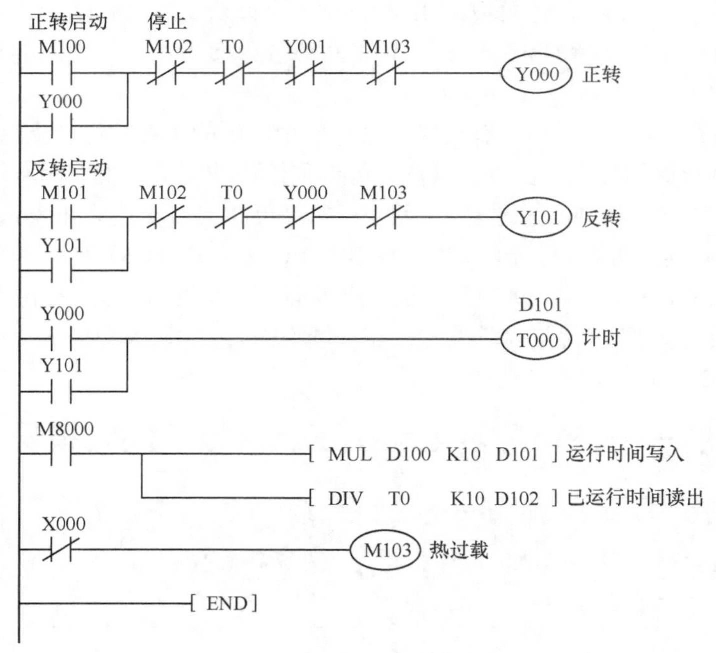

图 6-16　PLC 控制程序

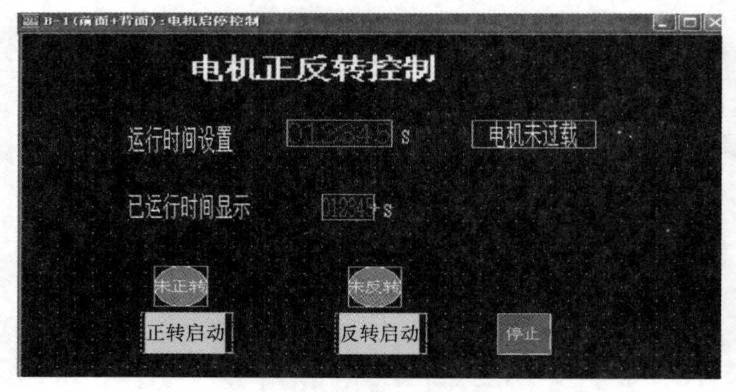

图 6-17　触摸屏组态画面

习　题

1. 应用触摸屏和 PLC，实现十字路口交通信号灯系统触摸屏控制。
2. 将项目三中的任务三物料分拣机构的自动控制，设计成触摸屏和 PLC 控制。

实战演练　水塔水位自动控制系统设计

某公司需要设计一个水塔水位自动控制系统，要求使用 PLC 和触摸屏，实现图形状态显示和远程控制。

项目七　PLC 与变频器

【项目导读】

三相异步电动机的调速主要是通过变频器来实现的。利用 PLC 对变频器的控制即可实现对三相异步电动机转速的自动控制，认识变频器及使用变频器对三相异步电动机的速度进行调节和控制，也是 PLC 应用的一个具体方面。本项目主要介绍变频器的基本结构和工作原理以及如何使用变频器对三相异步电动机的速度进行控制。

【学习目标】

- 认识和了解变频器的基本结构和工作原理。
- 基本掌握变频器的参数设置。
- 基本掌握如何使用变频器对三相异步电动机进行调速控制。

【素质目标】

- 培养辩证思维和大局观，提升分析、归纳能力和格局意识。
- 培养团队协作意识、创新意识和严谨求实的科学态度。
- 培养自主学习新知识的能力和通过网络搜集资料、获取相关知识和信息的能力。
- 培养良好的职业道德、精益求精的工匠精神，树立正确的价值观。

【思维导图】

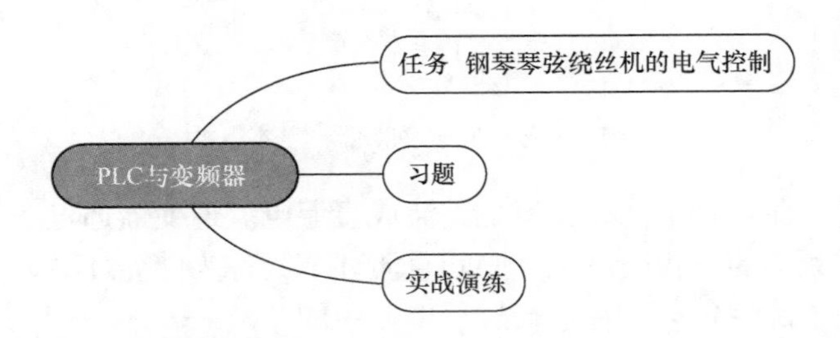

任务　钢琴琴弦绕丝机的电气控制

某钢琴琴弦绕丝机布局如图 7-1 所示。

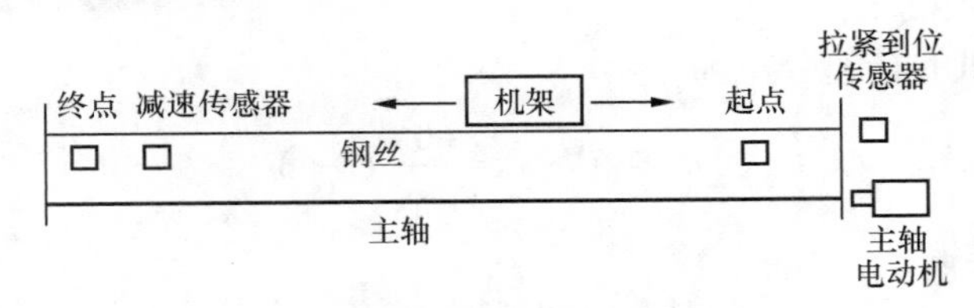

图 7-1　某钢琴琴弦绕丝机布局

本任务基本要求：当机架处于起点位置且钢丝被拉紧时，按下启动按钮，绕丝机开始工作，机架向左运动；当机架运动到减速传感器位置时，主轴减速；机架继续向左运动，到终点位置时，主轴电动机停止工作；主轴电动机停止工作 3s 后，主轴电动机反转，带动机架向右运动，机架运动到起点位置时，主轴电动机停止，机架停止于起点位置，准备进入下一个循环。

一、任务分析

（1）机架的运动是由三相异步电动机（主轴电动机）带动主轴实现的，机架向左或者向右运动即要求三相异步电动机实现正转和反转控制。

（2）机架向左运动到减速传感器位置时，要求主轴减速，即三相异步电动机要能实现速度控制——变频器多段速度控制。

二、相关知识

1. 变频器的基本构成

变频器分为“交—交”和“交—直—交”两种形式。交—交变频器直接将工频交流电转换成频率、电压均可控制的交流电；交—直—交变频器则先把工频交流电通过整流器转换成直流电，然后把直流电转换（逆变）成频率、电压均可控制的交流电（将直流电转换成交流电的装置常称为逆变器），其基本组成如图 7-2 所示，主要由主电路（包括整流器、逆变器、中间直流环节）和控制电路组成。

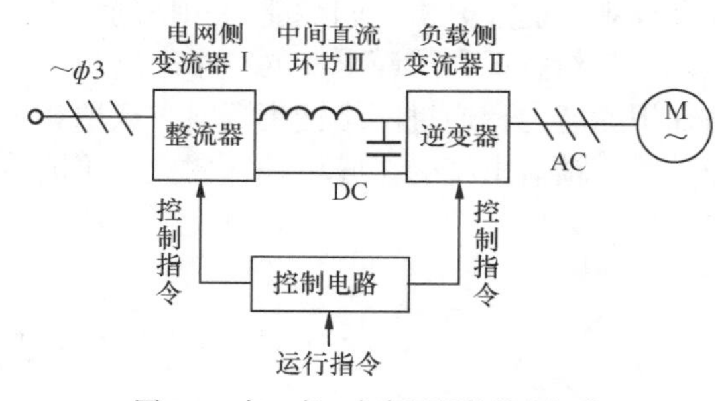

图 7-2 交—直—交变频器的基本组成

整流器的主要功能是将电网的交流电整流成直流电。逆变器通过三相桥式逆变电路将直流电转换成任意频率的三相交流电。中间直流环节又称为储能环节，由于变频器的负载一般为电动机，属于感性负载，在运行过程中，中间直流环节与电动机之间总会产生无功功率。无功功率由中间直流环节的储能元件（电容器或电抗器）来缓冲。控制电路主要用于完成对逆变器的开关控制、对整流器的电压控制以及各种保护功能等。

2. 变频器的调速原理

三相异步电动机的转速公式为

$$n = n_0(1-s) = \frac{60f}{p}(1-s) \tag{7-1}$$

式中，n_0——同步转速；

f——电源频率，单位为 Hz；

p——电动机极对数；

s——电动机转差率。

从式（7-1）可知，改变交流电频率即可实现调速。

对三相异步电动机调速时，希望主磁通保持不变。若磁通太弱，铁芯利用不充分，同样的转子电流下转矩减小，电动机的负载能力下降；若磁通太强，铁芯发热，运行环境会变坏。如何实现磁通不变呢？根据三相异步电动机的原理，定子每相电动势的有效值为

$$E_1=4.44f_1N_1\Phi_m \tag{7-2}$$

式中，f_1——电动机定子频率，单位为 Hz；

N_1——定子绕组有效匝数；

Φ_m——每极磁通量，单位为 Wb。

从式（7-2）可知，对定子每相电动势和电动机定子频率进行适当控制即可维持磁通量不变。

三相异步电动机的变频调速必须按照一定的规律，同时改变其定子电压和频率，即必须通过变频器获得电压和频率均可调节的动力电源给到三相异步电动机，以此来获得优异的转矩和较低的能耗。

3. 变频器的额定值和频率指标

（1）输入侧的额定值主要是电压、频率和相数。在我国的中小容量变频器中，输入电压及频率的额定值主要有两种：380V/50Hz（三相），200～230 V/50Hz（两相）。

（2）输出侧的额定值。

① 输出电压 U_N（V）：由于变频器在变频的同时要变压，因此输出电压的额定值是指输出电压中的最大值。在大多数情况下，变频器输出频率等于电动机额定频率时的输出电压值与电动机额定电压值相等。

② 输出电流 I_N（A）：允许长时间输出的最大电流，其是用户在选择变频器时的主要依据。

③ 输出容量 S_N（kV · A）：S_N 与 U_N、I_N 的关系为 $S_N=\sqrt{3}\,U_NI_N$。

④ 配用电动机容量 P_N（kW）：变频器说明书中规定的配用电动机容量，仅适用于长期连续负载。

⑤ 过载能力：变频器的过载能力是指输出电流超过额定电流的允许范围和时间。大多数变频器都规定其为 150%I_N、60s，180%I_N、0.5s。

（3）频率指标。

① 频率范围：指变频器能够输出的最高频率 f_{max} 和最低频率 f_{min}。各种变频器规定的频率范围不完全一致，通常最低工作频率为 0.1～1 Hz，最高工作频率为 60～120 Hz。

② 频率精度：指变频器输出频率的准确度。在变频器使用说明书中规定的条件下，由变频器的实际输出频率和设定频率之间的最大误差与最高工作频率之比的百分数来表示。

③ 频率分辨率：指输出频率的最小改变量，即每相邻两挡频率之间的最小差值。一般分为模拟设定分辨率和数字设定分辨率两种。

4. 变频器的基本参数

变频器用于单纯可变速运行时，设置好对应电机的额定参数，其他参数按出厂设定的参数运行即可。考虑负荷、运行方式时，必须设定必要的参数。对于三菱 FR-A540 型变频

器，可以根据实际需求来设定，这里仅介绍一些常用的参数，其他参数的信息可以参考有关使用手册。

（1）输出频率范围（Pr.1、Pr.2、Pr.18）。Pr.1 为上限频率，用 Pr.1 设定输出频率的上限，即使有高于设定值的频率指令输入，输出频率也被钳位在上限频率；Pr.2 为下限频率，用 Pr.2 设定输出频率的下限；Pr.18 为高速上限频率，在 120Hz 以上运行时，用 Pr.18 设定输出频率的上限。

（2）多段速度运行（Pr.4、Pr.5、Pr.6、Pr.24～Pr.27）。Pr.4、Pr.5、Pr.6 为三速设定（高速、中速和低速）的参数，分别用于设定变频器的运行频率，至于变频器实际运行哪个参数设定的频率，则分别由其控制端子 RH、RM 和 RL 的闭合来决定。Pr.24～Pr.27 为 4～7 段速度设定，实际运行哪个参数设定的频率由端子 RH、RM 和 RL 的组合（闭合）来决定，如图 7-3 所示。

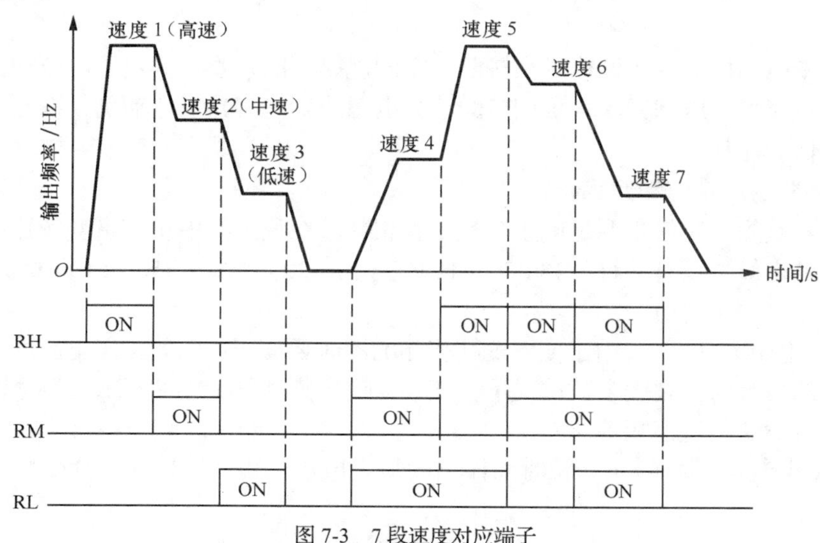

图 7-3　7 段速度对应端子

注意

上述功能只在外部操作模式或 Pr.79=4 时才能生效，否则无效。

说明

① 多段速度比主速度优先。
② 多段速度在 PU 操作和外部运行模式下都可以设定。
③ Pr.24～Pr.27 及 Pr.232～Pr.239 之间的设定没有优先级之分。
④ 运行期间参数值能被改变。
⑤ 当用 Pr.180～Pr.186 改动端子功能时，其运行将发生改变。

（3）加减速时间（Pr.7、Pr.8、Pr.20）。Pr.7 为加速时间，即用 Pr.7 设定从 0Hz 加速到 Pr.20 设定频率的时间；Pr.8 为减速时间，即用 Pr.8 设定从 Pr.20 设定的频率减速到 0Hz 的时间；Pr.20 为加减速基准频率。

（4）电子过电流保护（Pr.9）。Pr.9 用来设定电子过电流保护的电流值，以防止电动机过热，故一般设定为电动机的额定电流值。

（5）启动频率（Pr.13）。Pr.13 为变频器的启动频率，即当启动信号为 ON 时的开始频率，若设定变频器的运行频率小于 Pr.13 的设定值，则变频器将不能启动。

注意

当 Pr.2 的设定值大于 Pr.13 的设定值时，即使设定的运行频率小于 Pr.2 的设定值，只要启动信号为 ON，电动机都以 Pr.2 的设定值运行。当 Pr.2 的设定值小于 Pr.13 的设定值时，若设定的运行频率小于 Pr.13 的设定值，即使启动信号为 ON，电动机也不运行；若设定的运行频率大于 Pr.13 的设定值，只要启动信号为 ON，电动机就开始运行。

（6）基准频率（Pr.3）。Pr.3 为变频器的基准频率，一般以电动机额定频率作为基准频率的给定值。

（7）适用负荷选择（Pr.14）。Pr.14 用于选择与负载特性适宜的输出特性（V/F 特性）。当 Pr.14=0 时，适用于定转矩负载（如运输机械、台车等）；当 Pr.14=1 时，适用于变转矩负载（如风机、水泵等）。

注意

有些变频器的部分参数在任何时候都可以设定。

（8）操作模式选择（Pr.79）。变频器的传统控制有以下操作模式。

① 通过变频器的操作面板控制，主要应用于对变频器进行本地操作，且电动机转速不频繁变化的场合。

② 通过变频器的控制端子控制，即通过对变频器控制端子上逻辑输入口的逻辑组合，设置各种预置速度，再通过逻辑输入口的启动/停止端子和预置速度端子的通断状态，实现电动机的启停控制和输出频率的改变。主要应用于控制电动机按预先设定的几个固定频率运转的场合。

③ 通过变频器模拟量输入接口输入 0～5V 或 4～20mA 信号，改变给定频率。变频器频率是由 PLC 通过模拟量输出接口输出 0～5V（或 10V）或 4～20mA 信号控制的，需要 PLC 配置昂贵的模拟量输出接口模块。

Pr.79 用于选择变频器的操作模式，当 Pr.79=0 时，电源接入时为外部操作模式（简称 EXT，即变频器的频率和启停均由外部信号控制端子来控制），但可操作面板切换为 PU 操作模式（简称 PU，即变频器的频率和启停均由操作面板控制）；当 Pr.79=1 时，为 PU 操作模式；当 Pr.79=2 时，为外部操作模式；当 Pr.79=3 时，为 PU 和外部操作组合模式（变频器的频率由操作面板控制，而启停由外部信号控制）；当 Pr.79=4 时，为 PU 和外部操作组合模式（变频器的频率由外部信号控制，而启停由操作面板控制）；当 Pr.79=5 时，为程序控制模式。

（9）点动运行（Pr.15、Pr.16）。Pr.15 为点动运行频率，即在 PU 操作模式和外部操作模式时的点动运行频率，并且把 Pr.15 的设定值设定为 Pr.13 的设定值之上。Pr.16 为点动加减速时间的设定参数。

（10）参数写入与禁止选择（Pr.77）。Pr.77 用于参数写入与禁止选择。当 Pr.77=0 时，仅在 PU 操作模式下，变频器处于停止模式时才能写入参数；当 Pr.77=1 时，除 Pr.75、Pr.77、Pr.79 外均不可写入参数；当 Pr.77=2 时，即使变频器处于运行模式也能写入参数。

5. 变频器的主接线

FR-A540 型变频器的主接线一般有 6 个端子，其中输入端子 R、S、T 接三相电源，输出端子 U、V、W 接三相电动机，切记不能接反，否则，将损毁变频器，如图 7-4 所示。

有的变频器能用单相 220V 作为电源，此时，单相电源接到变频器的 R、N 输入端，输出端子 U、V、W 仍输出三相对称的交流电，可接三相电动机，但要注意，这时候输出给电动机的最高电压是 220V。

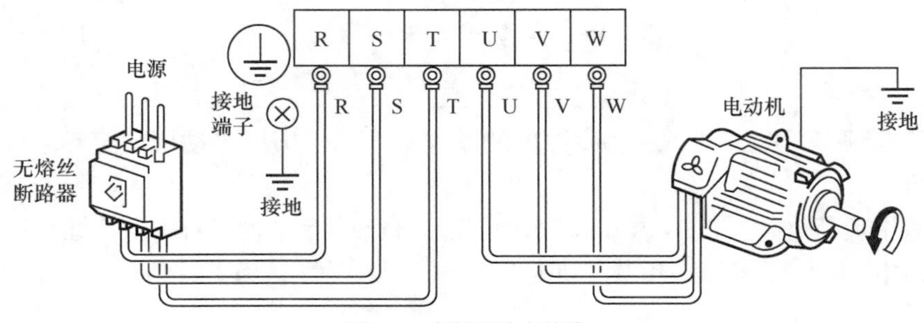

图 7-4　变频器的主接线

6. 变频器的操作面板

FR-A540 型变频器一般通过 FR-DU04 操作面板或 FR-DU04 参数单元来操作（总称为 PU 操作），操作面板外形如图 7-5 所示，操作面板各按键及各显示符的功能如表 7-1、表 7-2 所示。

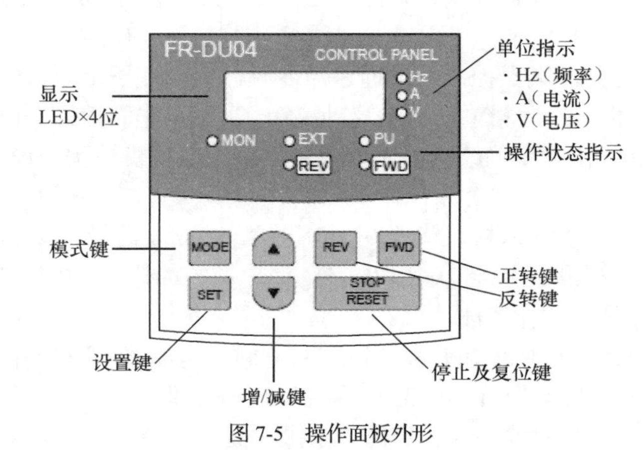

图 7-5　操作面板外形

表 7-1　操作面板各按键功能

按键	说明
MODE	用于选择操作模式或设定模式
SET	用于确定频率和参数的设定
▲/▼	用于连续增加或降低运行频率，即可用于改变运行频率。 在设定模式中按下此按键，则可连续设定参数
FWD	用于给出正转指令
REV	用于给出反转指令
STOP RESET	用于停止运行和保护功能动作输出停止时复位变频器（用于主要故障）

表 7-2 操作面板各显示符的功能

显示符	说明	显示符	说明
Hz	显示频率时点亮	PU	PU 操作模式时点亮
A	显示电流时点亮	EXT	外部操作模式时点亮
V	显示电压时点亮	FWD	正转时闪烁
MON	监视显示模式时点亮	REV	反转时闪烁

7. 变频器的基本操作

变频器的基本操作有很多，下面介绍几个常用的操作方法。

（1）PU 显示模式。在 PU 显示模式下，按 MODE 键可改变 PU 显示模式，其操作如图 7-6 所示。

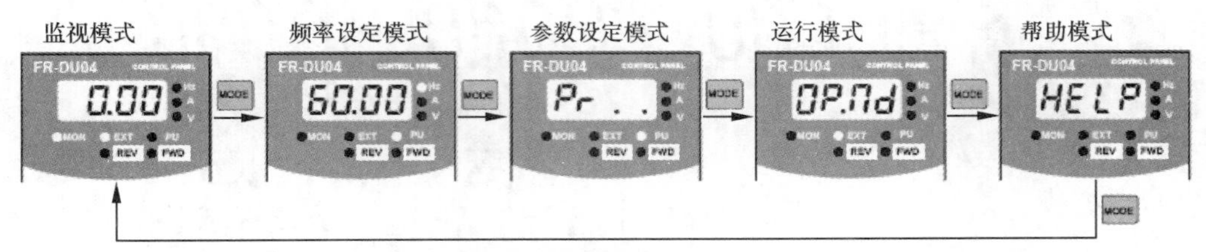

图 7-6 PU 显示模式的操作

（2）监视模式。在监视模式下，按 SET 键可改变监视模式，其操作如图 7-7 所示，监视模式在运行中也可改变。

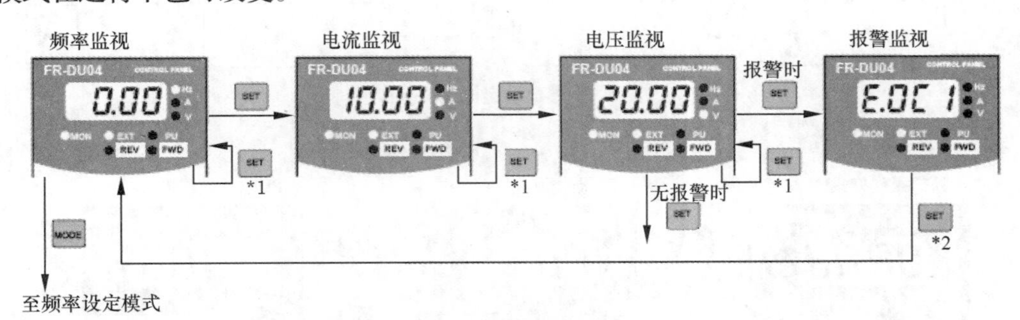

图 7-7 监视模式的操作

注意

① 按标有*1 的 SET 键超过 1.5s 时，能把电流监视模式改为上电监视模式。

② 按标有*2 的 SET 键超过 1.5s 时，能显示最近 4 次的错误指示。

③ 在外部操作模式下转换到参数设定模式。

（3）频率设定模式。在频率设定模式下，可改变频率设定，其操作如图 7-8 所示。

（4）参数设定模式。在参数设定模式下，改变参数号及参数设定值时，可以用▲或▼键来设定，其操作如图 7-9 所示。

（5）操作模式。按▲或▼键可以改变操作模式，其操作如图 7-10 所示。

其他的操作（如帮助模式、报警记录、参数清除、用户消除的操作）与上述操作类似，可以参考相应的使用手册。

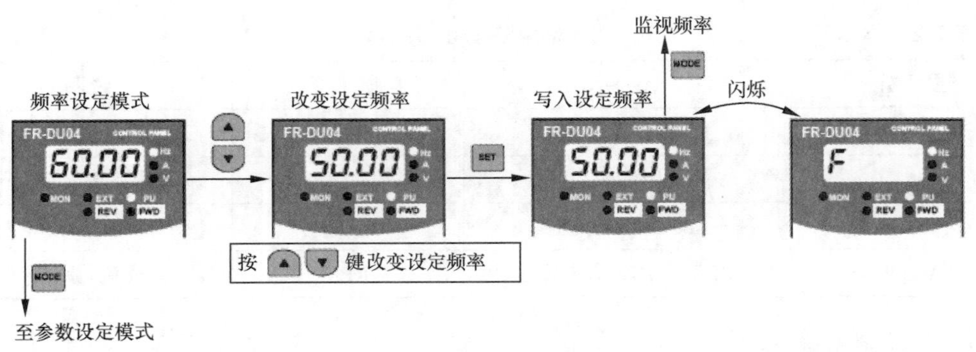

图 7-8　频率设定模式的操作

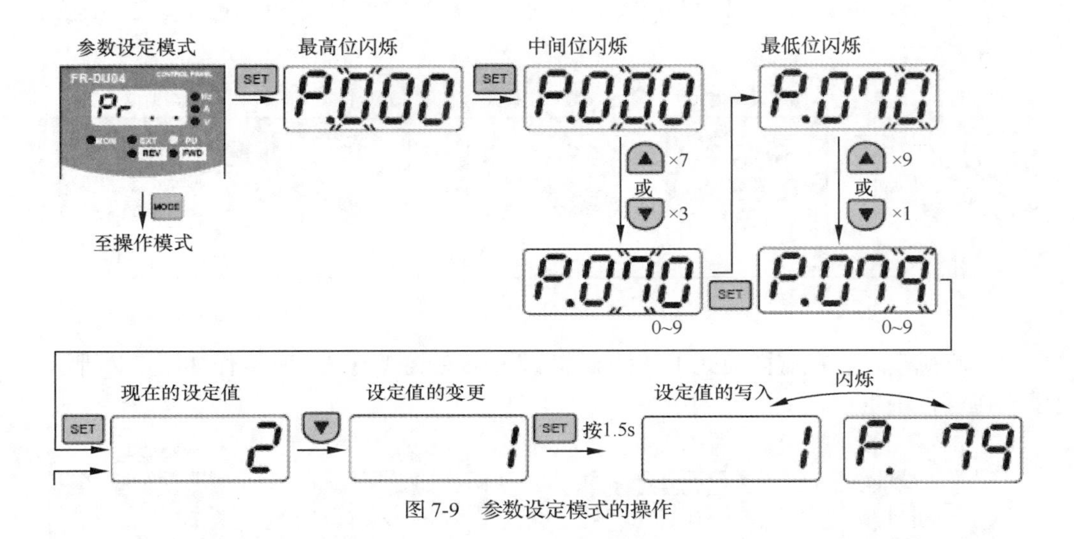

图 7-9　参数设定模式的操作

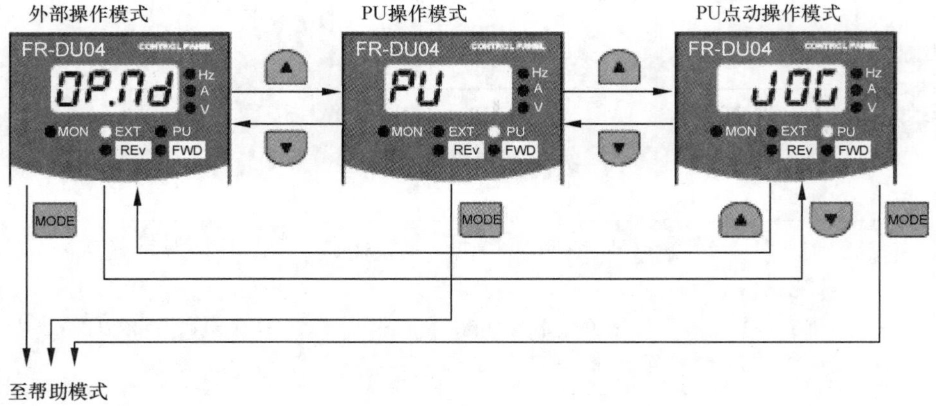

外部操作模式
PU操作模式
PU点动操作模式
FR-DU04
OP.Nd
PU
JOG
MODE
MODE
MODE
至帮助模式

图 7-10　操作模式的操作

8. 变频器外部端子

变频器外部端子如图 7-11 所示，控制回路端子说明如表 7-3 所示。

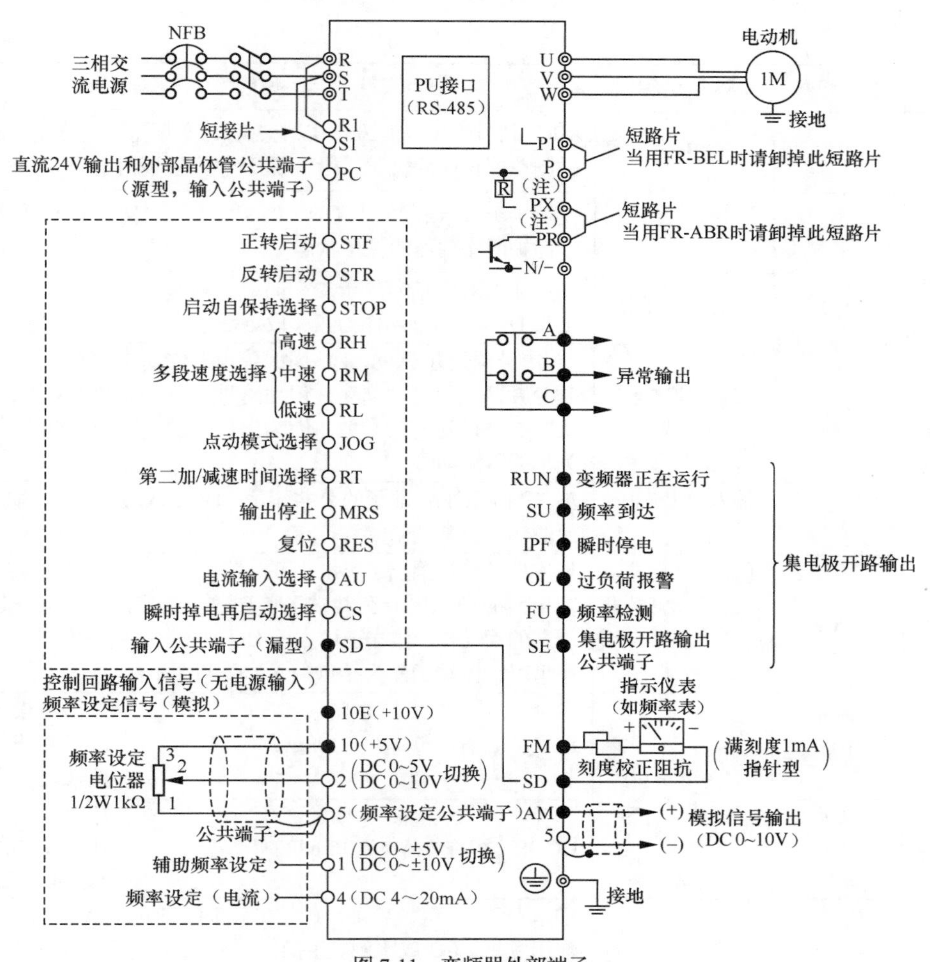

图 7-11　变频器外部端子

表 7-3　　　　　　　　　　　　　控制回路端子说明

<table>
<tr><th colspan="2">类型</th><th>端子记号</th><th>端子名称</th><th colspan="2">说明</th></tr>
<tr><td rowspan="6">输入信号</td><td rowspan="6">启动及功能设定</td><td>STF</td><td>正转启动</td><td>STF 信号处于 ON 为正转，处于 OFF 为停止。程序运行模式时，为程序运行开始信号（ON 开始，OFF 停止）</td><td rowspan="2">当 STF 和 STR 信号同时处于 ON 时，相当于给出停止指令</td></tr>
<tr><td>STR</td><td>反转启动</td><td>STR 信号处于 ON 为反转，处于 OFF 为停止</td></tr>
<tr><td>STOP</td><td>启动自保持选择</td><td colspan="2">使 STOP 信号处于 ON，可以选择启动信号自保持</td></tr>
<tr><td>RH，RM，RL</td><td>多段速度选择</td><td>用 RH、RM 和 RL 信号的组合可以选择多段速度</td><td rowspan="3">输入端子功能选择（Pr.180～Pr.186），用于改变端子功能</td></tr>
<tr><td>JOG</td><td>点动模式选择</td><td>JOG 信号处于 ON 时选择点动运行（出厂设定），使用启动信号（STF 信号和 STR 信号）可以点动运行</td></tr>
<tr><td>RT</td><td>第二加/减速时间选择</td><td>RT 信号处于 ON 时选择第二加/减速时间。设定了第二力矩提升、第二 V/F（基底频率）时，也可以用 RT 信号选择这些功能</td></tr>
</table>

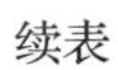
续表

类型		端子记号	端子名称	说明	
输入信号	启动及功能设定	MRS	输出停止	MRS 信号为 ON（20ms 以上）时，变频器输出停止。通过电磁制动停止电动机时，用于断开变频器的输出	
		RES	复位	使端子 RES 信号处于 ON（0.1s 以上），然后断开，可用于解除保护回路动作的保持状态	
		AU	电流输入选择	只在端子 AU 信号处于 ON 时，变频器才可用 DC 4～20mA 作为频率设定信号	输入端子功能选择（Pr.180～Pr.186），用于改变端子功能
		CS	瞬时停电再启动选择	CS 信号预先处于 ON 时，瞬时停电再恢复时变频器便可自动启动，但用这种运行方式时必须设定有关参数，因为出厂时设定为不能再启动	
		SD	输入公共端子（漏型）	输入端子和 FM 端子的公共端子。DC 24V/0.1A（PC 端子）电源的输出公共端子	
		PC	直流 24V 输出和外部晶体管公共端子（源型，输入公共端子）	当连接晶体管输出（集电极开路输出，如 PLC）时，将晶体管输出用的外部电源公共端子接到这个端子时可以防止因漏电引起的误动作，该端子可用于 DC 24V/0.1A 电源输出。当选择源型时，该端子作为接点输入的公共端子	
模拟信号	频率设定	10E	频率设定用电源	DC 10V，容许负荷电流 10mA	按出厂设定状态连接频率设定电位器时，与端子 10 连接。当连接 10E 时，改变端子 2 的输入规格
		10		DC 5V，容许负荷电流 10mA	
		2	频率设定（电压）	输入 DC 0～5V（或 DC 0～10V）时，5V（10V）对应为最大输出频率，I/O 成比例。用操作面板进行输入 DC 0～5V（出厂设定）和 DC 0～10V 的切换。输入阻抗 10kΩ，容许最大电压为直流 20V	
		4	频率设定（电流）	DC 4～20mA，20mA 对应为最大输出频率，I/O 成比例。只在端子 AU 信号处于 ON 时，该输入信号有效。输入阻抗约为 250Ω 时，容许最大电流为 30mA	
		1	辅助频率设定	输入 DC 0～±5V 或 DC 0～±10V 时，端子 2 或 4 的频率设定信号与这个信号相加。用 Pr.73 设定不同的参数进行输入 DC 0～±5V 或 DC 0～±10V（出厂设定）的选择。输入阻抗 10kΩ，容许电压为 DC±20V	
		5	频率设定公共端子	频率信号设定端子（2，1 或 4）和模拟输出端子 AM 的公共端子，不要接地	
输出信号	接点	A，B，C	异常输出	指示变频器因保护功能动作而输出停止的转换接点，AC 230V/0.3A，DC 30V/0.3A。异常时，B—C 间不导通（A—C 间导通）；正常时，B—C 间导通（A—C 间不导通）	输出端子的功能选择，通过 Pr.190～Pr.195 改变端子功能
	集电极开路	RUN	变频器正在运行	变频器输出频率为启动频率（出厂时为 0.5Hz，可变更）以上时为低电平，正在停止或正在直流制动时为高电平①，容许负荷为 DC 24V/0.1A	

续表

<table>
<tr><th colspan="2">类型</th><th>端子记号</th><th>端子名称</th><th colspan="2">说明</th></tr>
<tr><td rowspan="7">输出信号</td><td rowspan="5">集电极开路</td><td>SU</td><td>频率到达</td><td colspan="2">输出频率达到设定频率的 ± 10%（出厂设定，可变更）时为低电平，正在加/减或停止时为高电平②，容许负荷为 DC 24V/0.1A</td></tr>
<tr><td>OL</td><td>过负荷报警</td><td colspan="2">当失速保护功能动作时为低电平，失速保护功能解除时为高电平①，容许负荷为 DC 24V/0.1A</td></tr>
<tr><td>IPF</td><td>瞬时停电</td><td colspan="2">瞬时停电，电压不足保护动作时为低电平①，容许负荷为 DC 24V/0.1A</td></tr>
<tr><td>FU</td><td>频率检测</td><td colspan="2">输出频率为任意设定的检测频率以上时为低电平，以下时为高电平①，容许负荷为 DC 24V/0.1A</td></tr>
<tr><td>SE</td><td>集电极开路输出公共端子</td><td colspan="2">端子 RUN、SU、OL、IPF、FU 的公共端子</td></tr>
<tr><td>脉冲</td><td>FM</td><td>指示仪表</td><td rowspan="2">可以从 16 种监视项目中选一种作为输出②，如输出频率，输出信号与监视项目的大小成比例</td><td>出厂设定的输出项目：频率容许负荷电流为 2mA，60Hz 时每秒 1 440 脉冲</td></tr>
<tr><td>模拟</td><td>AM</td><td>模拟信号输出</td><td>出厂设定的输出项目：频率输出信号为 DC 0～10V 时，容许负荷电流为 1mA</td></tr>
<tr><td>通信</td><td>RS-485</td><td>—</td><td>PU 接口</td><td colspan="2">通过操作面板的接口，进行 RS-485 通信。
• 遵守标准：EIA RS-485 标准。
• 通信方式：多任务通信。
• 通信速率：最大 19200bit/s。
• 最长距离：500m</td></tr>
</table>

注：① 低电平表示集电极开路输出用的晶体管处于 ON（导通状态），高电平表示其处于 OFF（不导通状态）；

② 变频器在复位过程中不被输出。

三、任务实施

1. 设计思路

三相异步电动机的正反转以及多速运行，采用外部控制端子和变频器的多段运行来控制。变频器的外部控制端子和变频器的多段运行信号通过 PLC 的输出端子提供，即通过 PLC 控制变频器的 RL、RM、RH 端子以及 STR、STF 端子与 SD 端子的通和断来实现三相异步电动机的正转、反转及多速运行控制。

2. 变频器的设定参数

根据本任务控制要求，除了设定变频器的基本参数，还必须选择操作模式和多段速度等参数，具体参数如下。

（1）上限频率 Pr.1=50Hz。

（2）下限频率 Pr.2=0Hz。

（3）基准频率 Pr.3=50Hz。

（4）加速时间 Pr.7=0.5s。

（5）减速时间 Pr.8=0.5s。

（6）电子过电流保护 Pr.9 等于电动机的额定电流。

（7）操作模式选择（组合）Pr.79=3。

（8）多段速度选择（高速）Pr.4=50Hz。

（9）多段速度选择（中速）Pr.5=30Hz。

（10）多段速度选择（低速）Pr.6=20Hz。

3. PLC 的 I/O 分配

根据本任务的控制要求、设计思路和变频器的设定参数，PLC 的 I/O 分配如下。

（1）X0：停止按钮（SB1）。

（2）X1：启动按钮（SB2）。

（3）X2：起点位置传感器（SQ1）。

（4）X3：拉紧到位传感器（SQ2）。

（5）X4：减速传感器（SQ3）。

（6）X5：终点位置传感器（SQ4）。

（7）Y0：正转运行信号（STF）。

（8）Y1：反转运行信号（STR）。

（9）Y2：低速（RL）。

（10）Y3：中速（RM）。

（11）Y4：高速（RH）。

4. 系统接线

根据控制要求及 I/O 分配，钢琴琴弦绕丝机的电气控制系统 I/O 接线图如图 7-12 所示。

5. 控制程序

根据本任务的控制要求可知，它是一个典型的顺序控制，所以首选状态转移图来设计系统的程序，钢琴琴弦绕丝机的电气控制程序状态转移图如图 7-13 所示。

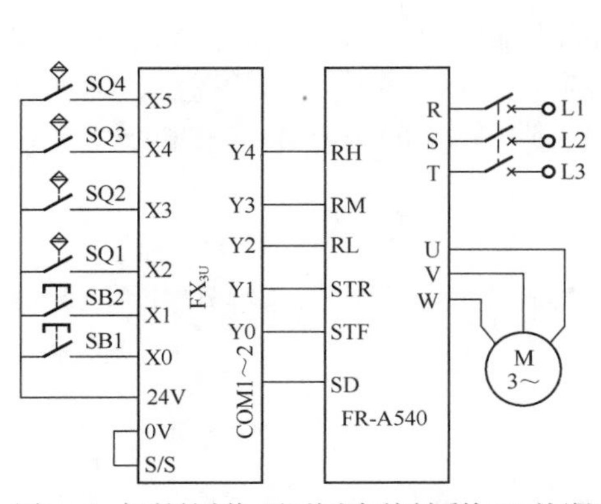

图 7-12 钢琴琴弦绕丝机的电气控制系统 I/O 接线图

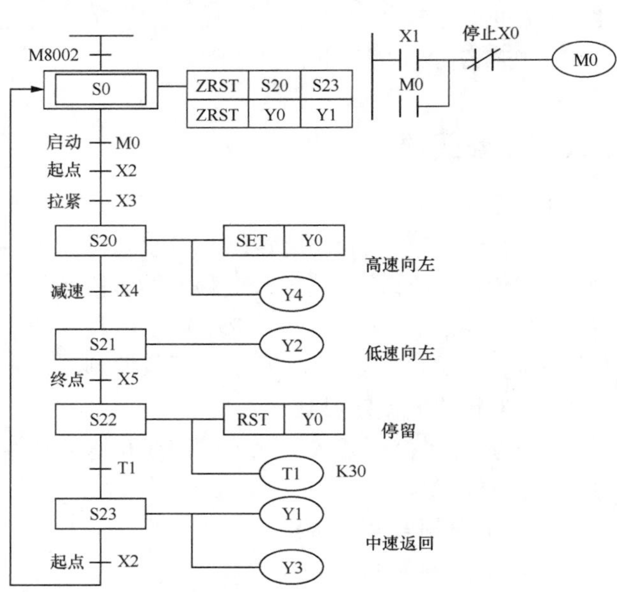

图 7-13 钢琴琴弦绕丝机的电气控制程序状态转移图

6. 程序调试

按照 I/O 接线图，接好电源线、通信线及 I/O 信号线，输入梯形图程序，进行现场调试，直至满足控制要求。

四、知识拓展——PLC 与变频器的通信应用

随着交流变频控制系统及通信技术的发展，可以利用 PLC 及变频器的串行通信方式来实现 PLC 对变频器的控制。

采用串行通信的方式实现 PLC 控制变频器的方法，必须解决 PLC 与变频器之间通信接口的数据编码、求取检验和发送数据、接收数据的奇偶校验、超时处理和出错重发等一系列技术问题。下面采用串行通信的方法实现 PLC 经变频器控制电动机的正、反转和停止运行。

1. 系统硬件组成

PLC 经变频器控制电动机所选系统硬件：PLC 型号——FX_{3U}-48MR；通信接口板——FX_{3U}-485-BD；变频器型号——A500 系列。PLC 与变频器通信连接示意图如图 7-14 所示。通信板与变频器之间通过通信线连接（通信线的 RJ-45 插头和变频器的 PU 插座连接），即将变频器的发送数据接口 SDA、SDB 和接收数据接口 RDA、RDB 与 FX_{3U} 系列 PLC 接收数据接口 RDA、RDB 和发送数据接口 SDA、SDB 对接，以及与其信号地 SG 对接，如图 7-15 所示。

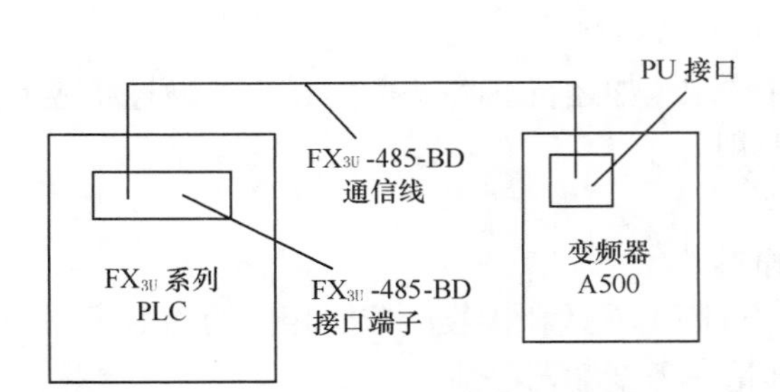

图 7-14　PLC 与变频器通信连接示意图

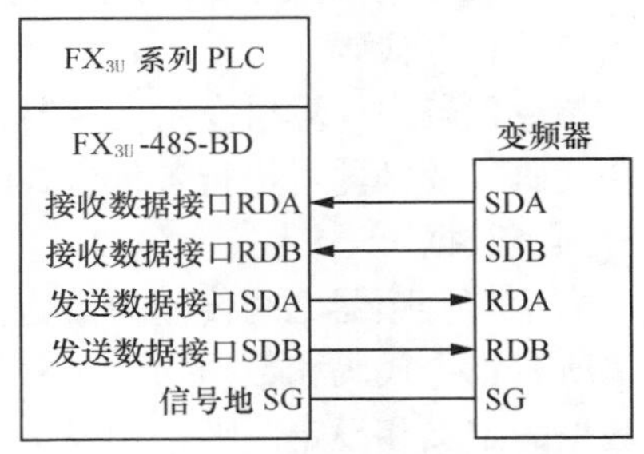

图 7-15　PLC 与变频器通信线连接

2. 变频器通信参数设定

为正确建立通信，必须在变频器中设定有关的参数，通过操作面板进行，如表 7-4 所示。每次进行参数初始化设定后，需要对变频器进行复位。

表 7-4　变频器参数设定

变频器参数	通信参数	设定值	备注
Pr.117	变频器站号	2	变频器地址设为 2 号站
Pr.118	通信速度	192	通信波特率是 19.2kbit/s
Pr.119	停止位长度	10	7 位/停止位是 1 位
Pr.120	是否奇偶校验	2	偶校验
Pr.121	通信重试次数	9999	
Pr.122	通信检查时间间隔	9999	
Pr.123	等待时间设置	9999	变频器设定
Pr.124	CR、LF 选择	0	无 CR，无 LF
Pr.79	操作模式	1	计算机通信模式（PU 接口）

注：变频器参数设定后请将变频器的电源关闭，再重新接上电源，否则无法通信。

3. PLC 与变频器的通信格式

（1）控制代码

控制代码说明如表 7-5 所示。

表 7-5　控制代码说明

信号	ASCII	说明
STX	H02	正文开始（数据开始）
ETX	H03	正文结束（数据结束）
ENQ	H05	查询（通信请求）
ACK	H06	承认（没发现数据错误）
LF	H0A	换行
CR	H0D	回车
NAK	H15	不承认（发现数据错误）

（2）变频器站号

与 PLC 通信的变频器站号，可用十六进制数在 H00 和 H1F（站号 0～31）之间设定。

（3）指令代码

指令代码由计算机发给变频器，指明程序要求（如运行、监视等）。因此，通过相应的指令代码，变频器可进行各种方式的运行和监视。

（4）数据

表示与变频器之间传输的数据，如频率和参数。

所有指令代码和数据均以 ASCII（或十六进制）发送和接收。依照相应的指令代码确定数据的定义和设定范围，如表 7-6 所示（详情参考变频器手册）。

以 ASCII 进行数据传输就是要将十六进制数转换成 ASCII（用十六进制表示），一位十六进制数转换后用 2 个 ASCII 表示，例如，十六进制数“A”转换成 ASCII 就是 H41。

表 7-6　三菱 FR-A500 变频器指令代码及数据（部分）

操作指令	指令代码		数据	
	十六进制	ASCII	十六进制	ASCII
正转	HFA	H46、H41	H02	H30、H32
反转	HFA	H46、H41	H04	H30、H34
停止	HFA	H46、H41	H00	H30、H30
运行频率写入	HED		H0000～H2EE0	
频率读取	H6F		H0000～H2EE0	

注：频率数据内容 H0000～H2EE0 为 0～120Hz，最小单位为 0.01Hz。

（5）等待时间

规定变频器收到从上位机来的数据和传输应答数据之间的等待时间。

4. PLC 和变频器之间的 RS-485 通信协议

（1）在程序中用 PLC 的 M8161 置位进行 8 位数据传输。通信格式 D8120 为 H0C96

（无协议/无SUM CHECK，无协议/RS-232，RS-485F/无终止符/无起始符/19200bit/s/1停止位/偶校验/7位数据长；不使用CR或LF代码）。根据通信格式在变频器中进行相应设置（具体设置如表7-4所示）。发送通信数据使用脉冲执行方式（SET M8122）。

（2）数据定义

运行控制命令的发送M8161=1（8位数据处理模式，变频器通信格式）。M8161=1时，为8位数据处理模式；M8161=0时，为16位数据处理模式。

（3）RS指令

串行通信指令RS主要应用在RS-232C及RS-485通信传输信息中，RS指令中源操作数和目标操作数为D、m和n（0～255），可取K、H和D，占9个程序步。该指令用于功能扩展板发送、接收串行数据。[S.]和m用来指定发送数据的地址和点数，[D.]和n用来指定接收数据的地址和点数。数据的传输格式（如数据位数、奇偶校验、起始位、停止位、波特率、是否有调制解调等）可以用MOV指令和初始化脉冲写入串行通信用的特殊数据寄存器D8120。

注意

当对RS指令进行设置并使之驱动时，要传输的数据需发送到数据缓冲区，发送标志M8122必须为ON。一旦数据发送完毕，M8122自动复位。发送完毕之后要接收数据，必须要有2～3个周期的时间间隔。一旦接收数据完毕，接收标志M8123自动置为ON。此时要尽快将数据从接收的数据缓冲区中转移出去，然后使用顺控程序使M8123复位，否则将无法进行下一次数据的接收。

（4）CCD指令

校验代码指令CCD的功能是对一组数据中的十六进制数进行总和校验和奇偶校验。如图7-16所示，对源操作数[S.]指定的D100～D102共6个字节的8位二进制数求和并进行“异或”运算，结果分别放在目标操作数D0和D1（共4个字节）中。通信过程中可将数据和“异或”结果随同发送，对方接收到信息后，先将传输的数据求和并进行“异或”运算，再与收到的和及“异或”结果比较，以此判断传输信号是否正确。源操作数可取KnX、KnY、KnM、KnS、T、C和D，目标操作数可取KnM、KnS、T、C和D，n可用K、H或D，n=1～255，为16位运算指令，占7个程序步。

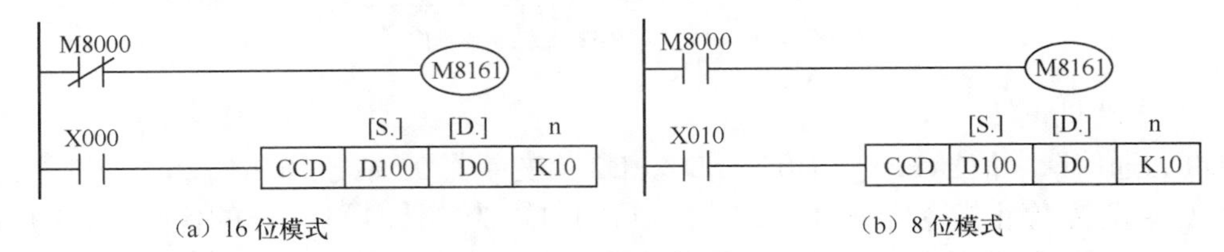

图7-16 CCD指令的使用

5. PLC编程

要实现PLC与变频器的通信，必须对PLC进行编程，通过程序实现电动机正转、反转或停止的控制，PLC控制变频器梯形图程序如图7-17所示。

（1）通信格式

使用串行数据发送和接收时，变频器和PLC的通信格式必须一致。PLC的通信参数通过D8120来决定。当PLC处于运行模式“RUN”时，利用初始化脉冲M8002置D8120为

H0C96，驱动 M8161 进行 8 位数据传输，用 RS 串行数据通信指令，设置发送区为从 D0 开始的 10 个数据寄存器，即 D0～D9，接收区为从 D100 开始的 10 个数据寄存器，即 D100～D109。

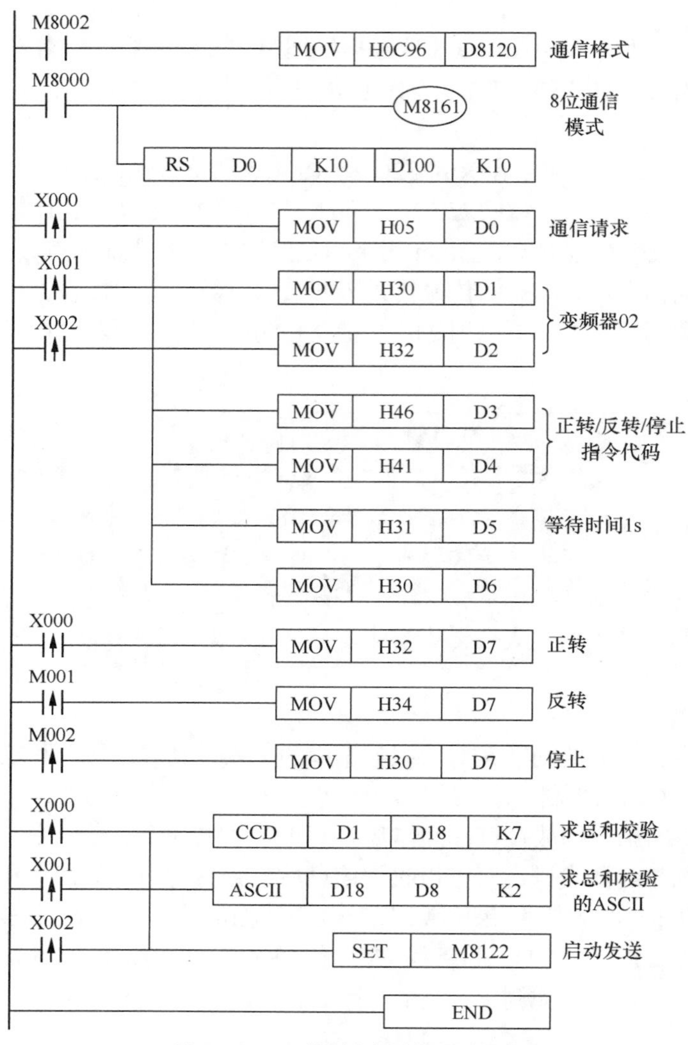

图 7-17　PLC 控制变频器梯形图程序

（2）电动机正转

D0 为通信请求信号 ENQ（H05）；D1、D2 为变频器 02 站号 H02（H30、H32）；D3、D4 为正转/反转/停止指令代码 HFA（H46、H41）；D5 为等待时间是 1s 的代码（H31）；D6、D7 为正转，控制数据是 H02（H30、H32）。然后通过 CCD 指令对 D1～D7 进行总和校验，并用 ASCII 指令将总和校验的十六进制数转换成 ASCII，同时使 M8122 置位启动发送。当按 X0 时，PLC 将上述的通信数据发送到变频器中，且置 D7=H32，变频器将使电动机正转运行。

（3）电动机反转

当按 X1 时，PLC 将改变 D7 的内容为 H34，即 D6、D7 为反转，控制数据是 H04（H30、H34）。即按 X1 时，D7=H34，PLC 将通信数据发送到变频器中，变频器将使电动机反转运行。

（4）电动机停止

当按 X2 时，PLC 将改变 D7 的内容为 H30，即 D6、D7 为反转，控制数据是 H00（H30、H30），PLC 将通信数据发送到变频器中，使电动机停止运行。

6. 注意事项

（1）通信格式必须在变频器的初始化中设定，如果没有进行设定或有错误的设定，数据将不能进行传输。

（2）每次参数初始化设定后，需要复位变频器，如未复位，通信将不能进行。通过改变数据格式，即可改变变频器的运行频率和对变频器的数据进行监视。

习　题

1. 用基本逻辑指令实现图 7-13 所示程序状态转移图的功能。
2. 试述变频器点动和多段速度运行的区别。

实战演练　电动机自动变频运行控制

按下启动按钮后，电动机以中速（30Hz）启动运行 10min，然后高速（50Hz）运行 30min，最后以低速（20Hz）反向运行 5min 后停止。

项目八　PLC 的工程应用实例

【项目导读】

PLC 技术在传统设备的改造中和自动生产线上的应用十分广泛。本项目以 C650 卧式车床 PLC 控制系统和气动机械手的自动运行控制两个任务为例，介绍 PLC 控制系统在大型工控任务以及在复杂工作方式中的应用，以拓宽读者视野。

【学习目标】

- 学习和了解 PLC 技术在传统设备改造中的应用。
- 学习和了解 PLC 技术在自动生产线上和多种工作方式中的应用。

【素质目标】

- 拓宽视野，激发爱国情怀和责任使命感。
- 培养自主学习新知识、新技能的主动性和意识。
- 培养工程意识（如安全生产意识、质量意识、经济意识和环保意识等）。
- 培养通过网络搜集资料、获取相关知识和信息的能力。
- 培养良好的职业道德、精益求精的工匠精神，树立正确的价值观。

【思维导图】

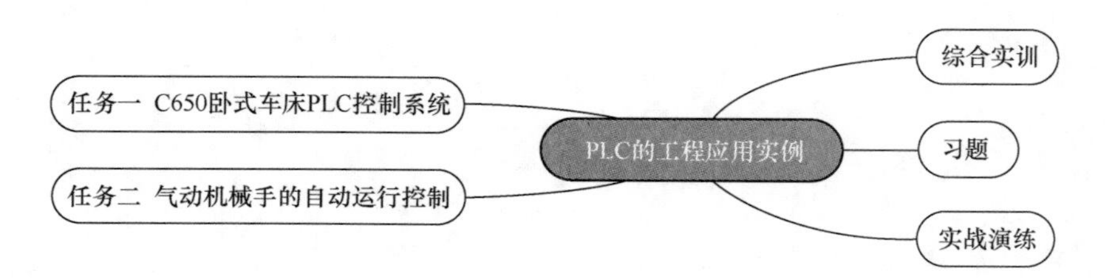

任务一　C650 卧式车床 PLC 控制系统

一、任务分析

车床是机械生产中主要的加工机床，常用来切削各种回转类工件等。某厂机械加工车间有一批使用年限较久的 C650 卧式车床，此类车床加工精度和生产效率低，其原有电气部分采用继电器-接触器控制系统，电路接线复杂，体积大，工作可靠性不高，生产适应性差。因此，现考虑将 C650 卧式车床继电器-接触器控制电路改造为 PLC 控制，通过改造，既可以提高系统的可靠性，又可以通过灵活的编程特性改变其控制程序。

C650 卧式车床的结构如图 8-1 所示。车床工作时，先由主轴上的夹头夹紧工件，主电动机带动主轴正转和反转，为了提高设备的工作效率，必须使主轴快速停止。车削加工时，刀架移动与主轴旋转之间保持一定的比例关系，主运动和刀架进给运动均由主电动机带动，它们之间通过一系列齿轮传动来实现配合。为便于进行车削加工前的对刀操作，要求主轴拖动工件做点动调整，所以要求主轴与进给电动机能实现单方向旋转的低速点动控制。为提高加工效率，特别增加单独的快速移动电动机，以带动刀架快速移动。车床工作时刀具会产生高温，因此需要对加工工件进行冷却，这时可通过冷却泵电动机控制冷却液的喷洒。电气控制要求如下。

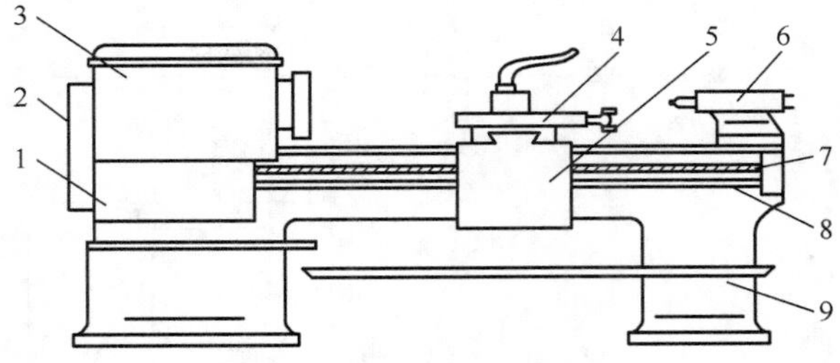

图 8-1　C650 卧式车床的结构
1—进给箱；2—挂轮箱；3—主轴变速箱；4—溜板与刀架；5—溜板箱；6—尾架；7—丝杠；8—光杠；9—床身

（1）主运动和进给运动均采用主电动机 M1 驱动，要求能正反转。由于加工工件转动惯量较大，为实现主轴快速停转，主电动机采用反接制动。为便于进行车削加工前的对刀操作，则要求主轴拖动工件做点动调整，所以要求主电动机 M1 能实现单方向旋转的低速点动控制。

（2）由于溜板箱连续移动时短时工作，快速移动电动机 M3 只要求单向点动，短时运转。快移电动机 M3 应能实现点动控制，为限制主电路中电流要串接电阻器。

（3）M2 为冷却泵电动机，各电动机有短路保护，M1、M2 电动机有过载保护。

二、相关知识——C650 卧式车床的电力拖动形式、C650 卧式车床控制电路与 PLC 型号的选择

1. C650 卧式车床的电力拖动形式

C650 卧式车床主电路如图 8-2 所示。主电路采用 3 台三相笼型异步电动机拖动。

（1）主轴的旋转运动

C650 卧式车床的主运动是工件的旋转运动，由主电动机带动，功率为 30kW。主电动机 M1 通过接触器 KM1、KM2、KM3 控制，用于电动机正反转、点动及制动。热继电器 FR1 用于主电动机 M1 的过载保护。

KM1 和 KM3 主触点闭合时，电动机正转；KM2 和 KM3 主触点闭合时，电动机反转；KM3 主触点断开、KM1 主触点闭合时，电阻器 R 接入电路中起限流作用，实现电动机的低速点动调整。

为提高工作效率，主电动机采用反接制动。与主电动机同轴连接的速度继电器 KS 检测电动机转子的速度信号，电动机正转时，速度继电器 KS 常开触点闭合；当制动转速接近零时，速度继电器 KS 的常开触点断开，切断三相电源，主电动机停转；电动机反转时亦然。制动时电阻器 R 接入电路中起限流作用。

（2）刀架的进给运动

溜板箱带着刀架的直线运动称为进给运动。刀架的进给运动由主电动机 M1 带动，并使用走刀箱调节加工时的纵向和横向走刀量。

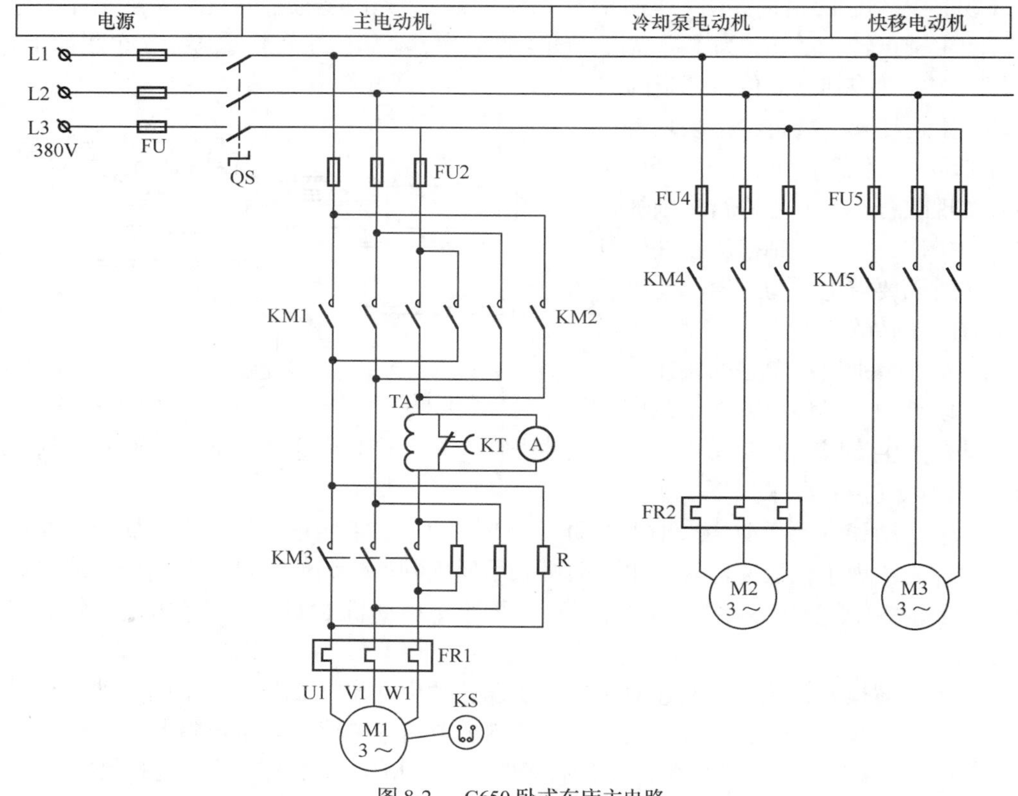

图 8-2　C650 卧式车床主电路

（3）刀架的快移运动

为提高工作效率，刀架的快移运动由一台单独的快移电动机 M3 带动，其功率为 2.2kW。溜板箱快移电动机 M3 由接触器 KM5 控制，因 M3 为点动短时运转，故不设置热继电器。

（4）冷却系统

冷却泵电动机 M2 通过接触器 KM4 实现单向运行，FR2 为 M2 的过载保护热继电器。冷却泵电动机 M2 供给刀具切削时需要的冷却液。

2. C650 卧式车床控制电路与 PLC 型号的选择

根据控制要求，本控制系统包括主电动机 M1 的正反转控制、点动调整控制和反接制动控制，快移电动机 M3 的单向点动控制及冷却泵电动机 M2 的单向运行控制。本方案保留原主电路结构，采用 PLC 对传统继电器的控制电路进行改造。根据设计要求、I/O 点数以及所需继电器数目来选择 PLC 的型号。根据 C650 卧式车床的控制要求，该车床的输入信号为 11 个点，输出信号为 6 个点，考虑到控制规模、特点和用户在使用过程中增加新的功能、进行扩展等要求，本方案选择适用于小系统的三菱小型 PLC FX_{2N}-32MR 作为 PLC 控制系统的基本单元。

三、任务实施

1. 选择 I/O 设备，分配 I/O 地址，绘制 I/O 接线图

C650 卧式车床 PLC 控制的 I/O 设备及 I/O 地址分配如表 8-1 所示，输入的开关量信号

都采用常开触点。主电动机正转启动后转速大于 120r/min 时，速度继电器 KS 的常开触点 KS2 闭合；主电动机反转启动后转速大于 120r/min 时，速度继电器 KS 的常开触点 KS1 闭合。

表 8-1　　I/O 设备及 I/O 地址分配

输入设备及功能	地址	输出信号及功能	地址
主电动机 M1 正转启动按钮 SB1	X0	速度继电器触点 KS2	X11
主电动机 M1 反转启动按钮 SB2	X1	快速移动的微动开关 SQ	X12
主电动机 M1 点动启动按钮 SB3	X2	主电动机 M1 正转接触器 KM1	Y0
主电动机 M1 停止按钮 SB4	X3	主电动机 M1 反转接触器 KM2	Y1
冷却泵电动机 M2 停止按钮 SB5	X4	短路限流电阻 R 的接触器 KM3	Y2
冷却泵电动机 M2 启动按钮 SB6	X5	冷却泵电动机 M2 启停接触器 KM4	Y3
M1 过载保护热继电器 FR1	X6	快移电动机 M3 启停接触器 KM5	Y4
M2 过载保护热继电器 FR2	X7	主电路中保护电流表的时间继电器 KT	Y5
速度继电器触点 KS1	X10		

根据 I/O 地址分配结果，绘制 C650 卧式车床 PLC 控制系统 I/O 接线图如图 8-3 所示。

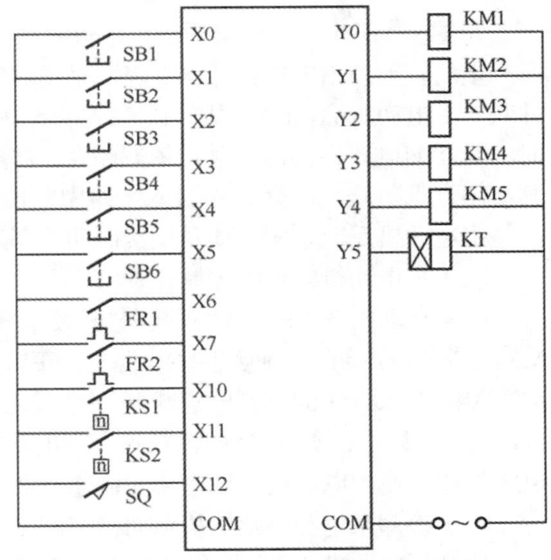

图 8-3　C650 卧式车床 PLC 控制系统 I/O 接线图

2. 设计控制程序

C650 卧式车床的 PLC 控制梯形图程序如图 8-4 所示。本梯形图程序由 10 行梯级组成，每行梯级的作用见梯形图程序右边的备注。其具体控制过程如下。

（1）主电动机的正向全压启动及反接制动控制

按下正转启动按钮 SB1，输入继电器 X0 常开触点闭合，主电动机 M1 线圈得电并自锁。M1 常开触点闭合，使输出继电器 Y2 得电，接触器 KM3 线圈得电，主触点闭合，限流电阻器 R 被短接。

同时，Y2 和 M1 各自的第 2 对常开触点闭合，使 Y0 线圈得电，接通主电动机正转的接触器 KM1 线圈，使其主触点闭合。此时主电动机正向全压启动。当速度大于 120r/min 时，速度继电器 KS2 的常开触点闭合，使 X11 常开触点闭合，为反接制动做准备。

按下停止按钮 SB4，输入继电器 X3 的常闭触点断开，使线圈 M1、Y2、Y0 均失电，主电动机正转的接触器 KM1 线圈断电。X3 的常开触点闭合，使辅助继电器 M4 线圈得电并自锁。此时由于惯性作用，电动机仍然正向高速旋转，KS2（X11）常开触点仍然保持闭合状态，由于 M4 常开触点已闭合，输出继电器 Y1 线圈接通，使反转接触器 KM2 线圈得电，电动机进入反接制动状态。电动机转速接近零时，KS2 复位，KS2（X11）

常开触点复位，M4 及 Y1 线圈失电，反转接触器 KM2 失电，主电动机停转，制动过程结束。

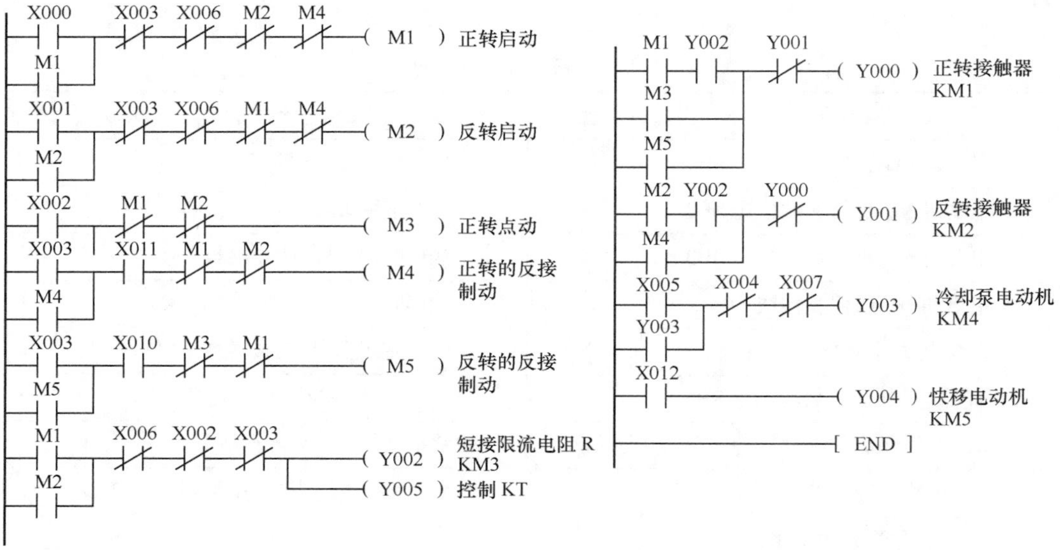

图 8-4　C650 卧式车床的 PLC 控制梯形图程序

在图 8-2 所示的主电路中，用电流表 A 来监控主电动机绕组电流。为避免电动机启动时产生的较大冲击电流损坏电流表，采用时间继电器 KT 的延时断开常闭触点与电流表 A 并联。主电动机启动时，程序中 Y2 与 Y5 并联接通，使 KT 线圈得电。由于 KT 是通电延时的时间继电器，其常闭触点依然闭合，将电流表短接。启动完毕后，KT 延时时间到，其常闭触点断开，电流表 A 接入电路中监控绕组电流。

主电动机反向全压启动及反接制动控制过程与上述类似，请读者自己分析。

（2）主电动机的点动控制

按下点动按钮 SB3，输入继电器 X2 常开触点闭合，点动接通快移电动机 M3 线圈。M3 的常开触点闭合，使线圈 Y0 得电，正转接触器 KM1 线圈得电。松开按钮 SB3（X2），M3 线圈失电，M3 的常开触点断开，使线圈 Y0 失电，KM1 线圈失电，主电动机停止运行。此时 Y2 没接通，所以 KM3 没接通，主电动机回路中串入了短接限流电阻器 R。通过操作 SB3 按钮，使主电动机实现正转的低速点动控制。

（3）冷却泵电动机及快移电动机控制

冷却泵电动机 M2、快移电动机 M3 均为单向运转，其控制较为简单。按下冷却泵电动机 M2 启动按钮 SB6 时，输入继电器 X5 常开触点闭合，输出继电器 Y3 线圈得电并自锁，冷却泵电动机接触器 KM4 线圈得电，冷却泵电动机 M2 运行。按下停止按钮 SB5，冷却泵电动机 M2 停止运行。

快移电动机 M3 为点动控制，压下微动开关 SQ，X12 闭合，Y4 得电，接触器 KM5 线圈得电，快移电动机 M3 启动；松开 SQ，Y4 失电，快移电动机 M3 因断电停止。

3. 程序调试

按照 I/O 接线图接好电源线、通信线及 I/O 信号线，输入程序进行调试，直至满足要求。

任务二　气动机械手的自动运行控制

一、任务分析

为了满足实际生产的需求，很多设备要求设置多种工作方式，如手动工作方式和自动（包括连续、单周期、单步和回原点）工作方式。手动程序比较简单，一般用经验设计法，复杂的自动程序一般用步进顺控设计法。

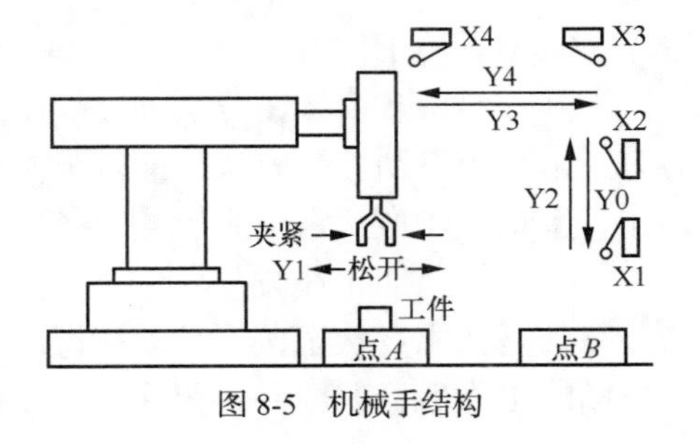

图 8-5　机械手结构

例如，某气动机械手将工件从点 *A* 搬运到点 *B*，机械手结构如图 8-5 所示，机械手操作面板如图 8-6 所示。图 8-7 所示为机械手工作流程，概括如下：

原点→下降→夹紧→上升→右行→下降→松开→上升→左行→原点。

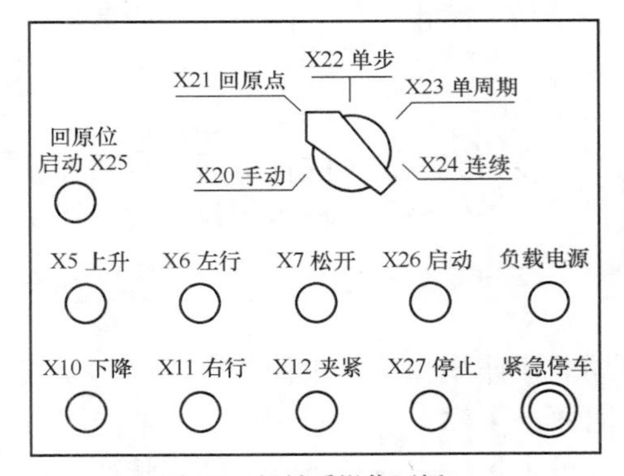

图 8-6　机械手操作面板

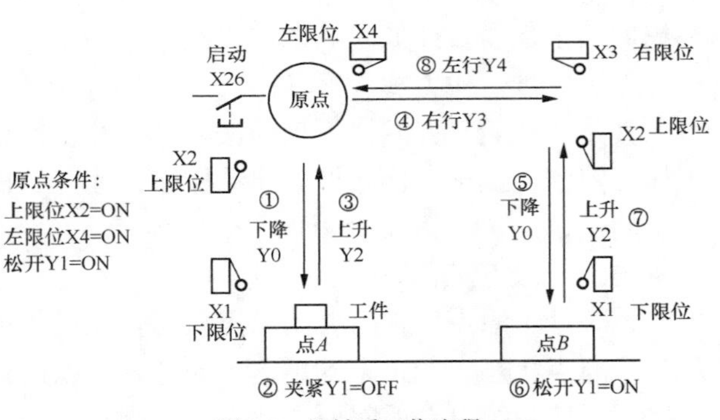

图 8-7　机械手工作流程

气动机械手的夹紧、松开动作由只有一个线圈的单电控两位电磁阀驱动的气缸完成，线圈 Y1 失电，夹住工件；线圈 Y1 得电，松开工件，以防止停电时工件跌落。机械手的左行和右行、上升和下降分别用由两个线圈控制的双电控两位五通电磁阀驱动的气缸完成。双电控电磁阀的特点：一旦电磁阀线圈得电，就一直保持现有的动作，即使以后线圈失电了也一直保持现有的动作，直到相对的另一个线圈得电才会改变现有的动作。以机械手左行和右行的电磁阀为例，电磁阀 Y3 得电、Y4 失电时活塞杆伸出使机械手向右运行，即使在 Y3 失电后机械手也一直保持在右边的位置；直到电磁阀 Y4 得电（且 Y3 已失电）活塞杆才缩回，使机械手向左运行，此后即使 Y4 失电，机械手也一直保持在左边的位置。相对的，两个电磁阀 Y3 和 Y4 不能同时得电。当 Y3 和 Y4 都失电时，活塞杆连同机械手的位置由 Y3、Y4 中后失电者决定。

机械手的工作臂上设有上限位、下限位的位置开关 X2、X1 和左限位、右限位的位置开关 X4、X3。夹持装置不带限位开关，它是通过一定的延时时间（这里需要 2s）来完成其夹持动作的。机械手除在最上面、最左边，且除松开的电磁线圈 Y1 得电外，其他线圈处于全部失电的状态时位于原位。

根据实际需求，机械手有 5 种工作方式，分别对应工作方式选择开关的 5 个位置

（X20～X24）。操作面板左下部的 6 个按钮（X5～X7，X10～X12）用于在手动工作方式下对机械手实施各项控制（也称为手动控制）。为了保证在紧急情况下（如 PLC 发生故障时）能可靠地切断 PLC 的负载电源，设置了“负载电源”按钮和“紧急停车”按钮。

二、相关知识——具有多种工作方式的步进顺控设计法

生产实际中一般设有手动、单周期、连续、单步和回原点 5 种工作方式。

（1）手动工作方式

其一般用多个按钮分别独立控制某个运动，如前进、后退、上升、下降等。手动工作方式常采用点动控制方式，即按下按钮时对应的机构动作，松开按钮时对应的机构停止动作。手动工作方式常用来检查系统各个单独的动作是否正常。

（2）单周期工作方式

其是在原点状态按下启动按钮后，系统从初始步开始，按状态转移图的规定完成一个周期的工作后，返回并停留在初始步的工作方式。

（3）连续工作方式

其是在原点状态按下启动按钮后，系统从初始步开始，工作一个周期后又进入下一个周期，反复连续地工作；按下停止按钮后，系统并不是马上停止工作，而是在完成最后一个周期的工作后，才返回并停留在初始步的工作方式。

（4）单步工作方式

其是从初始步开始按下启动按钮，系统转换到下一步，完成该步的任务后，自动停止工作并停留在该步，再次按下启动按钮，才开始执行下一步的操作。单步工作方式常用于系统的调试。

（5）回原点工作方式

系统处于原点位置时称为原点状态。在进入单周期、连续和单步工作方式之前，系统应处于原点状态。如果不满足这一条件，可以选择回原点工作方式，然后按“回原点”启动按钮，使系统自动返回原点状态。单周期、连续和单步工作方式只有满足原点状态条件时才能从初始步开始进行状态转移。

三、任务实施

1. 选择 I/O 设备，分配 I/O 地址，画出 I/O 接线图

如前所述，本任务的 I/O 设备及 I/O 地址分配已经确定。根据图 8-5～图 8-7 所示的地址，绘制的 I/O 接线图如图 8-8 所示。其中设置了交流接触器 KM。在 PLC 开始运行时，按下“负载电源”按钮，使 KM 线圈得电并自锁，KM 的主触点闭合，给 PLC 的外部负载提供交流电。出现紧急情况时，用“紧急停车”按钮断开负载电源。

2. 设计控制程序

由于机械手有多种工作方式，需要分别进行设计，因此程序结构较为复杂。

（1）程序的总体结构

图 8-9 所示为机械手梯形图程序总体结构。它将程序分为公用程序、自动程序、手动程序和回原点程序 4 个部分。其中，自动程序包括单步、单周期和连续工作方式的程序，这是因为它们都是按照同样的顺序工作的，所以将它们合在一起编程更加简单。梯形图程序中使用跳转指令使得自动程序、手动程序和回原点程序不会同时执行。假设选择手动工作方式，则 X20 为 ON，X21 为 OFF，此时 PLC 执行完公用程序后，将跳过自动程序到

P0 处，因 X20 常闭触点为断开，故执行手动程序，执行到 P1 处，因为 X21 常闭触点为闭合，所以跳过回原点程序到 P2 处；假设选择回原点工作方式，则 X20 为 OFF，X21 为 ON，跳过自动程序和手动程序，执行回原点程序；假设选择单步、单周期或连续工作方式，则 X20、X21 均为 OFF，此时执行完自动程序后，跳过手动程序和回原点程序。

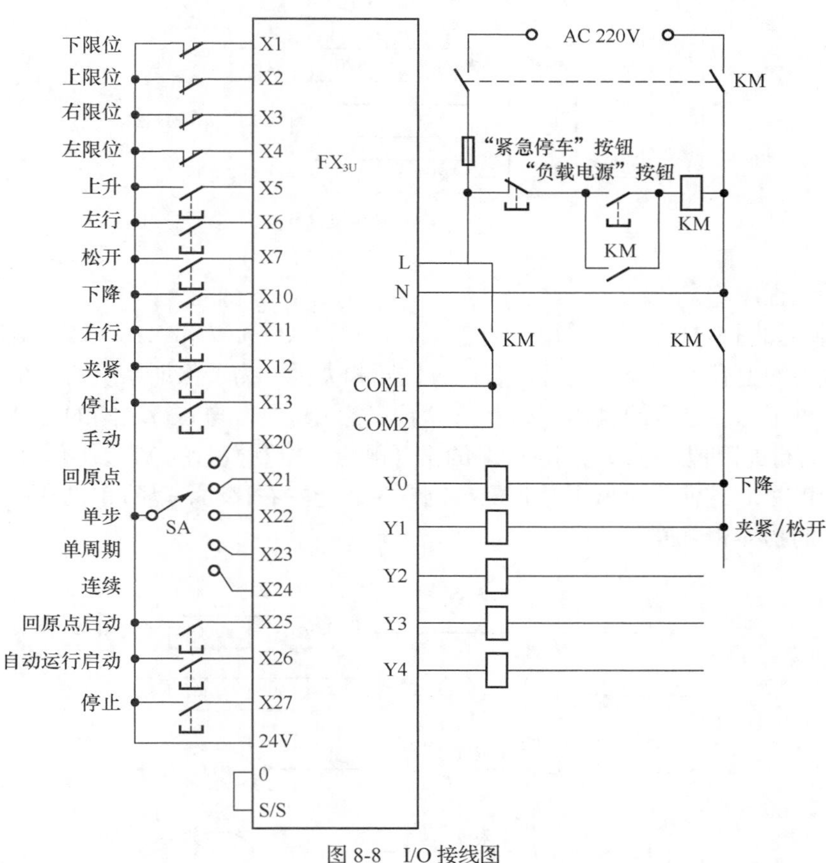

图 8-8　I/O 接线图

（2）公用程序

公用程序如图 8-10 所示，左限位开关 X4、上限位开关 X2 的常开触点和表示机械手松开的 Y1 的常开触点的串联电路接通时，辅助继电器 M0 变为 ON，表示机械手在原位。

公用程序用于自动程序和手动程序相互切换的处理，在开始执行用户程序（M8002 为 ON）、系统处于手动工作方式或回原点工作方式时，必须将自动程序各步（初始步 S2 及工作步 S20～S27）对应的状态继电器复位，并且将表示连续工作方式的 M1 复位。

当机械手处于原点状态（M0 为 ON）时，可以选择单周期、连续或单步工作方式，将自动工作方式运行的初始步 S2 置位。如果不满足处于原点状态条件，可以选择回原点工作方式（X21 为 ON），然后按回原点启动按钮 X25，

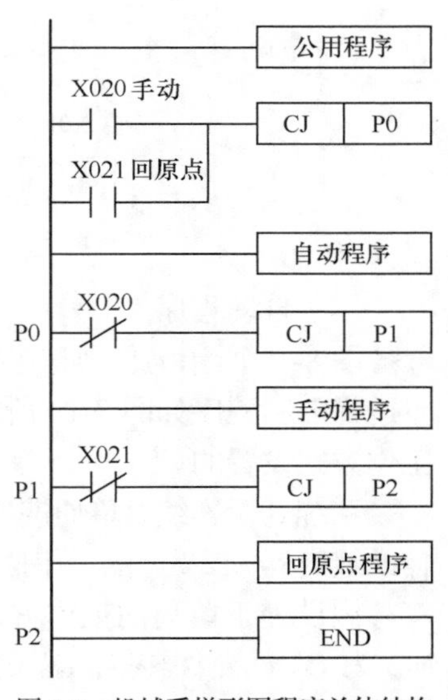

图 8-9　机械手梯形图程序总体结构

使系统自动返回原点状态。单周期、连续和单步工作方式只有满足原点状态条件时才能从初始步 S2 开始进行状态转移。

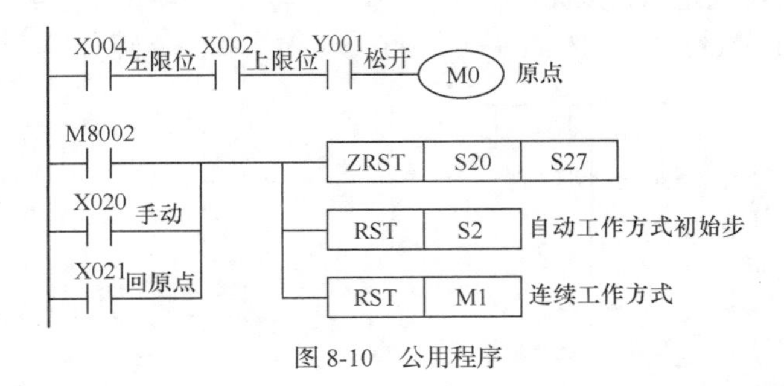

图 8-10　公用程序

（3）手动程序

手动程序如图 8-11 所示，采用手动工作方式时用 X5～X7 和 X10～X12 对应的 6 个按钮控制机械手的上升、下降、左行、右行、松开和夹紧。为了保证系统的安全运行，在手动程序中设置了一些必要的联锁，如上升与下降之间、左行与右行之间的互锁，上升、下降、左行、右行的限位，上限位开关 X2 的常开触点与控制左行的 Y4 线圈串联（或与右行的 Y3 线圈串联），这使得机械手升到最高位置时才能左右移动，以防止机械手在较低位置运行时与别的物体相碰撞。

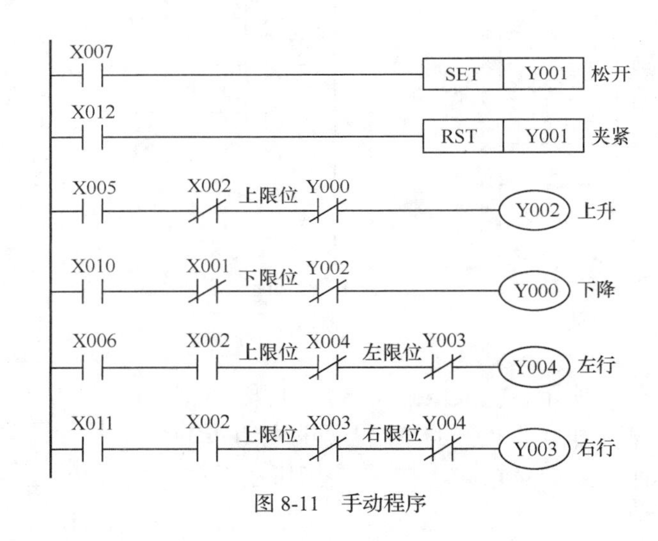

图 8-11　手动程序

（4）自动程序

图 8-12 所示为自动程序的状态转移图。使用步进指令的编程方式设计出的自动程序的步进梯形图程序如图 8-13 所示。在各工作步的驱动动作中，X1～X4 的常闭触点是为单步工作方式设置的。

系统处于连续、单周期（非单步）工作方式时，X22 的常闭触点闭合，使“转换允许”辅助继电器 M2 为 ON，串联在各步电路中的 M2 常开触点闭合，允许步与步之间的转换。

假设处于单周期工作方式，此时 X23 为 ON，X21 和 X22 的常闭触点闭合，各步的 M2 为 ON，允许转换。若此时系统处于原点，则初始步 S2 为 ON，按下启动按钮 X26，激活 S20 步，Y0 接通，机械手下降。机械手碰到下限位开关 X1 时，S21 步变为 ON，Y1

被复位，工件被夹紧。同时 T0 得电，2s 以后 T0 的定时时间到，其常开触点闭合，使系统进入 S22 步。系统将这样一步一步地继续工作，当机械手在 S27 步返回原点时，X4 为 ON，因为此时不处于连续工作方式，M1 处于 OFF 状态，所以转换条件 $\overline{M1}$ · M2 · X4 满足，系统返回并停留在初始步 S2。

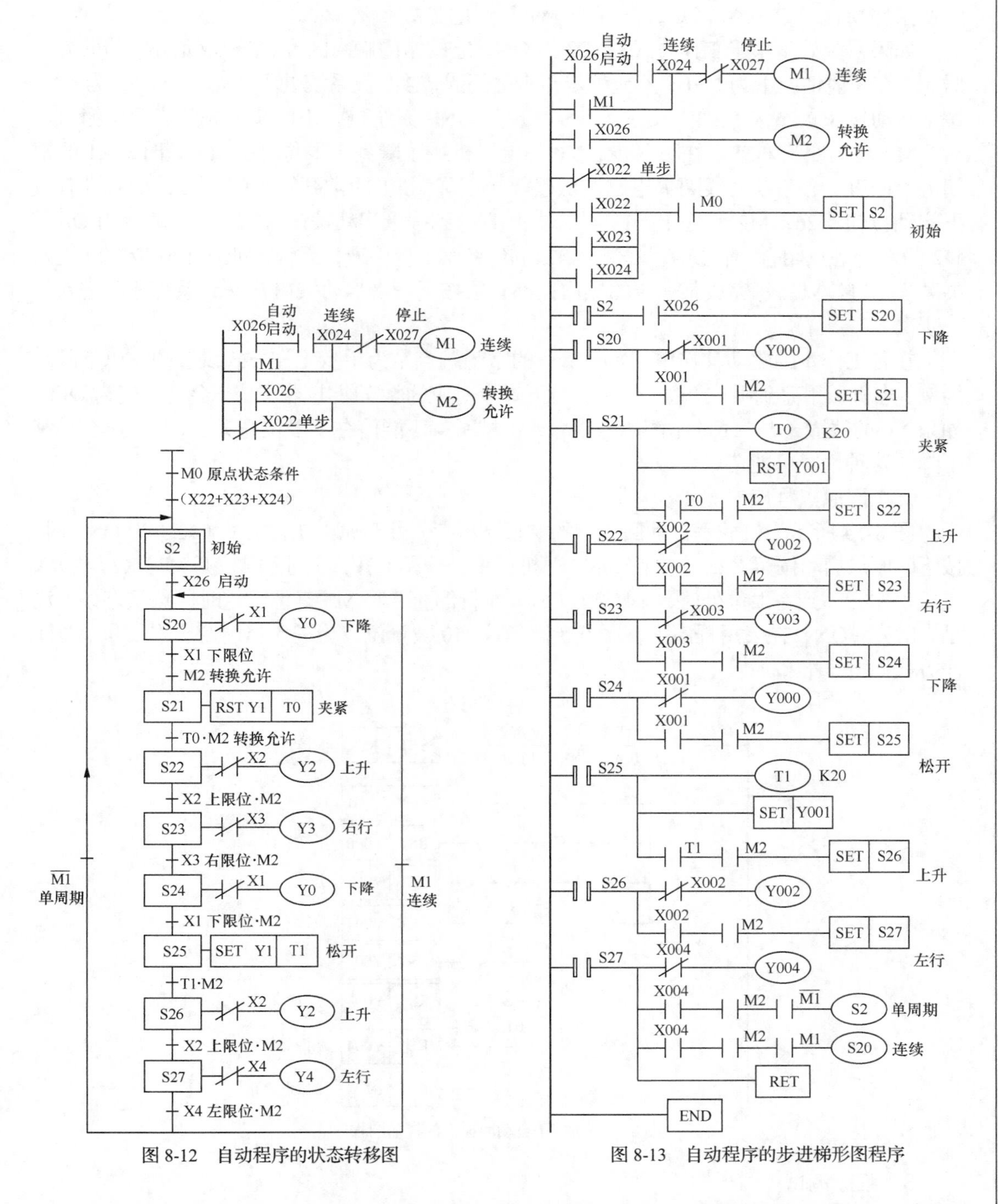

图 8-12　自动程序的状态转移图　　　　图 8-13　自动程序的步进梯形图程序

如果系统处于连续工作方式，则 X24 为 ON，若原点状态条件满足则初始步 S2 被激活。按下启动按钮 X26，与单周期工作方式的相同，S20 步变为 ON，机械手下降，与此同时，控制连续工作的 M1 为 ON，往后的工作过程与单周期工作方式相同。当机械手在 S27 步返回原点时，X4 为 ON，因为 M1 为 ON，转换条件 M1 · M2 · X4 满足，系统将返回 S20 步，反复、连续地工作下去。按下停止按钮 X27 后，M1 变为 OFF，但是系统不会立即停止工作，在完成当前工作周期的全部动作后，在 S27 步返回原点时，左限位开关 X4 为 ON，转换条件 $\overline{\text{M1}}$ · M2 · X4 满足，系统才返回并停止在初始步 S2。

如果系统处于单步工作方式，X22 为 ON，它的常闭触点断开，“转换允许”辅助继电器 M2 在一般情况下为 OFF，不允许步与步之间的转换。设系统处于初始状态，S2 为 ON，按下启动按钮 X26，M2 变为 ON，使 S20 步为 ON，系统进入下降步。放开启动按钮 X26 后，M2 马上变为 OFF。在下降步，Y0 得电，机械手降到下限位开关 X1 处时，X1 的常闭触点断开，使 Y0 的线圈失电，机械手停止下降。X1 的常开触点闭合后，如果没有按下启动按钮 X26，M2 就处于 OFF 状态，一直等到按下启动按钮 X26 后，M2 变为 ON，M2 的常开触点闭合，转换条件 X1 · M2 才能使 S21 步接通，系统才能从下降步 S20 进入夹紧步 S21。以后每完成某一步的操作，都必须按下一次启动按钮 X26，系统才能进入下一步。

在各工作步的驱动动作中，X1～X4 的常闭触点是为单步工作方式设置的。以下降步为例，当机械手碰到限位开关 X1 后，与下降步对应的状态继电器 S20 不会马上变为 OFF，如果 Y0 的线圈不与 X1 的常闭触点串联，机械手就不能停在下限位开关 X1 处，还会继续下降，这种情况可能造成事故。

（5）回原点程序

图 8-14 所示为机械手自动回原点的梯形图程序。处于原点工作方式（X21 为 ON）时，按下回原点启动按钮 X25，M3 变为 ON，机械手松开和上升，升到上限位开关时 X2 为 ON，机械手左行，到左限位处时，X4 变为 ON，左行停止并将 M3 复位。这时原点状态条件满足，M0 为 ON，在公用程序中，原点状态条件 M0 被置位，为进入单周期、连续和单步工作方式做好了准备。

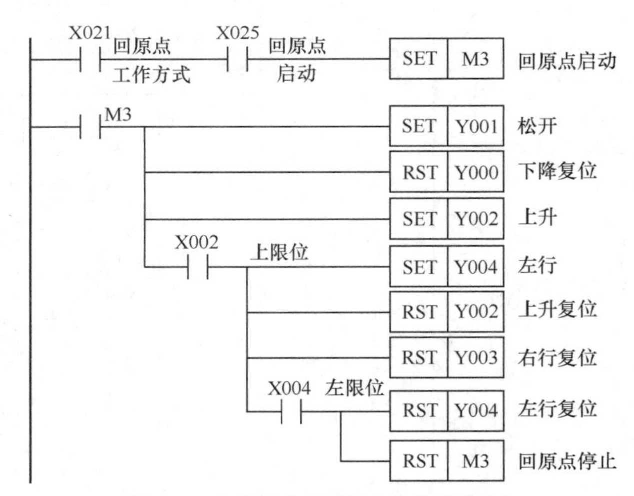

图 8-14 机械手自动回原点的梯形图程序

3. 程序调试

由于在设计各部分程序时已经考虑了其相互关系，因此只要将公用程序（见图 8-10）、手动程序（见图 8-11）、自动程序（见图 8-13）和回原点程序（见图 8-14）按照机械手程

序总体结构（见图 8-9）综合起来即为机械手的自动运行控制系统的 PLC 程序。

模拟调试时按照图 8-8 所示接好各信号线，各部分程序可分别调试，再进行全部程序的调试，也可直接进行全部程序的调试。仔细观察运行结果，直至满足控制要求。

四、知识拓展——状态初始化指令

使用状态初始化指令 IST 进行多工作方式系统的编程，可以简化很多编程步骤，使程序结构简单、明了。状态初始化指令 IST 的功能是自动定义有关内部继电器及特殊辅助继电器的状态。如图 8-15 所示，[S]指定运行模式的起始输入，[D1]、[D2]分别指定在自动程序中实际用到的最小和最大状态继电器地址。

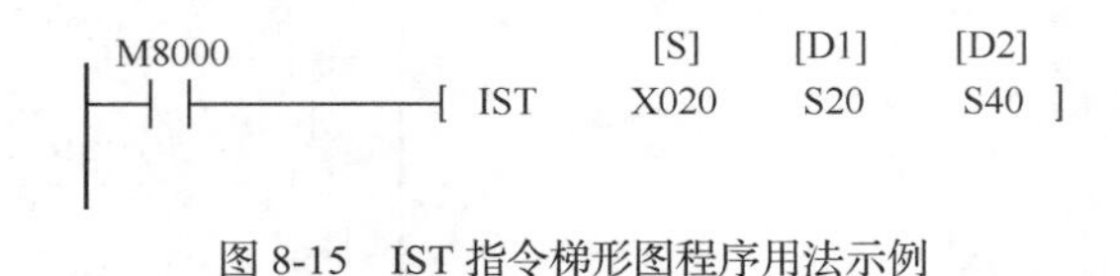

图 8-15　IST 指令梯形图程序用法示例

运行模式用的开关，占用从起始软元件开始的 8 点，具体定义：X20 为手动操作；X21 为回原点；X22 为单步运行；X23 为单周期（循环运行一次）；X24 为连续运行（自动）；X25 为回原点启动；X26 为自动运行启动；X27 为停止。

为了防止 X20～X24 同时为 ON，必须使用旋转开关。X25～X27 为按钮开关。X20～X27 的 8 个点中有不使用的点无须接线，但是因为其被 IST 指令占用了，所以不能用于其他用途。

如图 8-15 所示，当 M8000 变为 ON，IST 指令被驱动后，下列元件被自动切换控制。若在这之后，M8000 变为 OFF，这些元件的状态仍保持不变。

M8040 为禁止状态转移；M8041 为状态转移开始；M8042 为启动脉冲；M8043 为回原点完成（在回原点程序的最终状态允许置 1）；M8044 为设置原点条件，一旦系统处于原点位置 M8044 即为 ON；M8045 为禁止所有输出复位（工作方式切换时不让进行所有输出的复位）；M8047 为 STL 状态监控有效。S0 为手动程序的初始状态（初始步）；S1 为回原点程序的初始状态（初始步）；S2 为自动运行程序的初始状态（初始步）。

IST 指令在程序中只能使用一次，应放在步进顺控指令之前。若在回原点完成（M8043 置 1）之前改变工作方式，则所有输出将变为 OFF。在回原点完成以后，才可以再次驱动自动运行。

用状态初始化 IST 指令设计的气动机械手的自动运行控制程序如图 8-16 所示。图 8-16（a）所示为初始化程序，指明原点条件，并用 IST 指令定义输入端子运行模式及有关内部特殊继电器状态。图 8-16（b）所示为手动程序。当输入端子 X20 为 ON 时即为选择手动操作，系统自动将初始步 S0 置位，接着可以执行各种手动操作。图 8-16（c）所示为自动回原点程序。当输入端子 X21 为 ON 时即为选择自动回原点操作，系统自动将初始步 S1 置位，然后自动进行回原点的各种操作。回原点的各步操作必须使用状态继电器 S10～S19 表示，当系统回原点后要在最终状态中驱动特殊辅助继电器 M8043，然后自行复位。图 8-16（d）所示为自动程序的状态转移图。当输入端子 X22、X23、X24 分别为 ON 时，分别对应单步、单周期、连续工作方式，系统自动将初始步 S2 置位。如果原点条件 M8044 满足、且 M8041 为 ON（此处按下 X26 后 M8041 自动为 ON），则 S20 步被激活，机械手执行“下降”操作。然后依据是处于单步、单周期还是连续工作方式，系统自动进行相应的各步操作。

用状态初始化指令IST设计的气动机械手的自动运行控制指令表程序如图8-17所示。

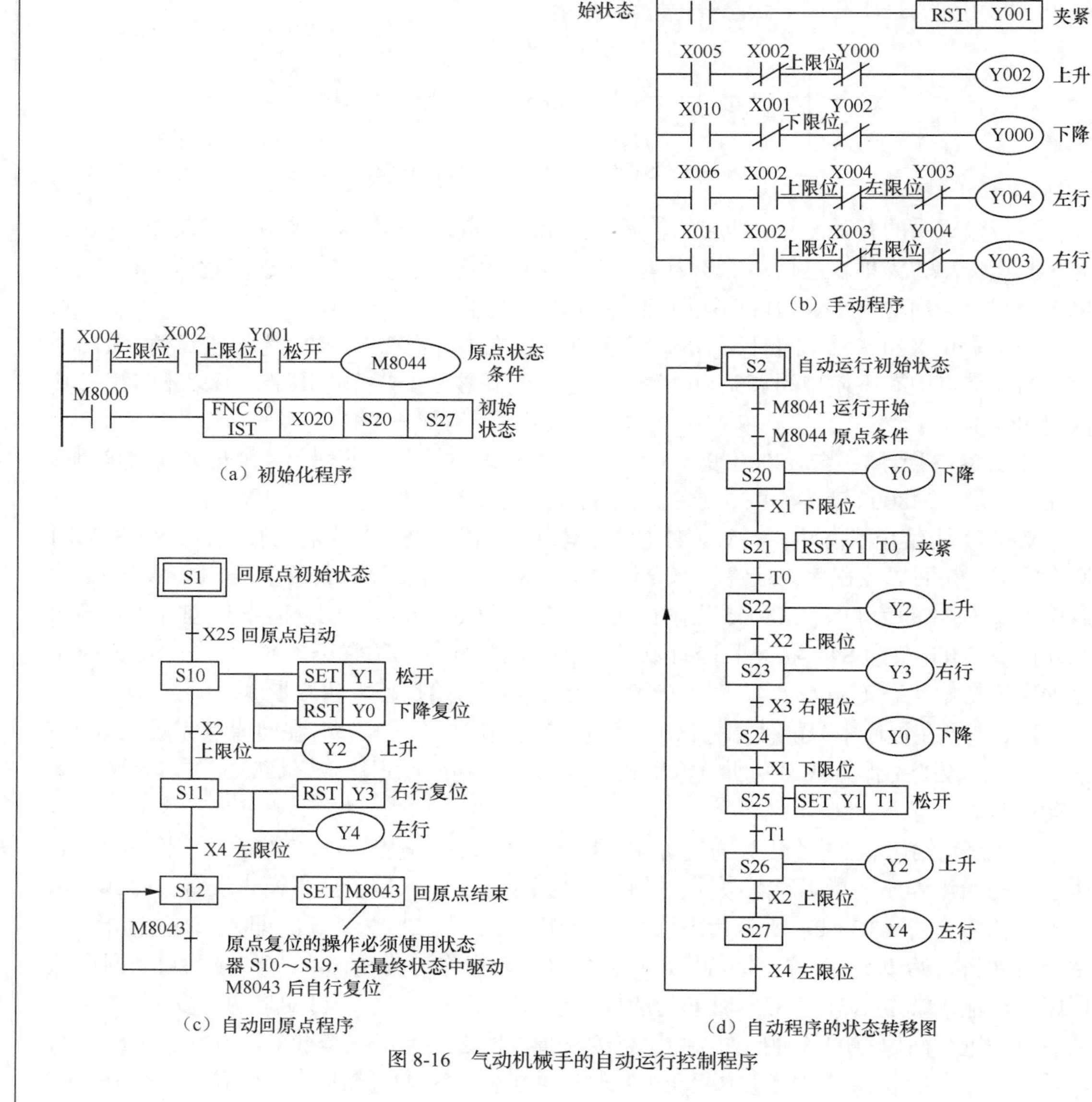

图8-16 气动机械手的自动运行控制程序

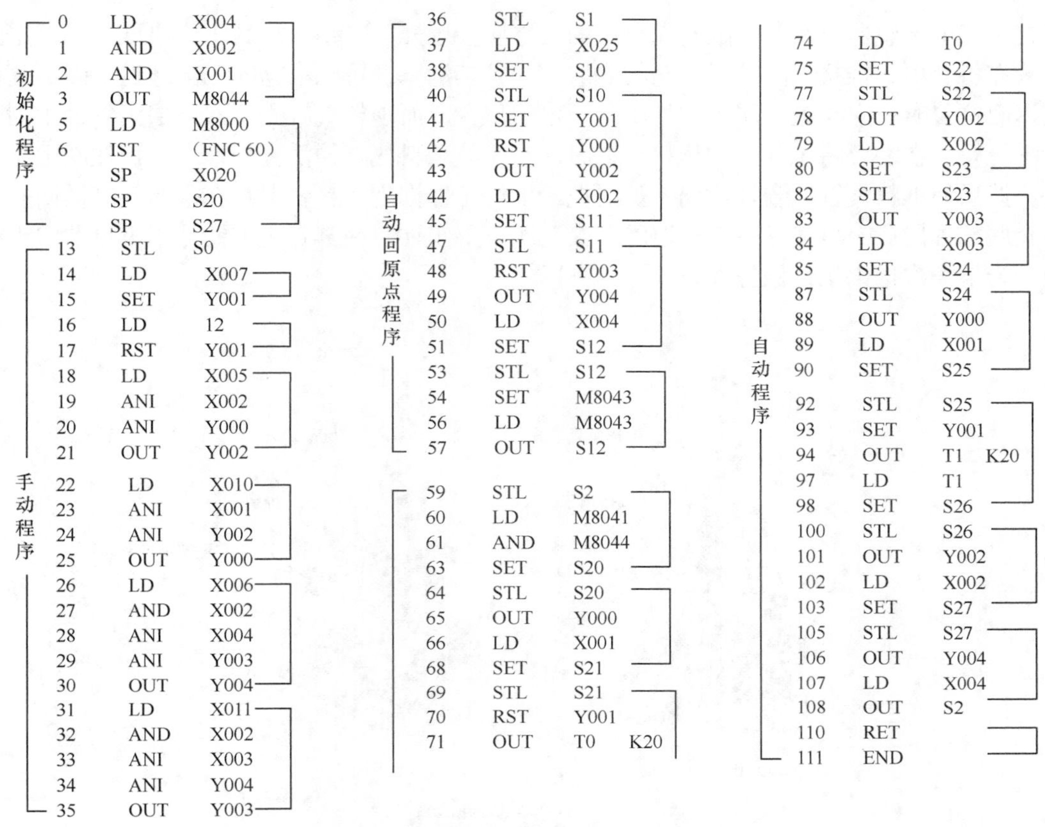

```
初始化程序
0    LD    X004
1    AND   X002
2    AND   Y001
3    OUT   M8044
5    LD    M8000
6    IST   (FNC 60)
     SP    X020
     SP    S20
     SP    S27

手动程序
13   STL   S0
14   LD    X007
15   SET   Y001
16   LD    12
17   RST   Y001
18   LD    X005
19   ANI   X002
20   ANI   Y000
21   OUT   Y002
22   LD    X010
23   ANI   X001
24   ANI   Y002
25   OUT   Y000
26   LD    X006
27   AND   X002
28   ANI   X004
29   ANI   Y003
30   OUT   Y004
31   LD    X011
32   AND   X002
33   ANI   X003
34   ANI   Y004
35   OUT   Y003

自动回原点程序
36   STL   S1
37   LD    X025
38   SET   S10
40   STL   S10
41   SET   Y001
42   RST   Y000
43   OUT   Y002
44   LD    X002
45   SET   S11
47   STL   S11
48   RST   Y003
49   OUT   Y004
50   LD    X004
51   SET   S12
53   STL   S12
54   SET   M8043
56   LD    M8043
57   OUT   S12

59   STL   S2
60   LD    M8041
61   AND   M8044
63   SET   S20
64   STL   S20
65   OUT   Y000
66   LD    X001
68   SET   S21
69   STL   S21
70   RST   Y001
71   OUT   T0    K20

自动程序
74   LD    T0
75   SET   S22
77   STL   S22
78   OUT   Y002
79   LD    X002
80   SET   S23
82   STL   S23
83   OUT   Y003
84   LD    X003
85   SET   S24
87   STL   S24
88   OUT   Y000
89   LD    X001
90   SET   S25
92   STL   S25
93   SET   Y001
94   OUT   T1    K20
97   LD    T1
98   SET   S26
100  STL   S26
101  OUT   Y002
102  LD    X002
103  SET   S27
105  STL   S27
106  OUT   Y004
107  LD    X004
108  OUT   S2
110  RET
111  END
```

图 8-17　气动机械手的自动运行控制指令表程序

综合实训　单台供水泵的 PLC 控制系统

详情见实训工单 14。

习　　题

1. 用 PLC 控制系统取代传统继电器-接触器控制系统卧式车床的优点有哪些?
2. 在设计具有多种工作方式的控制系统时，有哪些注意事项?
3. 使用状态初始化指令 IST 设计具有多种工作方式的控制程序时，具有哪些特点和便捷之处?

实战演练　自动线上供料装置的 PLC 控制系统设计

图 8-18 所示为某自动线上供料装置结构，主要由透明的工件装料管、推料气缸、顶料

气缸、光电传感器以及各气缸两端自带的磁感应接近开关等组成。其工作原理：工件垂直叠放在料仓中，推料气缸处于料仓的底层，并且其活塞杆可从料仓的底部通过。当活塞杆在退回位置时，它与最下层工件处于同一水平位置，而顶料气缸则与次下层工件处于同一水平位置。在需要将工件推到物料台上时，首先使顶料气缸的活塞杆推出，顶住次下层工件。然后使推料气缸活塞杆推出，从而把最下层工件推到物料台上。在推料气缸返回并从料仓底部抽出后，再使顶料气缸返回，松开次下层工件，使其在重力的作用下自动向下移动，为下一次推出工件做好准备。

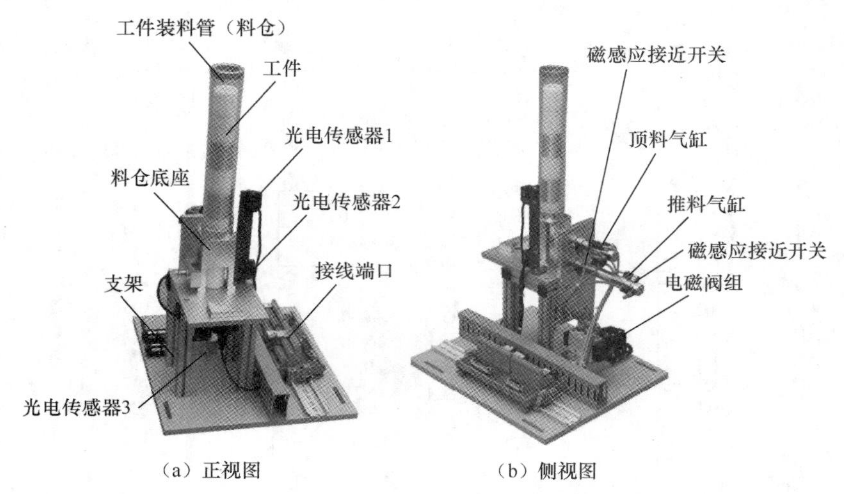

图 8-18　某自动线上供料装置结构

光电传感器 1 和光电传感器 2 的功能分别是检测料仓中有无工件和储料是否足够充分。若光电传感器 2 有动作，光电传感器 1 没动作，表明工件快用完了。推料气缸把工件推出到出料台上。出料台面开有小孔，光电传感器 3 通过小孔检测出料台上是否有工件存在，以便向自动线上系统提供本装置出料台上有无工件的信号。在输送单元的控制程序中，就可以利用该信号来判断是否需要驱动机械手来抓取此工件。

附录A　FX$_{3U}$系列PLC基本逻辑指令总表

指令助记符（名称）	功能	梯形图程序符号	对象软元件
LD（取）	常开触点的逻辑运算开始	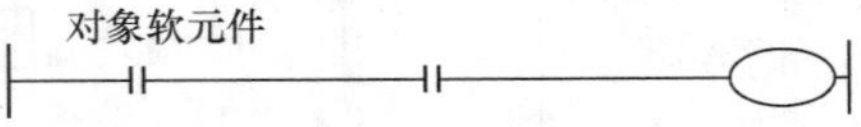 对象软元件	X, Y, M, S, D□.b, T, C
LDI（取反）	常闭触点的逻辑运算开始	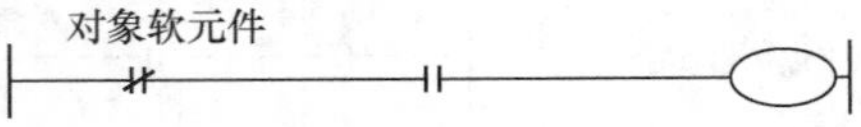 对象软元件	X, Y, M, S, D□.b, T, C
LDP（取脉冲上升沿）	检测到上升沿运算开始	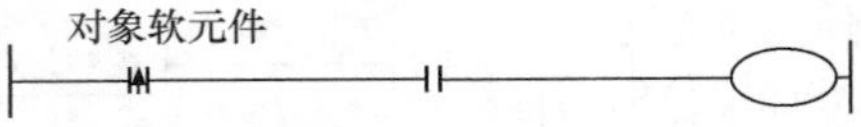 对象软元件	X, Y, M, S, D□.b, T, C
LDF（取脉冲下降沿）	检测到下降沿运算开始	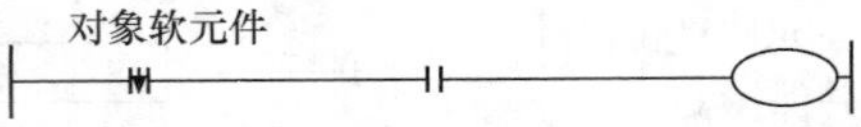 对象软元件	X, Y, M, S, D□.b, T, C
AND（与）	单个常开触点的串联	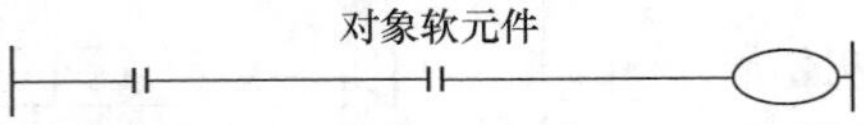 对象软元件	X, Y, M, S, D□.b, T, C
ANI（与反）	单个常闭触点的串联	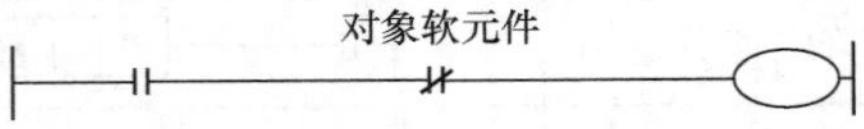 对象软元件	X, Y, M, S, D□.b, T, C
ANDP（与脉冲上升沿）	上升沿检出的串联	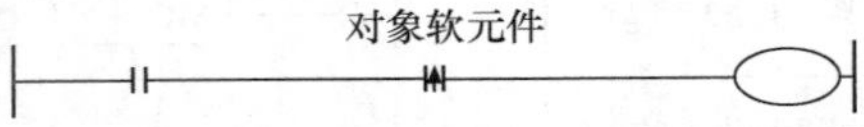 对象软元件	X, Y, M, S, D□.b, T, C
ANDF（与脉冲下降沿）	下降沿检出的串联	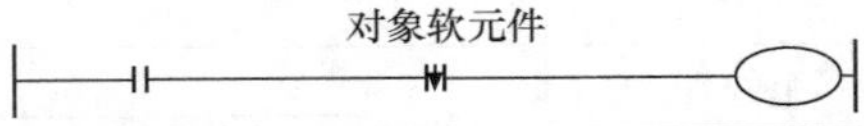 对象软元件	X, Y, M, S, D□.b, T, C
OR（或）	单个常开触点的并联	 对象软元件	X, Y, M, S, D□.b, T, C
ORI（或反）	单个常闭触点的并联	 对象软元件	X, Y, M, S, D□.b, T, C
ORP（或脉冲上升沿）	上升沿检出的并联连接	 对象软元件	X, Y, M, S, D□.b, T, C
ORF（或脉冲下降沿）	下降沿检出的并联连接	 对象软元件	X, Y, M, S, D□.b, T, C
ANB（回路块与）	并联回路块的串联连接	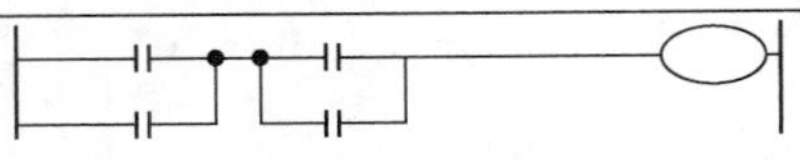	—
ORB（回路块或）	串联回路块的并联连接	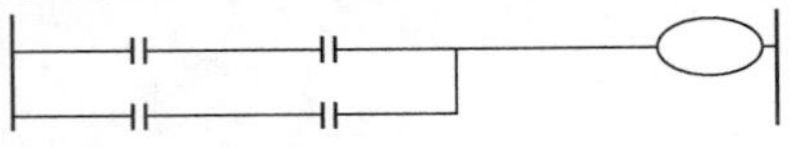	—
MPS（存储进栈）	将运算结果压入栈存储器	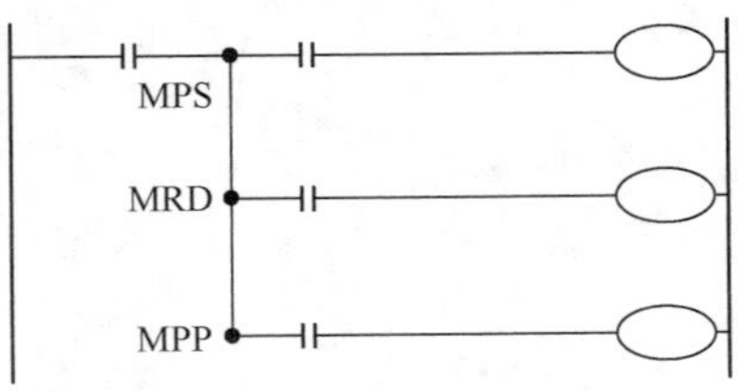 MPS	—
MRD（存储读栈）	读取栈存储器最上层数据	MRD	—
MPP（存储出栈）	将运算结果从栈存储器中取出	MPP	—

续表

指令助记符（名称）	功能	梯形图程序符号	对象软元件
INV（反转）	运算结果取反	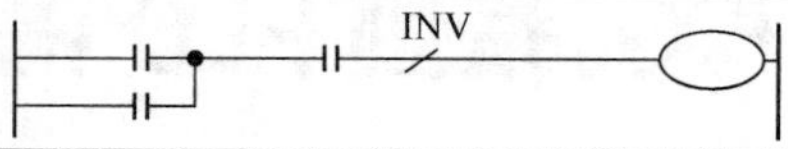 INV	—
MEP（使运算结果脉冲化——上升沿）	运算结果为上升沿时导通	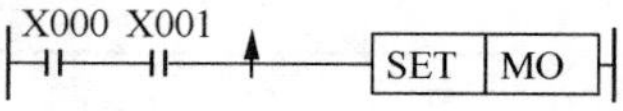 X000 X001 SET MO	—
MEF（使运算结果脉冲化——下降沿）	运算结果为下降沿时导通	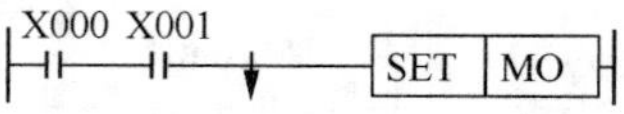 X000 X001 SET MO	—
OUT（输出）	线圈驱动	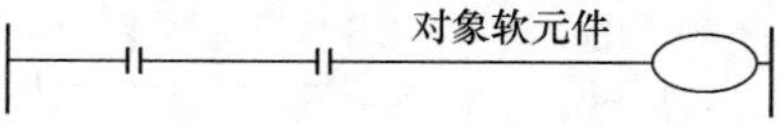 对象软元件	Y, M, S, D□.b, T, C
SET（置位）	使元件置位并保持 ON	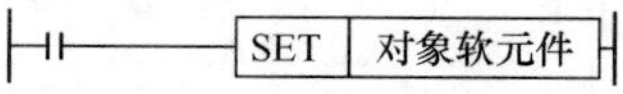 SET 对象软元件	Y, M, S, D□.b
RST（复位）	使元件复位并保持 OFF	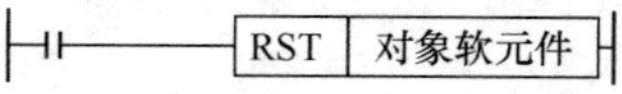 RST 对象软元件	Y, M, S, D.b, T, C, D, R, V, Z
PLS（上升沿脉冲）	上升沿微分输出	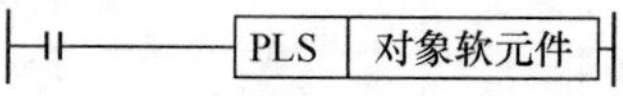 PLS 对象软元件	Y, M
PLF（下降沿脉冲）	下降沿微分输出	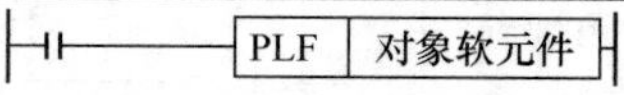 PLF 对象软元件	Y, M
MC（主控）	主控回路块起点	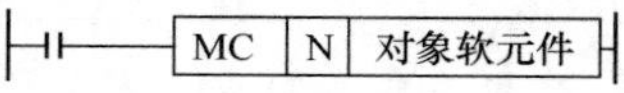 MC N 对象软元件	Y, M
MCR（主控复位）	主控回路块终点	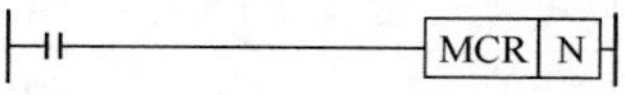 MCR N	—
NOP（空操作）	无处理		—
END（结束）	程序结束返回 0 步	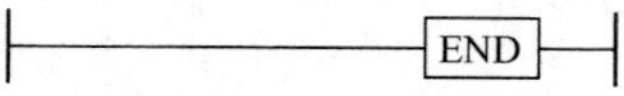 END	—

附录 B　FX_{3U}系列 PLC 常用功能指令表

分类	指令编号 FNC	指令助记符	梯形图程序符号	指令名称及功能简介
程序流程	00	CJ	CJ Pn	条件跳转；程序跳转到 P 指针指定处，如 P63 为 END 步序
	01	CALL	CALL Pn	调用子程序；调用 P 指针指定的子程序，嵌套 5 层以内
	02	SRET	SRET	子程序返回；从子程序返回主程序
	03	IRET	IRET	结束中断返回主程序
	04	EI	EI	允许中断
	05	DI	DI	禁止中断
	06	FEND	FEND	主程序结束
	07	WDT	WDT	看门狗定时器
	08	FOR	FOR S	循环开始
	09	NEXT	NEXT	循环结束
传输和比较	010	CMP	CMP S1 S2 D	比较；［S1·］与［S2·］比较→［D·］
	011	ZCP	ZCP S1 S2 S D	区间比较；［S·］与［S1·］～［S2·］比较→［D·］，［D·］占 3 点
	012	MOV	MOV S D	传输；[S·]→[D·]
	013	SMOV	SMOV S m1 m2 D n	移位传输；[S·]第 m_1 位开始的 m_2 位移到[D·]的第 n 个位置，m_1、m_2、n=1～4
	014	CML	CML S D	取反传输；[S·]取反→[D·]
	015	BMOV	BMOV S D n	块传输；[S·]→[D·]（n 点→n 点），[S·]包括文件寄存器，n≤512
	016	FMOV	FMOV S D n	多点传输；[S·]→[D·]（1 点～n 点），n≤512
	017	XCH	XCH D1 D2	交换；[D1·] ←→[D2·]
	018	BCD	BCD S D	BCD 码转换；[S·]16/32 位二进制数转换成 4/8 位 BCD 码→[D·]
	019	BIN	BIN S D	二进制数转换；[S·]4/8 位 BCD 码转换成 16/32 位二进制数→[D·]

续表

分类	指令编号 FNC	指令助记符	梯形图程序符号	指令名称及功能简介
四则运算和逻辑运算	020	ADD	ADD S1 S2 D	二进制数加法运算；[S1・]+[S2・]→[D・]
	021	SUB	SUB S1 S2 D	二进制数减法运算；[S1・]–[S2・]→[D・]
	022	MUL	MUL S1 S2 D	二进制数乘法运算；[S1・]×[S2・]→[D・]
	023	DIV	DIV S1 S2 D	二进制数除法运算；[S1・]÷[S2・]→[D・]
	024	INC	INC D	二进制数加 1；[D・]+1→[D・]
	025	DEC	DEC D	二进制数减 1；[D・]–1→[D・]
	026	WAND	WAND S1 S2 D	逻辑字与；[S1・]∧[S2・]→[D・]
	027	WOR	WOR S1 S2 D	逻辑字或；[S1・]∨[S2・]→[D・]
	028	WXOR	WXOR S1 S2 D	逻辑字异或；[S1・]⊕[S2・]→[D・]
	029	NEG	NEG D	求补码；[D・]按位取反加 1→[D・]
循环移位与移位	030	ROR	ROR D n	循环右移；执行条件成立，[D・]循环右移 n 位（高位→低位→高位）
	031	ROL	ROL D n	循环左移；执行条件成立，[D・]循环左移 n 位（低位→高位→低位）
	032	RCR	RCR D n	带进位循环右移；[D・]带进位循环右移 n 位（高位→低位→+进位→高位）
	033	RCL	RCL D n	带进位循环左移；[D・]带进位循环左移 n 位（低位→高位→+进位→低位）
	034	SFTR	SETR S D n1 n2	位右移；n_2 位[S・]右移→n_1 位的[D・]，高位进，低位溢出
	035	SFTL	SFTL S D n1 n2	位左移；n_2 位[S・]左移→n_1 位的[D・]，低位进，高位溢出
	036	WSFR	WSFR S D n1 n2	字右移；n_2 字[S・]右移→[D・]开始的 n_1 字，高字进，低字溢出
	037	WSFL	WSFL S D n1 n2	字左移；n_2 字[S・]左移→[D・]开始的 n_1 字，低字进，高字溢出
	038	SFWR	SFWR S D n	FIFO 写入；先进先出控制的数据写入，$2 \leqslant n \leqslant 512$
	039	SFRD	SFRD S D n	FIFO 读出；先进先出控制的数据读出，$2 \leqslant n \leqslant 512$

续表

分类	指令编号 FNC	指令助记符	梯形图程序符号	指令名称及功能简介
数据处理	040	ZRST	ZRST D1 D2	成批复位；[D1·]～[D2·]复位，[D1·] < [D2·]
	041	DECO	DECO S D n	译码；[S·]中的 n（n=1～8）位二进制数解码为十进制数α→[D·]，使[D·]的第α位为“1”
	042	ENCO	ENCO S D n	编码；[S·]的 2^n（n=1～8）位中的最高“1”位代表的位数（十进制数）编码为二进制数→[D·]
	043	SUM	SUM S D	求置 ON 位的总和；[S·]中“1”的数目→[D·]
	044	BON	BON S D n	ON 位的判定；[S·]中第 n（n=0～15）位为 ON 时，[D·]为 ON
	045	MEAN	MEAN S D n	平均值；[S·]中 n（n=1～64）点平均值→[D·]
	046	ANS	ANS S m D	信号报警器置位；若执行条件为 ON，[S·]中定时器定时 m×100ms 后，标志位[D·]置位。[D·]为 S900～S999
	047	ANR	ANR	信号报警器置位；若执行条件为 ON，将信号报警器 S900～S999 中已置位的状态复位
	048	SQR	SQR S D	二进制开方运算；[S·]平方根值→[D·]
	049	FLT	FLT S D	二进制整数→二进制浮点数；[S·]中二进制整数→[D·]二进制浮点数
高速处理	050	REF	REF D n	输入输出刷新；指令执行，[D·]立即刷新。[D·]为 X000，X010，…，Y000，Y010，…；n 为 8，16，…，256
	051	REFF	REFF n	滤波调整；输入滤波时间调整为 n ms，n=0～60，刷新 X000～X017
	052	MTR	MTR S D1 D2 n	矩阵输入（使用一次）；n 列 8 点数据以[D1·]输出的选通信号分时将[S·]数据读入[D2·]
	053	HSCS	HSCS S1 S2 D	比较置位（高速计数用）；[S1·]=[S2·]时，[D·]置位，中断输出到 Y，[S2·]为 C235～C255
	054	HSCR	HSCR S1 S2 D	比较复位（高速计数用）；[S1·]=[S2·]时，[D·]复位，中断输出到 Y，[D·]为 C 时，自复位
	055	HSZ	HSZ S1 S2 S D	区间比较（高速计数用）；[S·]与[S1·]～[S2·]比较，结果驱动[D·]

续表

分类	指令编号 FNC	指令助记符	梯形图程序符号	指令名称及功能简介
高速处理	056	SPD	SPD S1 S2 D	脉冲密度；在[S2・]时间内，将[S1・]输入的脉冲存入[D・]
	057	PLSY	PLSY S1 S2 D	脉冲输出；在[S2・]时间内，将[S1・]的频率从[D・]送出[S2・]个脉冲；[S1・]：1～1000Hz
	058	PWM	PWM S1 S2 D	脉宽调制（使用一次）；输出周期[S2・]、脉冲宽度[S1・]的脉冲至[D・]。周期为 1～32 767ms，脉宽为 1～32 767ms
	059	PLSR	PLSR S1 S2 S3 D	可调速脉冲输出（使用一次）；[S1・]最高频率为 10～20 000Hz；[S2・]为总输出脉冲数；[S3・]增减速时间为 5000ms 以下；[D・]为输出脉冲
方便指令	060	IST	IST S D1 D2	状态初始化（使用一次）；自动控制步进顺控中的状态初始化。[S・]为运行模式的初始输入；[D1・]为自动模式中的实用状态的最小号码；[D2・]为自动模式中的实用状态的最大号码
	061	SER	SER S1 S2 D n	查找数据；检索以[S1・]为起始的 *n* 个与[S2・]相同的数据，并将其个数存于[D・]中
	062	ABSD	ABSD S1 S2 D n	绝对值式凸轮控制（使用一次）；对应[S2・]计数器当前值，输出[D・]开始的 *n* 点由[S1・]内数据决定的输出波形
	063	INCD	INCD S1 S2 D n	增量式凸轮顺序控制（使用一次）；对应[S2・]计数器当前值，输出[D・]开始的 *n* 点由[S1・]内数据决定的输出波形。[S2・]的第 1 个计数器统计复位次数
	064	TTMR	TTMR D n	示教定时器；用[D・]开始的第 2 个数据寄存器测定执行条件 ON 的时间，乘以 *n* 指定的倍率存入[D・]，*n* 为 0～2
	065	STMR	STMR S m D	特殊定时器；*m* 指定的值作为[S・]指定定时器的设定值，使[D・]指定的 4 个器件构成延时断开定时器、输入 ON→OFF 后的脉冲定时器、输入 OFF→ON 后的脉冲定时器、滞后输入信号向相反方向变化的脉冲定时器
	066	ALT	ALT D	交替输出；每次执行条件由 OFF→ON 变化时，[D・]由 OFF→ON、ON→OFF……交替输出
	067	RAMP	RAMP S1 S2 D n	斜坡信号；[D・]的内容从[S1・]的值到[S2・]的值慢慢变化，其变化时间为 *n* 个扫描周期，*n* 为 1～32 767

续表

分类	指令编号 FNC	指令助记符	梯形图程序符号	指令名称及功能简介
方便指令	068	ROTC	ROTC S m1 m2 D	旋转工作台控制（使用一次）；[S·]指定开始的[D·]为工作台位置检测计数寄存器，其次指定的[D·]为取出位置号寄存器，再次指定的[D·]为要取工件号寄存器，m_1为分度区数，m_2为低速运行行程。完成上述设定，指令就自动在[D·]指定输出控制信号
	069	SORT	SORT S m1 m2 D n	表数据排序（使用一次）；[S·]为排序表的首地址，m_1为行号，m_2为列号。指令根据 n 指定的列号，将数据从小开始进行整理排列，结果存入以[D·]指定的为首地址的目标元件中，形成新的排序表；m_1范围为 1～32，m_2范围为 1～6，n 范围为 1～m_2
外部设备 I/O	070	TKY	TKY S D1 D2	十键输入（使用一次）；以[D1·]为选通信号，每按一次键，将[S·]键号依次存入[D1·]，[D2·]指定的位元件依次为 ON
	071	HKY	HKY S D1 D2 D3	十六键输入（使用一次）；以[D1·]为选通信号，按顺序将[S·]所按键号存入[D2·]，每次按键以二进制数存入，超出上限 9999，溢出；按 A～F 键，[D3·]指定位元件依次为 ON
	072	DSW	DSW S D1 D2 n	数字开关（使用两次）；4 位 1 组（n=1）或 4 位 2 组（n=2）BCD 码数字开关由[S·]输入，以[D1·]为选通信号，按顺序将[S·]所键入数字送到[D2·]
	073	SEGD	SEGD S D	七段码译码；将[S·]低 4 位指定的 0～F 数据译成七段码显示的数据格式存入[D·]，[D·]高 8 位不变
	074	SEGL	SEGL S D n	带锁存七段码显示（使用两次）；4 位 1 组（n=0～3）或 4 位 2 组（n=0～7）七段码，以[D·]的第 2 个 4 位为选通信号，按顺序显示由[S·]经[D·]的第 1 个 4 位或[D·]的第 3 个 4 位输出的值
	075	ARWS	ARWS S D1 D2 n	方向开关（使用一次）；[S·]指定位移位与各位数值增减用的箭头开关，[D1·]指定的元件中存放显示的二进制数，根据[D2·]指定的第 2 个 4 位输出的选通信号，依次从[D2·]指定的第 1 个 4 位输出显示。按位移开关，顺序选择所要显示的位；按数值增减开关，[D1·]数值按 0～9 或 9～0 顺序变化。n 为 0～3，选择选通位

续表

分类	指令编号 FNC	指令助记符	梯形图程序符号	指令名称及功能简介
外部设备 I/O	076	ASC	ASC S D	ASCII 转换；[S·]存入微型计算机，输入 8 个字节以下的字母数字。指令执行后，将[S·]转换为 ASCII 后送到[D·]
	077	PR	PR S D	ASCII 打印（使用二次）；将[S·]的 ASCII →[D·]
	078	FROM	FROM m1 m2 D n	读出 BFM；将特殊单元 BMF 的 n 点数据读到[D·]；m_1=0～7，对应特殊单元特殊模块号；m_2=0～31，对应 BFM 号码；n=1～32，对应传输点数
	079	TO	TO m1 m2 S n	写入 BFM；将 PLC[S·]的 n 点数据写入特殊单元 BFM，m_1=0～7，对应特殊单元模块号；m_2=0～31，对应 BFM 号码；n=1～32，对应传输点数
外部设备 SER（选件设备）	080	RS	RS S m D n	串行通信传递；使用功能扩展板进行发送、接收串行数据。[S·]m 点为发送地址，[D·]n 点为接收地址。m、n 为 0～256
	081	PRUN	PRUN S D	八进制位传输；将[S·]转换为八进制，送到[D·]
	082	ASCI	ASCI S D n	十六进制→ASCII 变换；将[S·]内十六进制数的各位转换成 ASCII 向[D·]的高低 8 位传输。传输的字符数由 n 指定，n=1～256
	083	HEX	HEX S D n	ASCII→十六进制变换；将[S·]开始的软元件中保存的 ASCII 码的 n 个字符转换成十六进制代码，然后保存到[D·]开始的软元件中。8 位操作时将保存在[S·]的低 8 位（字节）中的 ASCII 字符码转换成十六进制数据，然后按照每 4 位数的方式传输到[D·]中。用 n 指定要转换的字符数
	084	CCD	CCD S D n	校验码；用于通信数据的校验。以[S·]指定的元件为起始的 n 点数据，其高、低 8 位数据的总和检验，检查[D·]与[D·]+1 的元件
	085	VRRD	VRRD S D	模拟量输入；将[S·]指定的模拟量设定模式的开关模拟值 0～255 转换为 8 位二进制数传输到[D·]
	086	VRSC	VRSC S D	模拟量开关设定；[D·]指定的开关刻度 0～10 转换为 8 位二进制数传输到[D·]。[S·]为开关号码，取值范围为 0～7
	087	RS2	RS2 S m D n n1	串行数据传输 2
	088	PID	PID S1 S2 S3 D	PID 回路运算；在[S1·]中设定目标值；在[S2·]中设定当前值；在[S3·]～[S3·]+6 中设定控制参数值；执行程序时，运算结果被存入[D·]。[S3·]取值范围为 D0～D975

续表

分类	指令编号 FNC	指令助记符	梯形图程序符号	指令名称及功能简介
数据传输2	102	ZPUSH	ZPUSH D	变址寄存器的成批保存
	103	ZPOP	ZPOP D	变址寄存器的恢复
浮点数运算	110	ECMP	ECMP S1 S2 D	二进制浮点数比较；[S1·]与[S2·]比较→[D·]
	111	EZCP	EZCP S1 S2 S D	二进制浮点数区间比较；[S1·]～[S2·]区间与[S·]比较→[D·]。[D·]占 3 点，[S1·]<[S2·]
	112	EMOV	EMOV S D	二进制浮点数传输
	116	ESTR	ESTR S1 S2 D	二进制浮点数→字符串的转换
	117	EVAL	EVAL S D	字符串→二进制浮点数的转换
	118	EBCD	EBOD S D	二进制浮点数→十进制浮点数的转换；[S·]转换为十进制浮点数→[D·]
	119	EBIN	EBIN S D	十进制浮点数→二进制浮点数的转换；[S·]转换为二进制浮点数→[D·]
	120	EADD	EADD S1 S2 D	二进制浮点数加法；[S1·]+[S2·]→[D·]
	121	ESUB	ESUB S1 S2 D	二进制浮点数减法；[S1·]−[S2·]→[D·]
	122	EMUL	EMUL S1 S2 D	二进制浮点数乘法；[S1·]×[S2·]→[D·]
	123	EDIV	EDIV S1 S2 D	二进制浮点数除法；[S1·]÷[S2·]→[D·]
	124	EXP	EXP S D	二进制浮点数指数运算
	125	LOGE	LOGE S D	二进制浮点数自然对数运算
	126	LOG10	LOG10 S D	二进制浮点数常用对数运算
	127	ESQR	ESQR S D	二进制浮点数开方运算；[S·]开方→[D·]
	128	ENEG	ENEG D	二进制浮点数符号翻转
	129	INT	INT S D	二进制浮点数→二进制整数的转换；[S·]转换为二进制整数→[D·]
	130	SIN	SIN S D	二进制浮点数 sin 函数运算；[S·]角度的正弦→[D·]，0°≤角度<360°
	131	COS	COS S D	二进制浮点数 cos 函数运算；[S·]角度的余弦→[D·]，0°≤角度<360°
	132	TAN	TAN S D	二进制浮点数 tan 函数运算；[S·]角度的正切→[D·]，0°≤角度<360°

续表

分类	指令编号 FNC	指令助记符	梯形图程序符号	指令名称及功能简介
浮点数运算	133	ASIN	ASIN S D	二进制浮点数 arcsin 函数运算
	134	ACOS	ACOS S D	二进制浮点数 arccos 函数运算
	135	ATAN	ATAN S D	二进制浮点数 arctan 函数运算
	136	RAD	RAD S D	二进制浮点数角度→弧度的转换
	137	DEG	DEG S D	二进制浮点数弧度→角度的转换
数据处理 2	140	WSUM	WSUM S D n	算出数据合计值
	141	WTOB	WTOB S D n	字节单位的数据分离
	142	BTOW	BTOW S D n	字节单位的数据结合
	143	UNI	UNI S D n	16 位数据的 4 位结合
	144	DIS	DIS S D n	16 位数据的 4 位分离
	147	SWAP	SWAP S	高、低字节变换；16 位时低 8 位与高 8 位交换，32 位时各个低 8 位与高 8 位交换
	149	SORT2	SORT2 S m1 m2 D n	数据排序 2
定位控制	150	DSZR	DSZR S1 S2 D1 D2	带 DOG 搜索的原点回归
	151	DVIT	DVIT S1 S2 D1 D2	中断定位
	152	TBL	TBL D n	表格设定定位
	155	ABS	ABS S D1 D2	读出 ABS 当前值
	156	ZRN	ZRN S1 S2 S3 D	原点回归
	157	PLSV	PLSV S D1 D2	可变速脉冲输出
	158	DRVI	DRVI S1 S2 D1 D2	相对定位
	159	DRVA	DRVA S1 S2 D1 D2	绝对定位
时钟运算	160	TCMP	TCMP S1 S2 S3 S D	时钟数据比较；指定时刻[S・]与时钟数据[S1・]时[S2・]分[S3・]秒比较，比较结果在[D・]中显示。[D・]占 3 点
	161	TZCP	TZCP S1 S2 S D	时钟数据区间比较；指定时刻[S・]与时钟数据区间[S1・]～[S2・]比较，比较结果在[D・]中显示。[D・]占 3 点，[S1・]≤[S2・]

续表

分类	指令编号 FNC	指令助记符	梯形图程序符号	指令名称及功能简介
时钟运算	162	TADD	TADD S1 S2 D	时钟数据加法；以[S2]起始的 3 点时刻数据加上存入[S1]起始的 3 点时刻数据，将其结果存入以[D]起始的 3 点中
	163	TSUB	TSUB S1 S2 D	时钟数据减法；以[S1・]起始的 3 点时刻数据减去存入[S2・]起始的 3 点时刻数据，将其结果存入以[D・]起始的 3 点中
	164	HTOS	HTOS S D	将［h、min、s］单位的时间（时刻）数据转换成以 s 为单位的数据
	165	STOH	STOH S D	将以 s 为单位的时间（时刻）数据转换成［h、min、s］单位的数据
	166	TRD	TRD D	时钟数据读出；将内置的实时时钟的数据在[D・]占的 7 点读出
	167	TWR	TWR S	时钟数据写入；将[S・]占的 7 点数据写入内置的实时时钟
	169	HOUR	HOUR S D1 D2	计时表
格雷码转换与模拟量模块读写	170	GRY	GRY S D	格雷码转换；将[S・]格雷码转换为二进制数存入[D・]
	171	GBIN	GBIN S D	格雷码逆转换；将[S・]二进制数转换为格雷码存入[D・]
	176	RD3A	RD3A m1 m2 D	模拟量模块的读出
	177	WR3A	WR3A m1 m2 S	模拟量模块的写入
触点比较指令（16 位）*	224	LD=	[= S1 S2]	触点比较指令；连接母线接点，当(S1・)=(S2・)时接通
	225	LD >	[> S1 S2]	触点比较指令；连接母线接点，当(S1・)>(S2・)时接通
	226	LD <	[< S1 S2]	触点比较指令；连接母线接点，当(S1・)<(S2・)时接通
	228	LD < >	[<> S1 S2]	触点比较指令；连接母线接点，当(S1・)≠(S2・)时接通
	229	LD<=	[<= S1 S2]	触点比较指令；连接母线接点，当(S1・)≤(S2・)时接通
	230	LD>=	[>= S1 S2]	触点比较指令；连接母线接点，当(S1・)≥(S2・)时接通
	232	AND=	[= S1 S2]	触点比较指令；串联型接点，当(S1・)=(S2・)时接通
	233	AND >	[> S1 S2]	触点比较指令；串联型接点，当(S1・)>(S2・)时接通

续表

分类	指令编号 FNC	指令助记符	梯形图程序符号	指令名称及功能简介
触点比较指令（16 位）*	234	AND <	[< S1 S2]	触点比较指令；串联型接点，当(S1·)<(S2·)时接通
	236	AND < >	[<> S1 S2]	触点比较指令；串联型接点，当(S1·)≠(S2·)时接通
	237	AND<=	[<= S1 S2]	触点比较指令；串联型接点，当(S1·)≤(S2·)时接通
	238	AND>=	[>= S1 S2]	触点比较指令；串联型接点，当(S1·)≥(S2·)时接通
	240	OR=	[= S1 S2]	触点比较指令；并联型接点，当(S1·)=(S2·)时接通
	241	OR >	[> S1 S2]	触点比较指令；并联型接点，当(S1·)>(S2·)时接通
	242	OR <	[< S1 S2]	触点比较指令；并联型接点，当(S1·)<(S2·)时接通
	244	OR < >	[< > S1 S2]	触点比较指令；并联型接点，当(S1·)≠(S2·)时接通
	245	OR<=	[< = S1 S2]	触点比较指令；并联型接点，当(S1·)≤(S2·)时接通
	246	OR>=	[> = S1 S2]	触点比较指令；并联型接点，当(S1·)≥(S2·)时接通

注：*32 位触点比较指令的助记符是在 16 位指令助记符的后面加 D，如 LDD=、ANDD>、ORD<=等，其梯形图程序符号是在比较符号的前面加 D，如 D=、D>、D<=等。

附录 C　三菱 PLC 编程软件的使用方法

任务一　SWOPC-FXGP/WIN-C 编程软件的使用方法

一、SWOPC-FXGP/WIN-C 编程软件简介

在普通计算机上可使用 SWOPC-FXGP/WIN-C 编程软件进行三菱 FX 系列 PLC 编程。此编程软件由三菱公司专门为三菱 FX 系列 PLC 设计，可以在 Windows XP 及以上操作系统上运行。使用 SWOPC-FXGP/WIN-C 编程软件可以编写梯形图程序、指令表程序和状态转移图程序，并具有软元件注释数据、设置寄存器数据等功能。它创建的程序既可以在串行通信系统中与 PLC 进行通信、文件传输、操作监控以及完成各种测试功能，也可以存储为文件，并用打印机打印出来。

二、编程软件的安装

将 SWOPC-FXGP/WIN-C 编程软件安装光盘放入计算机的光驱中，启动 FXGP 可执行文件，屏幕将出现“安装程序”对话框，稍后进入欢迎界面。用户可根据安装向导的提示进行安装，整个软件安装结束后，系统会自动生成图标，单击该图标就可以启动 SWOPC-FXGP/WIN-C 编程软件。

三、硬件连接与参数设置

在 PLC 与计算机连接构成的系统中，计算机主要完成程序编辑、程序调试、工作状态监控、图像显示、输出报表等任务，PLC 则直接面向现场或设备进行实时控制。

FX 系列 PLC 的面板上有一个 RS-422 通信接口，计算机的后面板上有很多接口，如视频输出接口、音频输出接口、USB 接口、数据并行接口和数据串行接口等，与 FX 系列 PLC 通信的是数据串行接口 RS-232C。

因为通信接口不同，所以要采用 PC/PPI 电缆建立 PC 与 PLC 之间的通信。典型的单个 PLC 与计算机连接时，把 PC/PPI 电缆的 PC 端子连接到计算机的 RS-232C 通信接口（一般是 COM1 接口），把 PC/PPI 电缆的 PPI 端子连接到 PLC 的 RS-422 通信接口。计算机与 PLC 之间的连接如附图 C-1 所示。

安装完该软件并且连接好硬件之后，可以按步骤进行参数设置：运行 SWOPC-FXGP/WIN-C 编程软件后，执行“PLC”→“接口设置 ports”菜单命令，出现一个“接口设置”对话框，如附图 C-2 所示。在对话框中选择接口“COM1”，“传送数率”为“9600bit/s”，再单击“确认”按钮即可。

附图 C-1　计算机与 PLC 之间的连接

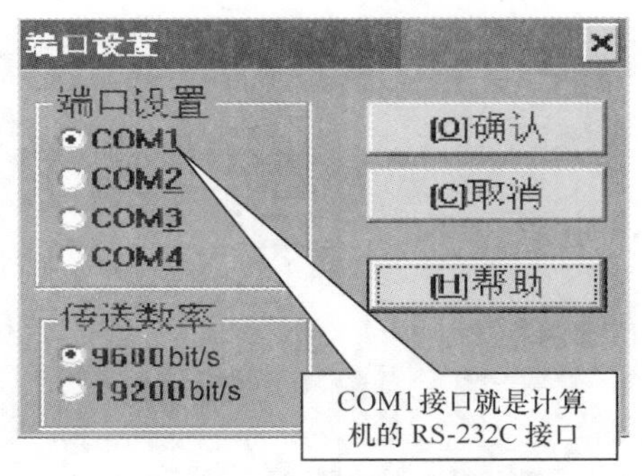

附图 C-2　“接口设置”对话框

四、SWOPC-FXGP/WIN-C 编程软件的主要界面

在计算机上安装好软件后，运行该软件，弹出编程软件界面，如附图 C-3 所示。可以看到该窗口编辑区是不可用的，工具栏中除“新建”和“打开”按钮可用以外，其余按钮均不可用。

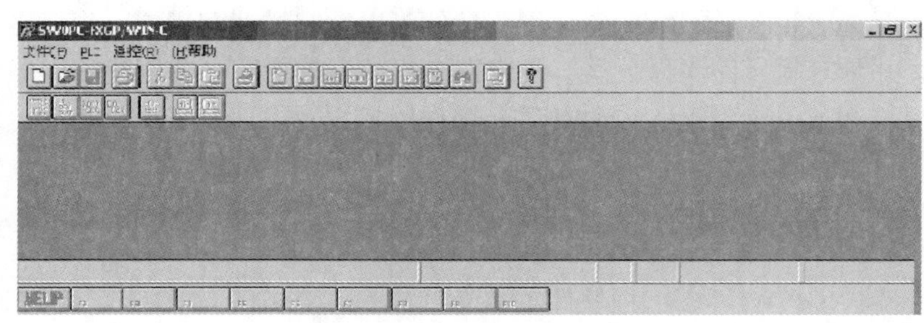

附图 C-3　编程软件界面

执行“文件”→“新文件”菜单命令或在工具栏中直接单击“新建”图标，创建一个新的用户程序。在弹出的对话框中选择 PLC 的型号，如附图 C-4 所示。单击“确认”按钮，此时计算机屏幕进入程序编辑界面，如附图 C-5 所示。

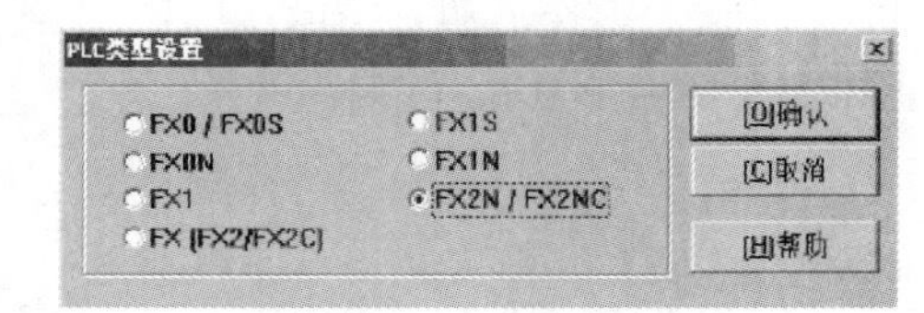

附图 C-4　选择 PLC 的型号

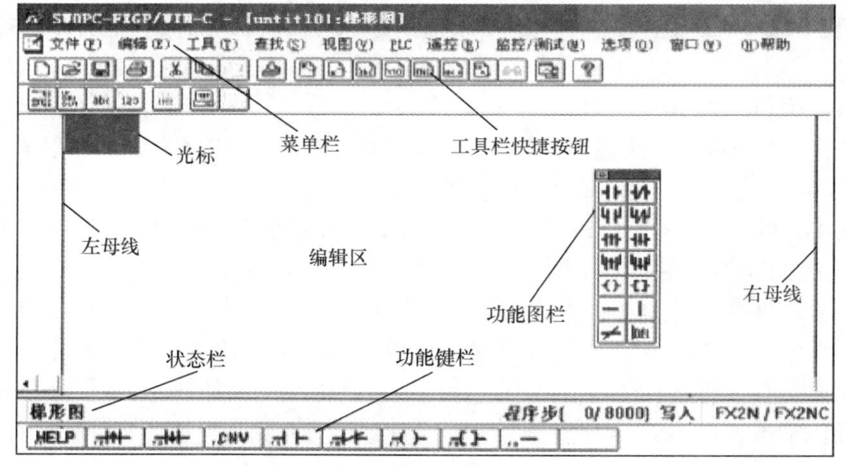

附图 C-5　程序编辑界面

SWOPC-FXGP/WIN-C 编程软件的程序编辑界面一般可分为菜单栏、工具栏（快捷按钮）、编辑区、状态栏等。除了菜单栏，用户可根据需求进行其他窗口的取舍和样式的设置。

1. 菜单栏

"文件"菜单项可以执行文件的新建、打开、关闭、保存、打印预览、设置等操作，以下介绍常用的菜单项。"编辑"菜单项提供程序编辑的工具，如选择、复制、剪切、粘贴程序块和数据块，同时提供查找、替换、插入、删除和快速光标定位等工具。"工具"菜单项可以调用复杂指令向导。"视图"菜单项可以设置软件开发环境的风格，可以决定其他辅助窗口（如功能键栏、功能图栏、工具栏）的打开与关闭，还可以选择不同语言的编程器。"PLC"菜单项可以建立与 PLC 联机时的相关操作，如用户程序上传（读出）和下载（写入）、改变 PLC 的工作方式、查看 PLC 的信息、清除程序和数据等，同时提供离线编译工具。"监控/测试"菜单项具有进行元件状态监控、指定元件强制输出等工具。"窗口"菜单项可以打开一个或多个窗口、进行窗口之间的切换，以及设置窗口的排放形式，如层叠、水平和垂直等。"帮助"菜单项可以通过帮助菜单上的目录和索引检阅几乎所有相关的使用帮助信息，还提供网上查询工具，而且用户在软件操作过程中的任何步骤或任何位置都可以按 F1 键来显示在线帮助，这大大方便了用户的使用。

2. 工具栏

工具栏提供简便的鼠标操作功能，常用的 SWOPC-FXGP/WIN-C 编程软件中的操作以按钮形式设置到工具栏中。在程序编辑界面中，可设置每个工具栏的内容和外观。

SWOPC-FXGP/WIN-C 编程软件的工具栏如附图 C-6 所示。

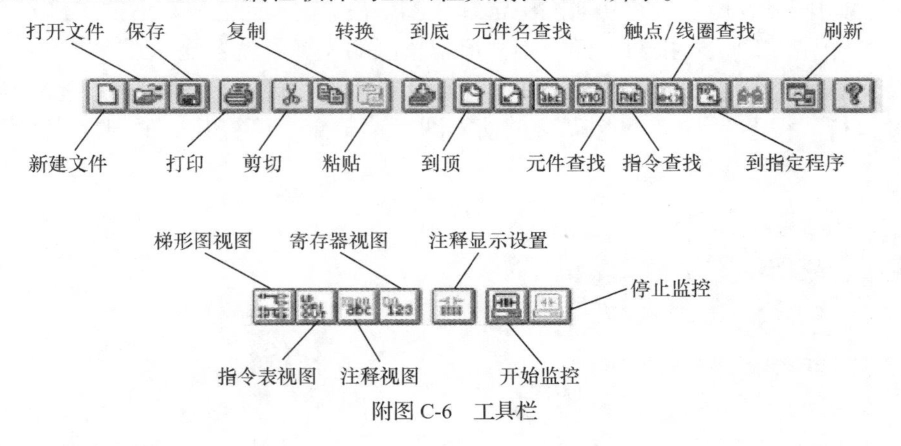

附图 C-6　工具栏

3. 编辑区

编辑区是编辑程序、注释、参数等的区域。

4. 状态栏

状态栏用于显示当前的状态，如 PLC 的型号、读写状态、程序步、编辑器的类型等。

五、编辑程序

SWOPC-FXGP/WIN-C 编程软件中可用梯形图程序、指令表程序或状态转移图编程器等多种方法编写用户程序，在联机状态下还可以从 PLC 上传用户程序进行读程序或修改程序。现以梯形图程序和指令表程序的编制为例介绍一些基本的编辑操作。

1. 梯形图程序的编制

执行“视图”→“梯形图程序视图”菜单命令，或单击工具栏中的“梯形图程序视图”按钮，显示梯形图程序编辑窗口，如附图 C-7 所示。梯形图程序的编程元件主要有线圈、触点、指令盒、标号及连接线等。

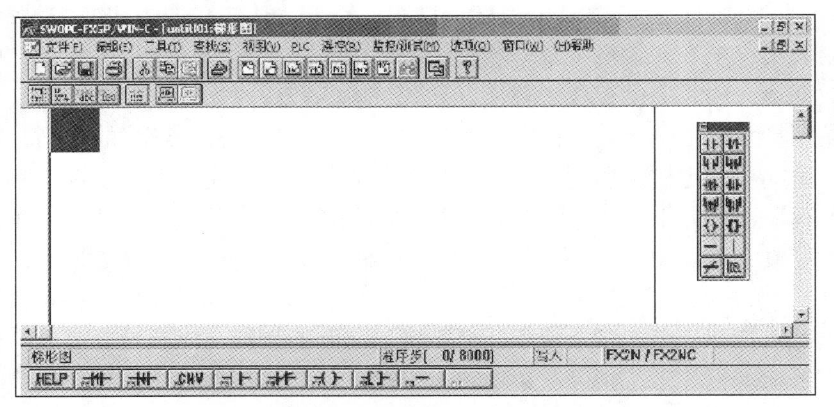

附图 C-7　梯形图程序编辑窗口

输入方法有以下两种。

（1）功能图输入。首先在梯形图程序编辑窗口中进行光标定位，在功能图中选择元件类型，如常开触点，则屏幕上弹出“输入元件”对话框，如附图 C-8 所示。然后按照提示输入元件编号（如 X0），单击“确认”按钮，梯形图程序编辑区的光标处就会显示常开触点 X000，如附图 C-9 所示。在功能图中选择线圈，在“输入元件”对话框中输入元件编号（如 Y0），单击“确认”按钮，梯形图程序编辑区的光标处就会显示线圈 Y000，如附图 C-10 所示。若有错误，如元件编号非法、违反梯形图程序规则等，编程软件会拒绝输入。

通过执行“视图”→“功能键”/“功能图”菜单命令可打开或关闭功能键栏和功能图栏。

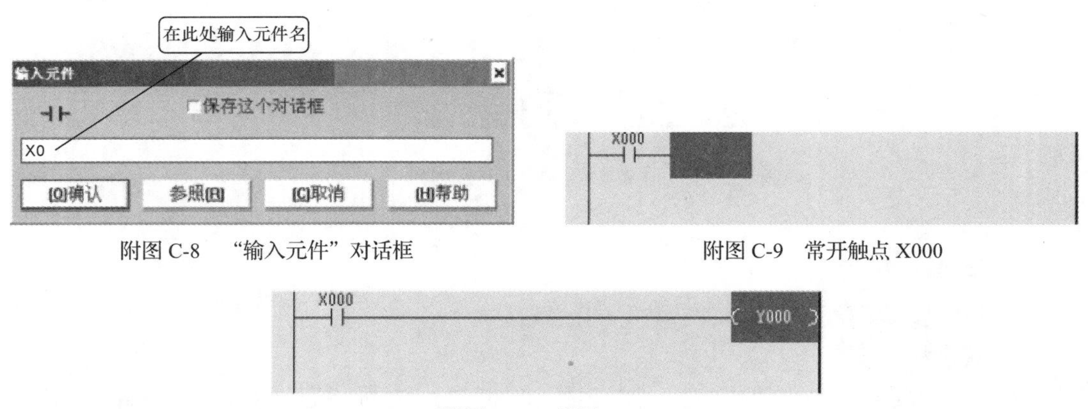

附图 C-8　“输入元件”对话框

附图 C-9　常开触点 X000

附图 C-10　线圈 Y000

（2）键盘操作，通过键盘输入完整的指令。这种方法的录入速度较快，比较适合熟练者使用以及程序的初次录入。在梯形图程序编辑区定位光标，用键盘输入“ld x0”，光标下方会弹出“指令输入”对话框，如附图 C-11 所示。对话框的内容为键盘输入的内容。按 Enter 键后 X0 的常开触点显示在梯形图程序编辑区。继续输入“out y0”，则“指令输入”对话框中出现“out y0”。按 Enter 键后梯形图程序编辑区如附图 C-12 所示。注意指令和

操作元件之间应有空格。

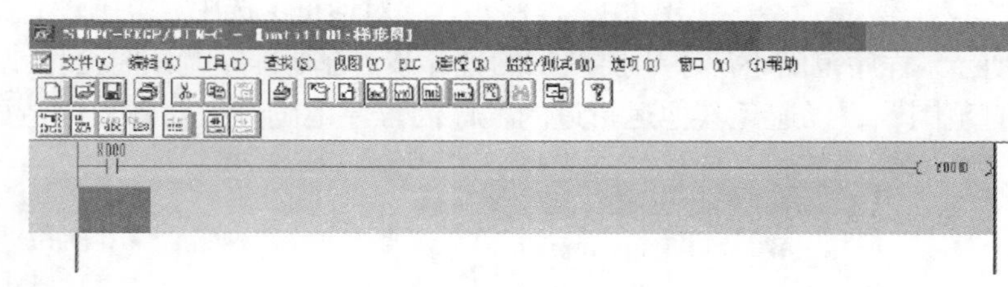

附图 C-11　“指令输入”对话框　　　　附图 C-12　梯形图程序编辑区

2. 指令表程序的编制

编制指令表程序即通过直接输入指令的方式编程，并以指令的形式显示。输入指令的操作方法与上面介绍的用键盘输入指令的方法完全相同，只是显示不同，且指令表程序不需要转换，软件可实现编程语言之间的任意切换。执行“视图”→“梯形图程序”→“指令表程序”菜单命令便可进入相应的编程环境。梯形图程序显示和指令表程序显示之间可以相互切换。

3. 编辑操作

行插入：将光标定位在要插入的位置，然后执行“编辑”→“行插入”菜单命令，就可以输入编程元件，从而实现逻辑行的输入。

行删除：首先通过鼠标选择要删除的逻辑行，然后执行“编辑”→“行删除”菜单命令，就可以删除逻辑行。

注释：选定要添加注释的元件，双击此元件，即可进入文字注释的输入界面。

元件的剪切、复制和粘贴等操作方法与上述类似，不赘述。

4. 转换

梯形图程序编制完毕后，在写入 PLC 之前，一定要执行“工具”→“转换”菜单命令，或直接单击工具栏下方的“转换”按钮完成转换，此时编辑区由灰色状态变成白色状态，可以实现存盘或传输。反之，退出编程界面，不保存编制的程序。

六、调试及运行

SWOPC-FXGP/WIN-C 编程软件提供了一系列工具，使用户可直接在软件环境下调试并监视用户程序的执行。

1. 程序的传递

编辑好的程序必须写入 PLC 中才能进行调试，PLC 中的程序也可以读出到装有编程软件的计算机中。在传递程序过程中应特别注意必须使 PLC 置于“STOP”状态，不然无法写入程序。执行“PLC”→“遥控运行/停止”菜单命令，弹出“遥控运行/中止”对话框，如附图 C-13 所示，选中“中止”单选按钮，单击“确认”按钮完成操作，此时 PLC 处于“STOP”状态。此外，还要注意正确连接计算机和 PLC 的编程电缆，特别是 PLC 的接口方向不要弄错，否则容易造成损坏。上述两点出现错误时，编程软件都会提示“通信错误”，程序无法写入 PLC 中。

在已经与 PLC 建立通信的前提下，要将计算机中编制好的程序写入 PLC，可执行“PLC”→“传输”→“写入”菜单命令来完成。如果要将 PLC 中的程序读出到计算机中，可执行“PLC”→“传输”→“读出”菜单命令来完成。

为了提高传输程序的效率，可以在写入前设置传输的范围。执行“PLC”→“传输”→“写入”菜单命令，弹出“PC 程序写入”对话框，选中“范围设置”单选按钮，如附图 C-14 所示。程序范围不应小于要调试的程序步，否则程序调试时会出错。初次编程时可选择“所有范围”，以避免其他运行过的程序因程序范围过大对新程序造成干扰。

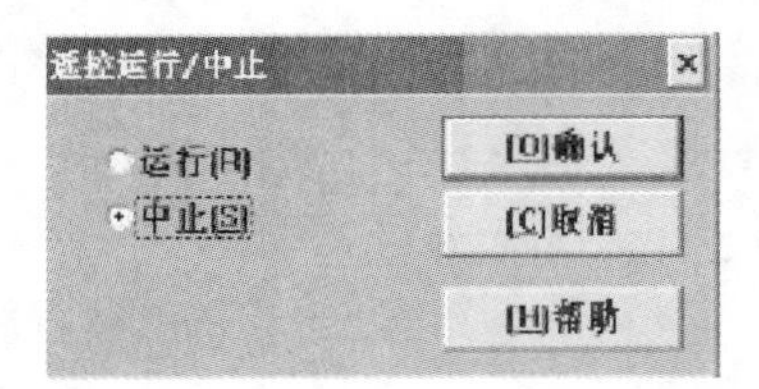

附图 C-13 “遥控运行/中止”对话框

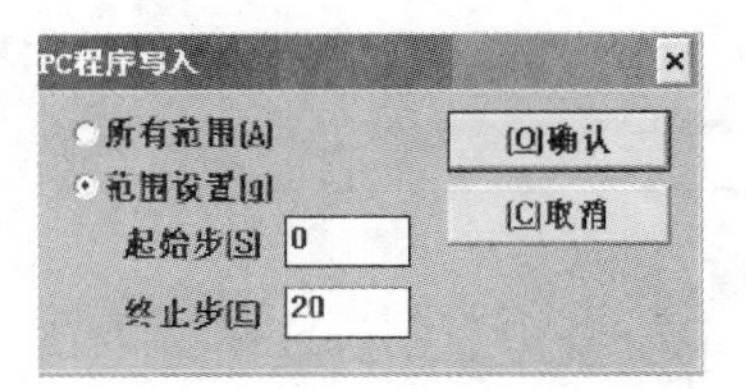

附图 C-14 “PC 程序写入”对话框

2. 运行程序

写入程序后，执行“PLC”→“遥控运行/中止 Remote RUN/STOP”菜单命令，将 PLC 从“STOP”模式转置于“RUN”模式，程序立即运行。此时 PLC 面板上的“RUN”指示灯亮。程序运行时，可对 PLC 的运行模式进行监控。

3. 元件监控

进入梯形图程序视图，执行“监控/测试”→“开始监控”菜单命令，对于输入继电器 X、输出继电器 Y 和辅助继电器 M 等位元件，屏幕上会显示各元件的通断状态。如果元件状态为“ON”，那么元件有绿色背景。对于定时器 T、计数器 C 和数据寄存器 D 等字元件，在对应元件的上方会显示以十进制或十六进制形式表示的所监控元件当前值。执行“监控/测试”→“停止监控”菜单命令，所有元件的绿色背景消失，程序退出监控状态。

以上只对 SWOPC-FXGP/WIN-C 编程软件进行了简单的介绍，用好编程软件是读者掌握 PLC 技术的基础，只有多练习才能掌握编程软件的使用方法。

任务二 GX Works2 编程软件的使用方法

一、GX Works2 编程软件简介

在普通计算机上可使用 GX Works2 编程软件进行三菱 FX 系列 PLC 编程。GX Works2 是三菱公司 2011 年推出的综合编程软件，可以在如下操作系统上运行。

- Windows 10（Home、Pro、Enterprise、Education、IoT Enterprise 2016 LTSB）。
- Windows 8.1、Windows 8.1（Pro、Enterprise）。
- Windows 8、Windows 8（Pro、Enterprise）。
- Windows 7（Starter、Home Premium、Professional、Ultimate、 Enterprise）。

GX Works2 是基于 Windows 操作系统运行的，是用于进行设计、调试、维护的编程工具。与传统的 GX Developer 相比，提高了功能及操作性能，变得更加便于用户使用。在 GX Works2 中以工程为单位对各个 PLC CPU 的程序及参数进行管理。

GX Works2 中的主要功能：程序创建、参数设置、至 PLC CPU 的写入/读取功能、监视/调试、诊断。

二、编程软件的安装

安装注意事项如下。

- 安装至个人计算机时，请登录“管理员”或“Administrator”权限的用户。
- 安装前，请结束所有运行的应用程序。如果在其他应用程序运行的状态下进行安装，有可能导致产品无法正常运行。
- 将 GX Works2 产品 DVD-ROM 插入 DVD-ROM 驱动器中，双击 DVD-ROM 内 Disk1 文件夹的“setup.exe”文件。
- 按照画面指示选择或输入必要事项。产品 ID 记载在随产品附带的“授权许可证书”中。以“3 位-9 位”的形式输入 12 位数字。
- 整个软件安装结束后，系统会自动生成图标。单击该图标就可以启动 GX Works2 编程软件。

三、硬件连接

FX_{3U} 微型控制器（DC 输入型）的输入根据外部接线，漏型输入和源型输入都可使用。但是，一定要注意 S/S 端子的接线。

AC 电源型的输入接线（FX_{3U}-□MR/UA1 除外）如附图 C-15 所示。

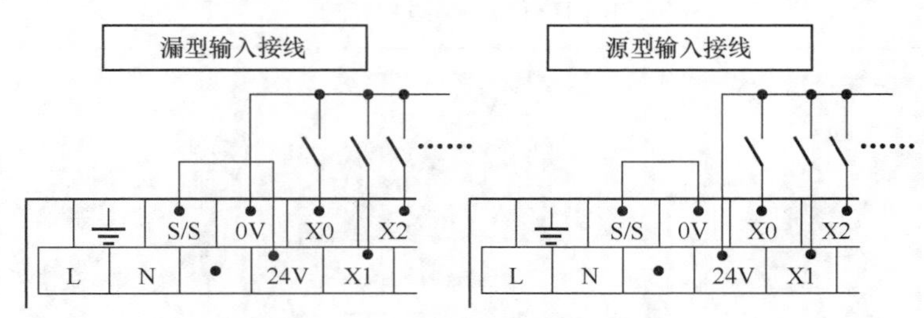

附图 C-15　AC 电源型的输入接线

DC 电源型的输入接线如附图 C-16 所示。

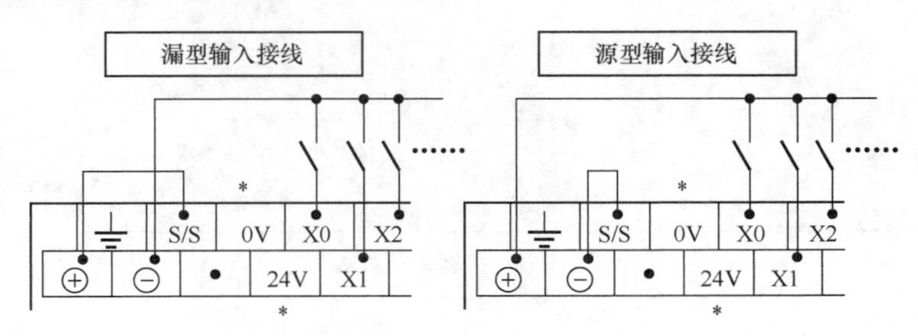

附图 C-16　DC 电源型的输入接线

四、GX Works2 编程软件的主要界面

在计算机上安装好 GX Works2 编程软件后，运行该软件，弹出编程软件界面，如附图 C-17 所示。可以看到该界面编辑区是不可用的，第一排的编辑工具栏中除“新建”和“打开”按钮可用以外，其余按钮均不可用。

执行“工程”→“New”（新建）菜单命令或在工具栏中直接单击“新建”图标，创建一个新的用户程序。弹出的“新建”对话框如附图 C-18 所示，在弹出的对话框中选择

PLC 的系列和机型，以及工程类型和编程语言。本书以 FX 系列 PLC 为例进行讲解，所以初学者选 FX 系列（具体型号可根据实际情况选择）、简单工程、梯形图进行编程，单击“确定”按钮，弹出“MELSOFT 系列 GX Works2”对话框，如附图 C-19 所示，用户可以根据需求进行更改，单击“是”按钮后进入程序编辑界面。

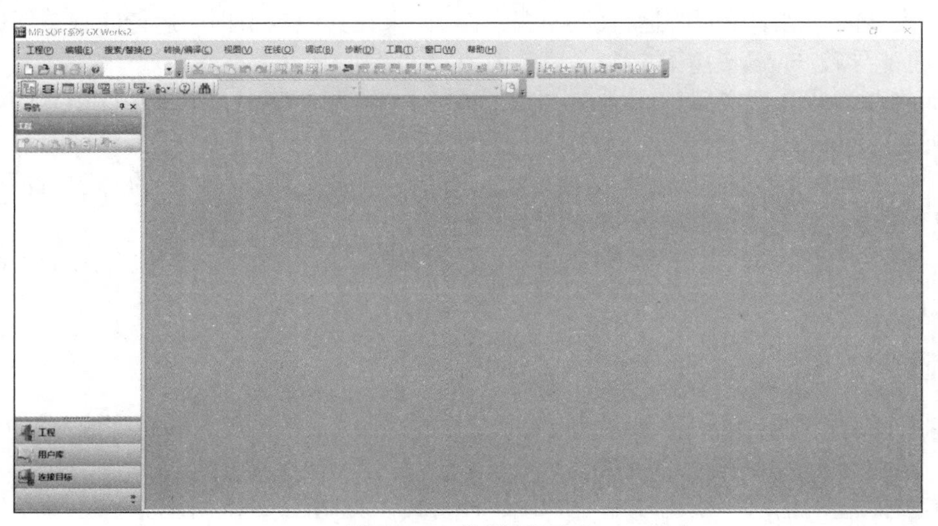

附图 C-17　编程软件界面

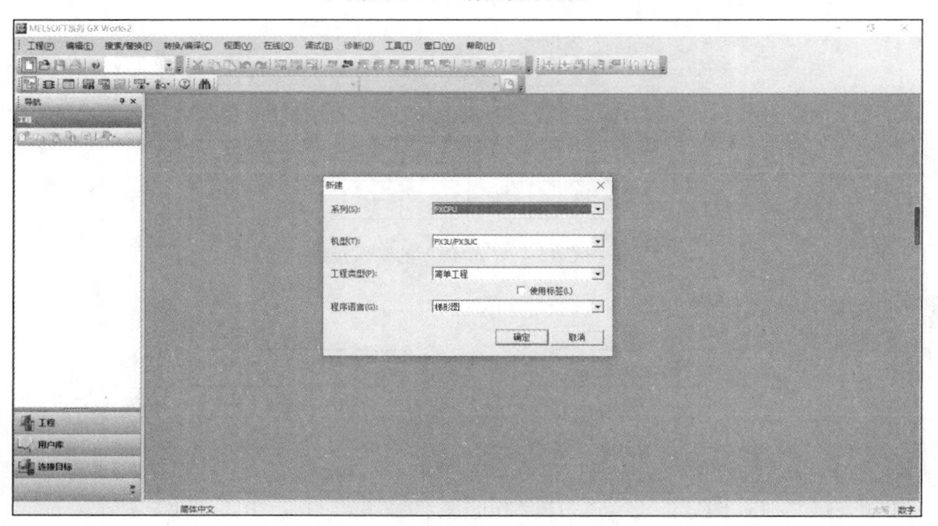

附图 C-18　“新建”对话框

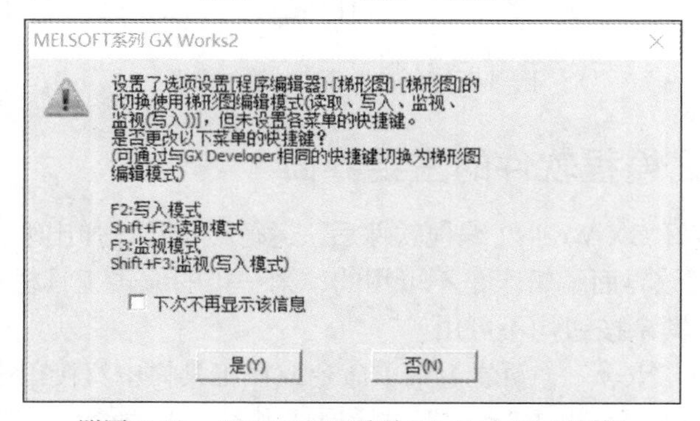

附图 C-19　“MELSOFT 系列 GX Works2”对话框

GX Works2 编程软件总体界面结构如附图 C-20 所示。本界面显示的是工作窗口和各折叠窗口的状态。此外，如果安装了“帮助”包，在导航窗口以及程序编辑器工作窗口、部件选择窗口等 GX Works2 上的任意位置，在键盘上按 F1 键即可使用界面标题字符串进行搜索并显示相应内容。在 FXCPU 中对特殊继电器 M、特殊寄存器 D 进行搜索时，会显示编程手册（PDF 格式）中对特殊继电器 M、特殊寄存器 D 进行说明的内容。

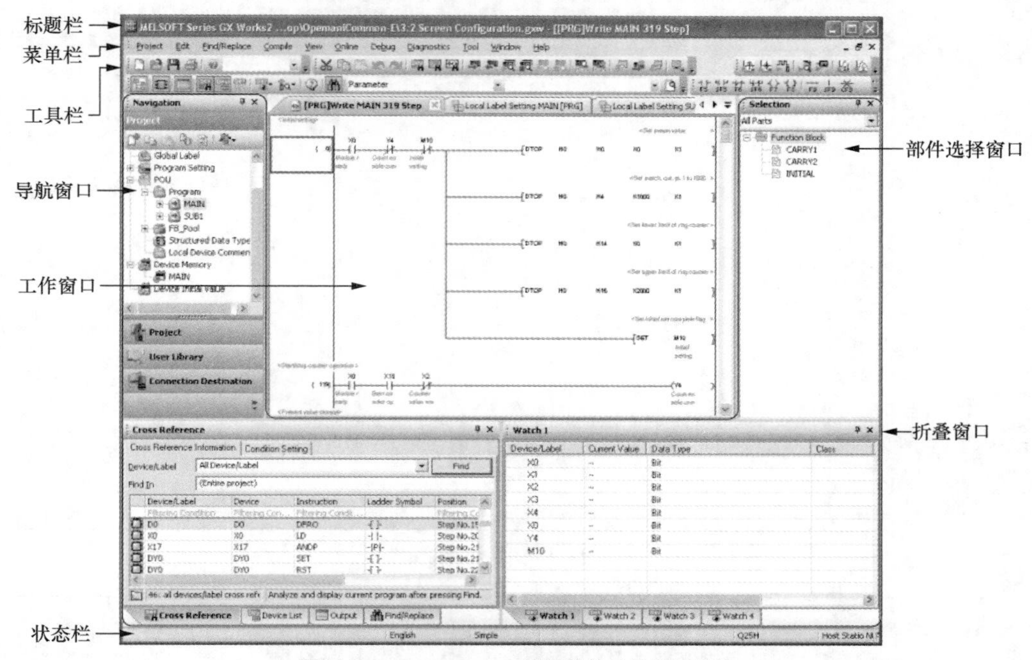

附图 C-20　GX Works2 编程软件总体界面结构

五、编辑程序

在 GX Works2 编程软件中可用多种编程语言编写用户程序，在联机状态下还可以从 PLC 上传用户程序，对程序进行读取或修改。现以梯形图程序的编制为例介绍一些基本的编辑操作。

1. 梯形图程序的编制

梯形图程序有两种编辑模式：“读取模式”和“写入模式”。只有在“写入模式”才能编辑。在菜单上执行“编辑”→“梯形图程序编辑模式”菜单命令，可以切换“读取模式”和“写入模式”。

在附图 C-18 中选择“梯形图”程序语言后软件会进入梯形图程序编辑界面，如附图 C-21 所示。

梯形图程序的编程元件主要有线圈、触点、指令盒、标号及连接线等。输入方法有以下两种。

（1）工具栏输入。首先在编辑窗口中进行光标定位，在“梯形图程序”功能的工具栏中选择元件类型，如常开触点，屏幕上弹出“梯形图程序输入”对话框，如附图 C-22 所示。按照提示输入元件编号（如 X0），单击“确定”按钮，梯形图程序编辑区的光标处就会显示常开触点 X000，如附图 C-23 所示。在“梯形图程序”功能的工具栏中选择线圈，在“梯形图程序输入”对话框中输入元件编号（如 Y0），单击“确定”按钮，梯形图程序编辑区的光标处就会显示线圈 Y000，如附图 C-24 所示。若有错误，如元件编号非法、违反梯形图程序规则等，编程软件会拒绝输入。在“梯形图程序输入”对话框中还可以选择和修改元件类型，如附图 C-22 所示。

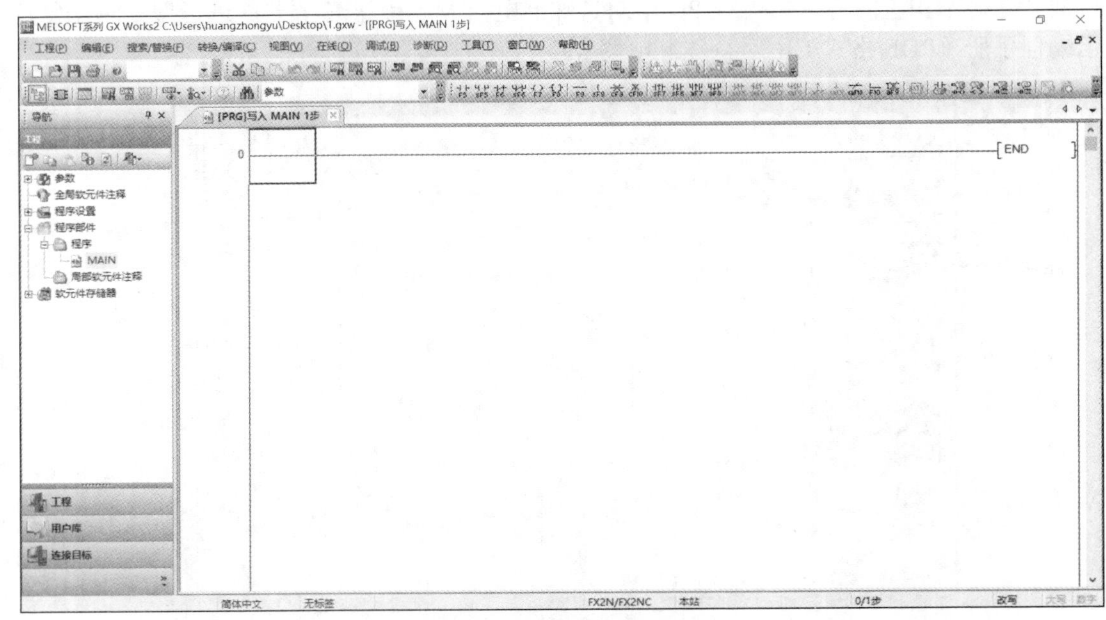

附图 C-21　梯形图程序编辑界面

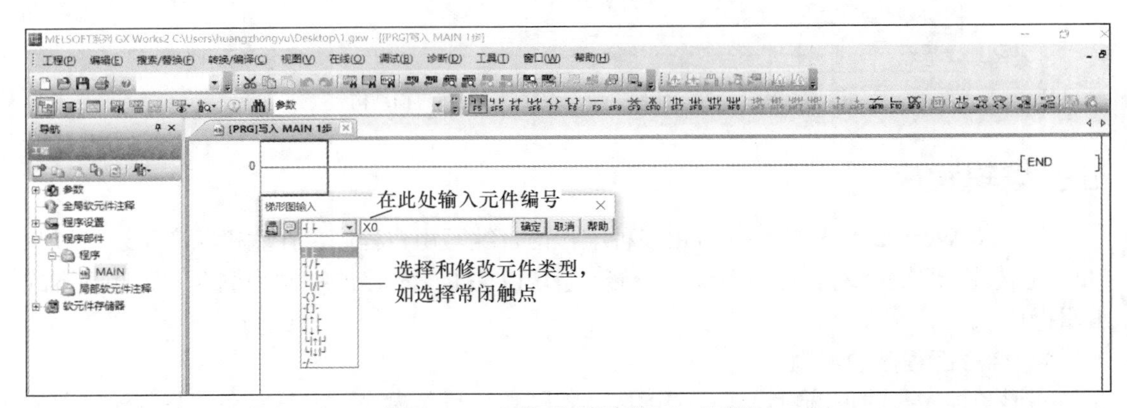

附图 C-22　“梯形图程序输入”对话框

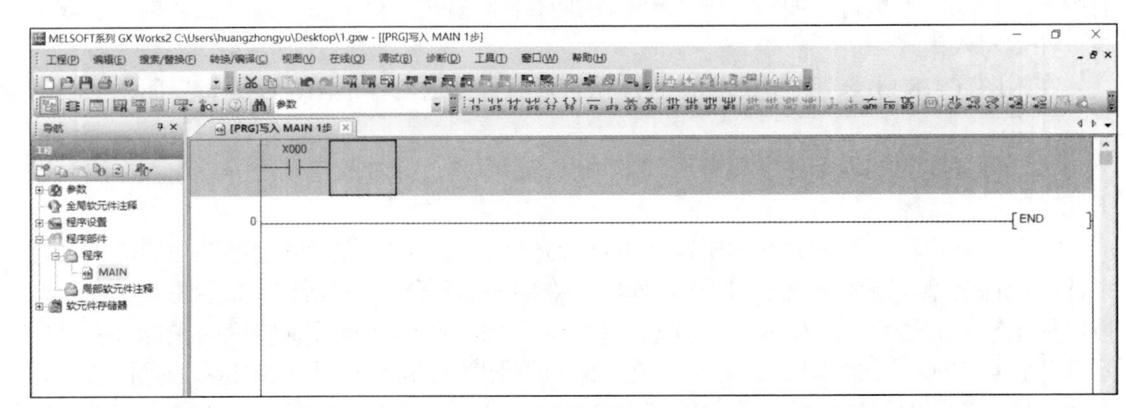

附图 C-23　常开触点 X000

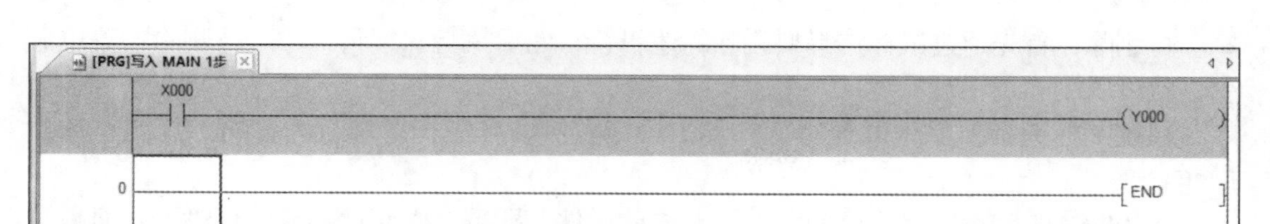

附图 C-24　线圈 Y000

在工具栏上任意位置单击鼠标右键，可以选择打开或者关闭“梯形图程序”工具栏窗口。

（2）键盘操作，通过键盘输入完整的指令。这种方法的录入速度较快，比较适合熟练者使用以及程序的初次录入。在梯形图程序编辑区定位光标，用键盘输入“LD X1”，光标下方弹出“指令输入”对话框，如附图 C-25 所示。对话框的内容为键盘输入的内容。按 Enter 键后 X1 的常开触点显示在梯形图程序编辑区。继续输入“OUT Y1”，则“指令输入”对话框中出现“OUT Y1”。按 Enter 键后梯形图程序编辑区如附图 C-26 所示。注意指令和操作元件之间应有空格。

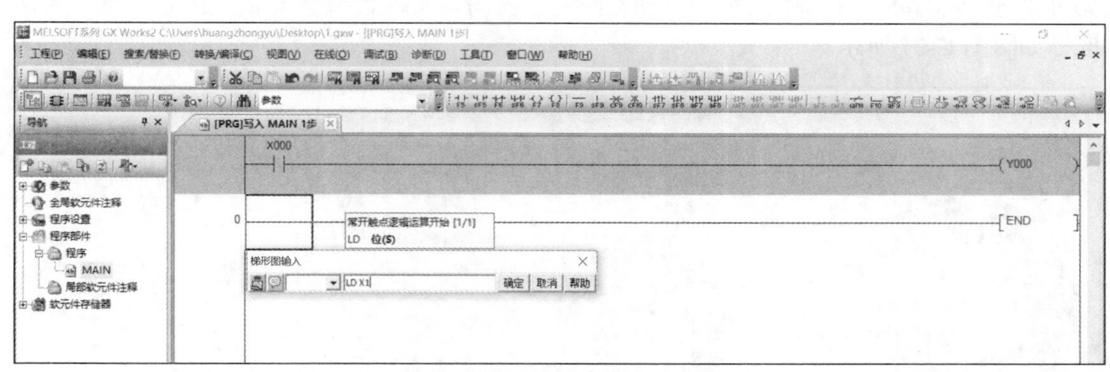

附图 C-25　“指令输入”对话框

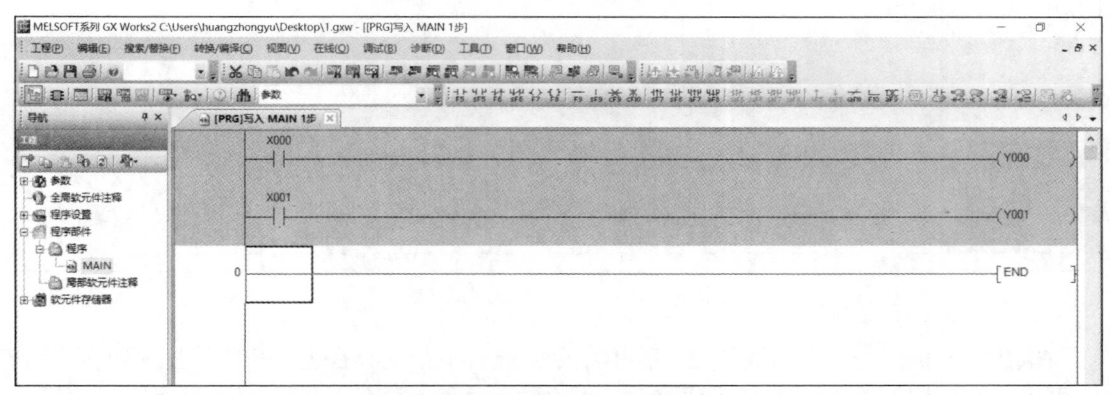

附图 C-26　梯形图程序编辑区

2. 编辑操作

插入：按键盘上的 Insert 键，编辑窗口由“改写”模式变成“插入”模式，此时光标由蓝色变成紫色。将光标定位在要插入的位置，然后执行工具栏输入或键盘输入，就可以输入编程元件。将光标定位在要插入的位置，然后执行“编辑”→“行插入”菜单命令，就可以输入编程元件，从而实现逻辑行的输入。

行删除：首先通过鼠标选择要删除的逻辑行，然后执行“编辑”→“行删除”菜单命令，就可以删除逻辑行。

通过鼠标选择要操作的逻辑行，单击鼠标右键即可进行逻辑行的剪切、复制、粘贴操作。

元件的修改：选定要修改的元件，双击此元件，即可进入元件的修改再输入界面，与附图 C-22 所示类似。

3. 转换

梯形图程序编制完毕后，在写入 PLC 之前一定要执行“转换/编译”→“转换”菜单命令，或者直接单击工具栏下的“转换”按钮完成转换，此时编辑区由灰色状态变成白色状态，可以实现存盘或传输。反之，退出编程界面，不保存编制的程序。

六、程序仿真调试

GX Works2 编程软件自带仿真系统，这给没有 PLC 硬件的初学者提供了极大的便利。执行“调试”→“模拟开始/停止”菜单命令或者单击工具栏中的“模拟开始/停止”按钮，均可以进行程序的仿真调试。此时，梯形图程序被仿真写入虚拟 PLC 的“PLC 写入”对话框，如附图 C-27 所示。

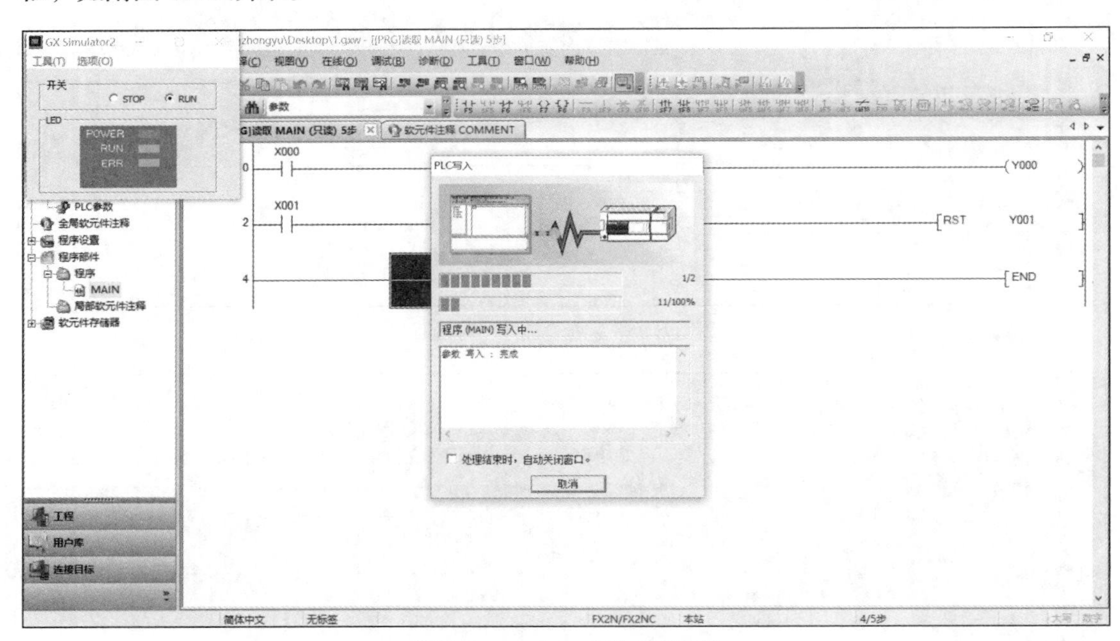

附图 C-27 “PLC 写入”对话框

执行“调试”→“当前值更改”菜单命令，或者单击工具栏上的按钮，弹出“当前值更改”对话框。输入要改变的软元件，更改软元件的存储值，即可观察程序运行效果，如附图 C-28 所示。在“当前值更改”对话框中可更改位元件、字元件的存储值，可以实现开关量、模拟量（缓冲存储器）的仿真。

仿真结束后，需要把编辑状态从读取模式改为写入模式，才能修改程序。

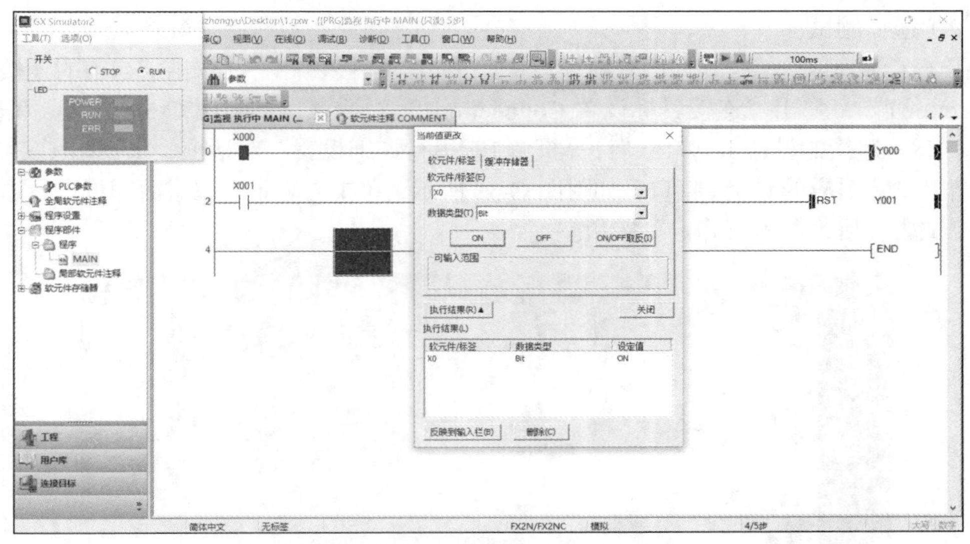

附图 C-28　仿真调试界面

七、调试及运行

GX Works2 编程软件提供了一系列工具，使用户可直接在软件环境下调试并监视用户程序的执行。

1. 调试前的准备

（1）通信连接

使用专用的通信数据线 USB-SC-09 把计算机与 PLC 连接起来。该数据线将计算机的 USB 接口模拟成串行口（通常为 COM3 或 COM4），属于 RS-422 转 RS-232 的连接方式，每台计算机只能接一根数据线与 PLC 通信。

使用数据线前先安装驱动程序，然后把数据线的 PC-USB 接口接入计算机 USB 接口，八针圆公头插入 PLC 的 RS-422 通信接口。给 PLC 接通电源，即可进入设备管理器查看端口。原先旧版的驱动程序不支持 Windows 7 及以上的操作系统，可借助驱动大师安装。端口（COM 和 LPT）下显示“Prolific USB-to-Serial Comm Port(COM*x*)”，则表明驱动程序安装成功。“COM*x*”多数是 COM3 或 COM4。如果出现 COM1 或 COM2，会导致连接不正确，需要重新找一个 USB 接口连接，如附图 C-29 所示。

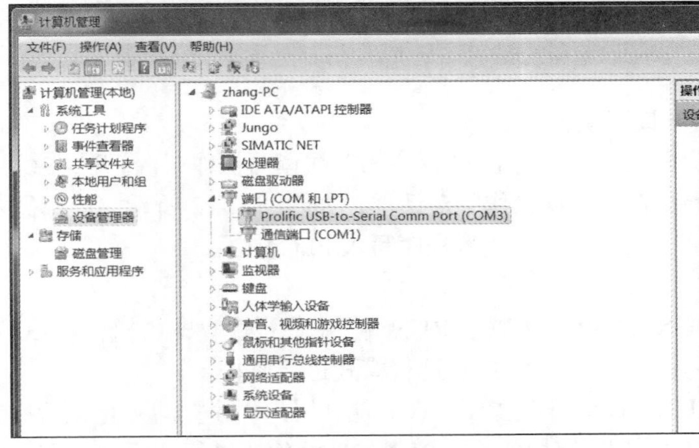

附图 C-29　查看设备连接接口的界面

（2）通信测试

在 GX Works2 编程软件的导航窗口中，单击“连接目标”，双击“当前的连接目标 Connection1”，弹出“连接目标设置 Connection1”对话框，如附图 C-30 所示。双击 按钮（USB 连接的设备），弹出“计算机侧 I/F 串行详细设置”对话框，根据附图 C-29 所示的结果设置对应的 COM 接口，如附图 C-31 所示，单击“确定”按钮后即可进行通信测试，测试成功后，单击“确定”按钮。

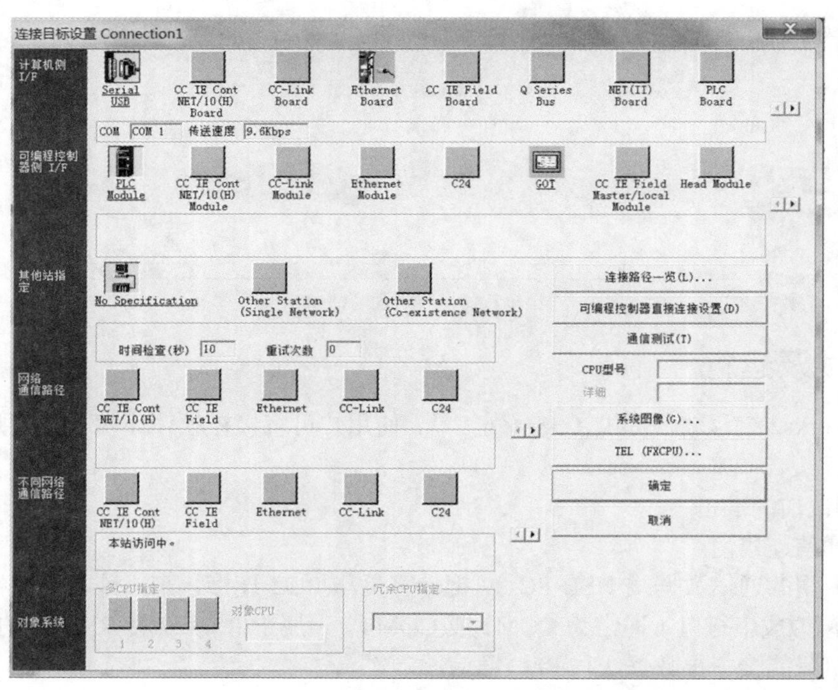

附图 C-30 “连接目标设置 Connection1”对话框

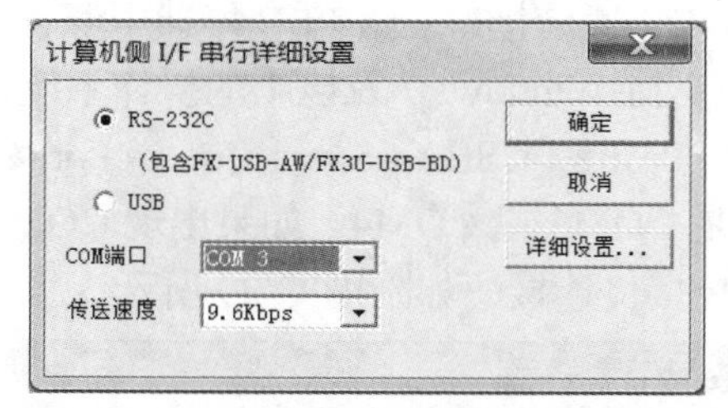

附图 C-31 “计算机侧 I/F 串行详细设置”对话框

2. PLC 程序的读写操作

通信测试成功后就可以进行 PLC 程序的在线读写操作了。打开“在线”菜单，执行“PLC 写入”命令，弹出“在线数据操作”对话框，如附图 C-32 所示。选择需要写入 PLC 中的程序和参数，单击“执行”按钮就将程序写入 PLC 中了。

3. 运行程序

将 PLC 的 RUN/STOP 开关置于 RUN 侧，用户程序立即被执行，PLC 面板上的“RUN”指示灯亮。程序运行时，可对 PLC 的运行模式进行监控。

将 PLC 的 RUN/STOP 开关置于 STOP 侧，用户程序立即停止运行。在 GX Works2 编程软件中通过远程操作也可对 PLC 的 RUN/STOP 模式进行切换。

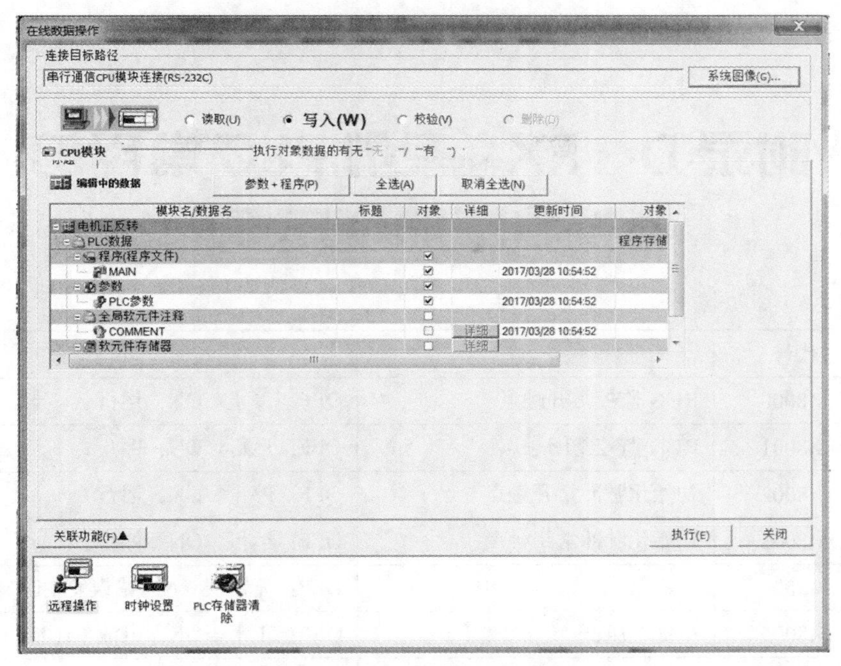

附图 C-32　“在线数据操作”对话框

4. 元件监控

进入梯形图程序视图，执行“在线”→“监视”→“监视开始”菜单命令，程序画面变为监视状态；单击工具按钮也可进入监视状态。对于输入继电器 X、输出继电器 Y 和辅助继电器 M 等位元件，屏幕上显示各元件的通断状态。如果元件状态为“ON”，那么元件有蓝色背景。对于定时器 T、计数器 C 和数据寄存器 D 等字元件，在对应元件的上方显示以十进制或十六进制形式表示的所监控元件当前值。执行“监控停止”菜单命令或单击工具栏上的“监控停止”按钮，所有元件的蓝色背景消失，程序退出监控状态。

以上只对 GX Works2 编程软件进行了简单的介绍，详细用法读者可通过“帮助”菜单查阅。

附录D　FX_{3U}系列PLC常用的特殊辅助继电器

分类	代号	名称	功能
PLC状态	M8000	RUN 监控常开触点	OFF：停止。ON：运行
	M8001	RUN 监控常闭触点	OFF：运行。ON：停止
	M8002	初始化脉冲常开触点	OFF：停止。ON：运行
	M8003	初始化脉冲常闭触点	OFF：运行。ON：停止
	M8004	出错	OFF：无错误。N：错误发生时
	M8005	电池电压低	OFF：正常。ON：电池电压低
	M8006	电池电压低锁存	OFF：正常。ON：电池电压低。 当电池电压异常降低时动作
	M8007	电源瞬停检测	OFF：正常。ON：电源瞬停检测。 若 M8007 为 ON 的时间小于 D8008，PLC 将继续运行
	M8008	停电检测	OFF：正常。ON：停电检测。 当 M8008 电源关闭时，M8000 也关闭
	M8009	DC 24V 故障	OFF：正常。ON：DC 24V 故障。 增设模块的 DC 24V 故障时动作
时钟脉冲	M8011	10ms 时钟脉冲	以 10ms 为周期振荡
	M8012	100ms 时钟脉冲	以 100ms 为周期振荡
	M8013	1s 时钟脉冲	以 1s 为周期振荡
	M8014	1min 时钟脉冲	以 1min 为周期振荡
	M8015	内存实时脉冲	OFF：计时。ON：计时停止
	M8016	内存实时脉冲	OFF：显示。ON：显示停止
	M8017	内存实时脉冲	OFF：未补正。ON：±30s 补正
	M8018	内存实时脉冲	OFF：未安装。ON：安装
	M8019	内存实时脉冲	OFF：无错误。ON：内存实时脉冲（RTC）错误
标志位	M8020	零位标志	OFF：加减运算结果非零。ON：加减运算结果是零
	M8021	借位标志	ON：运算结果为负的最大值以下时
	M8022	进位标志	ON：加法运算或移位操作的结果发生进位时

续表

分类	代号	名称	功能
标志	M8024	指定 BMOV 方向	指定 BMOV 方向（FNC15），当 RUN→STOP 时被清除
	M8025	HSC 模式	OFF：常规模式。ON：外部复位模式
	M8026	RAMP 模式	RAMP 指令输出的模式切换
	M8027	PR 模式	OFF：8 位串行口输出。ON：1～16 位串行口输出
	M8028	FROM/TO 指令执行中断许可	OFF：FROM/TO 指令执行中断禁止。 ON：FROM/TO 指令执行中断许可
	M8029	指令执行结束	OFF：指令执行中。ON：指令执行结束
PLC 模式	M8030	电池 LED 灭灯指令	OFF：电池 LED 点亮。ON：电池 LED 未点亮
	M8031	非锁存内存全部清除	OFF：内存全部清除未动作。ON：内存全部清除动作。 （1）当 M 被驱动时，Y、M、S、T、C 的 ON/OFF 值或 T、C、D、R 的当前值被删除为零。 （2）END 指令执行时处理
	M8032	锁存内存全部清除	
	M8033	内存保持	OFF：内存未保持。ON：内存保持
	M8034	所有输出禁止	OFF：常规输出。ON：所有输出禁止
	M8035	强制 RUN 模式	OFF：常规模式。ON：强制 RUN 模式
	M8036	强制 RUN 指令	ON：强制 RUN 指令
	M8037	强制 STOP 指令	ON：强制 STOP 指令
	M8038	参数设置	ON：通信参数被设定
	M8039	恒定扫描模式	OFF：常规扫描模式。ON：恒定扫描模式
步进梯形图和信号报警器	M8040	STL 传输禁止	OFF：正常传输。ON：STL 传输禁止
	M8041	转移开始	ON：转移开始，RUN→STOP 时被清除
	M8042	启动脉冲	对应启动输入的脉冲输出
	M8043	原点回归完成	OFF：RUN。ON：原点回归完成
	M8044	原点状态条件	ON：机械原点检测时
	M8045	所有输出复位禁止	ON：切换模式时，所有输出复位都不执行
	M8046	STL 状态动作	OFF：STL 状态不动作。ON：STL 状态动作
	M8047	STL 监控有效	OFF：STL 监控无效。ON：STL 监控有效
	M8048	报警器有效	OFF：报警器无效。ON：报警器有效
	M8049	允许报警器监控	OFF：禁止报警器监控。ON：允许报警器监控
中断禁止	M8050	I00□ 禁止	OFF：I00□解除。ON：I00□禁止
	M8051	I10□ 禁止	OFF：I10□解除。ON：I10□禁止

续表

分类	代号	名称	功能
中断禁止	M8052	I20□禁止	OFF：I20□解除。ON：I20□禁止
	M8053	I30□禁止	OFF：I30□解除。ON：I30□禁止
	M8054	I40□禁止	OFF：I40□解除。ON：I40□禁止
	M8055	I50□禁止	OFF：I50□解除。ON：I50□禁止
	M8056	I60□禁止	OFF：I60□解除。ON：I60□禁止
	M8057	I70□禁止	OFF：I70□解除。ON：I70□禁止
	M8058	I80□禁止	OFF：I80□解除。ON：I80□禁止
	M8059	计数中断禁止	OFF：计数中断解除。ON：计数中断禁止
错误检测	M8060	I/O 配置错误	OFF：无错误。ON：错误
	M8061	PLC 硬件错误	
	M8062	PLC/PP 通信错误	
	M8063	串行口通信错误	OFF：无错误。ON：错误
	M8064	参数错误	
	M8065	语法错误	
	M8066	梯形图错误	
	M8067	运算错误	
	M8068	运算锁存错误	OFF：无错误。ON：操作错误锁存
	M8069	I/O 总线检查	ON：执行 I/O 总线检查
并行链接	M8070	并行链接主站	ON：并行链接主站
	M8071	并行链接从站	ON：并行链接从站
	M8072	并行链接运行中	ON：并行链接运行中
	M8073	并行链接设置错误	ON：并行链接设置错误
采样跟踪	M8075	准备开始指令	ON：准备开始指令
	M8076	准备结束，执行开始指令	ON：准备结束，执行开始指令
	M8077	执行中监视	ON：正在执行监视
	M8078	执行完成监视	ON：执行完成监视
	M8079	跟踪次数 512 以上	ON：跟踪次数 512 以上
标志位	M8090	FNC194～199 块比较信号	块比较信号
	M8091	COMRD、BINDA 指令输出字符数切换信号	COMRD、BINDA 指令输出字符数切换信号
高速环形计数器	M8099	高速循环计数器	OFF：循环计数器不动作。ON：循环计数器动作

续表

分类	代号	名称	功能
存储信息	M8105	在 RUN 状态写入时接通	ON：闪存写入时
	M8107	软元件注释登录确认	ON：软元件注释登录确认
输出刷新错误	M8109	输出刷新错误	OFF：无错误。ON：输出刷新错误
FNC80（RS）计算机链接［通道 1］	M8121	FNC80（RS）送信待机标志	ON：送信待机中
	M8122	FNC80（RS）送信标志	OFF：未送信。ON：送信
	M8123	FNC80（RS）接收结束标志	OFF：接收未结束。ON：接收结束
	M8124	FNC80（RS）信号检测到标志	OFF：信号未检测到。ON：信号检测到
	M8126	计算机链接［通道 1］全局	ON：全局信号
	M8127	计算机链接［通道 1］根据需求送信中	根据需求交换用的控制信号
	M8128	计算机链接［通道 1］根据需求错误标志	OFF：无错误。ON：根据需求错误
	M8129	计算机链接［通道 1］根据需求字节/位切换 FNC80（RC）接收超时	（1）在计算机链接时使用的场合如下。 OFF：根据需求位。ON：根据需求字节切换根据需求字/位。 （2）在 FNC80（RS）指令时使用的场合如下。 ON：超时，超时判断标志用
高速计数器	M8130	FNC55（HSZ）指令对照表模式	ON：HSZ 指令对照表模式
	M8131	HSZ 指令对照表模式结束标志	ON：HSZ 指令对照表模式结束
	M8132	FNC55（HSZ）、FNC57（PLSY）指令速度模式频率	ON：HSZ、PLSY 指令速度模式频率
	M8133	FNC55（HSZ）、FNC57（PLSY）指令速度模式频率执行结束标志	ON：HSZ、PLSY 指令速度模式频率执行结束
	M8138	FNC 280（HSCT）指令执行结束标志位	ON：HSCT 指令执行结束
	M8139	高速计数器比较指令执行中	ON：HSCS（FNC53）、HSCR（FNC54）、HSZ（FNC55）、HSCT（FNC280）指令执行中
变频器通信功能	M8151	变频器通信中［通道 1］	ON：变频器通信中[通道 1]
	M8152	变频器通信错误［通道 1］	ON：变频器通信错误[通道 1]
	M8153	变频器通信错误锁定［通道 1］	ON：变频器通信错误锁定[通道 1]
	M8154	FNC274（IVBWR）指令错误［通道 1］ FNC180（EXTR）每个指令都定义	OFF：无错误。ON：错误
	M8156	交换通信中［通道 2］FNC180（EXTR）指令通信错误/参数错误	OFF：无错误。ON：通信错误或参数错误

续表

分类	代号	名称	功能
变频器通信功能	M8157	变频器通信错误[通道 2]	ON：变频器通信错误[通道 2]
	M8158	变频器通信错误锁存[通道 2]	ON：变频器通信错误锁存[通道 2]
	M8159	FNC 274（IVBWR）指令错误[通道 2]	OFF：无错误。ON：IVBWR 指令错误[通道 2]
扩展功能	M8160	FNC17（XCH）的 SWAP 功能	OFF：功能无效。ON：功能有效
	M8161	8 位处理模式	ON：8 位处理模式
	M8162	高速并行连接模式	ON：高速并行连接模式
	M8165	FNC149（SOTR2）指令源顺序	OFF：升顺。ON：降顺
	M8167	FNC71（HKY）指令 HEX 数据处理功能	ON：HKY 指令 HEX 数据处理功能有效
	M8168	FNC13（SMOV）指令 HEX 数据处理功能	ON：SMOV 指令 HEX 数据处理功能有效
脉冲插入	M8170	输入 X000 脉冲插入	ON：输入 X000 脉冲插入
	M8171	输入 X001 脉冲插入	ON：输入 X001 脉冲插入
	M8172	输入 X002 脉冲插入	ON：输入 X002 脉冲插入
	M8173	输入 X003 脉冲插入	ON：输入 X003 脉冲插入
	M8174	输入 X004 脉冲插入	ON：输入 X004 脉冲插入
	M8175	输入 X005 脉冲插入	ON：输入 X005 脉冲插入
	M8176	输入 X006 脉冲插入	ON：输入 X006 脉冲插入
	M8177	输入 X007 脉冲插入	ON：输入 X007 脉冲插入
通信接口的通道设定	M8178	并联连接的通道切换	并联连接的通道切换（OFF：通道 1。ON：通道 2）
	M8179	简易 PLC 间连接的通道切换	ON：简易 PLC 间连接的通道切换
简易 PLC 连接	M8183～M8190（8 个）	数据传输顺序错误（依次对应主站及各从站 1、2、3、4、5、6、7）	OFF：无错误。ON：顺序错误
	M8191	数据传输顺序执行中	ON：执行中
加/减计数器方向	M8200～M8234（35 个）	C200～C234（共 35 个）加/减计数器方向	OFF：加模式。ON：减模式
高速加/减计数器方向	M8235～M8245（11 个）	C235～C245（共 11 个）高速加/减计数器方向	
高速加/减计数监视器	M8246～M8255（10 个）	C246～C255（共 10 个）高速加/减计数监视器	OFF：加模式。ON：减模式
标志位	M8304	零位	乘除运算结果为零时，置 ON
	M8306	进位	除法运算结果溢出时，置 ON

续表

分类	代号	名称	功能
I/O 未安装错误指示	M8316	I/O 非实际安装指定错误	OFF：无错误。ON：未安装错误
	M8318	BFM 的初始化失败	从 STOP→RUN 时，对于用 BFM 初始化功能指定的特殊扩展单元/模块，其发生 FROM/TO 错误时接通，发生错误的单元号被保存在 D8318 中，BFM 号被保存在 D8319 中
	M8328	指令不执行	ON：指令不执行
	M8329	指令执行异常结束	ON：指令执行异常结束时
定时时钟	M8330	FNC186（DUTY）指令输出 1	确定 DUTY 指令的定时时钟输出 1 的输出处
	M8331	FNC186（DUTY）指令输出 2	确定 DUTY 指令的定时时钟输出 2 的输出处
	M8332	FNC186（DUTY）指令输出 3	确定 DUTY 指令的定时时钟输出 3 的输出处
	M8333	FNC186（DUTY）指令输出 4	确定 DUTY 指令的定时时钟输出 4 的输出处
	M8334	FNC186（DUTY）指令输出 5	确定 DUTY 指令的定时时钟输出 5 的输出处
定位	M8336	FNC151（DVIT）指令的中断输入指定	OFF：无效。ON：有效
	M8338	FNC157（PLSV）指令的加减速动作	OFF：无效。ON：有效
	M8340	[Y000] 专用脉冲输出的监控	ON：空闲。OFF：脉冲输出中
	M8341	[Y000] 专用 CLR 信号输出功能	OFF：无效。ON：有效
	M8342	指定[Y000]专用原点恢复方向	OFF：正转方向恢复。ON：反转方向恢复
	M8343	[Y000] 专用正转极限	ON：仅驱动反转方向
	M8344	[Y000] 专用反转极限	ON：仅驱动正转方向
	M8345	[Y000] 近点 DOG 信号逻辑反转	OFF：正逻辑。ON：负逻辑
	M8346	[Y000] 零点信号逻辑反转	OFF：正逻辑。ON：负逻辑
	M8347	[Y000] 中断信号逻辑反转	OFF：正逻辑。ON：负逻辑
	M8348	[Y000] 定位指令驱动	ON：[Y000] 定位指令驱动中
	M8349	[Y000] 脉冲输出停止指令	ON：[Y000] 专用脉冲输出停止
	M8350	[Y001] 专用脉冲输出的监控	ON：空闲。OFF：脉冲输出中
	M8351	[Y001] 专用 CLR 信号输出功能	OFF：无效。ON：有效
	M8352	指定［Y001］专用原点恢复方向	OFF：正转方向恢复。ON：反转方向恢复
	M8353	[Y001] 专用正转极限	ON：仅驱动反转方向
	M8354	[Y001] 专用反转极限	ON：仅驱动正转方向
	M8355	[Y001] 近点 DOG 信号逻辑反转	OFF：正逻辑。ON：负逻辑
	M8356	[Y001] 零点信号逻辑反转	OFF：正逻辑。ON：负逻辑
	M8357	[Y001] 中断信号逻辑反转	OFF：正逻辑。ON：负逻辑

续表

分类	代号	名称	功能
定位	M8358	[Y001] 定位指令驱动	ON：[Y001] 定位指令驱动中
	M8359	[Y001] 脉冲输出停止指令	ON：[Y001] 专用脉冲输出停止
	M8360	[Y002] 专用脉冲输出的监控	ON：空闲。OFF：脉冲输出中
	M8361	[Y002] 专用 CLR 信号输出功能	OFF：无效。ON：有效
	M8362	指定[Y002]专用原点恢复方向	OFF：正转方向恢复。ON：反转方向恢复
	M8363	[Y002] 专用正转极限	ON：仅驱动反转方向
	M8364	[Y002] 专用反转极限	ON：仅驱动正转方向
	M8365	[Y002] 近点 DOG 信号逻辑反转	OFF：正逻辑。ON：负逻辑
	M8366	[Y002] 零点信号逻辑反转	OFF：正逻辑。ON：负逻辑
	M8367	[Y002] 中断信号逻辑反转	OFF：正逻辑。ON：负逻辑
	M8368	[Y002] 定位指令驱动	ON：[Y002] 定位指令驱动中
	M8369	[Y002] 脉冲输出停止指令	ON：[Y002] 专用脉冲输出停止
	M8370	[Y003] 专用脉冲输出的监控	ON：空闲。OFF：脉冲输出中
	M8371	[Y003] 专用 CLR 信号输出功能	OFF：无效。ON：有效
	M8372	指定[Y003] 专用原点恢复方向	OFF：正转方向恢复。ON：反转方向恢复
	M8373	[Y003] 专用正转极限	ON：仅驱动反转方向
	M8374	[Y003] 专用反转极限	ON：仅驱动正转方向
	M8375	[Y003 近点 DOG 信号逻辑反转	OFF：正逻辑。ON：负逻辑
	M8376	[Y003] 零点信号逻辑反转	OFF：正逻辑。ON：负逻辑
	M8377	[Y003] 中断信号逻辑反转	OFF：正逻辑。ON：负逻辑
	M8378	[Y003] 定位指令驱动	ON：[Y003] 定位指令驱动中
	M8379	[Y003] 脉冲输出停止指令	ON：[Y003] 专用脉冲输出停止
高速计数器功能	M8380	C235、C241、C244、C246、C247、C249、C251、C252、C254 的动作状态	ON：计数器工作
	M8381	C236 的动作状态	ON：计数器工作
	M8382	C237、C242、C245 的动作状态	ON：计数器工作
	M8383	C238、C248、C248（OP）、C250、C253、C255 的动作状态	ON：计数器工作
	M8384	C239、C243 的动作状态	ON：计数器工作
	M8385	C240 的动作状态	ON：计数器工作
	M8386	C244（OP）的动作状态	ON：计数器工作
	M8387	C245（OP）的动作状态	ON：计数器工作
	M8388	高速计数器的功能变更用触点	设置高速计数器功能变更用触点
	M8389	外部复位输入的逻辑切换	切换计数器复位输入的逻辑

续表

分类	代号	名称	功能
高速计数器功能	M8390	C244 硬件/软件切换	C244 的功能切换指定线圈
	M8391	C245 硬件/软件切换	C245 的功能切换指定线圈
	M8392	C248、C253 硬件/软件切换	C248、C253 的功能切换指定线圈
中断程序	M8393	设定延迟时间用触点	ON：设置延迟时间用触点
	M8394	FNC189（HCMOV）中断程序用驱动触点	ON：中断程序用驱动触点
环形计数器	M8398	1ms 循环计数（32 位）	ON：1ms 循环计数动作
RS2 [通道 1]	M8401	FNC87（RS2）[通道 1] 发送待机标志位	ON：发送待机中
	M8402	FNC87（RS2）[通道 1] 发送请求标志位	OFF：发送。ON：未发送
	M8403	FNC87（RS2）[通道 1] 接收完成标志位	ON：完成接收
	M8404	FNC87（RS2）[通道 1] 载波检测标志位	OFF：载波未检测。ON：载波检测
	M8405	FNC87（RS2）[通道 1] 数据准备就绪（DSR）标志位	ON：准备就绪
	M8409	FNC87（RS2）[通道 1] 接收超时标志位	ON：超时
RS2 [通道 2]	M8421	FNC87（RS2）[通道 1] 发送待机标志位	ON：发送待机中
	M8422	FNC87（RS2）[通道 1] 发送请求标志位	OFF：发送。ON：未发送
	M8423	FNC87（RS2）[通道 1] 接收完成标志位	ON：完成接收
	M8424	FNC87（RS2）[通道 1] 载波检测标志位	OFF：载波未检测。ON：载波检测
	M8425	FNC87（RS2）[通道 1] 数据准备就绪（DSR）标志位	ON：准备就绪
	M8426	计算机连接[通道 2] 全局	ON：全局信号
	M8427	计算机连接[通道 2] 下位通信请求（On Demand）发送中	ON：根据需求发送中
	M8428	计算机连接[通道 2] 下位通信请求（On Demand）错误标志位	OFF：无错误。ON：错误
	M8429	计算机连接[通道 2] 下位通信请求（On Demand）字/字节的切换，FNC87（RS2）[通道 2] 判断超时的标志位	ON：RS2 指令接收超时
错误检测	M8438	串行通信错误 2[通道 2]	OFF：无错误。ON：错误
	M8449	特殊模块错误标志位	OFF：无错误。ON：错误

参考文献

[1] 黄中玉. PLC应用技术（附微课视频）[M]. 2版. 北京：人民邮电出版社，2018.

[2] 张静之，刘建华，陈梅. 三菱 FX_{3U} 系列 PLC 编程技术与应用[M]. 北京：机械工业出版社，2017.

实训工单

黄中玉　于宁波　蔡永香　主　编

王君君　副主编

人 民 邮 电 出 版 社

北 京

目录

实训工单 1　　　三相异步电动机的两地启停控制

<table>
<tr><td>班级</td><td></td><td>姓名</td><td></td><td>学号</td><td></td></tr>
<tr><td>小组名称</td><td colspan="2"></td><td>接受任务时间</td><td colspan="2"></td></tr>
<tr><td>成员</td><td colspan="2"></td><td>完成任务时间</td><td colspan="2"></td></tr>
<tr><td colspan="6">任务描述</td></tr>
<tr><td colspan="6">任务要求：设计电动机的两地启停控制程序并进行调试。
按下 A 地的启动按钮或 B 地的启动按钮，电动机均可启动运行，按下 A 地的停止按钮或 B 地的停止按钮，电动机均能停止</td></tr>
<tr><td colspan="6">一、教学目标
1. 巩固和加深对 PLC 编程软件的理解。
2. 掌握输入继电器和输出继电器的特点、地址编号及使用方法。
3. 掌握 PLC 项目设计的一般步骤。
4. 掌握 I/O 接线图的绘制和实施电路连接。
5. 进一步学习 PLC 编程软件的使用和程序调试方法，提高动手能力。
二、工作内容
1. 根据任务要求，正确选定 I/O 设备，完成 I/O 地址分配。
2. 绘制 PLC 的 I/O 接线图。
3. 做好电路的调试准备，包括技术准备和方法准备。
4. 设计梯形图程序。
5. 完成程序调试。
6. 对本任务的结果进行检查与评价。</td></tr>
</table>

<table>
<tr><td colspan="4">I/O 地址分配</td></tr>
<tr><td>编程元件</td><td>I/O 地址</td><td>元件名称</td><td>描述</td></tr>
<tr><td rowspan="5">输入元件</td><td></td><td></td><td></td></tr>
<tr><td></td><td></td><td></td></tr>
<tr><td></td><td></td><td></td></tr>
<tr><td></td><td></td><td></td></tr>
<tr><td></td><td></td><td></td></tr>
<tr><td rowspan="4">输出元件</td><td></td><td></td><td></td></tr>
<tr><td></td><td></td><td></td></tr>
<tr><td></td><td></td><td></td></tr>
<tr><td></td><td></td><td></td></tr>
<tr><td colspan="4">绘制 I/O 接线图</td></tr>
<tr><td colspan="4"></td></tr>
</table>

梯形图程序设计

程序调试记录

故障现象	故障分析	故障处理

程序分析

1. 请分析在程序中如何实现按下 A、B 两地其中一个停止按钮均可以停止电动机？

2. 本任务的 I/O 接线图中，若停止按钮采用常闭触点接入，如何修改程序实现在 A、B 两地都能停止电动机？

评价

	I/O 地址分配	绘制 I/O 接线图	梯形图程序设计	签字	日期
自我评价	□A□B□C	□A□B□C	□A□B□C		
小组评价	□A□B□C	□A□B□C	□A□B□C		
教师评价	□A□B□C	□A□B□C	□A□B□C		
总评					

总结

1. 在整个任务完成过程中做得好的是什么？还有什么不足？有何打算？

2. 在整个任务完成过程中还有什么问题不能解决？

实训工单 2　　机床工作台的自动往复运动控制

班级		姓名		学号	
小组名称		接受任务时间			
成员		完成任务时间			

任务描述

任务要求：设计工作台自动往复循环的控制程序。

图 1 所示为工作台往复运动。其中 SQ1、SQ2 分别为工作台正、反向进给运动的换向开关，SQ3、SQ4 分别为正、反向极限位置的保护开关。

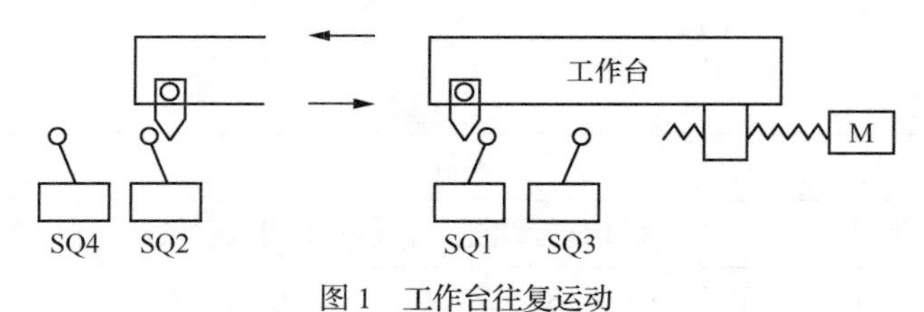

图 1　工作台往复运动

一、教学目标

1. 巩固和加深对优先电路及 SET/RST 指令的理解。
2. 学会正确选择 I/O 设备、合理分配 I/O 地址。
3. 掌握 PLC 项目设计的一般步骤。
4. 掌握 I/O 接线图的绘制和实施电路连接。
5. 进一步学习 PLC 编程软件的使用和程序调试方法，提高动手能力。

二、工作内容

1. 根据任务要求，正确选定 I/O 设备，完成 I/O 地址分配。
2. 绘制 PLC 的 I/O 接线图。
3. 设计梯形图程序。
4. 完成程序调试。
5. 对本任务的结果进行检查与评价。

I/O 地址分配

编程元件	I/O 地址	元件名称	描述
输入元件			
输出元件			

绘制 I/O 接线图

梯形图程序设计

程序调试记录

故障现象	故障分析	故障处理

程序分析

1. 请分析换向开关和保护开关是输入设备还是输出设备。SQ1、SQ2 与 SQ3、SQ4 各起什么作用？可否去掉 SQ3 和 SQ4？

2. 在程序中如何实现电动机正反转的互锁？

3. 若程序中已经实现了电动机正反转互锁，I/O 接线图中可否不再考虑接触器触点互锁？

评价					
	I/O 地址分配	绘制 I/O 接线图	梯形图程序设计	签字	日期
自我评价	□A□B□C	□A□B□C	□A□B□C		
小组评价	□A□B□C	□A□B□C	□A□B□C		
教师评价	□A□B□C	□A□B□C	□A□B□C		
总评					

总结

1. 在整个任务完成过程中做得好的是什么？还有什么不足？有何打算？

2. 在整个任务完成过程中还有什么问题不能解决？

实训工单 3　　两台电动机的顺序启停控制

<table>
<tr><td>班级</td><td></td><td>姓名</td><td></td><td>学号</td><td></td></tr>
<tr><td>小组名称</td><td colspan="2"></td><td>接受任务时间</td><td colspan="2"></td></tr>
<tr><td>成员</td><td colspan="2"></td><td>完成任务时间</td><td colspan="2"></td></tr>
<tr><td colspan="6">任务描述</td></tr>
<tr><td colspan="6">任务要求：设计两台电动机顺序启停的控制电路。
（1）两台电动机 M1 和 M2，要求 M1 启动 10min 后，M2 自行启动。
（2）M2 停止 2min 后，M1 自行停止。
（3）M2 不运行时，M1 不可以单独停止。
（4）设置必要的保护环节</td></tr>
<tr><td colspan="6">一、教学目标
1. 巩固和加深对定时器元件及相关指令的理解，学习正确使用定时器。
2. 学会正确选择 I/O 设备、合理分配 I/O 地址。
3. 熟练掌握 PLC 项目设计的一般步骤。
4. 掌握 I/O 接线图的绘制和实施电路连接。
5. 进一步学习 PLC 编程软件的使用和程序调试方法，提高程序调试能力。
二、工作内容
1. 根据任务要求，正确选定 I/O 设备，完成 I/O 地址分配。
2. 绘制 PLC 的 I/O 接线图。
3. 设计梯形图程序。
4. 完成程序调试。
5. 对本任务的结果进行检查与评价。</td></tr>
</table>

<table>
<tr><td colspan="4">I/O 地址分配</td></tr>
<tr><td>编程元件</td><td>I/O 地址</td><td>元件名称</td><td>描述</td></tr>
<tr><td rowspan="5">输入元件</td><td></td><td></td><td></td></tr>
<tr><td></td><td></td><td></td></tr>
<tr><td></td><td></td><td></td></tr>
<tr><td></td><td></td><td></td></tr>
<tr><td></td><td></td><td></td></tr>
<tr><td rowspan="4">输出元件</td><td></td><td></td><td></td></tr>
<tr><td></td><td></td><td></td></tr>
<tr><td></td><td></td><td></td></tr>
<tr><td></td><td></td><td></td></tr>
<tr><td colspan="4">绘制 I/O 接线图</td></tr>
<tr><td colspan="4"></td></tr>
</table>

梯形图程序设计

程序调试记录

故障现象	故障分析	故障处理

程序分析
1. 请说明在程序中如何实现两台电动机的先后停止？   2. 如何实现两台电动机的过热保护？

3. 定时器 T 是否需要通过输入端子接线？为什么？

评价

	I/O 地址分配	绘制 I/O 接线图	梯形图程序设计	签字	日期
自我评价	□A□B□C	□A□B□C	□A□B□C		
小组评价	□A□B□C	□A□B□C	□A□B□C		
教师评价	□A□B□C	□A□B□C	□A□B□C		
总评					

总结

1. 在整个任务完成过程中做得好的是什么？还有什么不足？有何打算？

2. 在整个任务完成过程中还有什么问题不能解决？

实训工单 4　　间歇润滑装置的自动控制

<table>
<tr><td>班级</td><td></td><td>姓名</td><td></td><td>学号</td><td></td></tr>
<tr><td>小组名称</td><td colspan="2"></td><td>接受任务时间</td><td colspan="2"></td></tr>
<tr><td>成员</td><td colspan="2"></td><td>完成任务时间</td><td colspan="2"></td></tr>
<tr><td colspan="6">任务描述</td></tr>
<tr><td colspan="6">任务要求：设计某间歇润滑装置的自动控制。
按下启动按钮润滑泵电动机工作 5min，间歇 10min，如此循环 10 个周期后自动停止。若出现异常情况，按下停止按钮，就能停止润滑泵电动机，试设计控制系统以满足任务要求</td></tr>
<tr><td colspan="6">一、教学目标
1. 巩固和加深计数器基本运用方法的理解和掌握。
2. 学习计数器、定时器的综合应用。
3. 学会正确选择 I/O 设备、合理分配 I/O 地址。
4. 掌握 I/O 接线图的绘制和实施电路连接。
二、工作内容
1. 根据任务要求，正确选定 I/O 设备，完成 I/O 地址分配。
2. 绘制 PLC 的 I/O 接线图。
3. 设计梯形图程序。
4. 完成程序调试。
5. 对本任务的结果进行检查与评价。</td></tr>
</table>

<table>
<tr><td colspan="4">I/O 地址分配</td></tr>
<tr><td>编程元件</td><td>I/O 地址</td><td>元件名称</td><td>描述</td></tr>
<tr><td rowspan="5">输入元件</td><td></td><td></td><td></td></tr>
<tr><td></td><td></td><td></td></tr>
<tr><td></td><td></td><td></td></tr>
<tr><td></td><td></td><td></td></tr>
<tr><td></td><td></td><td></td></tr>
<tr><td rowspan="4">输出元件</td><td></td><td></td><td></td></tr>
<tr><td></td><td></td><td></td></tr>
<tr><td></td><td></td><td></td></tr>
<tr><td></td><td></td><td></td></tr>
<tr><td colspan="4">绘制 I/O 接线图</td></tr>
<tr><td colspan="4"></td></tr>
</table>

梯形图程序设计

程序调试记录		
故障现象	故障分析	故障处理

程序分析
1. 在程序中如何实现润滑泵电动机的间歇工作?

2. 在程序中如何实现10个周期后自行切断系统工作和按下停止按钮后自动停止？

3. 计数器C是否需要通过输入端子接线？为什么？

评价

	I/O 地址分配	绘制 I/O 接线图	梯形图程序设计	签字	日期
自我评价	□A□B□C	□A□B□C	□A□B□C		
小组评价	□A□B□C	□A□B□C	□A□B□C		
教师评价	□A□B□C	□A□B□C	□A□B□C		
总评					

总结

1. 在整个任务完成过程中做得好的是什么？还有什么不足？有何打算？

2. 在整个任务完成过程中还有什么问题不能解决？

实训工单 5　　酒店自动门的开关控制

<table>
<tr><td>班级</td><td></td><td>姓名</td><td></td><td>学号</td><td></td></tr>
<tr><td>小组名称</td><td colspan="2"></td><td colspan="2">接受任务时间</td><td></td></tr>
<tr><td>成员</td><td colspan="2"></td><td colspan="2">完成任务时间</td><td></td></tr>
<tr><td colspan="6">任务描述</td></tr>
<tr><td colspan="6">任务要求：设计某酒店前厅自动门的控制系统。
（1）有手动开/关门和光电开关自动开/关门两种控制方式。
（2）当有人由内至外或由外至内通过光电开关 K1 或 K2 时，开门执行机构 KM1 动作，电动机正转，到达开门到位行程开关 SQ1 位置时，电动机停止运行。
（3）自动门在开门位置停留 8s 后，自动关门，关门执行机构 KM2 动作，电动机反转，当自动门移动到关门到位行程开关 SQ2 位置时，电动机停止运行。
（4）在自动门打开后的 8s 等待时间内，若有人员由外至内或由内至外通过光电开关 K2 或 K1，必须重新等待 8s 后，再自动关门，以保证人员安全通过。
（5）在自动关门过程中检测到又有人来时，应立即停止关门，并重新进入自动开门、等待和关门程序</td></tr>
<tr><td colspan="6">一、教学目标
1. 学习如何分析和分解复杂控制任务，掌握手动/自动两种控制方式的 PLC 程序设计方法。
2. 学会正确选择 I/O 设备，理解光电开关的动作特点和接线图绘制方法。
3. 掌握光电开关的模拟动作要点，提高程序调试能力。
二、工作内容
1. 根据任务要求，正确选定 I/O 设备，完成 I/O 地址分配。
2. 绘制 PLC 的 I/O 接线图。
3. 设计梯形图程序。
4. 完成程序调试。
5. 对本任务的结果进行检查与评价。</td></tr>
</table>

<table>
<tr><td colspan="4">I/O 地址分配</td></tr>
<tr><td>编程元件</td><td>I/O 地址</td><td>元件名称</td><td>描述</td></tr>
<tr><td rowspan="7">输入元件</td><td></td><td></td><td></td></tr>
<tr><td></td><td></td><td></td></tr>
<tr><td></td><td></td><td></td></tr>
<tr><td></td><td></td><td></td></tr>
<tr><td></td><td></td><td></td></tr>
<tr><td></td><td></td><td></td></tr>
<tr><td></td><td></td><td></td></tr>
<tr><td rowspan="4">输出元件</td><td></td><td></td><td></td></tr>
<tr><td></td><td></td><td></td></tr>
<tr><td></td><td></td><td></td></tr>
<tr><td></td><td></td><td></td></tr>
</table>

绘制 I/O 接线图

梯形图程序设计

程序调试记录

故障现象	故障分析	故障处理

程序分析
1. 光电开关是输入设备还是输出设备？本任务中两个光电开关的作用是什么？
2. 在程序中如何实现手动控制方式和自动控制方式的互锁？

3. 在程序中如何保证“自动门打开后的 8s 等待时间内，若有人员由外至内或由内至外通过光电开关 K2 或 K1，重新等待 8s”？

4. 在程序中如何保证“自动关门过程中检测到又有人来时，立即停止关门，并重新进入自动开门、等待和关门程序”？

评价

	I/O 地址分配	绘制 I/O 接线图	梯形图程序设计	签字	日期
自我评价	□A□B□C	□A□B□C	□A□B□C		
小组评价	□A□B□C	□A□B□C	□A□B□C		
教师评价	□A□B□C	□A□B□C	□A□B□C		
总评					

总结

1. 在整个任务完成过程中做得好的是什么？还有什么不足？有何打算？

2. 在整个任务完成过程中还有什么问题不能解决？

实训工单 6　　　　　　　　　　竞赛抢答器控制系统设计

<table>
<tr><td>班级</td><td></td><td>姓名</td><td></td><td>学号</td><td></td></tr>
<tr><td>小组名称</td><td colspan="2"></td><td>接受任务时间</td><td colspan="2"></td></tr>
<tr><td>成员</td><td colspan="2"></td><td>完成任务时间</td><td colspan="2"></td></tr>
<tr><td colspan="6">任务描述</td></tr>
<tr><td colspan="6">任务要求：设计竞赛抢答器的控制系统。
在 3 人抢答比赛中，只有最先获得抢答权的人才能点亮对应的信号灯。主持人按下“开始”按钮后方可进行抢答，若提前抢答按违规处理（点亮相应信号灯且蜂鸣器警示发声）；若正常抢答，蜂鸣器持续发声 1s。主持人按下“答题”按钮，选手开始答题并限时 30s，最后 3s 进入倒计时显示。超时答题和抢答违规都使蜂鸣器警示发声（以 1s 的时间周期间歇发声）。主持台设有“复位”按钮，复位后方可进入下一轮抢答。</td></tr>
</table>

一、教学目标

1. 熟练掌握 PLC 基本逻辑指令的综合应用。
2. 掌握 PLC 编程的基本方法和技巧。
3. 熟练掌握编程软件的基本操作方法。
4. 熟练掌握 PLC 的 I/O 接线图绘制方法、外部接线操作方法。
5. 提高 PLC 中等和复杂程序的编制、调试及故障排除能力。

二、学习器材

1. PLC 1 台。
2. 按钮 8 个。
3. 熔断器 2 个。
4. 信号灯 3 个。
5. 蜂鸣器 1 个。
6. 实训控制台 1 个。
7. 七段数码管 1 个（共阴极，且已串接了限流电阻器）。
8. 计算机 1 台（装有编程软件且配有通信线缆）。
9. 电工常用工具 1 套。
10. 连接导线若干。

三、工作内容

1. 根据任务要求，正确选定 I/O 设备，完成 I/O 地址分配。
2. 绘制 PLC 的 I/O 接线图。
3. 设计梯形图程序。
4. 根据 I/O 接线图进行接线并完成程序调试。
5. 对本任务的结果进行检查与评价。

<table>
<tr><td colspan="4">I/O 地址分配</td></tr>
<tr><td>编程元件</td><td>I/O 地址</td><td>元件名称</td><td>描述</td></tr>
<tr><td rowspan="6">输入元件</td><td></td><td></td><td></td></tr>
<tr><td></td><td></td><td></td></tr>
<tr><td></td><td></td><td></td></tr>
<tr><td></td><td></td><td></td></tr>
<tr><td></td><td></td><td></td></tr>
<tr><td></td><td></td><td></td></tr>
</table>

输出元件			

绘制 I/O 接线图

梯形图程序设计

程序调试记录		
故障现象	故障分析	故障处理

程序分析
1. 在程序中如何保证“只有最先获得抢答权的人才能点亮对应的信号灯”？
2. 在程序中如何区分正常抢答和提前抢答？
3. 在程序中如何保证获得正常抢答者才能进入答题环节？

评价					
	I/O 地址分配	绘制 I/O 接线图	梯形图程序设计	签字	日期
自我评价	□A□B□C	□A□B□C	□A□B□C		
小组评价	□A□B□C	□A□B□C	□A□B□C		
教师评价	□A□B□C	□A□B□C	□A□B□C		
总评					

总结
1. 在整个任务完成过程中做得好的是什么？还有什么不足？有何打算？
2. 在整个任务完成过程中还有什么问题不能解决？

实训工单 7　　　　多个传输带的自动控制

班级		姓名		学号	
小组名称			接受任务时间		
成员			完成任务时间		

任务描述

任务要求：设计多个传输带的自动控制程序。

多个传输带的自动控制如图 2 所示。各个电动机初始状态都为停止状态，按下启动按钮后，电动机 M1 通电，使货物往右运行。行程开关 SQ1 有效时，电动机 M2 通电，使货物继续往右运行。行程开关 SQ2 有效时，M1 断电停止。其他传输带的动作以此类推，整个系统循环工作。按下停止按钮，系统把目前的工作继续完成后停止在初始状态。

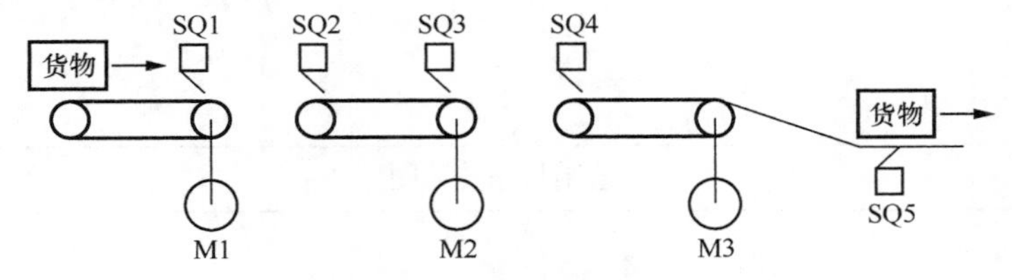

图 2　多个传输带的自动控制

本任务有 M1、M2 和 M3 共 3 台电动机带动 3 个传输带运行，使货物从初始位置右行至终点 SQ5 处。从电气控制的角度看，本任务由按钮和行程开关发出各种信号，由 PLC 程序控制 3 台电动机的启动和停止。整个控制过程顺序进行，符合步进顺控的特点

一、教学目标

1. 巩固和加深对单一流程步进顺控结构的分析和理解。
2. 掌握单一流程步进顺控的状态转移图的绘制，掌握 PLC 步进顺控项目设计的一般步骤。
3. 熟练掌握步进驱动指令的应用和步进梯形图程序的设计要点。
4. 掌握 I/O 接线图的绘制和实施电路连接。
5. 掌握步进顺控程序的调试方法，提高程序调试能力。

二、工作内容

1. 根据任务要求，正确选定 I/O 设备，完成 I/O 地址分配。
2. 绘制 PLC 的 I/O 接线图。
3. 绘制状态转移图。
4. 设计步进梯形图程序。
5. 完成程序调试。
6. 对本任务的结果进行检查与评价。

I/O 地址分配

编程元件	I/O 地址	元件名称	描述
输入元件			

输出元件			

绘制 I/O 接线图

绘制状态转移图

步进梯形图程序设计

程序调试记录		
故障现象	故障分析	故障处理

程序分析
1. 从节省 PLC 的输入点数角度考虑，3 台电动机的热继电器触点应该怎样处理？
2. 在程序中怎么满足“各个电动机初始状态都处于停止状态”？
3. 在程序中如何实现“按下停止按钮，系统把目前的工作继续完成后停止在初始状态”？

评价

	I/O 地址分配	绘制 I/O 接线图	绘制状态转移图	步进梯形图程序设计	签字	日期
自我评价	□A□B□C	□A□B□C	□A□B□C	□A□B□C		
小组评价	□A□B□C	□A□B□C	□A□B□C	□A□B□C		
教师评价	□A□B□C	□A□B□C	□A□B□C	□A□B□C		
总评						

总结
1. 在整个任务完成过程中做得好的是什么？还有什么不足？有何打算？
2. 在整个任务完成过程中还有什么问题不能解决？

实训工单 8　　剪板机的自动工作控制

班级		姓名		学号	
小组名称		接受任务时间			
成员		完成任务时间			
任务描述					

任务要求：设计剪板机的自动控制程序。

图 3 所示为剪板机的工作过程。开始时压钳和剪刀在上限位，限位开关 X0 和 X1 有效。按下启动按钮 X10，工作过程：首先板料右行（Y0 接通）至限位开关 X3 动作；然后电磁铁 Y1 通电使压钳下行，压紧板料后，压力继电器 X4 为 1 状态，压钳保持压紧；电磁铁 Y2 通电，使剪刀开始下行，至 X2 接通时板料被剪断；然后电磁铁 Y3 和 Y4 接通、Y1 和 Y2 断开，使电磁阀换向，压钳和剪刀同时上行，它们分别碰到限位开关 X0 和 X1 后，各自停止上行；都停止后，又开始下一周期的工作，剪完 30 块板料后发出装箱信号，并停止在初始状态。

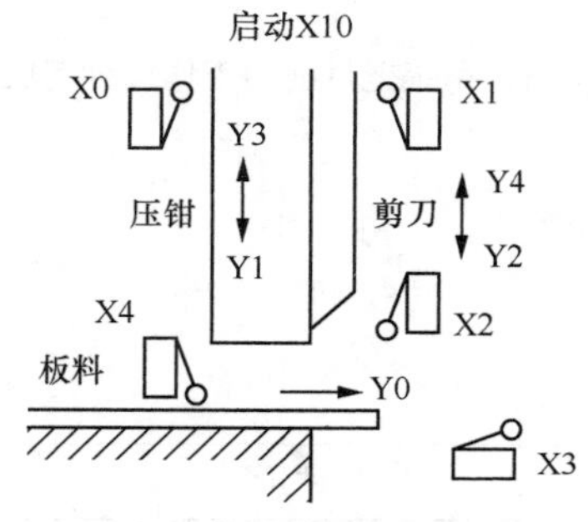

图 3　剪板机的工作过程

本任务属于比较有代表性的顺序控制。它包含板料、压钳和剪刀的顺序动作（下行）控制，压钳和剪刀的并行（上行）控制，以及是否将 30 块板料剪完的选择控制。本任务的关键是要懂得换向电磁阀的换向工作原理以及机、电、液相互配合的动作过程。本任务有 1 个单电控的二位五通电磁阀（推动板料的电磁阀）和 2 个双电控的二位五通电磁阀（控制压钳上、下行的电磁阀及剪刀上、下行的电磁阀），剪板机的液压控制回路如图 4 所示。电磁阀的结构和工作原理读者可查找和阅读相关图书。这里需强调的是，单电控的电磁阀断电后在弹簧的作用下会立即复位，双电控的电磁阀断电后停留在断电前的位置。

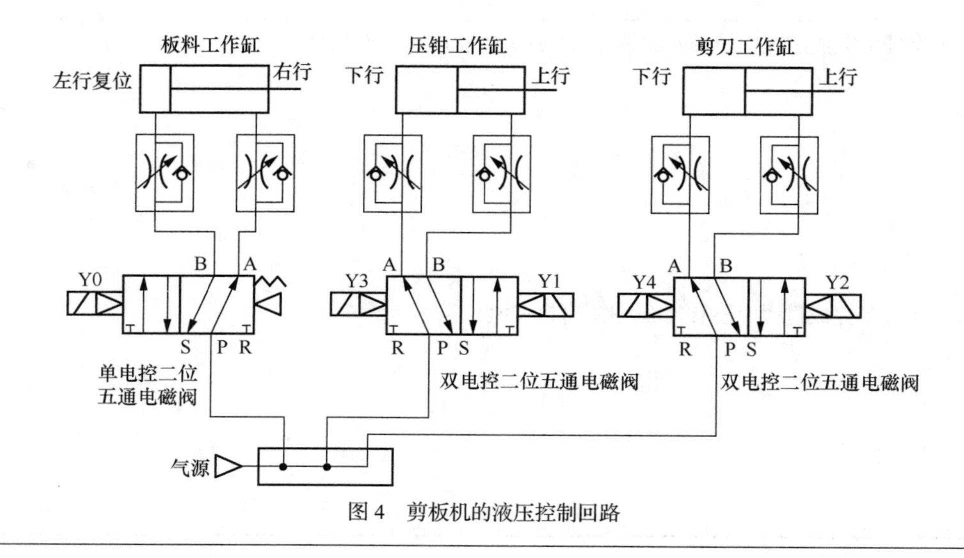

图 4　剪板机的液压控制回路

一、教学目标

1. 巩固和加深对并行、选择跳转等复杂流程步进顺控结构的分析和理解。
2. 掌握复杂流程步进顺控的状态转移图绘制，熟练掌握 PLC 步进顺控项目设计的一般步骤。
3. 初步感受和学习机、电、液一体化配合控制。
4. 熟练掌握步进梯形图程序的设计要点和方法。
5. 熟练掌握步进顺控程序的调试方法，提高程序调试能力。

二、工作内容

1. 根据任务要求，正确选定 I/O 设备，完成项目的 I/O 地址分配，绘制 PLC 的 I/O 接线图。
2. 绘制状态转移图。
3. 设计步进梯形图程序。
4. 完成程序调试。
5. 对本任务的结果进行检查与评价。

<table>
<tr><th colspan="4">I/O 地址分配</th></tr>
<tr><th>编程元件</th><th>I/O 地址</th><th>元件名称</th><th>描　述</th></tr>
<tr><td rowspan="7">输入元件</td><td></td><td></td><td></td></tr>
<tr><td></td><td></td><td></td></tr>
<tr><td></td><td></td><td></td></tr>
<tr><td></td><td></td><td></td></tr>
<tr><td></td><td></td><td></td></tr>
<tr><td></td><td></td><td></td></tr>
<tr><td></td><td></td><td></td></tr>
<tr><td rowspan="6">输出元件</td><td></td><td></td><td></td></tr>
<tr><td></td><td></td><td></td></tr>
<tr><td></td><td></td><td></td></tr>
<tr><td></td><td></td><td></td></tr>
<tr><td></td><td></td><td></td></tr>
<tr><td></td><td></td><td></td></tr>
<tr><th colspan="4">绘制 I/O 接线图</th></tr>
<tr><td colspan="4"></td></tr>
</table>

绘制状态转移图

步进梯形图程序设计

程序调试记录

故障现象	故障分析	故障处理

程序分析
1. 简述剪板机的工作过程。

2. 在程序中如何保证压钳下行到位、压紧板料后，剪刀在下行以及剪断板料的过程中压钳一直都保持压紧状态？

3. 怎么实现压钳和剪刀同时上行？又怎么实现“各自停止上行后，再开始下一周期的工作”？

评价

	I/O 地址分配	绘制 I/O 接线图	绘制状态转移图	步进梯形图程序设计	签字	日期
自我评价	□A□B□C	□A□B□C	□A□B□C	□A□B□C		
小组评价	□A□B□C	□A□B□C	□A□B□C	□A□B□C		
教师评价	□A□B□C	□A□B□C	□A□B□C	□A□B□C		
总评						

总结

1. 在整个任务完成过程中做得好的是什么？还有什么不足？有何打算？

2. 在整个任务完成过程中还有什么问题不能解决？

实训工单 9　　　　十字路口交通信号灯的控制

班级		姓名		学号	
小组名称		接受任务时间			
成员		完成任务时间			

任务描述

任务要求：设计十字路口交通信号灯自动控制系统。

信号灯分为东西和南北两组，分别有“红”“黄”“绿”3 种颜色，其工作方式分为白天和黑夜两种。交通信号灯白天和黑夜工作波形分别如图 5（a）、（b）所示。按下启动按钮开始工作，按下停止按钮停止工作。白天或黑夜开关闭合时为黑夜工作方式，断开时为白天工作方式。

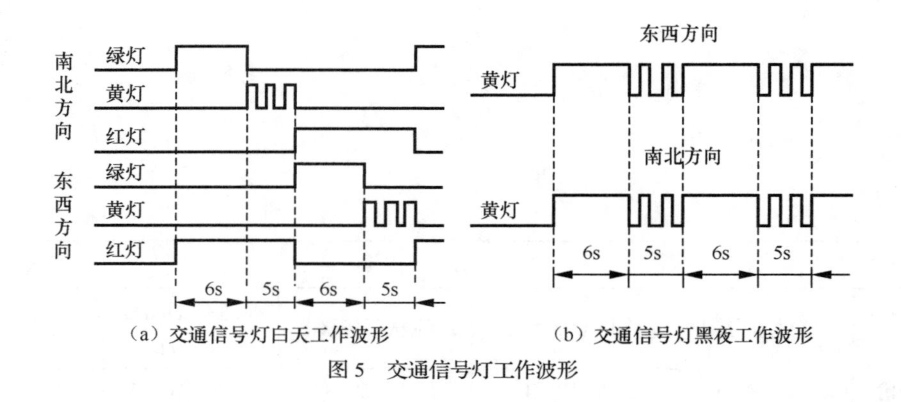

（a）交通信号灯白天工作波形　　（b）交通信号灯黑夜工作波形

图 5　交通信号灯工作波形

一、教学目标

1. 巩固和加深对步进顺控设计方法的理解和应用。
2. 学会正确选择 I/O 设备、合理分配 I/O 地址。
3. 掌握较为复杂项目的状态转移图、梯形图程序的设计。
4. 掌握 I/O 接线图的绘制和实施电路连接。
5. 进一步学习 PLC 编程软件的使用和程序调试方法，提高动手能力。

二、学习器材

1. PLC 1 台（FX_{2N}-48MR）。
2. 按钮 2 个，开关 3 个，熔断器 2 个。
3. 实训控制台 1 个。
4. 十字路口交通信号灯演示板 1 个。
5. 计算机 1 台（装有编程软件且配有通信线缆）。
6. 电工常用工具 1 套，连接导线若干。

三、工作内容

1. 根据任务要求，正确选定 I/O 设备，完成 I/O 地址分配。
2. 绘制 PLC 的 I/O 接线图。
3. 设计状态转移图和梯形图程序。
4. 完成程序调试。
5. 对本任务的结果进行检查与评价。

I/O 地址分配			
编程元件	I/O 地址	元件名称	描述
输入元件			
输出元件			

绘制 I/O 接线图

绘制状态转移图

梯形图程序设计

程序调试记录

故障现象	故障分析	故障处理

程序分析
1. 请分析并说明整个程序的结构和设计思路。
2. 在程序中如何解决“黄灯”在“白天和黑夜”的双线圈问题?

3. 如何选择“白天和黑夜两种工作方式”的输入设备？

评价

	I/O 地址分配	绘制 I/O 接线图	绘制状态转移图	梯形图程序设计	签字	日期
自我评价	□A□B□C	□A□B□C	□A□B□C	□A□B□C		
小组评价	□A□B□C	□A□B□C	□A□B□C	□A□B□C		
教师评价	□A□B□C	□A□B□C	□A□B□C	□A□B□C		
总评						

总结

1. 在整个任务完成过程中做得好的是什么？还有什么不足？有何打算？

2. 在整个任务完成过程中还有什么问题不能解决？

实训工单 10　　　　设计广告字牌的灯光闪烁控制系统

班级		姓名		学号	
小组名称			接受任务时间		
成员			完成任务时间		

任务描述

任务要求：用功能指令设计广告字牌的灯光闪烁控制系统。

用 L0～L6 共 7 盏灯分别照亮“祝大家节日快乐”7 个字。L0 点亮时，照亮“祝”字；L1 点亮时，照亮“大”字；以此类推，L6 点亮时，照亮“乐”字。然后全部点亮，再全部熄灭，闪烁 3 次，循环往复。广告字牌循环闪烁的速度控制要求设置为两挡。

本任务实际上就是用两挡速度先依次将 7 盏灯点亮，再全亮、全灭闪烁 3 次后进入循环。用移位指令即可实现控制。高、低两挡速度用 1 个开关进行控制，开关合上时为高速，开关断开时为低速

一、教学目标

1. 巩固和加深对功能指令的理解与应用。
2. 进一步学习程序调试方法，提高排除故障能力。

二、工作内容

1. 正确选定 I/O 设备，完成 I/O 地址分配。
2. 绘制 PLC 的 I/O 接线图。
3. 设计梯形图程序。
4. 完成程序调试。
5. 对本任务的结果进行检查与评价。

I/O 地址分配

编程元件	I/O 地址	元件名称	描述
输入元件			
输出元件			

绘制 I/O 接线图
梯形图程序设计
程序调试记录

故障现象	故障分析	故障处理

程序分析
1. 简述程序设计思路。

2. 广告字牌的照亮速度由什么决定？怎样实现两挡速度调节？

3. 可以用什么指令实现广告字牌一个接着一个地点亮？

评价

	I/O 地址分配	绘制 I/O 接线图	梯形图程序设计	签字	日期
自我评价	□A□B□C	□A□B□C	□A□B□C		
小组评价	□A□B□C	□A□B□C	□A□B□C		
教师评价	□A□B□C	□A□B□C	□A□B□C		
总评					

总结

1. 在整个任务完成过程中做得好的是什么？还有什么不足？有何打算？

2. 在整个任务完成过程中还有什么问题不能解决？

实训工单 11　　　　　　　　送料小车多地点随机卸料的 PLC 控制

班级		姓名		学号	
小组名称		接受任务时间			
成员		完成任务时间			

任务要求：设计送料小车多地点随机卸料的 PLC 控制。

某车间有 5 个工作台，送料小车往返于各个工作台之间，根据请求在某个工作台卸料，其随机卸料工作过程如图 6 所示。每个工作台有 1 个位置开关（分别为 SQ1～SQ5，小车压上时状态为 ON）和 1 个呼叫按钮（分别为 SB1～SB5）。送料小车有 3 种运行模式：左行（电动机正转）、右行（电动机反转）和停车。其具体控制要求如下。

（1）假设小车的初始位置停在 m（$m=1\sim5$）号工作台上，此时 SQm 状态为 ON。

（2）假设 n（$n=1\sim5$）号工作台呼叫，当 $m>n$ 时，小车左行到呼叫工作台停车；当 $m<n$ 时，小车右行到呼叫工作台停车；当 $m=n$ 时，小车不动。

（3）呼叫按钮的地址和小车的停止位置应有数码显示

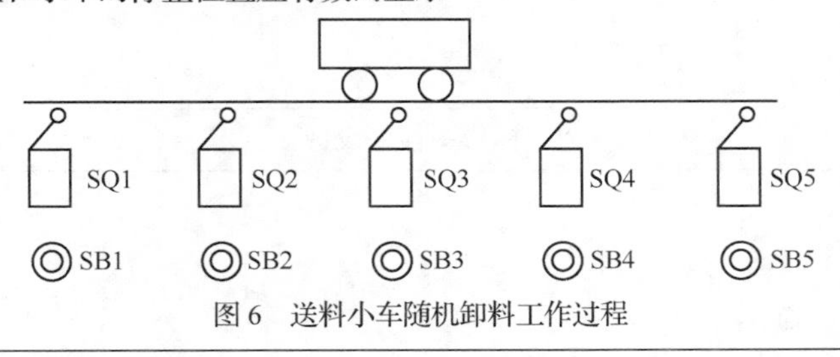

图 6　送料小车随机卸料工作过程

一、教学目标

1. 灵活应用传输指令、比较指令、编码指令、译码指令等设计较为复杂的控制项目。
2. 熟练掌握 I/O 接线图的绘制和实施电路连接。
3. 进一步学习 PLC 编程软件的使用和程序调试方法，提高动手能力。

二、工作内容

1. 根据任务要求，正确选定 I/O 设备，完成 I/O 地址分配。
2. 绘制 PLC 的 I/O 接线图。
3. 设计梯形图程序。
4. 完成程序调试。
5. 对本任务的结果进行检查与评价。

I/O 地址分配

编程元件	I/O 地址	元件名称	描述
输入元件			

输出元件			

绘制 I/O 接线图

梯形图程序设计

程序调试记录

故障现象	故障分析	故障处理

程序分析

1. 呼叫按钮给出的是短信号，当小车在运动过程中还未到达某个停车位置时，呼叫信号已消失，怎么解决？

2. 每个工作台有 1 个位置开关（分别为 SQ1～SQ5），此位置开关有什么特点?

3. 简述程序设计思路。

评价

	I/O 地址分配	绘制 I/O 接线图	梯形图程序设计	签字	日期
自我评价	□A□B□C	□A□B□C	□A□B□C		
小组评价	□A□B□C	□A□B□C	□A□B□C		
教师评价	□A□B□C	□A□B□C	□A□B□C		
总评					

总结

1. 在整个任务完成过程中做得好的是什么? 还有什么不足? 有何打算?

2. 在整个任务完成过程中还有什么问题不能解决?

实训工单 12　　　　酒店自动门的开关控制（子程序编程）

班级		姓名		学号	
小组名称		接受任务时间			
成员		完成任务时间			

任务描述

本任务曾在实训工单 5 中做过。在本任务中要求用子程序思路编制程序。

任务要求：设计某酒店前厅自动门的控制系统。

（1）有手动开/关门和光电开关自动开/关门两种控制方式。

（2）当有人由内至外或由外至内通过光电开关 K1 或 K2 时，开门执行机构 KM1 动作，电动机正转，到达开门到位行程开关 SQ1 位置时，电动机停止运行。

（3）自动门在开门位置停留 8s 后，自动关门，关门执行机构 KM2 动作，电动机反转，当自动门移动到关门到位行程开关 SQ2 位置时，电动机停止运行。

（4）在自动门打开后的 8s 等待时间内，若有人员由外至内或由内至外通过光电开关 K2 或 K1，必须重新等待 8s 后，再自动关门，以保证人员安全通过。

（5）在自动关门过程中检测到又有人来时，应立即停止关门，并重新进入自动开门、等待和关门程序

一、教学目标

1. 巩固和加深对子程序的理解。
2. 灵活学会用子程序思路设计程序。
3. 掌握 I/O 接线图的绘制和实施电路连接。
4. 进一步学习 PLC 编程软件的使用和程序调试方法，提高动手能力。

二、工作内容

1. 根据任务要求，正确选定 I/O 设备，完成项目的 I/O 地址分配。
2. 绘制 PLC 的 I/O 接线图。
3. 设计梯形图程序。
4. 完成程序调试。
5. 对本任务的结果进行检查与评价。

I/O 地址分配

编程元件	I/O 地址	元件名称	描　述
输入元件			
输出元件			

<table>
<tr><td colspan="3">绘制 I/O 接线图</td></tr>
<tr><td colspan="3"></td></tr>
<tr><td colspan="3">梯形图程序设计</td></tr>
<tr><td colspan="3"></td></tr>
<tr><td colspan="3">程序调试记录</td></tr>
<tr><td>故障现象</td><td>故障分析</td><td>故障处理</td></tr>
<tr><td></td><td></td><td></td></tr>
<tr><td colspan="3">程序分析</td></tr>
<tr><td colspan="3">1. 简述程序设计思路。</td></tr>
</table>

2. 在程序中如何实现手动程序和自动程序的互锁?

评价					
	I/O 地址分配	I/O 接线图	梯形图程序设计	签字	日期
自我评价	□A□B□C	□A□B□C	□A□B□C		
小组评价	□A□B□C	□A□B□C	□A□B□C		
教师评价	□A□B□C	□A□B□C	□A□B□C		
总评					

总结

1. 在整个任务完成过程中做得好的是什么?还有什么不足?有何打算?

2. 在整个任务完成过程中还有什么问题不能解决?

实训工单 13　　　　　　　　　　自动售货机 PLC 控制设计

班级		姓名		学号	
小组名称		接受任务时间			
成员		完成任务时间			

任务描述

任务要求：现有一台销售可乐和咖啡的自动售货机，具有硬币识别、币值显示、币值累加、自动售货、自动找钱等功能，此售货机可接收 1 元硬币、5 元及 10 元纸币。一瓶咖啡的售价为 12 元，一瓶可乐的售价为 15 元，如图 7 所示按下启动按钮后才能投币购买货物。

（1）若投入的钱币总值等于或超过 12 元，则咖啡指示灯亮；若投入的钱币总值等于或超过 15 元，则咖啡和可乐的指示灯都亮。数码管同时显示所投入的总值。

（2）咖啡指示灯亮时，若选择咖啡按钮，则咖啡从售货口自动售出。可乐指示灯亮时，若选择可乐按钮，则可乐从售货口自动售出。此时数码管显示的数值为减掉出库物品价格后剩余的金额。

（3）当按下可乐按钮或咖啡按钮后，如果投入的钱币总值超过所需金额时，找零指示灯亮，售货机以 1 元硬币的形式自动退出多余的钱，数码管显示清零。

（4）如果投钱后又不想买了，或者投多了，可以按下退币按钮，找零指示灯亮，售货机以 1 元硬币的形式从找零口如数退出顾客已投入的钱币，数码管显示清零。

（5）具有销售数量和销售金额的累加功能

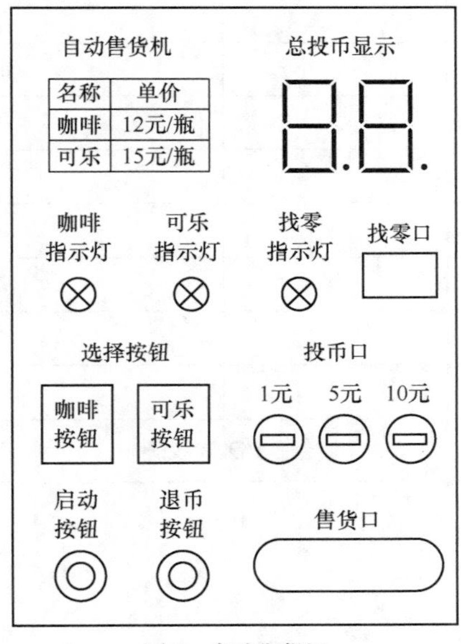

图 7　自动售货机

一、教学目标

1. 巩固和加深对功能指令的理解。
2. 掌握 I/O 接线图的绘制和实施电路连接。
3. 提高综合应用功能指令设计 PLC 项目的能力。
4. 进一步学习 PLC 编程软件的使用和程序调试方法，提高动手能力。

二、器材

1. PLC 1 台（FX_{2N}-48MR 或 FX_{3U}）。
2. 熔断器 2 个。

3. 自动售货机演示板 1 个。
4. 实训控制台 1 个。
5. 计算机 1 台（装有编程软件且配有通信线缆）。
6. 电工常用工具 1 套。
7. 连接导线若干。

三、工作内容

1. 根据任务要求，正确选定 I/O 设备，完成项目的 I/O 地址分配。
2. 绘制 PLC 的 I/O 接线图。
3. 设计梯形图程序。
4. 完成程序调试。
5. 对本任务的结果进行检查与评价。

I/O 地址分配

编程元件	I/O 地址	元件名称	描述
输入元件			
输入元件			
输出元件			

绘制 I/O 接线图

梯形图程序设计

程序调试记录		
故障现象	故障分析	故障处理

程序分析

1. 在程序中怎样实现投币计数?

2. 用什么指令实现“若投入的纸币总值等于或超过 15 元，则咖啡和可乐的指示灯都亮”？

3. 怎么实现“售货机以 1 元纸币的形式自动退出多余的钱，数码管显示清零”？

评价

	I/O 地址分配	绘制 I/O 接线图	梯形图程序设计	签字	日期
自我评价	□A□B□C	□A□B□C	□A□B□C		
小组评价	□A□B□C	□A□B□C	□A□B□C		
教师评价	□A□B□C	□A□B□C	□A□B□C		
总评					

总结

1. 在整个任务完成过程中做得好的是什么？还有什么不足？有何打算？

2. 在整个任务完成过程中还有什么问题不能解决？

实训工单 14　　　　单台供水泵的 PLC 控制系统

班级		姓名		学号	
小组名称		接受任务时间			
成员		完成任务时间			

任务描述

任务要求：设计单台供水泵的 PLC 控制系统。

（1）系统具有 3 种工作模式，即手动控制模式、自动控制模式和停止模式，可使用万能转换开关进行选择。

（2）手动控制模式下：按下 SB1 按钮启动水泵电动机开始供水；按下 SB2 按钮水泵停止运行。

（3）自动控制模式下：水位达到低水位时，水泵自行启动开始供水；水位达到高水位时，水泵自行停止供水。

（4）手动控制模式时应具备“手启自停”功能：即手动启动水泵后，当水位到达高水位时如果运行人员未能及时通过 SB2 按钮手动停止水泵运行，水泵应能够自行停止，以免造成高位水池（水塔）中水溢出事故。

（5）自动控制模式时应具备“自启手停”功能：即水泵自动启动后，如果遇到紧急情况应能够随时手动停止水泵运行（正常情况下应该是水位达到高水位时自行停止）。

（6）如果高水位检测回路故障（如高水位电极回路断线）造成水泵未能在水位到达高水位时停止运行，则当水位到达超高水位时，控制系统应发出报警信号（黄灯 1s 脉冲闪烁）并强迫停泵。

（7）设置相应的运转状态指示灯：水泵运行为红灯，水泵停止为绿灯，报警信号为黄灯。

（8）系统具有短路、过载、欠压等保护环节

一、教学目标

1. 掌握多种工作模式的 PLC 编程方法及技巧。
2. 掌握 PLC 的外部接线及操作。
3. 掌握多种工作模式的程序调试方法，提高程序调试能力。

二、工作内容

1. 绘制水泵电动机控制主回路。
2. 根据任务要求，正确选定 I/O 设备，完成项目的 I/O 地址分配。
3. 绘制 PLC 的 I/O 接线图和控制箱面板布置图。
4. 编制梯形图程序。
5. 完成程序调试。
6. 对本任务的结果进行检查与评价。

水泵电动机控制主回路

I/O 地址分配			
编程元件	I/O 地址	元件名称	描述
输入元件			
输出元件			

绘制 I/O 接线图及控制箱面板布置图

梯形图程序设计

程序分析

1. 简述程序整体设计思路。

2. 在程序中如何实现“手启自停”功能？

3. 在程序中如何实现“自启手停”功能？

评价

	水泵电动机控制主回路	I/O 地址分配	绘制 I/O 接线图及控制箱面板布置图	梯形图程序设计	签字	日期
自我评价	□A□B□C	□A□B□C	□A□B□C	□A□B□C		
小组评价	□A□B□C	□A□B□C	□A□B□C	□A□B□C		
教师评价	□A□B□C	□A□B□C	□A□B□C	□A□B□C		
总评						

总结

1. 在整个任务完成过程中做得好的是什么？还有什么不足？有何打算？

2. 在整个任务完成过程中还有什么问题不能解决？